Origin 科研绘图

与学术图表绘制

从 入门 到 精通

谭春林◎著

北京大学出版社
PEKING UNIVERSITY PRESS

内 容 提 要

Origin 是由 OriginLab 公司开发的一个科学绘图与数据分析软件，该软件具有丰富的绘图功能及数据处理与分析功能，已被广泛应用于科技论文与论著的出版。

本书共 8 章，汇集 150 个实例，涵盖 Origin 基础与基本操作、绘图规范及其导出、数据类型及其导入方法、二维绘图、三维绘图、拟合与分析、数据与信号处理、高效率绘图等内容。本书内容翔实、实例丰富、实用性强，可使读者在较短时间内掌握 Origin 2023，并能从具体实例中获取高端绘图技能和绘图优化灵感。

本书既适合作为高等院校和科研院所的科技绘图及数据分析实例教学用书，也是科技企业的科技工作者和工程技术人员的必备宝典。

图书在版编目（CIP）数据

Origin 科研绘图与学术图表绘制从入门到精通 / 谭春林著 . — 北京：北京大学出版社，2023.9
ISBN 978-7-301-34049-3

Ⅰ. ① O… Ⅱ. ①谭… Ⅲ. ①数值计算 – 应用软件 Ⅳ. ① O245

中国国家版本馆 CIP 数据核字 (2023) 第 101267 号

书 名	Origin 科研绘图与学术图表绘制从入门到精通
	Origin KEYAN HUITU YU XUESHU TUBIAO HUIZHI CONG RUMEN DAO JINGTONG
著作责任者	谭春林 著
责 任 编 辑	刘 云 刘 倩
标 准 书 号	ISBN 978-7-301-34049-3
出 版 发 行	北京大学出版社
地 址	北京市海淀区成府路 205 号 100871
网 址	http://www.pup.cn 新浪微博：@ 北京大学出版社
电 子 邮 箱	编辑部 pup7@ pup.cn 总编室 zpup@ pup.cn
电 话	邮购部 010-62752015 发行部 010-62750672 编辑部 010-62570390
印 刷 者	北京宏伟双华印刷有限公司
经 销 者	新华书店
	787 毫米 ×1092 毫米 16 开本 26 印张 719 千字
	2023 年 9 月第 1 版 2023 年 12 月第 3 次印刷
印 数	6001–9000 册
定 价	158.00 元

代序一

　　我很荣幸为春林所著的《Origin科研绘图与学术图表绘制从入门到精通》新书代序。他自进入华南师范大学学报编辑部以来，开展了很多与编辑出版工作相结合的创造性工作，如数字出版与传播、期刊与新媒体融合技术等。为了提升《华南师范大学学报（自然科学版）》的社会影响力、拓展优质稿源，他以新媒体为"载体"，以原创的Origin绘图教程为"知识输出"，建立了编辑与作者、专家、读者之间的交流"桥梁"，《华南师范大学学报（自然科学版）》的学术影响力提升效果显著。经过多年的创新与实践，创作了这本非常实用的工具书。

　　首先，作者以科技期刊编辑专业而独特的视角，将科技论文绘图规范融入书中，从而提高绘图的规范性、统一性，使绘图的格式与分辨率达到发表的要求。

　　其次，作者将其独到的绘图审美、优化策略融入每个实例中。书中的创造性绘图思路和优化方法，可以大幅提升论文插图的数据可视化表现力，让论文插图更准确、更直观、更美观地"表达"研究结果，突出绘图的数据"亮点"。

　　最后，该书以具体案例为独立的章节，读者不必耗费时间翻阅其他章节的知识，即可快速掌握绘图技巧。另外，该书为彩色印刷，这在同类图书中较为少见。彩色印刷有助于提升读者的阅读体验、学习效率。

　　该书对于从事理工类科学研究的教师、工程师等科研人员来说，是一本不可多得的工具书。它不仅适合作为高校与科研院所的课程教学用书，也可作为科研团队的科研参考书。通过学习本书，读者可以更好地绘制学术图表，提高论文插图的质量和影响力，从而更好地展示自己的研究成果。我相信，读者一定会从中受益匪浅。

王建平

华南师范大学学报 主编 / 博导 / 教授

代序二

作为一款被全世界数以百万计的科学家和工程师广泛使用，甚至不可或缺的科学作图软件，Origin 其实面临一个挺尴尬的事实，即很少在大学课堂被教授，因而学生往往挖掘不出这个软件的功能。如果有一本具有实际操作价值、拿来就能用，并且真正适合大学师生的教辅书，显然就能够很好地解决这一问题。

我是在 1995 年上大学期间接触到 Origin 软件的。1996 年，由于参与的科学实验需要，我在 DOS 平台下独立开发了一款专用的处理软件，其实就是 Origin 的一款简化版。在软件开发过程中，我对科学数据处理的三大模块，即数据录入、数据分析和科学作图有了深刻的认识。当然，该专用软件仅针对特定的实验，方便不太会操作计算机的人士使用，而从一般性来说，显然 Origin 更合适。因此，当大学要求开设一门新的计算机与科学实验的交叉课程时，我就直接使用 Origin 软件进行教学了。几轮教学下来，就有了《Origin 8.0 实用教程——科技作图与数据分析》一书的出版。

初识谭编是在 2007 年，当时他还在攻读物理化学专业的硕士，一天他联络我说，准备给学院研究生会制作一个网站。硕士毕业后，谭编留校工作，主要从事实验室管理，开发了一套实验设备管理系统。其间，借调学报编辑部工作，自主研发了同步数字出版与自动排版系统。后来，攻读并获得了光学博士学位。2012 年起担任《华南师范大学学报》的物理、化学及其交叉学科编辑。由于接触到各领域的稿件，因此对各学科的论文插图进行了系统的研究，后来创办了"编辑之谭"公众号，发表了数百篇 Origin 相关教程并与读者深入交流，广受好评。总之，我认识的谭编是一个纯粹、专业、持之以恒、不断挑战自我的人，在转到编辑岗位 10 年后，在其学识和经验都达到成熟之时，写一本这样主题的书，是所有读者之福。

与其他 Origin 教程类图书相比，本书最大的特色显然是其对学术论文中科学图形与数据处理的针对性、实用性和可操作性更强。确实，我已经迫不及待地想看这本书了，也希望大家都能够通过本书获益。

肖 信

华南师范大学 教授/博导

代序三

在科研和学术论文撰写过程中，数据分析和结果呈现是非常重要的一环。Origin 作为一款功能强大的科学绘图和数据分析软件，被广泛应用于各学科领域，可以满足大部分的统计、绘图、函数拟合等需求，可以说是专业 SCI 论文的标配绘图软件。《Origin 科研绘图与学术图表绘制从入门到精通》一书致力于系统地介绍 Origin 的使用方法与技巧，帮助读者快速掌握 Origin，成为 Origin 绘图高手。

谭编在 Origin 使用领域深耕多年，为使用 Origin 的科研工作者们提供了很多实用的绘图模板和绘图案例。这本书可以说是他的心得大成。本书的一大特色是大量采用实例，每一个实例对应一种图表类型或数据分析方法，并以生动直观的全彩图表呈现结果，令人耳目一新。这些实例涵盖生物、化学、环境、材料、工程技术等广泛的学科领域，可供不同学科的读者使用。每一个实例的设计相对独立，无须过多翻阅其他内容，便于查阅和使用。谭编系统梳理和总结 Origin 的各项功能，并以丰富的实例详解每一个功能的使用步骤，无疑为广大科研人员和学生提供了一个很好的学习工具。我相信，本书的出版，必将大力推动和提高 Origin 在科研院所和高校的应用水平。

最后，祝贺谭编《Origin 科研绘图与学术图表绘制从入门到精通》一书的出版，并预祝本书广受读者欢迎，成为 Origin 学习和应用的权威参考书籍。

朱庆华（Echo）
OriginLab 技术服务经理

前言

　　数据绘图是科学数据的"可视化"载体。一图胜千言，清晰、精美的科研绘图能使论文和著作锦上添花。专业的绘图和数据分析软件是科研工作者的必备工具，在众多选择中，Origin 是科研人员首选的专业绘图及数据分析软件。该软件具有绘图精美、操作简便、绘图模板丰富、数据分析功能强大等优点，深受科技工作者和工程技术人员的青睐。

　　笔者学习和使用 Origin 软件已有 20 余年，读研究生期间从优秀的 Origin 科技绘图及数据分析书籍中获益颇多，例如，肖信教授的《Origin 8.0 实用教程——科技作图与数据分析》、叶卫平教授的《Origin 9.1 科技绘图及数据分析》等。笔者从事《华南师范大学学报（自然科学版）》编辑工作 10 年来，接触各领域的稿件，对各学科领域的论文插图略有研究，对如何优化绘图及如何绘制高端图表略有探索。特别是自 2019 年创办"编辑之谭"公众号以来，笔者撰写了 400 余篇 Origin 绘图教程，设计了近 50 套 Origin 模板，备受推崇。笔者通过线上和线下教学实践，不断优化绘图案例，最终精选出 150 个绘图实例汇入本书。大多数案例来源于各学科领域读者的提问，感谢读者贡献的实验数据和无私分享，本书方成。

　　相比其他优秀的 Origin 绘图教程类图书的系统性和全面性，本书偏实例化、实用化，具有实例丰富、设计新颖、图文全彩、步骤详细、通俗易懂、学科全面等特点。本书以最新 Origin 2023b 版软件为基础，由浅入深、循序渐进地介绍各类绘图过程。按书中步骤，各领域常见绘图效果均可逐一实现。

　　虽然本书的编写追求实例丰富，但限于笔者水平有限，书中难免出现疏漏或欠妥之处，希望读者及时指正，以提高本书质量。在此特别感谢广州原点软件有限公司（美国 OriginLab Corporation 中国分公司）为本书的编写提供最新版软件，感谢 Echo 提供的大量技术支持。

　　温馨提示：本书附赠案例文件，读者可以通过扫描封底二维码，关注"博雅读书社"微信公众号，找到资源下载栏目，输入本书 77 页的资源下载码，根据提示获取。

目录

第4章 二维绘图 56

第5章 三维绘图　　　　　　　　　　239

第6章 拟合与分析　　　　　　　　　　316

第7章 数据与信号处理　　358

第8章 高效率绘图　　376

附录 插图索引目录　　404

参考文献　　406

第1章
Origin软件概述

科学研究与学术交流中严谨的数据支撑离不开"会说话"的数据绘图,一图胜千言,优秀的绘图可以恰到好处地将科研结果数据"可视化"。在众多专业的科学绘图软件中,Origin软件是最常用的兼具数据分析和绘图功能的软件,它是一种最具 SCI 画风的绘图工具,在生物、化学、环境、材料、能源等领域备受青睐。

Origin 于 1991 年问世,经过 30 余年的发展,软件不断推陈出新,功能已非常强大。Origin 绘图软件已成为主流且热门的科技绘图及数据分析软件。

2022 年 11 月,OriginPro 2023b 升级发行,软件功能相对于以前版本有了更大的提升,优势如下。

(1)操作更具人性化:支持按需排列窗口、拖曳贴靠窗口;可以一键添加小图编号;可以从浮动工具栏关闭快速模式的水印;支持从 Excel 复制合并单元格到 Origin;增加了距离测量与标注工具。

(2)绘图类型更丰富:新增了 Spiral Bar Chart (螺旋柱状图)、Bar Map (柱图地图)、Circular Packing Graph (圆堆图) 等新颖绘图类型。

(3)符号公式更简单:Notes 窗口支持 LaTeX 公式、富文本格式、图像;优化 Symbol Map 对话框,使插入符号公式更为简单方便;支持中英文字体分开设置。

(4)新增 GeoTIFF 图像:支持 GeoTIFF 图像的导入、处理与分析。

(5)在线模板更加丰富:涵盖各学科领域常用的专业特色绘图。

OriginPro 是 Origin 的专业版,包含了 Origin 的所有基础功能,同时具有更加丰富、更加专业、更加强大的功能。例如,在 3D 拟合、峰拟合、曲面拟合、统计分析、信号处理等方面集成了 Origin 不具有的某些高端绘图模板。因此,OriginPro 和 Origin 分别为专业版、基础版,即便是 Origin 基础版,在常规绘图和数据处理与分析方面的功能也是非常强大的。

本书采用 OriginPro 2023b (Origin 10.0) 软件,精选 150 个绘图实例,系统介绍并演示 Origin 绘图与数据处理操作;同时,结合科技期刊插图规范,评析常见绘图的设计与优化方法。该书中涉及的基本知识和绘图功能也适合 Origin 和 OriginPro 2018—2022 版的各版本软件的用户使用,但某些高端绘图功能在低版本中不适用。另外,本书不介绍软件的下载、安装等内容,若有软件下载、安装等方面的技术问题,可以加入 Origin 官方交流社群或借助网络搜索获得解决方法。

1.1 Origin 的目录结构

在 Windows 系统下可以同时安装 Origin 的多种不同版本，各版本可同时独立使用。所有版本的 Origin 都会安装在默认目录"C:\Program Files\OriginLab\"下（当然也可以自定义安装到非系统盘），各版本分别以"Origin20××"格式为子目录。例如，Origin 2023b 的安装目录为"C:\Program Files\OriginLab\Origin2023b"。

该安装目录下共有 25 个子目录及 800 多个各类文件，如图 1-1（a）所示。Samples 目录用于存放数据分析和绘图的样例文件，Localization 目录用于存放帮助文件，FitFunc 目录用于存放拟合函数，Themes 目录用于存放主题文件。

用户自定义的模板文件、主题文件及自定义拟合函数将存放在用户目录下。这些目录中最常用的可以通过"系统路径"查看，包括用户文件夹、自动保存文件夹等，如图 1-1（b）所示。

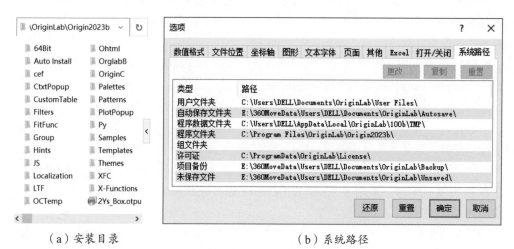

（a）安装目录　　　　　　　　　　　　（b）系统路径

图 1-1　Origin 2023b 的安装目录和系统路径

当我们在绘图中遇到突发事件时，查看系统路径非常有用。例如，当程序遇到异常而退出，当我们忘记保存，或者不知道自定义模板、主题或函数文件保存在什么地方时，可以点击系统路径中的"自动保存文件夹"或其他路径，再单击"复制"按钮，然后在"此电脑"窗口地址栏中输入路径，按"Enter"键，就能找到自动保存的文件或用户自定义文件。

打开系统路径方法：选择菜单"设置→选项"或按快捷键"Ctrl+U"。

1.2 Origin 的文件类型

Origin 软件的文件类型有项目文件、窗口文件、Excel 工作簿、模板文件、主题文件、过滤文件、函数文件、编程文件、打包文件和配置文件。随着 Origin 版本的升级，文件扩展名也发生了变化。例如，早期版本 Origin 绘图的项目文件以".opj"为扩展名，而自 Origin 2018 版开始，项目文件以".opju"为扩展名。Origin 2023b 文件类型见表 1-1。

一般情况下，程序都具有"向下兼容"的特性，高版本软件能打开低版本绘图项目文件，但反之不能。在日常科研交流中，我们通常需要把绘图项目文件发给其他人，由于双方计算机系统或软件版本不同，导致显示效果不一致或无法查看。有 4 种方法可以解决这一问题。

方法一：导出 PDF 文件。

方法二：另存为低版本 opj 文件。选择菜单"文件→项目另存为"，在对话框中单击"保存类型"按钮，选择"项目旧版格式 (*.opj)"。

方法三：安装 Origin Viewer 程序，可以查看 Origin 项目文件。

方法四：在 mac OS 操作系统中，可以在开启虚拟机并安装 Windows 系统后，在虚拟系统中安装 Origin 软件。

Origin Viewer 程序可以从 Origin 官方网址（https://www.originlab.com/viewer/）下载，仅占用 30 MB 的磁盘空间，能在 Windows 或 mac OS 操作系统下运行，将 opju 文件转换为 opj 文件。

表1-1　Origin 2023b文件类型

文件类型	文件扩展名	说明
项目文件	opj/opju	项目文件
窗口文件	ogw/ogwu	多工作表工作簿窗口
	ogg	绘图窗口
	ogm	多工作表矩阵窗口
	txt	记事本窗口
Excel 工作簿	xls/xlsx	嵌入 Origin 中的 Excel 工作簿
模板文件	otw/otwu	多工作表工作簿模板
	otp/otpu	绘图模板
	otm/otmu	多工作表矩阵模板
主题文件	oth	工作表主题、绘图主题、矩阵主题、报告主题
	ois	分析主题、分析对话框主题
过滤文件	oif	数据导入过滤器文件
函数文件	fdf	拟合函数定义文件
编程文件	ogs	LabTalk Script 语言编辑保存文件
	c	C 语言代码文件
	h	C 语言头文件
	oxf	X 函数（X-Function）文件
	xfc	由编辑 X 函数创建的文件
打包文件	opx	Origin 打包文件
配置文件	ini	Origin 初始化文件
	cnf	Origin 配置文件

1.3 Origin 的中英文版切换

Origin 软件在安装后，可以通过菜单设置中文版或英文版。在软件功能上，中文版和英文版完全一样，只是语种界面的一种切换，可以根据用户的语言需要随意切换。本书采用中文版界面进行演示，一般情况下不做英文注释。为了快速提升 Origin 的绘图技能，请切换为中文版。

中英文版本的切换方法：选择菜单"帮助→更改语言"，如图 1-2 所示。

在某些情况下，上述菜单为灰色（不可用），可以采用修改注册表中的"'Language' = 'C'"或

"'Language'='E'"切换语言。但这种方式通常有两个痛点：一是注册表很难找；二是操作过程难以掌握，对计算机水平有一定的要求。为了降低技术门槛，我们可以编制以下程序一键切换中英文版本（见图1-3）。

图 1-2　Origin 中英文版切换

图 1-3　切换 Origin 软件中文版的程序代码

Origin 软件中英文版切换步骤如下。

步骤一　在桌面（或其他目录）右击，选择"新建→文本文档"，先不要修改扩展名"txt"为"bat"，双击"txt"文件，输入代码（见图1-3，本书案例资料中提供了该程序）。

步骤二　单击"文件→另存为"菜单，在对话框中单击"保存类型"，选择"所有文件"，单击"编码"，选择"ANSI"，单击"文件名"输入"Origin 2023b切换中文.bat"，单击"保存"按钮，此时切换为中文的批处理程序就编写成功了。

步骤三　切换英文的程序编写与上述步骤完全相同，不同之处在于，需要将代码中的"'Language'='C'"改为"'Language'='E'"，在另存时修改为"Origin 2023b切换英文.bat"。

保存上述 2 个中英文切换程序到自己熟记的文件夹里，需要切换时，首先关闭 Origin 程序，然后双击其中一个切换程序，再次打开 Origin 程序，即可实现中英文版本切换。

1.4　Origin 的帮助菜单

Origin 程序菜单"帮助"（见图1-4）为不同层次用户提供了丰富的教程、参考资料、说明文档及各类论坛与社交平台链接，充分利用这些资源，结合本书系统的图文教程，可以迅速提升 Origin 绘图技能，也能从案例中找到灵感，为论文插图的优化设计提供思路。

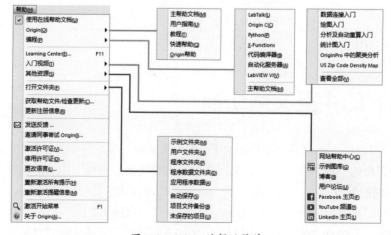

图 1-4　Origin 的帮助菜单

Origin 网站提供了丰富的在线服务和技术支持（见表 1-2），可以检索和浏览不同专业与行业的 Origin 绘图优秀案例、模板及 Origin App 等，供不同专业研究工作者借鉴和参考。

表1-2　Origin在线资源网址

信息资源	网　址
产品说明书	Originlab.com/doc
常见问题	Originlab.com/HelpCenter
Origin 教学视频	Originlab.com/Videos
不同专业 Origin 案例	Originlab.com/CaseStudies
Origin 绘图优秀案例	https://www.originlab.com/www/products/graphgallery.aspx
最新版本发布信息	https://www.originlab.com/releasenotes
Origin 插件与交换文件	Originlab.com/fileexchange
Origin 用户手册（中文）	https://www.originlab.com/doc/en/User-Guide?olang=C

新媒体时代，各类学术和科普媒体层出不穷，其中不乏优秀的能持续输出优质 Origin 绘图教程的新媒体（见图 1-5），如哔哩哔哩（以下简称为 "B 站"）"OriginPro 软件官方"，关注这些新媒体，也能获得最直接的绘图问题解答、最新颖的创意设计模板。

OriginPro 软件官方（B 站）
https://space.bilibili.com/509534849

编辑之谭（B 站）
https://space.bilibili.com/519457640

编辑之谭
微信公众号

图 1-5　Origin 绘图教程新媒体

02 第2章 Origin基础

Origin 软件在数据绘图和数据分析方面功能强大。Origin 集成了 166 种绘图模板，包括基础 2D 图、柱状图、饼图、面积图、多屏多轴图、统计图、等高图、专业图、分组图、3D 图、函数图等。Origin 内置了强大且丰富的数据处理与分析功能，包括数据整理、计算、统计、傅里叶变换、各类数值拟合、曲线多峰拟合等，还拥有强大的自定义函数绘图及拟合功能。此外，Origin 拥有多种编程环境，包括 Origin C、LabTalk、X-Function、Python、R 语言等，给用户提供了无限的扩展空间。

2.1 Origin 软件界面

2.1.1 Learning Center窗口

运行 Origin 程序，在欢迎小窗口退出后，默认会弹出"Learning Center"窗口（见图 2-1），为用户提供了最新的绘图示例、分析示例和学习资源。浏览这些示例的效果图，可以找到相近的模板，从而激发绘图灵感。

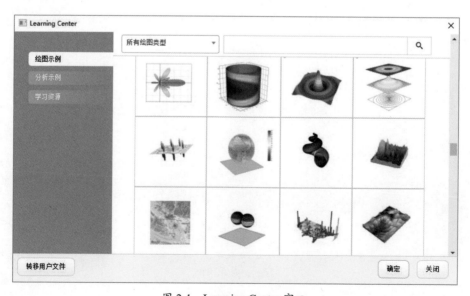

图 2-1　Learning Center 窗口

可以取消选中"启动时显示"，以后运行 Origin 时将不再弹出该窗口。Learning Center 窗口打开方法：单击菜单"帮助→ Learning Center"或按快捷键"F11"。

2.1.2 ▶ Origin主窗口与子窗口

Origin 2023b 软件的界面（见图 2-2）包括菜单栏、状态栏、工具栏、项目管理器、对象管理器、App 插件、各类子窗口、消息日志、开始菜单。

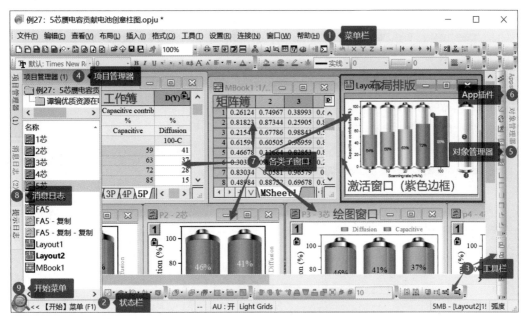

图 2-2　Origin 2023b 软件界面

项目管理器中可以创建子目录，每个子目录中还可以创建工作簿和绘图，也可以拖动某个子目录下的项目对象到项目管理器的其他子目录中，实现分组、分类管理，避免当前工作区中窗口过于零乱。

对象管理器以树形模式列出了当前绘图窗口中的每个图形对象（散点、柱图、曲线等），可单击某个对象"移除组"进行单独设置，从而避免在群组状态下修改某个对象时其他对象一起跟随变化，而不至于"牵一发而动全身"。

布局窗口也称为"布局排版"，可以定义一个页面尺寸，将已绘制的图、表、照片、公式、文本等排版在一张图中，一键对齐图形和设置均匀间距，从而导出高分辨率的位图或矢量图，这在 SCI 论文跨两列的组合图中非常实用。利用布局窗口排版组图，可以不用借助第三方软件进行排版组图。

"开始"菜单位于 Origin 软件主窗口的左下角，单击红球后会弹出快捷菜单，包括最近使用的文件、App 和查找。2020 版以后的各版本中新增了"开始"菜单，Origin 2022 之后的版本在红球上装饰蓝色放大镜，暗示用户这不是一个 Logo，而是一个非常有用的"开始"菜单按钮。

状态栏位于程序窗口的底部，可以显示运行状态，统计当前窗口（激活窗口，窗口边框为紫色）的概要信息。例如，当工作簿窗口处于激活状态时，状态栏显示平均值、求和、计数、文件大小、工作簿及表格名称等信息；当绘图窗口被单击时，状态栏将显示数据来源、窗口名称、文件大小等信息。

Origin 程序界面的其他部分及相关细节将在后续章节的实际案例绘图操作中介绍。

2.2 Origin 菜单栏

Origin 软件的菜单是依据激活窗口的类型而动态变化的。例如，激活工作簿窗口后的菜单不同于激活绘图窗口后的菜单。不同激活窗口对应的主菜单栏结构如下。

工作簿（Workbook）

文件(F) 编辑(E) 查看(V) 数据(D) 绘图(P) 列(C) 工作表(K) 格式(O) 分析(A) 统计(S) 图像(I) 工具(T) 设置(R) 连接(N) 窗口(W) 帮助(H)

绘图（Graph）

文件(F) 编辑(E) 查看(V) 图(G) 格式(O) 插入(I) 数据(D) 分析(A) 快捷分析(I) 工具(T) 设置(R) 连接(N) 窗口(W) 帮助(H)

矩阵簿（Matrix）

文件(F) 编辑(E) 查看(V) 数据(D) 绘图(P) 矩阵(M) 格式(O) 图像(I) 分析(A) 工具(T) 设置(R) 连接(N) 窗口(W) 帮助(H)

排版布局（Layout）

文件(F) 编辑(E) 查看(V) 布局(L) 插入(I) 格式(O) 工具(T) 设置(R) 连接(N) 窗口(W) 帮助(H)

记事本（Notes）

文件(F) 编辑(E) 查看(V) 备注(N) 工具(T) 设置(R) 连接(V) 窗口(W) 帮助(H)

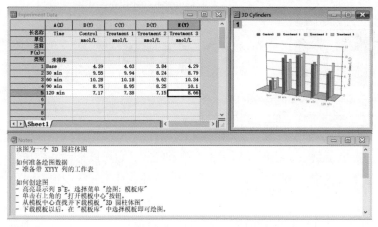

图 2-3　激活窗口与非激活窗口

这种动态变化的菜单对于初学者有一定的难度，经常出现找不到某个子菜单的情况。关键问题在于当前的激活窗口不是下一步操作的对象窗口。

怎样激活某窗口？单击某个子窗口，即可激活。激活窗口与非激活窗口在外观上有明显的不同，激活窗口边缘被高亮显示为紫色边框（见图 2-3）。

2.3 Origin 工具栏

Origin 的工具栏非常丰富，集成了常用的分类功能，为用户操作带来了很大便利。工具栏在功能上与菜单部分重复，它集成了菜单栏中常用的子菜单功能，具有人性化的悬停提示功能。

工具栏类似于收纳盒，可以容纳按钮组。可以拖动工具栏左端头部到想要安放的位置，但建议非必要不调整。也可以通过单击菜单"查看→工具栏"的自定义设置（见图 2-4）。

为了方便检索，我们整理了 OriginPro 2023 版工具栏解析图（见图 2-5），方便读者快速找到工具按钮。

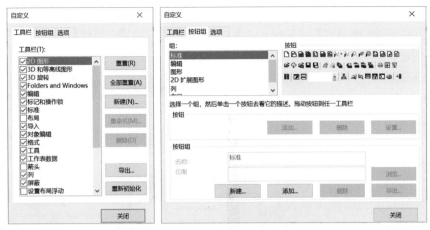

（a）工具栏设置　　　　　　　　（b）"按钮组"的选择

图 2-4　工具栏的自定义设置

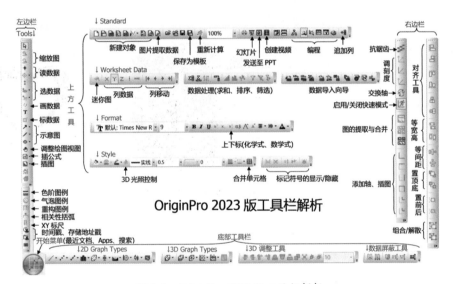

图 2-5　OriginPro 2023 版工具栏解析

2.4 我的第一张图

2.4.1 从函数公式绘制图形

本节通过一个有趣的函数公式绘制我的第一张图。主要目的是了解绘图工作表的结构和函数创建数据的过程，初步感受 Origin 绘图软件的魅力。

例 1：已知函数

$$\begin{cases} x = 16\sin^3 i \\ y = 13\cos i - 5\cos(2i) - 2\cos(3i) - \cos(4i) \end{cases}$$

其中，$i \in \mathbb{N}$。绘制 i=[1,500] 区间的函数图像。

解析：直角坐标系上绘制的点均有坐标 (x,y)，只需通过实验或函数获得多组 x、y 列数据，即可在坐标系中绘制出图像。参数方程中 x 和 y 均为 i 的函数，可以创建 2 列数据 (x,y)。

①从函数创建数据设置列值

运行 Origin 程序，按图 2-6 所示的步骤，在空白工作簿 Book1 中①处 A 标签上右击，选择②处的"设置列值"打开对话框。设置③处的 Row(i) 从 1 到 500，在④处的公式框中输入"16*(sin(i))^3"，单击"确定"按钮即可创建 A(X) 列值。按相同步骤输入公式"13*cos(i)–5*cos(2*i)–2*cos(3*i)–cos(4*i)"，可创建 B(Y) 列的值。

图 2-6　从函数创建数据设置列值

②选择 x，y 列数据绘制点线图

按图 2-7 所示的步骤，单击表格左上角①处全选数据，或按下 A 列标题栏从 A 到 B 列拖选。单击下方工具栏②处"点线图" 工具，即可绘制③处所示的黑白二维线图。

双击二维线图中的黑色散点，打开"绘图细节-绘图属性"对话框，按图 2-8（a）所示的步骤，进入①处的"线条"页面，单击②处的"颜色"下拉框，选择③处的"按点"标签，单击④处的"颜色映射"下拉框，选择颜色映射来源于"Col(A)"。按图 2-8（b）所示的步骤，进入①处的"符号"页面，单击②处的▼按钮，选择符号列表左下角的球形符号，修改"边缘颜色"为"单色"，单击"确定"按钮。

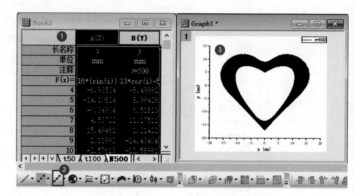

图 2-7　选择 x，y 列数据绘制点线图

（a）按点颜色映射

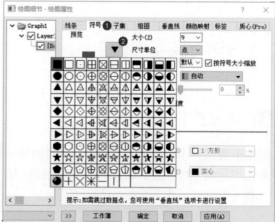

（b）球形符号

图 2-8　按点修改颜色映射与球形符号的设置

其他关于图中文本格式（字体、正体、斜体）及边框线等细节设置，将在后续章节介绍，此处省略。有基础的读者可以自行尝试修改，想改哪里，就双击哪里，在弹窗中设置修改。最终得到如图 2-9 所示的效果图。

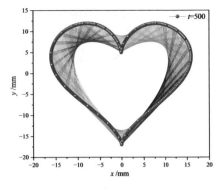

图 2-9　我的第一张图

2.4.2 利用 Layout 排版组合图

在科技论文中经常需要插入组合图，多数人往往利用第三方软件（如 Adobe Illustrator 等）对单个绘图、公式、电镜照片等进行排版组合，其实我们忽略了 Origin 软件中 Layout 窗口的功能。以爱心曲线图为例，浅赏 Layout 的魅力。

例 2：从例 1 的爱心曲线图"创建副本"，将点线图分别修改为线图、点图，利用 Layout 排版组合图（见图 2-10）。

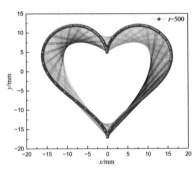 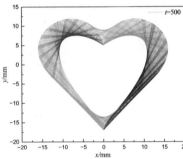 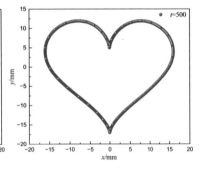

图 2-10　利用 Layout 排版组合图

解析：二维图的组合有 2 种方法：①利用右边工具栏的"合并"对当前打开的绘图进行合并；②利用上方工具栏的"新建布局"进行所见即所得式的排版操作。对于三维或专业绘图，第①种方法不可用，通常采用第②种方法。下面以"新建布局"为例演示具体步骤。

步骤一 创建副本：在绘图窗口标题栏右击，选择"创建副本"，如图2-11（a）所示，操作2次，创建2个与原图完全一样的绘图副本；分别单击绘图副本窗口激活，再分别单击下方工具栏的线图按钮和点图按钮，即可得到包括原图在内的、大小规格一模一样的3张绘图。

步骤二 新建布局：单击上方工具栏的"新建布局"，如图2-11（b）所示。

步骤三 复制页面：分别在绘图窗口标题栏右击，选择"复制页面"（或按快捷键"Ctrl+J"），如图2-11（c）所示，在布局页面右击，选择"粘贴链接"，即可在布局窗口插入3张绘图。

步骤四 调整尺寸：首先双击Layout页面外的灰色区域，在"绘图细节-绘图属性"对话框中修改尺寸，宽度约为高度的3倍。然后调整Layout布局中3张绘图为统一规格，先拖动句柄调整好第一张图的尺寸，在该图上右击选择"复制格式-所有"，分别在其他图上右击选择"粘贴格式"。拖动调整3张绘图到大致位置。

步骤五 二步排版：拖动鼠标框选（或按下"Ctrl"键的同时依次单击）3张绘图，按图2-12所示的步骤操作。单击①处的"水平"按钮，将以第一个图的中线为基准对齐所有绘图。单击②处的"水平分布"按钮，即可均匀间距。

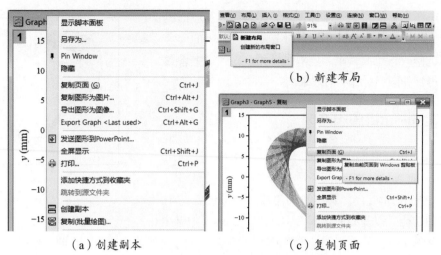

（a）创建副本　　　　　　　　（c）复制页面

图 2-11　创建副本、新建布局、复制页面

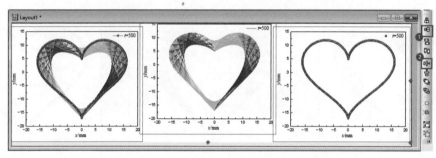

图 2-12　二步排版快速居中对齐、均匀间距

2.4.3 ▶ 导出Origin绘图

在实际的科研活动中，插图的场合不同，对输出图像的要求不同，因而导出绘图的方法也不同。通常输出图像分两种情况：Word 或 PPT 插图；输出为绘图文件（位图、矢量图）。

例 3：以例 1 的绘图为例，演示 Origin 绘图的几种导出方法。

1. 向Office软件中插入Origin绘图

向 Office 软件（Word 或 PPT 等）中插入 Origin 绘图有两种方式："Origin Project 对象"、位图。两者的效果有本质的差别，前者是以可编辑的 Origin 绘图对象形式嵌入 Word 中，后者是以不可编辑的图片粘贴。

对于单个绘图窗口或采用 Merge 工具（右边工具栏）合并的绘图窗口，可在标题栏上右击，选择"复制页面"，在 Word 或 PPT 中"选择性粘贴"为"Origin Project 对象"。

对于 Layout 布局窗口，右击标题栏选择"复制图形为图片"，在 Word 或 PPT 中粘贴，所得绘图为位图。需要注意：在复制图形前，需要检查并设置 Origin 中页面的分辨率。单击 Origin 窗口的"设置→选项"菜单打开"选项"对话框，按图 2-13 所示的步骤设置分辨率：进入①处的"页面"选项卡，设置②处的分辨率为 600，单击"确定"按钮。

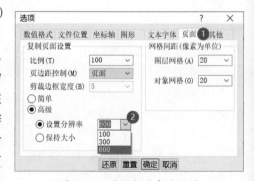

图 2-13　页面分辨率的设置

2. 从Origin导出矢量图

大多数科技期刊在投稿指南中要求稿件与绘图文件分开上传，这种情况就需要提供高清晰、高品质的矢量图。常见的矢量图文件的扩展名为 ".eps" 和 ".pdf"，其中 pdf 是可以查看的矢量图，但不能插入 Word 中。

单击例 2 中的 Layout 组合图或单个绘图激活窗口，单击菜单 "文件→导出图（高级）"，打开 "导出图（高级）" 对话框（见图 2-14）。选择 "图像类型" 为 "便携式文档格式(*.pdf)"，"路径" 改为 "＜项目文件夹＞"，单击 "确定" 按钮。

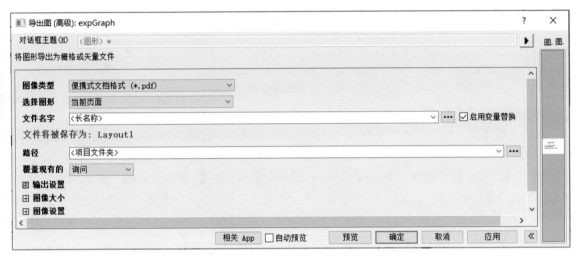

图 2-14　导出 PDF 矢量图

3. 从Origin导出位图

TIFF 是一种位图文件格式，是科技期刊通用的插图文件类型。在某些情况下，无法导出矢量图或导出矢量图时图形显示不全，可以导出为 TIFF 位图格式。

一般期刊要求 TIFF 位图的分辨率不低于 300 DPI，但对于不同类型的图，印刷级最低分辨率要求各不相同（见表 2-1）。

表2-1　印刷级最低分辨率要求

绘图分类	最低分辨率/DPI
彩色图	300
黑白图	1200
组合图	500
线条图	1000

如何设置导出图形的分辨率？导出矢量图时无须设置分辨率，但导出位图时，需要留意分辨率的设置。导出位图有两种方式：基本和高级。

（1）导出图（基本）设置

激活绘图窗口，单击菜单 "文件" → "导出图"（见图 2-15），在弹出的 "导出图" 对话框中，单击①处的 "图像类型" 选择 "TIFF"，取消选择 "图大小" 中②处的 "自动" 复选框，单击③处的 "DPI" 下拉框，选择 "300"，单击 "确定" 按钮。

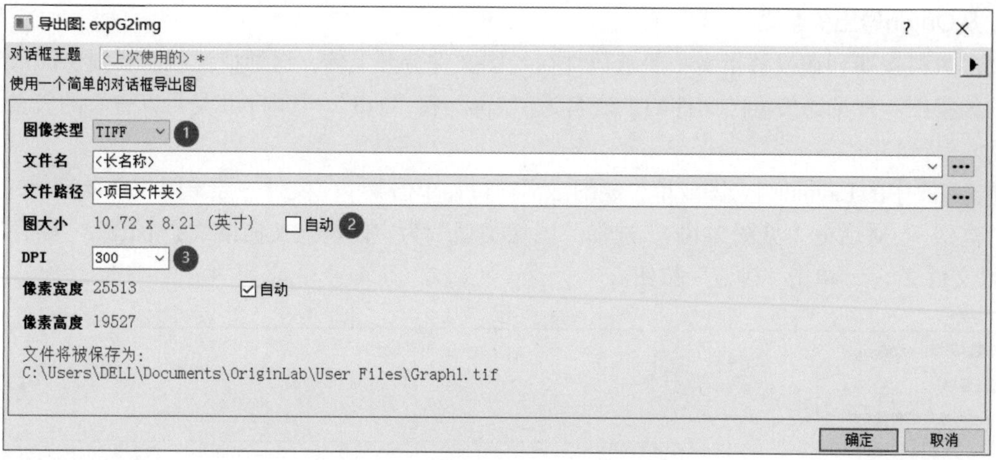

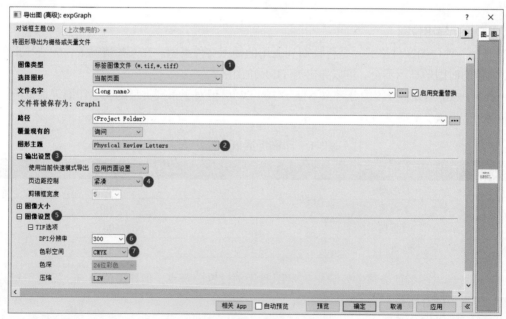

图 2-15 导出图（基本）设置

（2）导出图（高级）设置

激活绘图窗口，单击菜单"文件"→"导出图（高级）"（见图 2-16），在弹出的"导出图（高级）"对话框中，单击①处的"图像类型"选择"标签图像文件（*.tif,*.tiff）"，单击②处的"图形主题"为所需主题（例如，Physical Review Letters 期刊主题），单击③处的"输出设置"选项，单击④处的"页边距控制"选择"紧凑"项，单击⑤处的"图像设置"选项，设置⑥处的"DPI 分辨率"为"300"，必要时按要求设置⑦处的"色彩空间"为"CMYK"（四色印刷模式），单击"确定"按钮。

图 2-16 导出图（高级）设置

2.5 科技论文插图规范

2.5.1 论文插图的版式要求

以 Elsevier 通用投稿指南对绘图的要求为例，科技论文插图按照所占篇幅分为 3 种规格（见图 2-17）。单列图占宽为 1 列宽度（图宽 <90 mm），小宽幅图占宽为 1.5 列宽度（图宽 <140 mm），宽幅图占宽为 2 列宽度（图宽 <190 mm）。具体宽度因各期刊版心尺寸的具体要求而不同。

不同期刊对插图规格和插图位置的要求各不相同，投稿前要按照投稿指南对插图的要求修改绘图。例如，某些期刊对组合图的位置有规定，需要将组合图编排在某一页的顶部或底部；多数期刊要求"先文后图"，少数要求"先图后文"。在论文撰写和插图过程中，要根据图文的逻辑关系，合理安排标题分级，必要时可以取消三级标题，将单图合并成组合图。尽量避免跨页、图文相距太远，布局要合理、紧凑、美观，便于阅读。

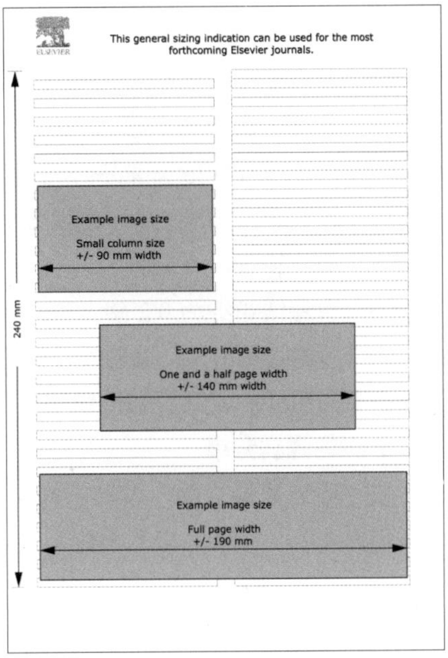

图 2-17　3 种规格的插图

2.5.2 论文插图的分级原则

1. 字体轻重分级

论文插图中采用不同字体和字号的文本标签、坐标轴刻度及标题等，给读者的视觉印象是不同的。图中的文本元素有主次之分和轻重之别。图中字体、字号、粗细完全一致的插图，给人的印象是抓不住重点，容易引起审美疲劳。

科技论文中的数据绘图一般存在标目（坐标轴标题）、标值（刻度值）、图例、注释（标识）等对象，这些对象从重到轻的顺序为标目、标值、图例、注释，这些对象中文本的"字重"也依次减轻。加重字体主要意图包括强调、暗示、突出结果。

字体的"字重"顺序与字体、字号、粗细等因素有关。例如：同为宋体时，4 号比 5 号重；同为 5 号宋体时，粗体比细体重；同为 5 号字体时，黑体比宋体重，Arial 字体比 Times New Roman 字体重。综合使用字体、字号时，一般字重从重到轻顺序为 5 号黑体 > 4 号楷体 > 小 5 号黑体 > 5 号宋体。

在 Origin 软件中默认绘图页面尺寸下，建议按大小分级设置。

（1）坐标轴标题为 28.5 磅。

（2）刻度值为 25 磅。

（3）图例为 21 磅。

（4）标识为 18 磅，必要时可加粗。

在单图的页面宽度为 8 cm 左右时，建议按大小分级设置。

（1）坐标轴标题为 9 号。

（2）刻度值为 8 号。

（3）图例为 7 号。

（4）标识为 6 号，必要时可加粗。

2. 线条粗细分级

跟上面文本字体轻重分级类似，数据图中的边框线、轴线刻度线、辅助线、垂直线、参考线等，也有轻重、主次之分。数据的图形对象（散点、曲线、柱图、饼图等）的边框线一般比辅助对象要粗。

在 Origin 软件中默认绘图页面尺寸下，建议按粗细分级设置。

（1）框线粗细为 1 磅。

（2）曲线粗细为 1.5 磅。

（3）参考线粗细为 1 磅。

在单图的页面宽度为 8 cm 左右时，建议按粗细分级设置。

（1）框线粗细为 0.2 磅。

（2）曲线粗细为 0.5 磅。

（3）参考线粗细为 0.2 磅。

另外，曲线是主角，辅助线是配角，曲线与辅助线（参考线、垂直线等）遵循"实虚原则"。曲线需要设置为粗线、实线，辅助线需要设置为细线、虚线。

3. 颜色强弱分级

对于彩色数据绘图，设置不同的颜色可以在图中区分不同样品，利用颜色渐变可以表达某项指标参数值的大小变化。绘制彩色图不仅可以使绘图表达的数据更加丰富，还能使绘图变得更加美观。

如图 2-18 所示，对于插图中颜色的配置也有强弱之分：深色较强，浅色较弱；暖色较强，冷色较弱。建议按样品的主次合理配置颜色：主要样品宜采用深色、暖色；次要样品宜采用浅色、冷色；全文配色淡雅为宜。

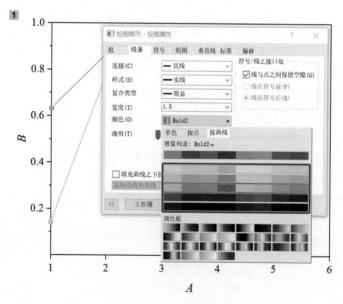

图 2-18　颜色的增量列表

03 第3章 数据窗口

数据是绘图的基础，在学习具体的各类科研绘图方法前，掌握 Origin 软件常用的数据窗口的操作方法非常重要。一方面，了解各类绘图所需的工作表结构，对开展具体的实验有指导作用；另一方面，了解数据的结构特征，掌握数据处理与分析方法，可以为创作优秀的绘图奠定基础。Origin 的数据窗口包括工作簿、矩阵簿等窗口。工作簿的数据处理沿用熟悉的 Excel 语法。

3.1 工作簿与工作表

3.1.1 工作簿与工作表的基本操作

工作簿是最常用的数据存放窗口。一个 Origin 工作簿可以容纳 1024 个工作表。为了更好地理解工作簿，首先要充分了解工作簿窗口的结构和功能。下面以新建工作簿、增加工作表、修改工作簿属性为例，认识工作簿。

1. 新建工作簿和工作表

运行 Origin 程序后，工作区已包含一个空白的工作簿"Book1"，工作簿中包含"Sheet1"表。单击上方工具栏的"新建工作簿"按钮，即可创建"Book2"工作簿，再单击工作簿窗口最下方的"+"，可以新增"Sheet2"工作表。

2. 认识工作簿窗口

认识 Origin 软件中的窗口对象，可以为本书后续章节的学习奠定基础。下面以工作簿窗口的几种常用对象为例（见图 3-1），介绍 Origin 软件窗口的常用操作。

图 3-1 工作簿

（1）标题栏

通常用于显示名称和拖动窗口。右击①处的标题栏可显示快捷菜单。

（2）列标题

列标题显示为"A（X）""B（Y）"格式，其中"A"为列名称，"X"或"Y"表示列属性（数据属性）。单击②处的列标题可选择该列数据。按下"Ctrl"键的同时单击列标题可以选择多列数据。单击左上角③处的空白列标题可以全选所有列数据。

（3）列标签

列标签（见图 3-1 中的④处）可以填写 XY 轴标题（单位）、注释、参数、F(x) 公式、迷你图等，其中注释对数据的批注，可以直接输入单行，也可以在行尾按"Ctrl+Enter"组合键输入多行注释，但绘图时系统默认采用第一行注释作为图例。

（4）工作表标签

右击工作表标签（见图 3-1 中⑤处的 Sheet1），可以创建副本、插入新表、插入图表等，拖动可调节顺序，双击可修改名称。

（5）窗口属性

右击①处的标题栏，选择⑥处的"属性"命令打开对话框，可以修改长名称（可以用中文字符）、短名称（只能用非数字开头的、不含非法字符的英文字符）。⑦处的"注释"用于备注该工作表的用途、实验参数及其他备忘信息，方便用户辨识。⑧处可以设置窗口标题栏中的显示信息，一般采用"长名称和短名称"的形式。建议勾选⑨处的复选框，可以使 Origin 软件沿用 Excel 的操作习惯。

Origin 软件沿用 Excel 表格"列标签"的做法，可以用简短的枚举字母代替短名称。在使用 F(x) 输入公式时，可以直接用"A"代替"col(A)"，用"A1"代替"col(A)[1]"（见图 3-1 中的⑨），简化公式的输入。如果遇到输入含"A""B"等列名称的公式后，单击运行却无法得到结果，这是因为⑨处"电子表格单元格表示法"的复选框未勾选。

特别注意，短名称是程序内部调用或用户编程调用时的对象名（≤ 17 个字符），只能用字母开头的英文（可含数字），不可用非法字符（汉字、全角、运算符保留字"+-*/%^"等）。

（6）迷你图

有时关闭了其他常用对象（如长名称、单位、注释、F(x)、迷你图、采样间隔等），可通过右击标题栏选择"视图"并选择相应对象。例如，按图 3-2 中的步骤显示"迷你图"，右击①处的标题栏，单击"视图"快捷菜单，选择②处的"迷你图"选项，可在行标签中新增"迷你图"，此时并不显示迷你图，需要右击③处的"迷你图"行标签，选择④处的"添加或更新迷你图"，即可显示迷你图。

3. 工作表列标签的富文本

如果将"工作簿"比喻成"作业本"，那么"工作表"就是这个本子里面的每张

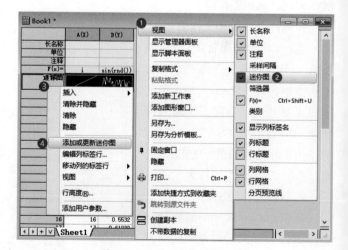

图 3-2　显示 / 隐藏"迷你图"

格子纸。工作表可以存放 100 万行和 1 万列的数据，这给一般科研数据提供了足够的存储空间。工作表除了数据处理方法与图形直接相关外，工作表的列标签（长名称、单位、注释等）也与图形中的坐标轴标题直接相关。因此，掌握工作表的设置方法是用户必备的基本功。

例1：创建工作簿，开启"富文本"样式，通过设置工作表中文本格式修改图中文本的上标、下标、斜体等格式。

"长名称"和"短名称"将被自动设置为 X 轴和 Y 轴的轴标题，如图 3-3 所示。因为普通的文本格式不包含排版样式，所以轴标题、刻度标签无法显示斜体、上标、下标等样式。可以利用"富文本"设置图中文本的字体样式。当我们开启"富文本"样式后，利用上方"编辑工具栏"中的粗体（**B**）、斜体（I）、下划线（U）、上标（x^2）、特殊符号（$\alpha\beta$）等工具可以对可输入对象（单元格或任何添加的文本）的文本样式进行修改。

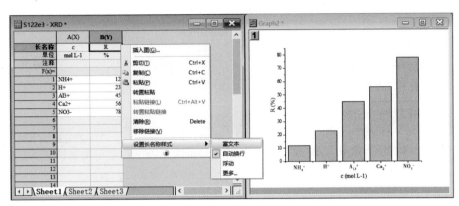

图 3-3　开启可输入对象"富文本"样式

按图 3-3 中的步骤开启"富文本"样式，选择长名称（或单位）的单元格（可横向拖选多个单元格），右击选择"设置长名称样式"→"富文本"。对于数据单元格的"富文本"样式，其开启方法与上述步骤类似，右击菜单最下方的展开按钮，即可找到"设置数据样式"子菜单。

4. 从方程组绘制函数图像

以 NH_4^+ 为例，NH_4^+ 中的"4"和"+"是上下排列的，如图 3-4 所示，双击①处的单元格，单击上方工具栏②处的"上下标"按钮，然后分别输入数字，即可实现上下标的设置。

以爱心曲线函数为例演示定义域数据的创建过程，了解方程组的可视化绘图原理。

例2：从方程组绘制爱心曲线。开启"富文本"样式，设置斜体、上下标；从方程组构造 XYY 型数据，绘制函数曲线（见图 3-5）。

$$\begin{cases} y = \sqrt{1-(|x|-1)^2} \\ y = \mathrm{acos}(1-|x|) - \pi \end{cases} \quad (x \in [-2, 2])$$

解析：例 2 需要绘制 2 条曲线，数据分别来自方程组的 2 个方程，下面介绍 x、y 数据的创建方法。

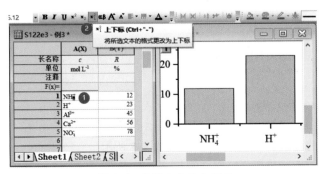

图 3-4　设置文本的上下标

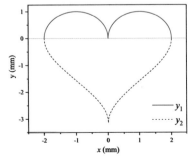

图 3-5　从方程组绘制爱心曲线

（1）自变量 x 列数据的创建

由定义域 $x \in [-2,2]$ 可知，x 的变化范围是 $-2 \sim 2$，x 的最小值与最大值跨度为 4，如果以 1 为单位构造 100 个点，则需要将这个范围均分为 400 段构造 401 个点（包括端点）。这些点的数据通过行号 Row(i) 的函数换算。

$$x = \frac{i-201}{100} \qquad i = [1,401]$$

行号 i 从 1 开始变化到 401。当 $i=1$ 时，$x=-2$；当 $i=2$ 时，$x=-1.99$；以此类推，当 $i=401$ 时，$x=2$。这样就构造了 401 行 x 从 -2 均匀变化到 2 的 X 数据集。

根据定义域设置 x 列值。单击"A(X)"列标签，右击"设置列值"；弹窗中设置 Row(i) 行号从 1 到 401；"Col(A)="框中输入"($i-201$)/100"，单击"确定"按钮。设置界面如图 3-6 所示。

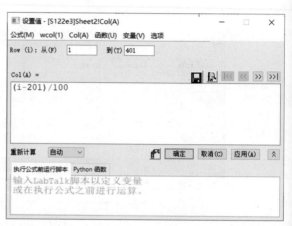

图 3-6　对 x 列设置列值

（2）因变量 y 列数据的创建

由于爱心曲线由 2 个方程的图像曲线组合而成，因此需要构造 2 列 y。工作表默认只有 2 列，即 1 列 x 和 1 列 y，这就需要"添加新列"。添加新列并设置列属性为 X 或 Z。单击工作表标题"Sheet1"（工作簿左下方）激活工作表，单击上方工具栏的 ，添加 1 列；添加新列的属性默认为 Y，单击新增列的列标签，在"迷你工具栏"（见图 3-7）中单击"X"或"Z"按钮，也可以在右键菜单中选择"Set as X"或"Z"，即可设置新增列的属性。

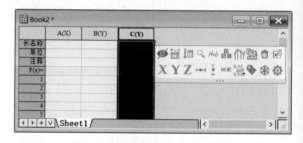

图 3-7　设置新列的 X 或 Y 属性

爱心曲线 2 个方程对应 2 列 y，且均为 x 的函数。Col(A) 为 x 数据，Origin 沿用 Excel 的单元格表示法，用"A"代替 Col(A)。通过在"设置值"窗口（见图 3-6）中编写相应的公式创建这 2 列 Y 的数据。

$$y = \sqrt{1-(|x|-1)^2}$$

对于方程设置列值的表达式为：

sqrt(1-(abs(A)-1)^2)

$$y = \mathrm{acos}(1-|x|)-\pi$$

对于方程设置列值的表达式为：

acos(1-abs(A))-pi

其中，sqrt、^、acos 分别是开方、乘方、反余弦运算符，abs 表示取绝对值，pi 表示 π。例如，现在对 C 列设置列值，在"Col（C）="的文本框中输入的表达式如图 3-8 所示。

关于各种函数、变量等数学符号，可以在"设置值"窗口的菜单中找到。

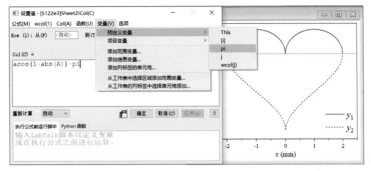

图 3-8　设置列值公式中的函数与变量符号

（3）多条曲线图的绘制

前面我们通过方程组根据定义域创建了一张 XYY 型的工作表，可以绘制 2 条曲线，如需绘制多条曲线图，只需要参考前面的方法创建多个 Y 列数据即可。下面绘制由 2 条曲线构成的爱心曲线图。

按图 3-9 中的步骤，单击①处全选数据，选择下方工具栏②处的折线图按钮，可得到③处的曲线图。

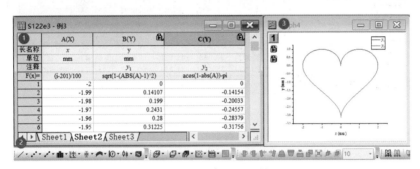

图 3-9　曲线图的绘制

3.1.2 工作表的创建

1. 利用向导创建工作表

在试验数据整理过程中，可以先根据需要，创建一些特定结构的表格，依据表格框架，从 txt 或 Excel 等格式的数据文件中复制并粘贴相应数据到表中。该方法简便、直观，因此先建立表格后填入数据可能是最常用的方法。

Origin 为工作表提供了快捷的"新建工作表"向导。利用"新建工作表"向导可以根据具体的科研实验数据需求，灵活创建工作表。

打开向导窗口：选择菜单"文件"→"新建"→"工作簿"→"构造"，单击下拉菜单选择或输入一个表格结构代码。具体操作如图 3-10 所示。工作表中列的属性主要分为 X、Y、Z、X 误差（M）、Y 误差（E）、标签（L）、忽略（N）、组（G）、观察对象（S）等，其中 X、Y、Z 及误差（M、E）是比较常用的列属性。如果不新建工作簿，而是在当前工作簿新增表格，可以勾选"新建工作表"窗口左下方的"添加到当前工作簿"复选框。

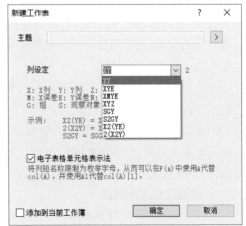

图 3-10　新建工作表向导

2. 2D图工作表的创建

（1）n(XY)型工作表

n(XY)型工作表其实是具有单独 XY 的每组样品数据将每张 XY 表格整理到一张表格中。例如，测试了 4 种电极材料的电化学阻抗谱（Electrochemical Impedance Spectroscopy，EIS），每种材料的 EIS 数据中的 x，y 数据相互独立、各不相同，这就需要创建 4 组 X，Y 列，即 n(XY)型工作表。

例3：创建 4 组样品的 X、Y 列工作表。

创建 n(XY)型工作表。单击菜单"文件"→"新建"→"工作簿"→"构造"，"列设定"输入"4(XY)"，单击"确定"按钮。得到的工作表如图 3-11 所示。

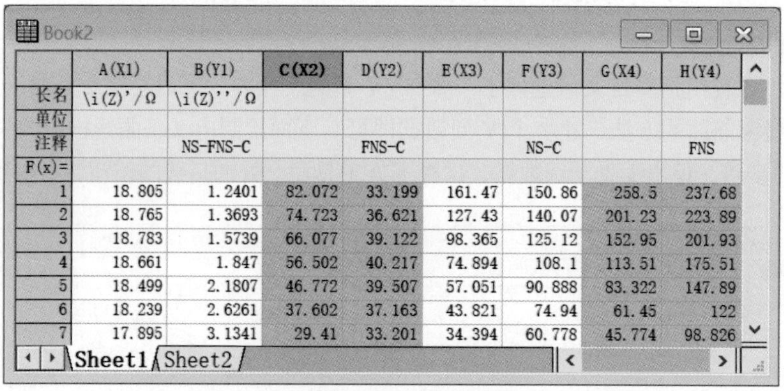

	A(X1)	B(Y1)	C(X2)	D(Y2)	E(X3)	F(Y3)	G(X4)	H(Y4)
长名	\i(Z)'/Ω	\i(Z)''/Ω						
单位								
注样		NS-FNS-C		FNS-C		NS-C		FNS
F(x)=								
1	18.805	1.2401	82.072	33.199	161.47	150.86	258.5	237.68
2	18.765	1.3693	74.723	36.621	127.43	140.07	201.23	223.89
3	18.783	1.5739	66.077	39.122	98.365	125.12	152.95	201.93
4	18.661	1.847	56.502	40.217	74.894	108.1	113.51	175.51
5	18.499	2.1807	46.772	39.507	57.051	90.888	83.322	147.89
6	18.239	2.6261	37.602	37.163	43.821	74.94	61.45	122
7	17.895	3.1341	29.41	33.201	34.394	60.778	45.774	98.826

图 3-11　n(XY)型工作表

小窍门：为了方便区分不同样品或条件的数据，可以将表列交叉填充背景色。按住"Ctrl"键不放，点选需要交叉填充的列标签，实现跳选、多选，然后单击上方的填充颜色工具 🎨，给所选表列填充背景颜色。

（2）创建 m(XnY)型工作表

假设在 3 种条件（"pH、反应温度 T 和反应配比 x"，即 3 种 x）下，考察 2 个指标（如产率、比容量等，即 2 种 y）的变化。这就需要创建 m(XnY)型工作表，即通过输入"3(X2Y)"创建 3 组 XYY（共 9 列）工作表。

创建 m(XnY)型工作表。单击菜单"文件"→"新建"→"工作簿"→"构造"，在"列设定"中输入"3(X2Y)"，单击"确定"按钮。

（3）创建 XnY 型工作表

假设在相同条件（衍射角范围、扫描速度）下测试 10 种样品的 X 射线衍射（XRD）数据，那么所有样品的 XRD 数据都具有完全相同的 X 列数据，此时，可用 XnY 代码创建一个含 1 列 X，n 列 Y 的工作表。

单击菜单"文件"→"新建"→"工作簿"→"构造"。在"列设定"中输入"X10Y"，单击"确定"按钮。

为了直观描述，后文称 XnY 型为 XYYY 型工作表。XYYY 型工作表为"万能型"数据结构，可以绘制大多数类型的绘图，如 2D 图（柱图、堆积图、多曲线图、Contour 图等）、3D 图（瀑布图、曲面图、3D 散点图、3D 柱图、3D 堆积图等）。

3. 3D图工作表的创建

3D 图的绘制通常需要准备 XYYY 型、XYZ 型及矩阵等类型的工作表。n(XYZ)型工作表是绘制 3D 坐标系图常见的一种数据结构，除了能绘制 3D 图，n(XYZ)型工作表还能绘制某些 2D 图（热图、Contour 图）。参考"利用向导创建工作表"的方法，在"列设置"中输入"3(XYZ)""XY2Z""X2YZ"等。

例 4：创建 4 个点的 XYZ 型数据，坐标分别为 (1,1,1)、(2,1,2)、(1,2,2)、(2,2,3)，根据 X 和 Y 的数值变化特征安排 2(XYZ) 型工作表，并绘制 3D 柱状图。

利用向导创建 2(XYZ) 型工作表，填入 (x,y,z) 坐标值，按图 3-12 中的步骤，单击①处全选数据，单击②处绘图，全选数据可绘制 3D 柱状图。通过本例可以了解 3D 柱状图的分布特征，初步建立对三维立体坐标系的几何思维。

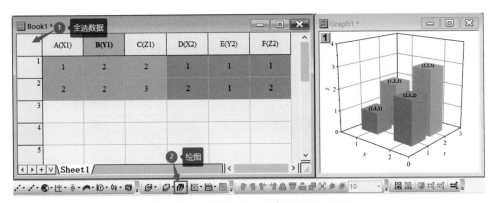

图 3-12 2(XYZ) 型工作表及 3D 柱状图

可以注意到，图 3-12 所示的工作表单元格被填充了颜色，目的是跟 3D 绘图中的柱子对应，让我们更好地理解 XYZ 型数据与图的空间关系。在今后的具体绘图实践中，当工作表结构比较复杂时，可高亮显示单元格。

具体方法：拖选需要填充的多个单元格，单击上方工具栏的"填充颜色"按钮，选择某个颜色即可。

除了构造多组 XYZ 型工作表外，还可以只构造一组 XYZ 型数据来绘制 3D 柱状图。如图 3-13 所示，同样的数据构造结构不同的工作表，绘图基本一样，不同之处在于多组 XYZ 是多组样品，绘制的柱图颜色、形状等样式将自动区分，而单组 XYZ 被视为一个样品的空间数据，绘制的图为一个整体。在修改绘图细节上有差别，这些差异将在后续章节中介绍。

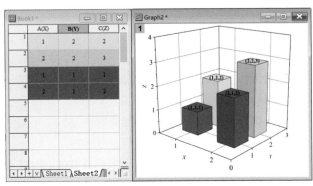

图 3-13 XYZ 型工作表及 3D 柱状图

4. 误差工作表的创建

在绘制多组样品的 2D 或 3D 误差棒点线图、柱状图、堆积图时，我们经常会遇到绘制不出误差棒的问题，其主要原因是工作表的结构不正确。解决办法：yEr± 误差列需紧跟 Y 数据列之后。

（1）创建 n(XYE) 型工作表

n(XYE) 型工作表的基本结构为 n(XY) 型（独立 XY 型），在每个 Y 列之后增加 yEr± 误差列。例如，构造 2 组 y 误差工作表。

单击菜单"文件"→"新建"→"工作簿"→"构造"，在"列设定"中输入"2(XYE)"，单击"确定"按钮。

（2）创建 Xn(YE) 型工作表

Xn(YE) 型工作表的基本结构为 XnY 型（XYYY 型），同样需要在每个 Y 列之后增加 yEr±误差列。例如，构造 3 组误差工作表，单击菜单"文件"→"新建"→"工作簿"→"构造"，在"列设定"中输入"X3(YE)"。单击"确定"按钮。

（3）Xn(YZE) 型

绘制 3D 误差棒图通常需要 Xn(YZE) 型工作表，在每个 Z 列后增加 yEr±误差列，虽然名称为"yEr"，但它紧跟 Z 列之后，即为 Z 的误差。这里 XYZ 型数据中 Y 可以是文本标签。下面举例构造 3 组 XYZ 误差工作表。

单击菜单"文件"→"新建"→"工作簿"或按键盘快捷键"Ctrl+N"，在向导窗口的"列设定"中输入"X3(YZE)"，单击"确定"按钮，可得如图 3-14 所示的工作表。

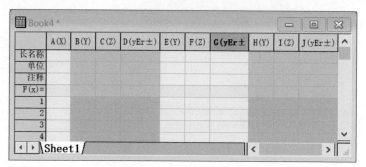

图 3-14　Xn(YZE) 型工作表

3.1.3　工作表的常用操作

在绘图前，通常需要对工作表格进行整理及对数据进行相关计算处理，Origin 软件具有跟 Excel 软件类似的功能。本小节主要列举常用的表格和数据处理方法。

例 5：创建一张含多列数据的工作表，演示工作表的常用操作。

1. 单选、多选、通配选择

在对工作表进行一系列操作前，需要按照不同需求单选、多选、跨选相应的列数据，并了解和掌握选择列的基本操作。

（1）单选列：单击列标签选择某列。

（2）全选列：单击表格左上角空白标签。

（3）拖选列：在 C 列标签按下鼠标左键的同时往 D 列标签移动鼠标，释放鼠标，即可实现对 C、D 两列数据的选择。

（4）跨选列：有时需要跨过几列选择其他列，按下"Ctrl"键，单击某几列标签，即可跳过几列，选择多列数据。

（5）通配符选择列：对于数据列数非常大的情况，按上述使用鼠标选择列数据已不现实，可以通过菜单"列"→"Select Columns"的选择向导实现。

选择注释以"A"开头的所有列：单击工作簿标题栏，激活工作簿；单击菜单"列"；单击"Select Columns"，如图 3-15（a）所示；在弹出的对话框中修改"标签行"为"注释"；修改"字符"为"A?"（？通配 1 个字符，＊通配多个字符）；单击"Select"按钮即可全选符合条件的所有列，如图 3-15（b）所示。

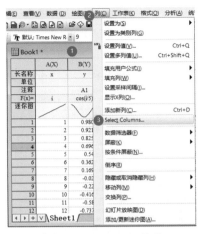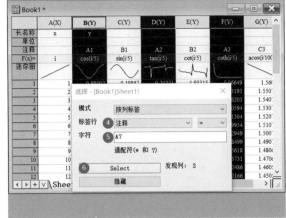

| （a）Select Columns 菜单 | （b）选择注释以"A"开头的所有列 |

图 3-15　列的通配选择

2. 列的移动、交换

当我们导入数据到 Origin 工作表后，在某些特殊情况下，需要将某列向左或向右移动，或者交换两列位置，这时就要用到对工作表中的列进行"移动列"和"交换列"的操作（见图 3-16）。

（1）移动 C 列到最后

在 C 列标签上右击，选择"移动列"→"移到最后"，如图 3-16（a）所示。或在 C 列标签上单击，单击菜单"列"→"移动列"→"移到最后"。

（2）交换 C、D 列的位置

拖选 C、D 两列，单击菜单"列"→"交换列"，如图 3-16（b）所示。

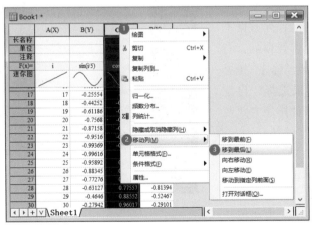

| （a）移动列 | （b）交换列 |

图 3-16　列位置的移动与交换

3. 转置、排序、条件格式

在进行数据处理或科学计算时，往往需要对工作表进行转置、排序等操作，还需要利用条件格式对工作表进行高亮显示。

（1）工作表的转置

单击工作簿，单击菜单"工作表"，选择"转置"菜单，如图 3-17（a）所示，在弹出的对话框中直接单击"确定"按钮，即可新建一张转置的工作表，如图 3-17（b）所示。

（a）工作表转置菜单	（b）转置前后对比

图 3-17　工作表的转置操作

> **注意** ⚠ 转置后工作表的数据行数据发生了改变，但标签行（长名称、单位、注释等）信息不会跟随转置，如图 3-17（b）所示，需要手动设置。

（2）工作表的排序

工作表的排序一般分为列排序和工作表排序两种模式。对于列排序，右击某列标签，选择"列排序"→"降序"（或"升序""自定义"），可实现对该列数据进行排序。在列排序模式下，其他各列数据不受影响。对于工作表整体排序模式，全选数据列，右击列标签，选择"列排序"→"升序"（或"降序"）（见图 3-18），默认对第一列进行排序，如果选择"自定义"，类似于 Excel 的排序功能，设置多种排序方式及作用范围。

（3）工作表的条件格式

与 Excel 软件类似，我们可以依据表格数据设置不同的颜色，这样做的目的是将表中数据"可视化"为"热点图"，使用户了解数据的特征，为下一步选择什

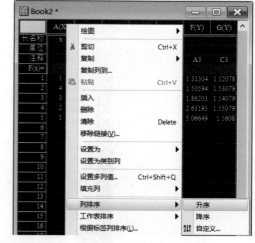

图 3-18　工作表的排序

么样的绘图模板提供一个图形化"预览"，激发用户的绘图灵感。

例 6：创建一张含多列数据的工作表，演示表格的高亮显示操作。

按图 3-19（a）所示的步骤，拖选数据单元格，右击选择"条件格式"→"热点图"→"打开对话框"；在弹出的对话框中，设置 3 种颜色（如黄、橙、红色），单击"确定"按钮后得到如图 3-19（b）所示的效果。

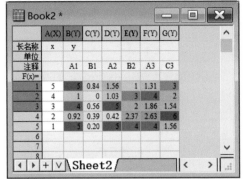

（a）设置条件格式　　　　　　　　（b）单元格可视化热点图效果

图 3-19　工作表的条件格式设置

4. 行列统计

通常，我们需要对实验数据进行统计，例如求平均值与标准差。下面对工作表中 B~D 列的各行数据进行统计。按图 3-20（a）中的步骤，拖选①处列标签选择 B~D 列数据，右击选区②处，选择③处的"行统计"，单击④处的"打开对话框"，在弹出的"行统计"对话框中，单击⑤处的"输出量"选项卡，选择⑥处的"均值"和"标准差"复选框，单击"确定"按钮，可在原工作表中新增"均值"和"标准差"数据列，如图 3-20（b）所示。"列统计"的步骤与上述操作类似。

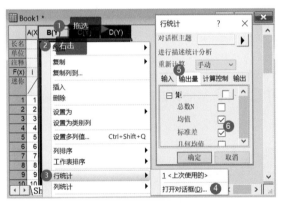
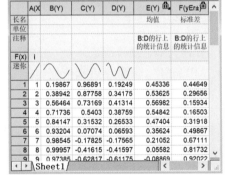

（a）行统计　　　　　　　　　　　（b）统计结果

图 3-20　行统计

3.2 矩阵簿与矩阵表

Origin 软件中最主要的两种数据结构为工作表和矩阵表，其中工作表一般用来绘制 2D 绘图和部分 3D 绘图，而矩阵表一般用于绘制部分 2D 绘图（Contour 图、热图）、3D 绘图（表面图、轮廓图）及处理图像等。

矩阵簿与工作簿的主要区别在于两方面：数据类型和数据容量。

1. 数据类型的区别

矩阵簿的单元格为 z 值，其数据类型是数值型，而工作簿数据类型包括文本、数值、图形、注释、列函数、脚本与可编程按钮对象、LabTalk 变量、导入过滤器（见表 3-1）。

表3-1 工作簿与矩阵簿数据类型的区别

数据类型或对象	工作簿	矩阵簿
文本	√	
数值	√	√
图形	√	
注释	√	
列函数	√	
脚本与可编程按钮对象	√	
LabTalk 变量	√	
导入过滤器	√	

2. 数据容量的区别

工作簿与矩阵簿数据容量的区别如表 3-2 所示。

表3-2 工作簿与矩阵簿数据容量的区别

项目	工作簿	项目	矩阵簿
工作表 / 个	1024	矩阵表 / 个	1024
单表行容量 / 行	$n \times 10^6$	矩阵对象 / 个	65504
单表列容量 / 列	65000		

3.2.1 矩阵簿的基本操作

与工作簿类似，矩阵簿是一个"容器"，可容纳 1~1024 个矩阵表。如图 3-21（a）所示，矩阵簿名称为"MBook4"，其数字后缀依据当前项目中已有矩阵簿的数目递增。对矩阵簿的操作与工作簿相同，下面介绍矩阵簿的基本操作。

（a）新建矩阵　　　　　（b）显示 X/Y

图 3-21　矩阵簿

（1）新建矩阵簿：单击上方工具栏的"新建矩阵"按钮，可新建矩阵簿，如图 3-21（a）所示。

（2）新增矩阵表：右击左下方矩阵表标签"MSheet1"，在快捷菜单中选择"插入"按钮，可以创建多个矩阵表。

（3）调整矩阵表：在"MSheet1"矩阵标签上按下鼠标左键向左或向右拖动，可以调整与"MSheet2"的先后顺序。

（4）移除矩阵表：在"MSheet1"矩阵标签上按下鼠标左键拖出矩阵表成为独立的矩阵簿，或拖入另一个矩阵簿中，原矩阵簿中将移除该矩阵表。

（5）复制矩阵表：按下"Ctrl"键，同时拖出"MSheet1"或拖往另一矩阵簿中可复制该矩阵表，而不删除原矩阵簿的"MSheet1"矩阵表。

（6）显示 X/Y：右击矩阵簿标题栏，选择"显示 X/Y"，可以显示被行数（或列数）均分的 Y（或 X）刻度值，如图 3-21（b）所示。矩阵的行与列为绘图提供了数据点的 (x, y) 坐标，矩阵表中的数据均为 z 值，用于表达样品的某项强度指标。

3.2.2 矩阵表的基本操作

矩阵表与工作表有类似的基本操作，例如，矩阵表窗口的属性设置、转置等，也有各自特殊的操作，例如，矩阵表有"矩阵旋转""矩阵翻转""扩展/收缩"等操作，但矩阵表无标签行，需要另外设置 X、Y 轴刻度的映射值。

1. 新建和修改矩阵

（1）新建矩阵

步骤一 构造矩阵：单击菜单"文件"→"新建"→"矩阵"→"构造"，可打开"新建矩阵"对话框。

步骤二 设置矩阵：按图 3-22 中的步骤，勾选①处的"显示图像缩略图"前的复选框，修改②处的"列(X)"为6、"行(Y)"为5。

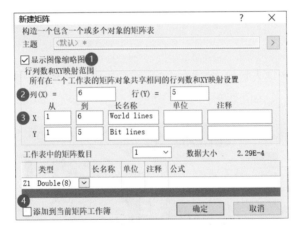

图 3-22　从菜单新建并设置矩阵

步骤三 设置 X、Y 坐标：在③处分别设置 X 和 Y 值映射范围（将显示为刻度值）、长名称和单位（将显示为坐标轴的标题）及注释（将显示为图例标签）。

> **注意** ⚠ 当项目中已存在矩阵簿时，在图 3-22 中④处会出现"添加到当前矩阵工作簿"复选框。如果选中该复选框可以在当前激活的矩阵簿中追加矩阵表，如果不选中，则将新建一个矩阵簿。

（2）修改矩阵

当我们新建了矩阵表，但忘记修改矩阵尺寸或 X、Y 坐标，可以通过以下 2 种方法对已创建的矩阵表进行设置。

方法一：选择菜单"矩阵"→"行列数/标签设置"，如图 3-23 ①所示。

方法二：矩阵左上角点击全选后，右击选择"设置矩阵行列数/标签"，如图 3-23 ②所示。

采用上述 2 种方法均可以打开如图 3-24 所示的"矩阵的行列数和标签"对话框，填入列、行数，分别点击"xy映射""x标签""y标签""Z标签"，可以分别设置"长名称""单位""注释"等内容。这些信息将显示在绘图的坐标轴标题、刻度标签及图例中。另外，矩阵数据是均匀刻度分布的，当工作表中各列 Y 的变化不均匀时，请勿转换为矩阵，否则会导致数据偏移变化。

图 3-23　修改矩阵的行列数和标签

图 3-24　矩阵的行列数和标签的修改

2. 矩阵的转置、旋转、翻转

热图是反映一个平面上某种热度（或强度）的二维分布，或者两种事件（或指标）的相关性分布。下面以一个简单的热图为例，演示矩阵的转置、旋转、翻转操作引起的图形变化。

例 7：创建 4 列 3 行矩阵表，填入数据绘制热图；对矩阵表进行转置、旋转、翻转操作，观察矩阵迷你图和绘图的变化。

（1）填入数据绘制热图

向新建的矩阵表中随意填入数据，按图 3-25 所示的步骤绘制热图。单击①处的标题栏激活矩阵窗口；单击②处的▼按钮，在快捷菜单中选择③处的"热图"选项，即可得到④处所示的热图。

图 3-25　从矩阵绘制热图

（2）矩阵操作及图形变化

对矩阵的转置、旋转、翻转操作会引起矩阵数据结构的变化，进而引起缩略图、图形的变化（见图 3-26），转置与旋转不一样，转置是沿着矩阵表格对角线对称翻转。单击矩阵簿标题栏激活矩阵窗口，先后单击图 3-26（a）中菜单"矩阵"①处的"转置"、②处的"旋转 90"、③处的"翻转"，观察图 3-26（b）中的矩阵缩略图、热图因矩阵的系列操作引起的变化，理解矩阵操作的差异。

由于转置导致行数、列数的变化，即 X、Y 的数目变化，在行数与列数不相等的情况下，上述矩阵操作过程中会引起绘图的"空缺"（见图 3-27）。

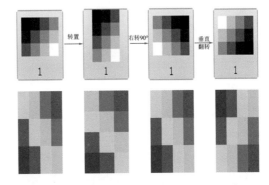

（a）矩阵菜单　　　　（b）矩阵缩略图（上）、图形（下）随矩阵操作的变化

图 3-26　矩阵操作及图形变化

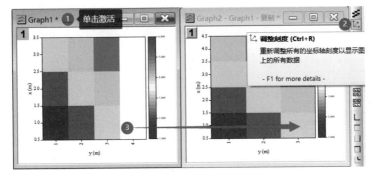

图 3-27　矩阵翻转引起图形空缺及解决方法

这种空缺是因为坐标轴刻度范围未调整引起的显示不完整。解决方法：单击图 3-27 中①处标题栏激活图形窗口，单击右边工具栏②处的"调整刻度"按钮（或按快捷键"Ctrl+R"）调整所有坐标轴刻度范围，③处所指是调整前后的对比效果。一键调整刻度在绘图中非常实用。

3. 矩阵与工作表的转换

理解矩阵与工作表的区别，掌握矩阵与工作表的相互转换，对于数据处理与绘图工作非常有必要。

例 8：创建工作表，填入数据，采用不同的方式将工作表转换为矩阵；观察转换前后单元格数据的变化；分别选择工作表、矩阵绘制一张分块热图（见图 3-28）。

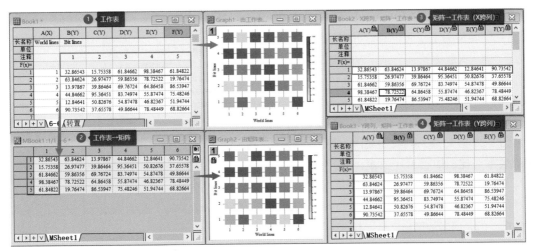

图 3-28　矩阵与工作表的转换及绘图效果对比

（1）工作表→矩阵

工作表转换为矩阵有多种方法，各方法要求的工作表数据结构各不相同。这里仅以"直接转矩"为例介绍工作表转换为矩阵的方法，其他方法将在后续章节需要转矩的具体绘图实例中介绍。

步骤：

步骤一 单击激活工作表窗口，单击菜单"工作表"→"转换为矩阵"→"直接转换"，打开对话框。

步骤二 分别单击图3-29（a）中的①~③处下拉菜单，设置"数据格式"为"X数据跨列"，"X值位于"为"列标签"，"列标签"来源于"注释"，选择④处的"Y值在第一列中"及⑥处的"排除缺失值"的复选框。如果单击"确定"按钮，则得到跟转换前的工作表（见图3-28①）的数据结构完全一致的矩阵，如图3-29（b）所示。将"数据格式"设为"Y数据跨列"，则得到转置后的矩阵（见图3-28②），其数据结构与原工作表数据呈对角线对称分布。

步骤三 在步骤二单击"确定"按钮之前，⑤和⑥两处的复选框在某些情况下可以尝试选择。当数据刻度并非绝对均匀变化时，选择⑤处的"使用线性拟合估计坐标值"复选框；当工作表中有缺失数据（空的单元格）时，选择⑥处的"排除缺失值"复选框。

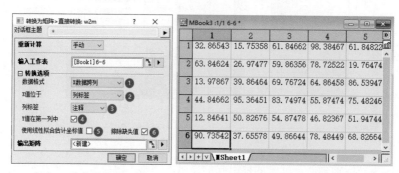

（a）工作表转换为矩阵　　　（b）转换前的工作表

图3-29　工作表转换为矩阵

（2）矩阵→工作表

将前面转换后的矩阵反向操作，由矩阵转换为工作表，具体操作步骤如下。

步骤：

步骤一 单击矩阵的标题栏激活窗口，单击菜单"矩阵"→"转换为工作表"，将弹出"转换为工作表"对话框（见图3-30）。

步骤二 在"转换为工作表"对话框中，修改"数据格式"为"X数据跨列"或"Y数据跨列"得到的工作表数据结构不同（见图3-28）。

（3）由工作表、矩阵绘制分块热图

分别采用原工作表（见图3-28①）、Y跨列转换矩阵（见图3-28②）、X跨列转换矩阵（见图3-29）绘制热图的效果对比，如图3-31所示。（c）图的矩阵数据结构与（a）图的原始工作表结构相同，但两者的图形

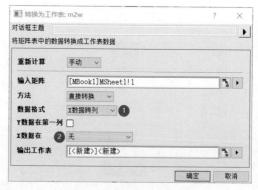

图3-30　转换为工作表

是呈对角线（左下→右上）对称分布的。（b）图的矩阵数据结构与（a）图的原始工作表结构呈对角线对称分布，但是两者的图形完全一样。

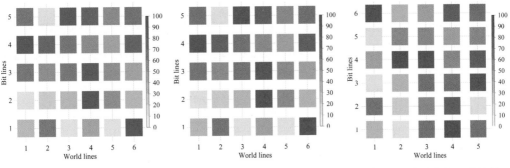

（a）由工作表绘制　　　　（b）由Y跨列转换矩阵绘制　　　　（c）由X跨列转换矩阵绘制

图 3-31　工作表、转换矩阵绘制的热图效果对比

（a）、（b）、（c）三图采用了不同的数据类型（工作表或矩阵），但在绘图步骤上完全一致。下面以其中一个矩阵为例，演示分块热图的绘制步骤。

步骤一　绘制草图，按图3-32所示的步骤，单击①处标题栏激活矩阵表窗口，单击下方工具栏②处▼，选择快捷菜单中③处的"热图"选项，即可得到④处所示的草图。

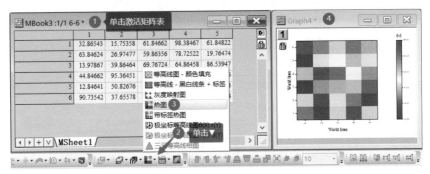

图 3-32　绘制草图

步骤二　调整间距，按图3-33所示的步骤，在①处所示的图上双击打开"绘图细节-绘图属性"对话框，单击②处的"显示"选项卡，分别拖动③处所示X方向和Y方向间距的滑块到合适的值，然后单击"应用"按钮预览效果。

步骤三　修改级别，按图3-34所示的步骤，分别单击①处的"颜色映射"选项卡、②处的"级别"列标签，修改③处的范围（这里并非最大值和最小值，目的是构造整数刻度的颜色标尺），修改④处的"主级别数"为10、"次级别数"为0，单击"确定"按钮回到"绘图细节-绘图属性"对话框，单击"应用"按钮。

图 3-33　调整间距

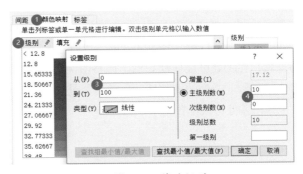

图 3-34　修改级别

步骤四 修改颜色映射，按图3-35所示的步骤，分别单击①处的"颜色映射"选项卡、②处的"填充"列标签打开"填充"对话框、③处的"3色有限混合"，修改④处的3种颜色，单击"确定"按钮返回"绘图细节-绘图属性"对话框，单击"应用"按钮，得到⑤处所示的效果图。

步骤五 显示网格线，按图3-36所示的步骤，在①处坐标轴上双击，在②处单击"网格"选项卡，在③处按下"Ctrl"键的同时单击选择"垂直"和"水平"2个方向，在④处"主网格线"选择"显示"复选框，单击⑤处的"应用"按钮，即可显示灰色纵横网格线。

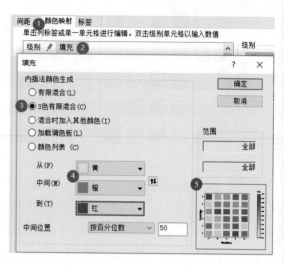

图 3-35　修改 3 色有限混合填充

步骤六 隐藏轴线和刻度线，按图3-37所示的步骤，在①处双击数轴，在②处单击"轴线和刻度线"选项卡，在③处按下"Ctrl"键的同时单击选择"下轴"和"左轴"，在④处取消勾选"显示轴线和刻度线"的复选框，单击"确定"按钮即可得到⑤处所示的效果图。

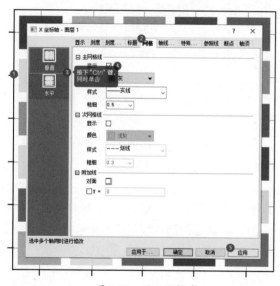

图 3-36　显示网格线

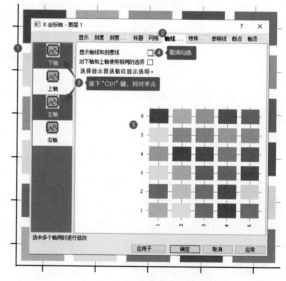

图 3-37　隐藏轴线和刻度线

步骤七 修改颜色标尺，如图3-38所示有2种设置方式：按图3-38（a）所示的步骤双击①处的图例，单击②处的"布局"目录，修改③处的"色阶宽度"为100，单击"确定"按钮；按图3-38（b）所示的步骤，在①处可以拖动句柄，调整图例大小，待浮动工具栏浮出时，单击"Title"按钮可隐藏（或显示）②处的图例标题，单击③处的"小数位"按钮可以设置图例中刻度标签的小数位数，单击④处可以设置为水平标尺。

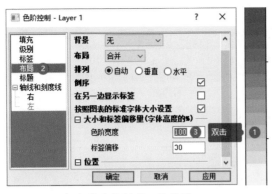

（a）色阶控制窗口的设置　　　　（b）浮动工具栏的设置

图 3-38　颜色标尺图例的设置

步骤八　旋转刻度值数字，按图3-39所示的步骤，在①处X轴刻度标签的数字上双击，打开"Y坐标轴-图层1"对话框，单击②处的"刻度线标签"选项卡，单击③处的"格式"选项卡，在④处修改"旋转(度)"为"自动"，单击"确定"按钮。

步骤九　按图3-40所示的步骤，在①处空白处右击，选择②处的"调整页面至图层大小"（或"调整图层至页面大小"）与前者操作方式相反，在弹出的对话框中设置③处的"边框宽度"为"2"，单击"确定"按钮，即可完成绘图。

图 3-39　旋转刻度值数字　　　　　图 3-40　调整页面与图层边距

3.3 数据的类型与格式

3.3.1 数据类型

　　工作表可以容纳各种类型的数据，包括字符串型、数值型、日期型（时间型）、图片等。数值型含有多种具体细分的数据类型，包括整数型、单精度型、双精度型等，具体数据类型需要根据计算机内存和需要而定，默认为双精度型。数据类型不同，其取值范围也不相同（见表3-3）。

表3-3　数据类型与取值范围

工作簿	矩阵工作簿	所占字节	取值范围
double	double	8	$\pm 1.7E \pm 308$（15位）
real	float	4	$\pm 3.4E \pm 38$（7位）
short	short	2	$-32768\sim32768$
long	int	4	$-2147483648\sim2147483647$
char	char	1	$-128\sim127$
byte	char, unsigned	1	$0\sim255$
ushort	short, unsigned	2	$0\sim65535$
ulong	int, unsigned	4	$0\sim4294967295$
complex	complex	16	$\pm 1.7E \pm 308$（15位）

3.3.2 数据格式

在实际绘图中根据具体需求设置相应的数据格式，如几位数字、几位小数位、科学记数法等。Origin 的数据格式及示例如表 3-4 所示，以"123.456"数值为例，设置不同的格式代码，将得到不同的显示效果。解析如下。

（1）"*4"表示保留 4 位有效数字。

（2）".2"表示保留 2 位小数。

（3）"DMS"显示为 123°27'22"。

表3-4　Origin的数据格式及示例

格　式	描　　述	示　例
*n	显示 n 位有效数字	*3 显示为 123
.n	显示 n 位小数位	.4 显示为 123.4560
S.n	显示 n 位小数位，以科学记数法的形式	S.4 显示为 1.2345E+02
* "pi"	显示为小数，紧接符号 π	*"p" 显示为 39.29727π
#/4"pi"	显示为 π 的分数，分母为 "4"	#/4"pi" 显示为 157π/4
#/#"pi"	显示为 π 的分数	#/#"pi" 显示为 275π/7
##+##	显示为 2 个两位数，"+"为分隔符	##+## 显示为 01+23
#+##M	显示为 2 个数字，"+"为分隔符，M 为后缀	#+##M 显示为 1+23M
#n	显示为 "n" 位整数，根据需要使用前导零填充	#5 显示为 00123
#%	显示为百分数	#% 显示为 12346%
# ##/##	显示为恰当的分数	# ##/## 显示为 123 26/57
# #/n	显示为恰当的分数以 n 为分母	# #/8 显示为 123 4/8
DMS	显示为度（°）分（'）秒（"），这里 1 度 =60 分，1 分 =60 秒	DMS 显示为 123°27'22"

3.4 数据的导入

在 Origin 软件中导入数据的方法很多，操作灵活，可以从 ASCII、Excel、Sound、NI DIAdem、

MATLAB、Minitab、SigmaPlot、网页和数据库等多种途径导入数据。本节主要介绍几种常用的导入方法。

3.4.1 粘贴法

我们习惯先在 Excel 中处理数据或编排数据。在 Excel 中，可通过按"Ctrl+A"组合键全选数据，按"Ctrl+C"组合键复制所选数据，然后在 Origin 的空白表格中按"Ctrl+V"组合键粘贴的方式，完成简单的数据导入。该方法简单且实用，无须依赖导入向导，一步到位。

（1）修改列标签：设置工作簿的表格列标签（长名称、单位、注释）。

（2）设置富文本格式：设置长名称样式为"富文本"，可以方便修改上下标、粗体、斜体。

（3）显示 / 隐藏列标签：右击工作簿标题栏"视图"显示 / 隐藏列标签（如 F(x)、迷你图等）。

（4）窗口属性：长名称（注释作用，提高辨识度、可知性）、短名称（字母开头，不超过 14 个字符，属于程序底层代码调用名称）、注释（可以添加文字，用于描述备注实验参数、实验方法、测试地点、时间等信息）。这里，长名称是用于注释变量 X 或 Y 的文本，短名称是程序底层代码调用的名称，不可用非法字符（除了英文字母的汉字、全角、运算符保留字"+-*/%^"等）。

小窍门：

（1）如果数据的第一行有变量名称及单位符号，第二行开始为数据，在 Origin 工作簿的 Sheet1 表格中，通常可以单击"注释"行的第一单元格后直接按"Ctrl+V"组合键粘贴，而不是单击第 1 行单元格粘贴，可避免粘贴时文本进入数据行（见图 3-41）。

（2）设置富文本后，可以直接修改上标、下标等格式。工作表的长名称与 X、Y 轴标题对应，注释行与图例文本对应，修改工作表中的格式，绘图将自动更新。

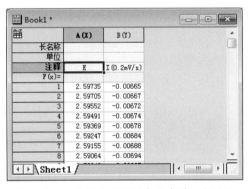

图 3-41 从注释行粘贴避免文本进入数据行

3.4.2 拖入法

对于单个数据文件（如 txt、csv 或 dat 等文件格式），可以从文件夹中直接将 txt 数据文件拖出，在 Origin 软件窗口中释放，此时会弹出"选择过滤器"的小窗如图 3-42（a）所示。一般默认选择"ASCII"（系统），有两个按钮"导入向导"和"确定"，txt 或 csv 格式的数据文件，直接单击"确定"按钮即可导入并自动填入相关信息，如图 3-42（b）所示。这种拖入法导入数据是最常用的方法。

（a）选择过滤器

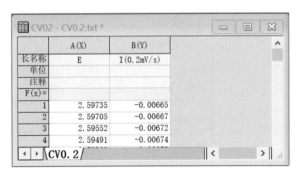

（b）表格信息

图 3-42 拖入法导入数据

3.4.3 单个文件的导入向导

在前面拖入文件后弹出的"选择过滤器"对话框，单击"导入向导"按钮会弹出"导入向导 - 来源"窗口（见图 3-43），数据类型在 ASCII、二进制、用户自定义中选择，Origin 一般会根据实际的实验数据文件的格式自动选择数据类型。需要注意的是，"导入模式"默认为"替代现有数据"，需单击下拉框，根据实际需求来选择，不过对于简单的数据文件，这几项没有明显区别，导入的结果均为新建工作簿。因此简单的数据文件，不用单击"下一步"按钮，直接单击"完成"按钮即可导入，这跟 3.4.2 节"拖入法"导入数据的作用效果一样。

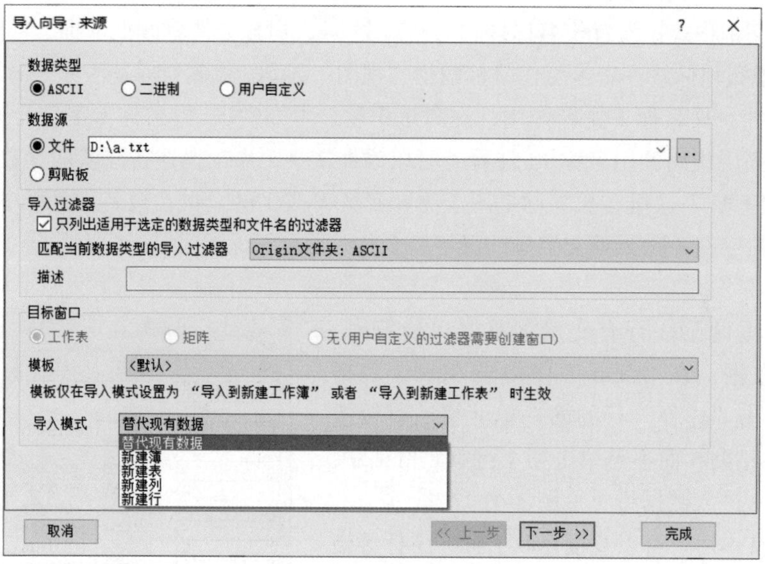

图 3-43　单个文件的导入向导

单击"下一步"按钮，弹出"导入向导 - 标题线"窗口（见图 3-44）。该窗口用来指定数据列的标题位于原始数据文件的第几行。设定行号后，软件将自动屏蔽原始数据文件中的测试参数信息，直接提取数据。这里，原始数据的标题位于第一行，系统自动定位。如果数据文件中含有标题行和单位符号行，则需核对标题行、副标题行的数字是否准确。如果需要修改，取消选择"自动确定标题行"复选框。如果数据文件前端的测试参数信息行数超过 50 行，预览框中仍然未显示出数据行，将"预览行数"的 50 改为 100 或其他数字，直到能显示数据行为止。

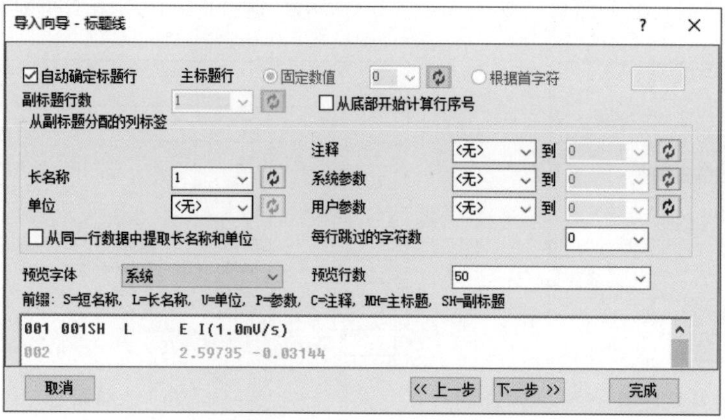

图 3-44　指定数据的标题行

单击"下一步"按钮后，进入"导入向导 - 提取变量"页面，如图 3-45（a）所示，该页面主要处理文件名信息，从数据文件名和文件标题中提取变量。Origin 软件对科研用户比较友好，我们习惯在数据文件名中加入参数信息（如样品编号 t、T、pH、rpm、v 等），利用"提取变量"的功能可以快速提取参数值。具体的方法将在后续章节中介绍。

单击"下一步"按钮，弹出"导入向导 - 文件名选项"页面，如图 3-45（b）所示，可对工作簿、表格、注释、参数行进行重命名。

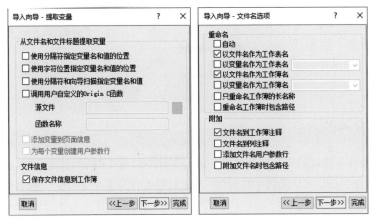

（a）提取变量　　　　　　　　　　（b）文件名选项

图 3-45　提取变量与文件名选项

继续单击"下一步"按钮，分别进入"导入向导 - 数据列"和"导入向导 - 数据选取"两个窗口（见图 3-46）。

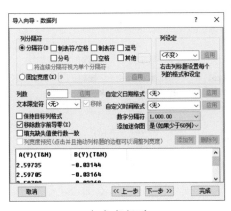

（a）数据列　　　　　　　　　　（b）数据选取

图 3-46　数据列与数据选取

（1）数据列："数据列"页面类似于 Excel 中的"分列"功能，如图 3-46（a）所示，如果数据文件中各列数据之间用逗号、空格或制表符等符号分隔，可以在这里勾选相应的分隔符类型，下方文本框中可以即时预览分列的效果。

（2）"数据选取"页面可以实现跨列、跨行选取数据，如图 3-46（b）所示，根据实际需要对数据文件中每隔多少列（或行）选取数据，该功能可以绘制的数据量非常大，而我们只需要展示某些周期或某次循环的曲线。

继续单击"下一步"按钮，来到"导入向导"的最后一页"保存过滤器"页面（见图 3-47）。对于某种特定的、经常使用的、数据格式统一的测试数据文件，我们可以保存一个自己的过滤器，方便下次使用，从而避免每次导入向导的烦琐步骤。勾选"保存过滤器"和"在'文件：打开'列表中显示过滤器"复选框，同时在"过滤器描述"里填写一个自己熟知的描述信息（注释），单击"确定"按钮，即可导入实验数据。

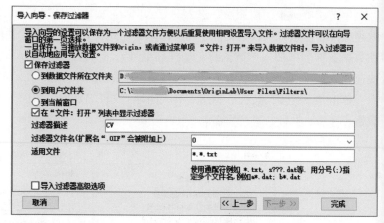

图 3-47　保存过滤器

3.4.4 多个数据文件的合并

对于一组不同条件下测试的单个数据文件，每个文件中只有 XY 两列数据，而且这些数据的 X 列是完全相同的（如 XRD 的 2θ、CV 曲线的电压等），我们需要合并多个文件到一张共用 X 列的 XYYY 型工作表中，这就需要用到"导入多个 ASCII 文件"工具。该工具位于上方工具栏中（见图 3-48）。

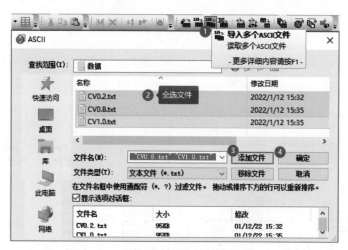

图 3-48　导入多个 ASCII 文件

单击上方工具栏中的"导入多个 ASCII 文件"，在弹出的"查找范围"下拉框中找到数据所在的文件夹，窗口中会列出该文件夹下的所有数据文件，按"Ctrl+A"组合键全选，如果有少数文件不需要，先按下"Ctrl"键，同时用鼠标单击去除选择，然后单击"添加文件"按钮，下方列表会显示已选的数据文件信息。单击"确定"按钮弹出对话框（见图 3-49），注意单击①处的"+"按钮展开"标题行"设置页面，修改②处的"长名称""单位"等所在的行号。如果需要部分导入，单击③处的"+"按钮展开"部分导入"设置页面，展开后如④处所示，单击④处的"+"按钮展开"部分列"，例如，从第 3~100 列读取 2 列跳过 1 列，可设置"起始"为 3、"结束"为 100、"读取"为 2、"跳过"为 1。当然，也可以选择⑤处的"自定义"复选框，参考蓝色提示文本格式自定义读取的列数。例如，一次导入 1、3、5 列、7~10 列、12 列到最后一列，可以在自定义后的输入框中输入"1 3 5 7:10 12:0"。

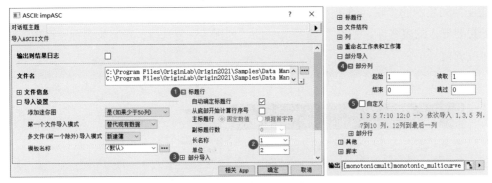

图 3-49　多个 ASCII 文件的合并导入

将多个 CV 数据合并为共用 X（电位 E）列的 XYYY 型工作表，首先修改"第一个文件的导入模式"为"新建簿"，"多文件导入模式"选择"新建列"，同时设置"部分导入"的列数为"起始" 2、"结束" 2、"读取" 1、"跳过" 0。这样可以实现后续文件导入时跳过第一列，只提取第二列数据，并追加到第一个文件导入的表格后。通过上述步骤，可以轻松合并多个 XY 型数据文件为共用 X 列的 XYYY 型工作表（见图 3-50）。

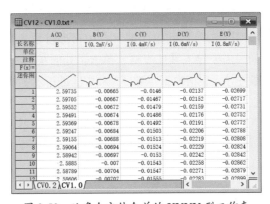

图 3-50　从多个文件合并的 XYYY 型工作表

3.4.5 采用"数据连接器"导入

Origin 的"数据连接器"能够实时连接外部数据。例如，可以连接本地的 Text/CSV、Excel、MATLAB、XML、JSON、HTML 表格等文件（见图 3-51）。

例 9：利用"数据连接器"导入 Excel 文件。

以本书课程文件夹 Chap3 下的"United States Energy (1980-2013).xls"为例，利用"数据连接器"导入 Excel 文件。该 Excel 文件也可以在"C:\Program Files\OriginLab\Origin2023\Samples\Import and Export"文件夹下找到。

步骤：

步骤一　激活工作簿（如Book1），选择菜单"数据"→"连接到文件"，或者直接单击左侧"标准"工具栏中的 按钮。

图 3-51　利用"数据连接器"连接文件

步骤二 按图3-52所示的步骤，单击"Excel导入选项"对话框中①处的选择表格标签（与Excel表格②处想要导入的表格标签一致），选择③处的"列标签"复选框，设置长名称、单位、注释列标签对应的行号。

步骤三 如果只需部分导入，选择④处的"部分导入"复选框，输入行、列范围。

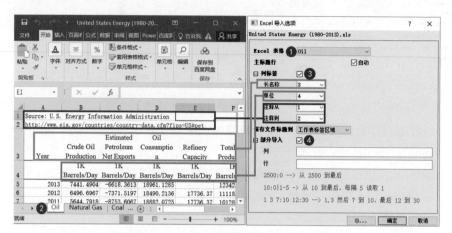

图 3-52　Excel表头与数据连接器的对应关系

步骤四 通过上述步骤可得到如图3-53所示的工作簿，左边树形目录中"Oil"表格已被导入，未导入的表格标签为灰色。如果需要导入其他表格，单击①处的灰色表格标签，在②处右击，选择"添加和连接工作表"，即可导入表格数据（如图3-53中③处所示）。

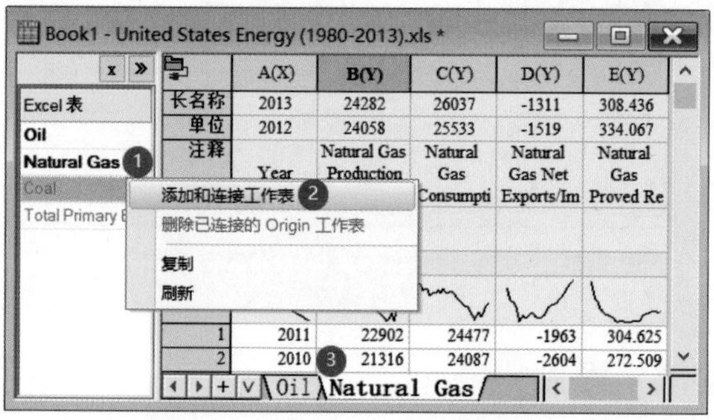

图 3-53　相同数据结构表格的添加

3.4.6 网页数据的导入

我们可以通过某些开源的、实时记录的数据库网页提取数据，开展相关科学研究。下面以地震活动数据为例，从网页网址向 Origin 软件导入数据。

例 10：从网页导入数据。

访问网址 https://earthquake.usgs.gov/earthquakes/feed/v1.0/csv.php，找到 Excel 格式数据文件的网页地址；在 Origin 软件中通过菜单"数据"导入网页数据。

（1）访问网页，按图 3-54 所示的步骤，在 IE 浏览器地址栏①处输入网址 https://earthquake.usgs.gov/earthquakes/feed/v1.0/csv.php，在网页左边栏选择②处的"Spreadsheet"格式，在右边栏底部"Past 30 Days"③处的"All Earthquakes"上右击，选择快捷菜单④处的"复制链接地址"命令。

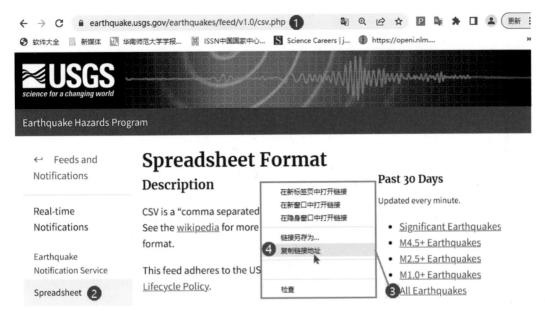

图 3-54　访问网页并复制链接地址

（2）导入 URL 数据，按图 3-55 所示的步骤，单击①处的标题栏激活一个空白工作簿窗口，在②处的"数据"菜单中选择③处的"连接到网页"菜单。

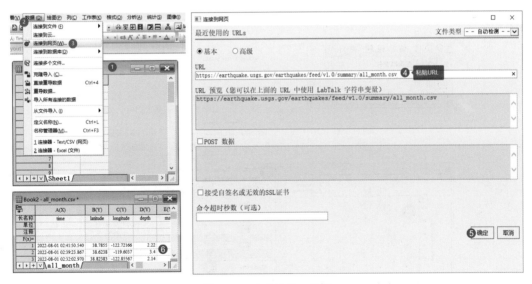

图 3-55　从网址导入数据

（3）在④处的"URL"输入框中，按快捷键"Ctrl+V"粘贴网址，单击⑤处的"确定"按钮，即可得到⑥处所示的工作簿。

3.4.7 从图像中获取和导入数据

在某些情况下，需要从图片中提取数据，如原始数据丢失，提取文献图中数据，Origin 软件可以数字化提取图片中的数据。

例 11： 纠偏图片并数字化提取数据（见图 3-56）。

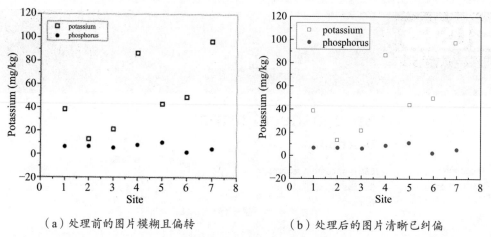

（a）处理前的图片模糊且偏转　　　　（b）处理后的图片清晰已纠偏

图 3-56　图像数字化提取前后绘图的对比

（1）导入图片并纠偏，按图 3-57 所示的步骤，单击①处的"图像数字化"按钮，在对话框中选择②处的需要提取数据的图片，单击"打开"按钮，在"图像数字化工具"窗口中，单击③处的"图像"→"旋转"菜单，在④处的"旋转角度"文本框输入"−2"，单击⑤处的"确定"按钮，拖动⑥处的红线（和蓝线）与图像中的 X 轴、Y 轴吻合，双击⑦处分别设置 X1、X2、Y1、Y2 的"坐标值"与图像中坐标系刻度范围极值一致。

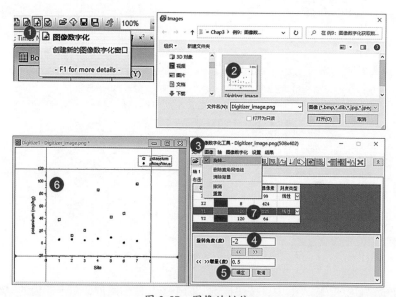

图 3-57　图像的纠偏

（2）取点读数，按图 3-58（a）所示的步骤，单击①处激活图像，单击"图像数字化工具"②处的"手动取点"按钮，在图像中③处散点上从左到右依次双击取点，取点结束后，单击④处的"完成"按钮，单击"图像数字化工具"⑤处的"跳转到数据"按钮，即可得到如图 3-58（b）所示的工作表。

（3）采用第（2）步的操作提取其他样品散点的工作表，将提取的 X 坐标值纠正为各散点对应的 X 刻度值（1~7），最后绘制散点图，如图 3-59 所示。

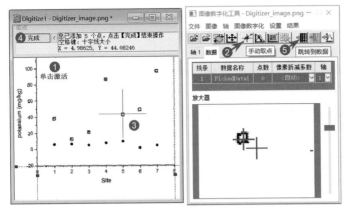

（a）手动取点读数据　　　　　　　　　　（b）数字化提取的工作表

图 3-58　定义 X、Y 轴范围

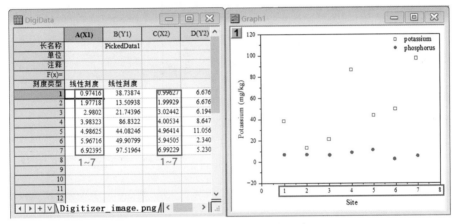

图 3-59　纠正提取的 X 坐标值

对于曲线图像的提取，可以用"逐点自动追踪曲线"工具、按不同颜色自动提取数据，如图 3-60 所示。参考例 11 散点图像数字化提取方法，首先导入图片，旋转图片，去除噪声，并通过选取开始和结束值校准刻度；然后选择"逐点自动追踪曲线"工具；最后根据需要手动添加拐点，删除识别异常产生的数据点，即可实现对曲线数据的提取。"图像数字化工具"支持直角坐标系、极坐标系和三角坐标系。

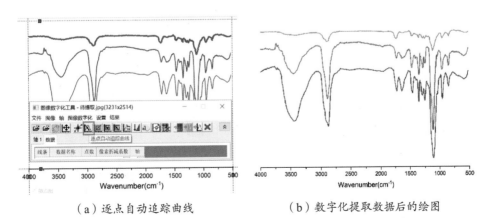

（a）逐点自动追踪曲线　　　　　　　　　（b）数字化提取数据后的绘图

图 3-60　曲线图像的数字化提取

3.5 颜色管理器

Origin 2021 版及以上版本软件提供了"颜色管理器"功能。该功能允许用户自定义"颜色列表"和"调色板",从而为绘图的配色与优化设计增加了无限的可能性和灵活性。在艺术绘画作品或摄影照片中,画家或摄影师设置的颜色搭配是非常专业的,可以从这些图片中拾取颜色,创建自定义"颜色列表"和"调色板",方便在绘图中使用。本节以一张彩色图片为例演示颜色数据的自定义。

3.5.1 自定义颜色列表

颜色列表是包含多个非连续变化颜色的"颜料盒"或"颜色块"。颜色列表对应一个索引顺序,在绘图中涉及多个样品的图形(曲线、散点或柱图等)时,可以设置按点(或按曲线)的先后顺序配置相应索引顺序的颜色。

例 12:多条颜色渐变曲线的绘制。

对某电极材料,在不同扫描速率(0.2~1.0 mV/s)下测试循环伏安曲线,通过颜色由浅绿色渐变为绿色的配色方案,表达扫描速率的递增变化(见图 3-61)。本例分两部分:从图片中手动拾取并创建颜色列表和绘制多条颜色渐变曲线。

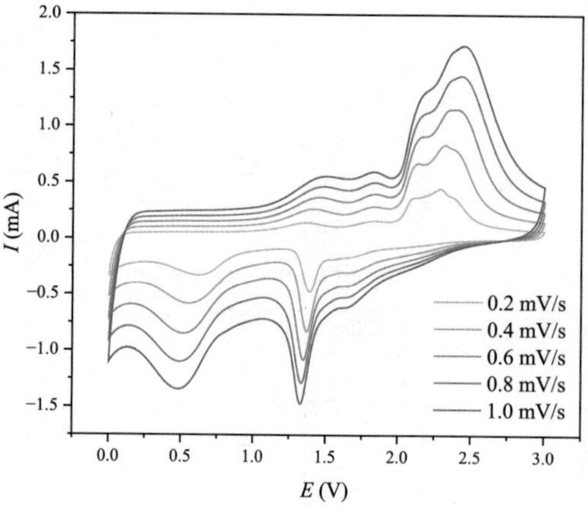

图 3-61　多条颜色渐变曲线图

1. 从图片中手动拾取并创建颜色列表

利用屏幕截图工具,截取网页图片。在 Origin 中,单击上方工具栏的"新建布局",按快捷键"Ctrl+V"粘贴截图,调整好窗口大小并将布局窗口拖向右边。单击菜单"工具"→"颜色管理器",将"颜色管理器"窗口与 Layout1 窗口并排。

在"颜色管理器"窗口中选择"颜色列表",单击"新建"按钮,进入"创建颜色"对话框,如图 3-62 所示。

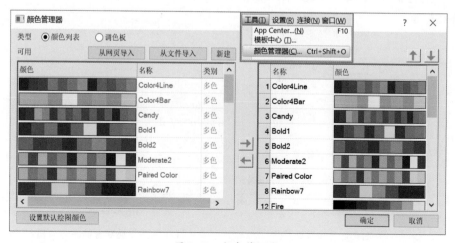

图 3-62　颜色管理器

在"创建颜色"对话框中，单击图 3-63 中①处的"+"按钮增加 1 个色块，用于定义渐变色列表的两个端点颜色。单击列表中②处的 1 号色块、③处的"选择"（吸管图标）按钮，从截图的布局窗口中，单击④处的吸管取色，拾取某种颜色，单击⑤处的"替换"按钮。单击列表中②处的 2 号色块，拾取并替换为深绿色。单击⑥处的"插值"按钮，在弹出的"插值"对话框"色号"中输入"5"，单击"确定"按钮，即可产生具有 5 个色号的由浅入深的绿色列表。单击⑦处的"名称"输入框，输入"Green5"（或其他容易记忆的名称），单击⑧处的"确定"按钮。返回"颜色管理器"，左右两栏均列出了刚创建的"Green5"颜色列表，如图 3-64 所示。

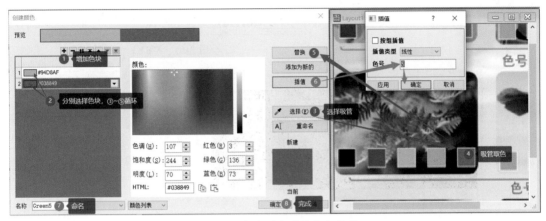

图 3-63　颜色列表的拾取与插值

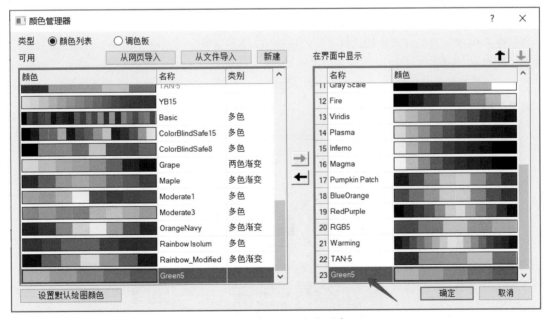

图 3-64　自定义的颜色列表

> **注意** ⚠️ 在设置"名称"时，名称中可包含颜色块数量的数字后缀，方便自己根据样品数目选择足够数量的颜色列表；除了创建渐变色外，还可以根据需要手动添加一定数目的颜色块，分别从图中拾取创建非渐变的颜色列表。

2. 绘制多条颜色渐变曲线

5种扫描速率的循环伏安数据为 XYYY 型结构（见图3-65），第一列为公用的电位 E，其余各列为不同扫描速率下的电流 I。

（1）绘制折线图

按图3-66所示的步骤，单击①处即工作表左上角的空白标签全选数据；选择左下方工具栏②处的折线工具。

	A(X)	B(Y)	C(Y)	D(Y)	E(Y)	F(Y)
长名	E	I	I(0.4 mV/s)	I(0.6 mV/s)	I(0.8 mV/s)	I(1.0 mV/s)
单位	V	mA				
注释		0.2 mV/s	0.4 mV/s	0.6 mV/s	0.8 mV/s	1.0 mV/s
1	2.59735	-0.00665	-0.0146	-0.02137	-0.02699	-0.03144
2	2.59705	-0.00667	-0.01467	-0.02152	-0.02717	-0.03164
3	2.59552	-0.00672	-0.01479	-0.02159	-0.02731	-0.03184
4	2.59491	-0.00674	-0.01486	-0.02176	-0.02752	-0.03199
5	2.59369	-0.00678	-0.01492	-0.02191	-0.02772	-0.03225
6	2.59247	-0.00684	-0.01503	-0.02206	-0.02788	-0.03252
7	2.59155	-0.00688	-0.0153	-0.02219	-0.02808	-0.03275
8	2.59064	-0.00694	-0.01524	-0.02229	-0.02824	-0.03297
9	2.58942	-0.00697	-0.0153	-0.02242	-0.02842	-0.03317

图 3-65　XYYY 型数据

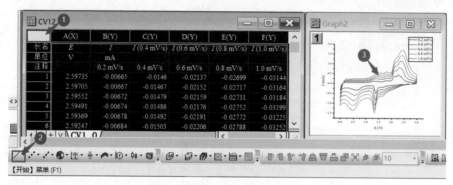

图 3-66　全选数据绘制折线图

（2）设置颜色渐变

双击图3-66中③处的任意曲线，打开"绘图细节-绘图属性"对话框，如图3-67所示，单击"线条颜色"①处的"增量"下拉框，选择"逐个"，单击②处的"细节"颜色列表，弹出"增量列表"颜色菜单，单击③处的"增量列表：Classic"，选择④处的"Green5"（前面自定义的颜色列表），单击"确定"按钮。

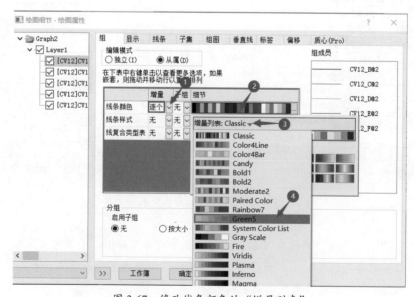

图 3-67　修改线条颜色的"增量列表"

（3）修改绘图细节

按图 3-68 所示的步骤，单击①处空白，出现浮动工具栏，单击②处"图层框架"按钮添加边框。单击③处的任意曲线，单击浮动工具栏④处的下拉框，修改线条粗细为 1.5。单击⑤处的图层边框，单击⑥处的"框架"（属于开关按钮，用于显示或隐藏），拖动图例到合适位置。右击⑦处空白，选择快捷菜单中⑧处的"调整页面至图层大小"，在弹出的对话框中设置边框宽度为 2~3。

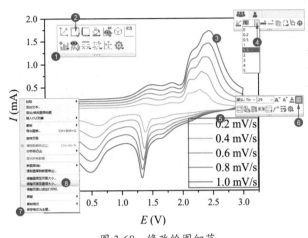

图 3-68　修改绘图细节

3.5.2 ▶ 自定义调色板

在绘制颜色映射 Contour 图、曲面图或其他颜色丰富的绘图时，需要"调色板"。"自定义调色板"跟 3.5.1 节"自定义颜色列表"的过程类似。

例 13：原位 XRD 堆积曲线图。

以原位 XRD 数据为例，根据充电、放电分别按曲线设置渐变色，绘制 XRD 堆积曲线（见图 3-69）。

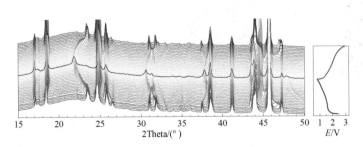

图 3-69　原位 XRD 堆积曲线

解析：本例需要为 47 条曲线单独配置渐变颜色，Origin 软件自带的颜色列表色号较少，仅用自带的颜色列表设置颜色会出现循环变化的颜色。如果选择调色板（256 色），而本例的曲线仅 47 条，设置调色板后，曲线颜色渐变并不明显，也达不到按放电、充电过程设置渐变色的要求。这就需要自定义包含 47 色（本例设置 50 色）渐变色块的调色板。

1. 自定义50色调色板

单击菜单"工具"，选择"颜色管理器"，在如图 3-70 所示的窗口中，选择①处的"调色板"单选框，单击②处的"新建"按钮；在弹出的"创建颜色"对话框中，单击 3 次"+"按钮共创建 4 个色块，单击④处的色块，在彩色面板中单击⑤处的红色（或蓝色），结合拖动 ◀ 滑块选择相应的深色（或浅色），单击⑥处的"替换"按钮。按蓝色、浅蓝、浅红、红色顺序设置好这 4 个色块的颜色。单击⑦处的"插值"按钮，设置⑧处的"色号"为 50，单击"确定"按钮。修改⑨处的"名称"为"GCD-50"（或其他易记的名称），单击"确定"按钮。

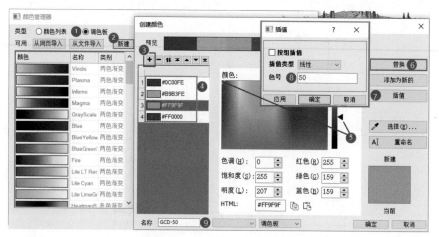

图 3-70　自定义 50 色调色板

2. XRD堆积曲线

构造 XYYY 型工作表，X 列为 2Theta，各列 Y 为充放电同步测试的 XRD 衍射强度。按图 3-71 所示的步骤，单击①处全选数据，单击下方工具栏②处按钮，选择③处的"Y 偏移堆积线图"，可得④处所示的堆积曲线。

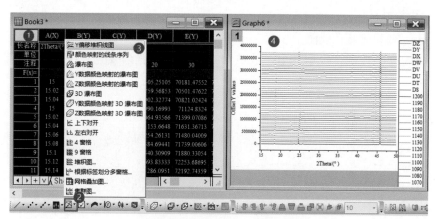

图 3-71　Y 偏移堆积曲线的绘制

所得堆积曲线是不重叠的，不能体现出 XRD 曲线特征。单击图例，按"Delete"键删除。按图 3-72 所示的步骤，双击①处的图层（坐标系围成区域内部）空白打开"绘图细节 - 图层属性"对话框，单击②处的"堆叠"选项卡，选择③处的"常量"，在④处输入"30000"。单击⑤处的"确定"按钮，得到"压扁"的曲线图，可通过单击右边工具栏第二个按钮"调整刻度"（或按快捷键"Ctrl+R"），实现对 X 轴和 Y 轴刻度范围的一键调整。

适当调整 Y 轴上限，截断某些不需要的 XRD 主峰，以增强某些特征峰。双击 Y 轴，修改刻度"起始"为 0、"结束"为 1700000。调整 X 轴刻度范围为整数，例如，设置"起始"为 15、"结束"为 50，单击"确定"按钮。堆叠后曲线的 Y 数据已发生变化，Y 轴无意义可删除。分别单击 Y 轴标题、刻度标签、刻度线，按"Delete"键删除。单击图层，单击浮动工具栏中的"图层框架"按钮设置边框。最后，右击图层外灰色区域，选择"调整页面至图层大小"可缩小页面边距。

图 3-72　堆叠的设置

3. 颜色映射

原位 XRD 曲线与充放电测试曲线是同步的，如果将 XRD 曲线按放电、充电两部分设置蓝色、红色基调的渐变颜色，可以在 XRD 曲线与充放电曲线之间建立关联，增加 XRD 曲线的可读性。

按图 3-73 所示的步骤，双击①处的曲线打开"绘图细节 - 绘图属性"对话框，进入②处的"线条"选项卡，单击③处"颜色"下拉框，选择④处的"按曲线"标签、⑤处的"调色板"（前面自定义的"GCD-50"），单击"确定"按钮。

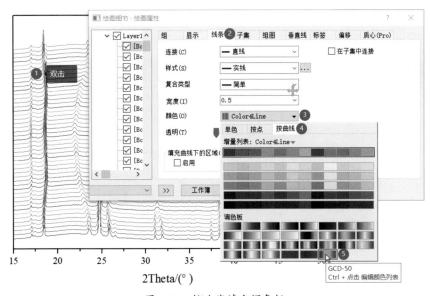

图 3-73　按曲线填充调色板

通过上述步骤，所有曲线已按蓝色、浅蓝、浅红、红色进行渐变设置。如果需要描述某个特殊电位，则需要对该电位的 XRD 设置单独的颜色。单击该曲线，选择上方"编辑工具栏"的"线条颜色"（铅笔图标）工具，设置为黑色（或其他颜色）。

4. 转置的充放电曲线

普通充放电曲线的横轴为容量（或时间），纵轴为电位 E，本例需要利用转置的充放电曲线指示原位 XRD 的测试进程。前述步骤绘制得到的 XRD 堆积曲线反映了电池先放电后充电的过程，因此利用转置的充放电曲线可以辅助说明这种充放电进程。

按图 3-74 所示的步骤，单击①处全选数据，选择下方工具栏②处的折线图工具，可得③处所示的充放电曲线。单击右边工具栏④处的"交换坐标轴"按钮，可得⑤处转置的充放电曲线。双击 Y 轴，调整刻度"起始"为 0、"结束"为 400（充放电的时间范围）。

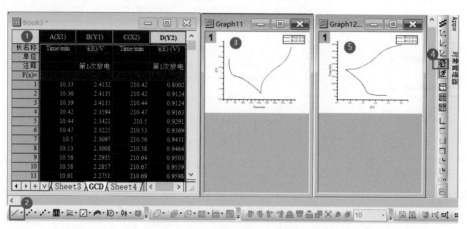

图 3-74　充放电曲线的绘制与转置

5. 图层的合并

将转置的充放电曲线与原位 XRD 堆积曲线并列合并在一张图中，利用左边的充放电曲线辅助说明右边的原位 XRD 曲线的同步充放电进程。记住需要合并的 2 个绘图窗口标题，充放电曲线图标题为 Graph11，XRD 曲线图标题为 Graph6。按图 3-75 所示的步骤，单击右边工具栏①处的"合并"工具打开"合并图表"对话框。

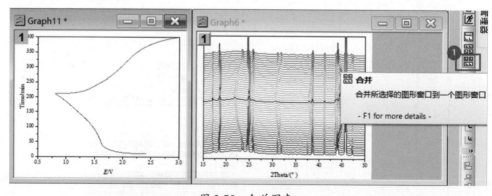

图 3-75　合并图表

在打开的"合并图表"对话框中，按图 3-76 所示的步骤，拖选①处不需要填充的绘图标题，单击②处的"×"按钮移除无关绘图，保留 Graph6 和 Graph11。修改③处的"行数"为 1、"列数"为 2。单击"页面设置"前的"+"按钮显示详情，设置④处的"宽度"为 40、"高度"为 20。根据预览情况，选择①处的 Graph11，再单击②处的"^"按钮调整充放电曲线在预览图中的左边。单击⑤处的"确定"按钮。

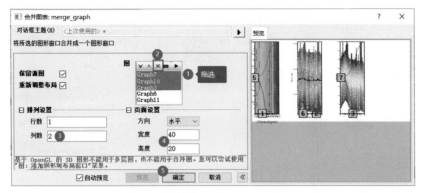

图 3-76　合并图层的设置

按图 3-77 所示的步骤，调整合并后的左、右图尺寸并对齐。分别点击某个图，拖动句柄（如①处所示）调整到合适大小，按键盘的"←""→""↑"或"↓"键使其与右图 X 轴线及右图最上端 XRD 曲线对齐。在②处空白处右击，选择"调整页面至图层大小"，即可调整页面边距。根据喜好可以删除图中的上、右边框线。方法：单击某个图层，在浮动工具栏③处单击"图层框架"按钮即可隐藏。

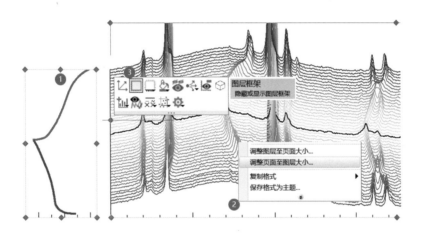

图 3-77　图层尺寸、框架及边距调整

3.6 项目管理器

利用"项目管理器"管理数据与绘图窗口，可以使逻辑层次清晰、工作窗口整洁。

3.6.1 利用项目管理器整理文件

本小节以"论文工作甘特表"为例，演示"项目管理器"、工作簿及窗口的基本操作。

例 14：利用"项目管理器"制作一个论文工作甘特表。

论文写作一般包括文献阅读、设计实验、实验准备、材料合成、材料表征、性能测试、数据绘图、撰写论文与投稿等环节。如何合理安排工作进度、高效率管理论文写作的时间节点，并不容易，我们可以尝试制作一张论文工作甘特表，如图 3-78（a）所示，提高论文写作效率。

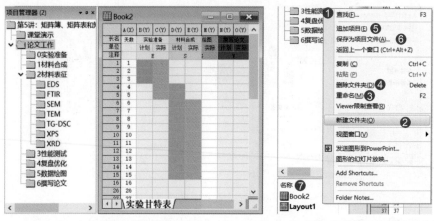

（a）论文工作甘特表　　　　　　（b）项目管理器的操作

图 3-78　项目管理器的应用

步骤：

步骤一　新建文件夹，按图3-78（b）所示的步骤，单击左边栏"项目管理器"选项卡，在①处右击某文件夹，选择②处的"新建文件夹"，修改文件夹名称为相应名称。也可单击③处的"重命名"对已建立的文件夹重命名。

步骤二　删除文件夹，单击④处的"删除文件夹"菜单。

步骤三　追加项目，即合并多个Origin绘图，单击⑤处的"追加项目"菜单。

步骤四　拆分项目，将"项目管理器"中某文件夹另存为一个单独的Origin文件，单击⑥处的"保存为项目文件"。

步骤五　移动窗口，单击"项目管理器"树形目录的某级文件夹，在"项目管理器"下方⑦处的文件夹列表中可浏览所属图表等窗口，在某个图或工作簿上按下鼠标，往上方的树形目录的某级文件夹拖动，可以实现图表窗口的移动。

3.6.2　利用工作簿收纳各类窗口

Origin 工作簿具有很强的"窗口收纳"能力，它可以将表格、图形、图像、布局（Layout）、备注（Notes）等窗口整理"收纳"在一个工作簿窗口中。工作簿的收纳功能可以减少窗口数量、避免窗口杂乱无章，便于查找。

按图 3-79 所示的步骤，右击工作表标签，选择快捷菜单中②处的"添加备注为新的工作表：Notes2"或③处的"添加图形为新的工作表：[Layout2]"。

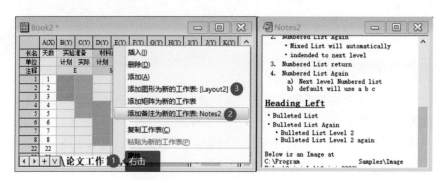

图 3-79　向工作簿中添加各类窗口

注意 ⚠ 工作簿可以"收纳"各类窗口，只有当 Layout、Graph、Notes5 窗口处于打开状态时，①处的快捷菜单中才显示②和③处窗口名称，此时才可以被"收纳"到工作簿中。

3.6.3 利用分屏功能整理窗口

在 Origin 2023 版本的诸多新增功能中，有一个类似于 Windows 10 操作系统的窗口分屏功能，该功能为整理排布工作区的各类窗口提供了方便。

（1）拖动某窗口向左边栏（或右边栏）悬停时，释放鼠标，即可将该窗口分为半屏。

（2）当鼠标指针移动到 2 个窗口的边界处时，出现绿色窄条的分屏线，拖动分屏线，可以统一调整窗口布局。

04

第4章
二维绘图

数据曲线图是科技论文中最常见的插图类型，主要包括二维图和三维图，其中二维图居多，占数据绘图总数的 90% 以上。Origin 的绘图功能非常灵活，模板量大精美，能满足绝大多数论文插图的需求。

4.1 2D 基础

二维图主要是基于直角坐标系将一系列 XY 型数据可视化显示为点、线、饼、柱等图形，数据和图形是关联的，修改数据，图形随之自动更新。除了直角坐标系，还有极坐标系、三元相图等坐标系，根据具体的科学问题选用相应的坐标系。本节以过渡态活化能曲线为例，演示二维图的基本操作。

例 1：从一组 XY 数据绘制如图 4-1 所示的过渡态活化能曲线示意图。

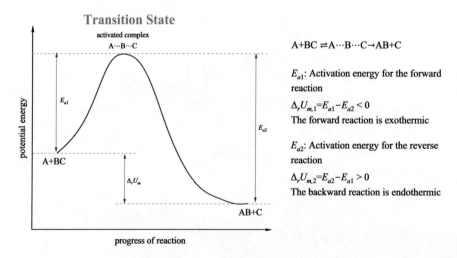

图 4-1　过渡态活化能曲线

解析：绘制图 4-1 涉及以下操作：①利用样条曲线平滑折线图，②曲线粗细、颜色的设置，③刻度增量、刻度标签的设置，④箭头轴、刻度线的显示／隐藏，⑤参考线、画线、双箭头的设置，⑥图文格式、符号的输入与修改，⑦设置文本跟随坐标系刻度，⑧修改图层页面边距。

4.1.1 认识绘图窗口

学习 Origin 软件绘图，首先要熟悉绘图窗口。如图 4-2 所示，绘图窗口主要包括①标题栏、②页面、③图例、④坐标轴边框、⑤图层编号、⑥图层、⑦轴标题、⑧坐标值、⑨坐标轴、⑩注释文本。

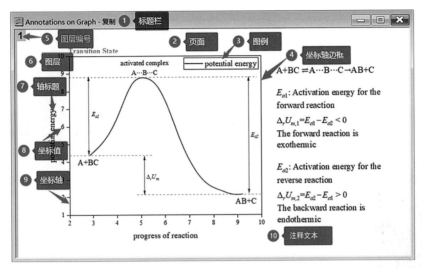

图 4-2　Origin 绘图的基本组成

图层一般由坐标系、数据图形、图例、文本组成，通常可以理解为坐标系围成的区域。一个绘图可以由多个图层组成，每个图层可以由多条曲线组成。图层之间的坐标系既可以相互关联（关联坐标轴），也可以相互独立；图层的大小既可以完全一致（多为关联坐标轴，如双 Y 图），也可以大小不同（多为插图）。每个图层可以独立设置，如显示或隐藏坐标轴边框。

绘图中，一般情况下单击可选中某个对象并修改相关属性（大小、粗细、字体等），也可以双击某个对象，在弹出的对话框中进行相关属性的设置。如果某些对象，如坐标轴、刻度值之前已经设置隐藏，需要修改或让其重新显示出来，此时利用图层的右键菜单就非常方便。

如图 4-3 所示，在左上角①处的图层编号数字按钮上右击，单击②处的"坐标轴"菜单可以设置坐标轴的相关参数；单击③处的"图层属性"菜单可以打开"绘图细节 - 绘图属性"对话框，对图例符号、线条粗细、颜色映射等进行设置；单击④处的"图层管理"菜单可以添加图层、设置关联、排列图层等；单击⑤处的"排列图层"菜单可以设置多个图层的行列排版、间距等。具体用法将在后续章节中演示。

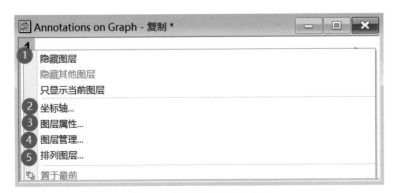

图 4-3　图层编号的右键菜单

4.1.2 利用样条曲线平滑折线图

实验数据的曲线图，常因数据的误差等原因导致绘制的曲线不平滑，显示为"折线"，需要对曲线进行平滑处理。Origin 软件提供了两种平滑方法：①样条曲线法，②拟合平滑法。本小节演示样条曲线法。

1. 绘制折线图

按图 4-4（a）中的步骤，单击①处全选 X、Y 列数据，点击②处工具栏的"折线图"，即可绘制③处所示的折线图。

2. 样条曲线平滑

双击折线，弹出"绘图细节 - 绘图属性"对话框，按图 4-4（b）所示的步骤，单击①处的"连接"下拉框，选择"样条曲线"，单击②处和③处修改曲线粗细和颜色，得到④处的平滑曲线。

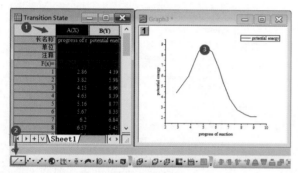

（a）折线图的绘制　　　　　　　（b）样条曲线平滑

图 4-4　样条曲线法

4.1.3 曲线粗细、颜色的设置

曲线粗细、颜色等属性的设置通常有 3 种方法：①"绘图细节"设置，②"样式"工具栏设置，③浮动工具栏设置。"绘图细节"设置在 4.1.2 小节已演示。本小节演示后 2 种方法。

1. "样式"工具栏设置

按图 4-5 所示的步骤，单击①处选择曲线，将"样式"工具栏②处的粗细改为 2，选择③处颜色为红色。

2. 浮动工具栏设置

单击①处选择曲线，此时会浮出浮动工具栏，单击④处和⑤处分别修改曲线的粗细和颜色。

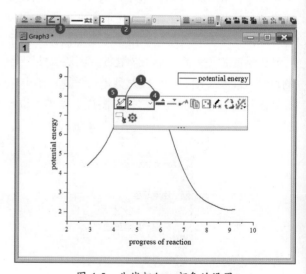

图 4-5　曲线粗细、颜色的设置

4.1.4 刻度增量、刻度标签的设置

绘图过程中常会出现刻度标签拥挤而影响画质，这时就需要对刻度增量、刻度标签的格式进行

修改。刻度标签一般为主刻度的刻度值，次刻度通常不需要显示刻度标签，因此只需要设置主刻度的类型。如图4-5所示，Y轴范围是1.5~9.5，通过调整刻度范围（0~10）和刻度增量，改变轴刻度的疏密，确保轴线两端的刻度完整性。

双击轴线或刻度线，弹出"Y坐标轴 - 图层1"对话框，按图4-6所示的步骤，单击①处的"刻度"选项卡，修改②处的"起始"为0、"结束"为10，单击③处的"类型"选择"按增量"，设置④处的"值"为2，单击"确定"按钮。

主刻度类型有以下5种。

（1）按增量，即修改刻度变化量。

（2）按数量，即设置刻度线的数量。

（3）最小 & 最大，即只设置最小值、最大值这2个主刻度。

（4）按自定义位置，即将刻度值设置为来自工作表中的某列数据。

（5）按曲线源数据的列标签，即按 XYYY 型工作表的 Y 列标签。

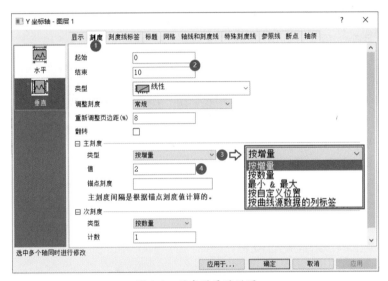

图 4-6　刻度增量的设置

4.1.5　箭头轴、刻度线的显示/隐藏

Origin 绘制的坐标图默认情况下显示刻度和刻度值，但在某些情况下需隐藏刻度。例如，数学函数图或示意图一般用无刻度的、末端为箭头的箭头轴表示。本小节演示显示轴线末端箭头和隐藏刻度线和隐藏刻度线标签。

1. 显示轴线末端箭头

双击 Y 轴（或 X 轴），按图4-7所示的步骤，在①处选择轴线和刻度线，在②处单击选择"下轴"，按"Ctrl"键的同时，单击选择另外方向的数轴（左轴），可以多条轴线进行统一设置。选择③处的"箭头位于末端"复选框，单击"确定"按钮。

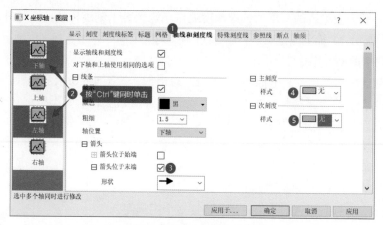

图 4-7　轴线和刻度线的设置

2. 隐藏刻度线

单击图 4-7 中的④（或⑤）处的主刻度（或次刻度），"样式"选择"无"，即不显示刻度线，单击"确定"按钮。

3. 隐藏刻度线标签

按图 4-8 所示的步骤，在①处刻度值上双击，在弹出的窗口中，在②处按下"Ctrl"键的同时，单击选择"下轴""左轴"，可选择 X 和 Y 两个方向同时设置，取消选择③处"显示"前的复选框，单击"确定"按钮，即可隐藏刻度线标签。

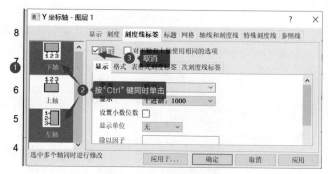

图 4-8　刻度线标签的隐藏

4.1.6　参考线、虚线、双箭头的设置

绘图中常需要绘制辅助线，以增强绘图的"可读性"，如参考线、指引线、虚线、箭头等。

1. $y=8.77$ 参考线的绘制

按图 4-9 所示的步骤设置 $y=8.77$ 参考线。

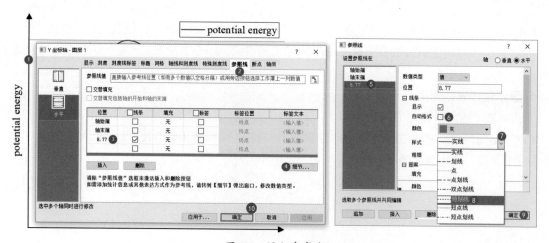

图 4-9　添加参考线

双击①处轴线，在弹出的对话框中，单击②处"参照线"页面，在③处双击，输入8.77；单击④处的"细节"按钮，在弹出的对话框中，单击⑤处的"8.77"，取消⑥处的"自动格式"复选框，单击⑦处的"样式"下拉框，选择⑧处的"短划线"，单击⑨处的"确定"按钮，返回"Y 坐标轴 - 图层 1"对话框，单击⑩处的"确定"按钮。

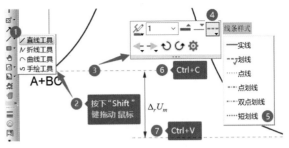

图 4-10　绘制虚线

2. 虚线与双箭头的绘制

按图 4-10 所示的步骤，选择左边工具栏①处的"直线工具"，在绘图窗口中②处按下"Shift"键，同时按下鼠标左键拖出一条直线，单击③处的直线，在浮动工具栏④处下拉框中选择⑤处的"短划线"；右击⑥处虚线，选择"复制"或按快捷键"Ctrl+C"复制该虚线，在⑦处右击，选择"粘贴"或按快捷键"Ctrl+V"粘贴，拖动虚线贴近曲线，按键盘上的方向键微调位置。

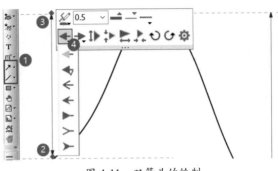

图 4-11　双箭头的绘制

按图 4-11 所示的步骤绘制双箭头，选择①处的箭头（或直线）工具，在绘图窗口中按住"Shift"键，同时在②处向上拖动鼠标画出箭头（或直线）。单击③处的箭头，在浮动工具栏④处单击下拉框选择箭头类型，即可画出双箭头。

> 注意 ⚠ 本例不需要图例，可以右击图例，选择"删除"，或单击图例后按"Delete"键删除。

辅助线通常有三种绘制方法：①利用 $y=n$ 或 $x=n$ 绘制水平或垂直参考线；②利用 Origin 的直线工具绘制虚线；③利用 Origin 显示"标签"设置指引线。上文演示了前两种绘制方法，第三种方法将在后续章节中演示。

4.1.7 ▶ 图文格式、符号的输入与修改

在绘图中注释简要的公式、符号和文本，可以增加数据绘图的可读性。注释文本主要涉及格式调整（上标、下标、粗体、斜体）、符号插入（特殊符号、公式）。本小节介绍常用的简单注释方法，对于复杂公式，将在后续章节讨论公式输入法时重点介绍。

1. 添加文本并修改格式

文本格式的修改方法主要有两种：第一种是利用"格式"工具栏修改，第二种是利用"文本对象"的属性窗口设置。

利用"格式"工具栏修改。按图 4-12 所示的步骤，单击选择左边工具栏①处的"T"文本工具，在②处输入"E_{a1}"，选择需要修改的文本，通过

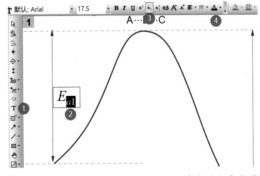

图 4-12　利用"格式"工具栏添加并修改文本格式

③处和④处修改文本的"格式"（加粗、斜体、下划线、上标、下标等）和颜色。

利用"文本对象"的属性窗口设置。右击文本标签，在弹出的快捷菜单中单击"属性"菜单，打开"文本对象"窗口（见图4-13），单击①处的"文本"，在②处拖选需要修改格式的字符或字符串，单击③处的相关工具。

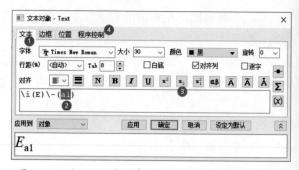

图 4-13　利用"文本对象"的属性窗口设置文本格式

2. 添加符号

简单的公式可以通过添加文本，对文本中上标、下标、正体、斜体、粗体等常见格式进行修改。例如，编辑公式"$\Delta_r U_{m,1} = E_{a1} - E_{a2} < 0$"，有两种方法添加符号。

方法一：添加文本，在文本框中将光标移到插入点，按快捷键"Ctrl+M"打开"符号表"，后续步骤见方法二。

方法二：按图4-14所示的步骤，在添加的文本上①处右击，选择"属性"，打开"文本对象"对话框，将光标移到②处的插入点，单击③处的符号按钮，弹出"符号表"；在"符号表"对话框中④处单击"希腊字符"，选择⑤处的"Δ"，单击⑥处的"插入"按钮，特殊符号插入后，单击"关闭"按钮。

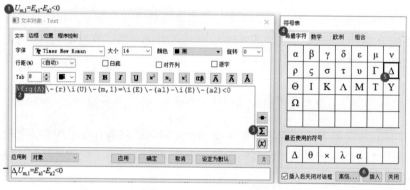

图 4-14　插入特殊符号

3. 添加公式

复杂公式的输入，需要借助第三方软件（LaTeX 或 MathType 等）编写。此处以简单的可视化公式编辑器 MathType 软件为例，演示 Origin 绘图中复杂公式的插入方法。

运行 MathType 程序，如图 4-15 所示。

单击①处的 MathType 程序，在②处编写公式，从②处拖选或按"Ctrl+A"组合键全选公式，按"Ctrl+C"组合键复制；在 Origin 绘图③处按"Ctrl+V"组合键粘贴，拖动公式到合适位置，再拖动④处的句柄调整公式大小，直至与⑤处的 Origin 公式无明显大小差异。

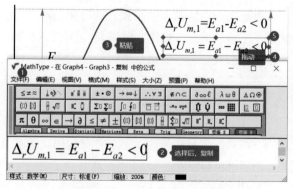

图 4-15　MathType 公式编辑器

4.1.8 设置文本跟随坐标系刻度

如果调整图层大小或移动图层位置时，图中注释文本没有跟随移动，说明文本与坐标系没有成功关联。这时需要设置每个文本对象附属于"图层及刻度"。

步骤：

步骤一 右击文本对象，选择"属性"，打开"文本对象"对话框，如图4-16所示。

步骤二 按图4-16所示的步骤，在①处的"程序控制"选项卡中，单击②处的"附属于"下拉框，选择③处的"图层及刻度"，单击"确定"按钮。

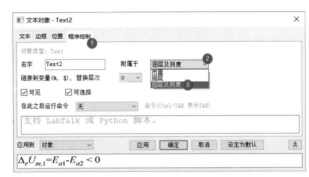

图 4-16　设置文本对象跟随坐标系刻度

4.1.9 修改页面布局与边距

绘图中如需在图片上设计空白区域编写公式及文字描述，可以在保证图层（坐标系）的尺寸不变的情况下，对绘图的页面进行调整。

1. 设置图层的绝对大小

按图 4-17 所示的步骤，双击①处图层的空白区域，弹出"绘图细节 - 图层属性"对话框，在②处的"大小"选项卡中，单击③处的"单位"下拉框，选择④处的"厘米"（或"毫米"），单击⑤处的"应用"按钮。

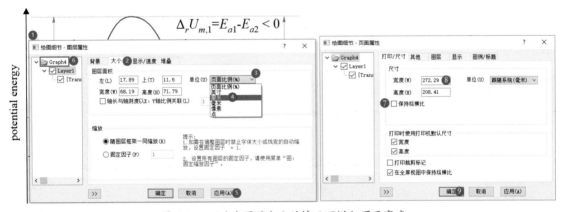

图 4-17　不改变图层大小的情况下增加页面宽度

2. 设置页面的宽度

单击⑥处的"Graph4"切换到页面设置页面，取消⑦处的"保持纵横比"复选框，在⑧处输入一个较大的宽度，单击⑨处的"确定"按钮。拖动图层到左边，扩大右边空白区域，为后续插入公式留足空间。

绘制好图形后，难免会遇到边距太大或图形超出页面的情况，此时需要继续调整页面边距，通常有两种方法。

方法一：按图 4-18 所示的步骤，在①处页面空白区域右击，选择②处的"调整图层至页面大小"，修改③处的"边框宽度"（或默认），单击"确定"按钮。

方法二：单击④处的"调整页面至图层大小"，修改⑤处的"边框宽度"，单击"确定"按钮。

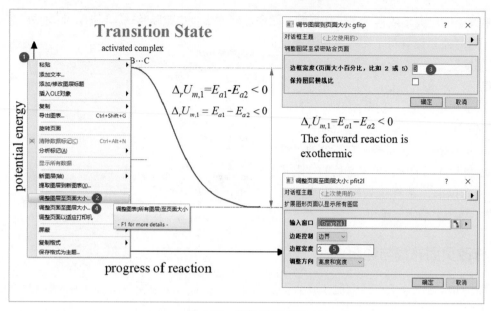

图 4-18　调整页面边距

4.2 误差图

采用 XY 型数据，可以绘制 18 种基础 2D 图。如图 4-19（a）所示，除了浅色图例所示功能外，对于相同的 XY 型数据，采用其他 18 种内置模板均可绘制出 2D 图，部分绘图列举如图 4-19（b）所示。

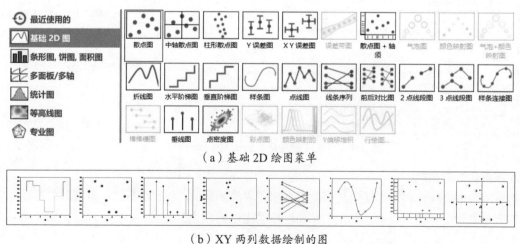

（a）基础 2D 绘图菜单

（b）XY 两列数据绘制的图

图 4-19　基础 2D 绘图菜单

选择 XY 两列数据，单击菜单"绘图"→"基础 2D 图"，选择如图 4-19（a）所示的各类功能。本节以 3 种常用的误差棒点线图为例，详细演示 3 种误差棒点线图的绘制。

4.2.1 误差的求解与误差带图

标准偏差和标准误差是统计学中两个含义不同的变异性估计量。标准偏差有"离差"的意思，即表示数据的离散程度；而标准误差表示的是单个统计量在多次抽样中呈现出的变异性。前者是表示数据本身的变异性，而后者表示的是抽样行为的变异性。

标准偏差 s 的计算公式：

$$s = \sqrt{\frac{\sum_{i=1}^{n}(x - \overline{x})^2}{n-1}} \tag{1}$$

标准误差 s' 的计算公式：

$$s' = \frac{s}{\sqrt{n}} \tag{2}$$

其中，n 为抽样的样本量。

由公式（2）可知，一方面，增大样本量 n 可以减小标准误差，例如，n 增大到原来的 4 倍，可使标准误差减小 1/2。另一方面，如果抽样行为已经完成（n 已固定），那么这个抽样分布的标准偏差 s 就可以作为标准误差的估计。

例 2：在相同的实验条件下重复 3 次测试，得到 3 组平行数据，如图 4-20（a）所示，通过 Origin 的"统计"菜单求解均值及标准偏差，绘制误差棒点线图，如图 4-20（b）所示。

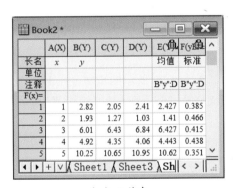

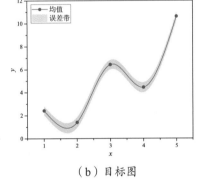

（a）工作表　　　　　　　　　　（b）目标图

图 4-20　误差数据的求解及误差带图

1. 全选所有Y列数据

单击菜单"统计"→"描述统计"→"行统计"，"行统计"对话框如图 4-21 所示。

2. 求解误差和置信区间

按图 4-21 所示的步骤，单击①处的"输出量"，选择②处的"均值""标准差"复选框，单击"确定"按钮，即可得到如图 4-20（a）所示的工作表。

3. 绘制误差带草图

选择 E、F 两列数据，单击菜单"绘图"→"基础 2D 图"→"误差带图"。

图 4-21　误差与置信区间的求解

4. 误差带图的细节设置

按图 4-22 所示的步骤，单击①处将散点图改为点线图，双击②处散点，在弹窗中③处的"符号"页面修改"页面散点"为"圆形符号"，在④处的"线条"页面修改⑤处的"连接"为"样条曲线"，单击⑥处的"应用"按钮，即可得到⑦处所示的效果图。单击⑧处选择误差带数据，将误差带改为平滑带，步骤同上，修改⑤处的"连接"为"样条曲线"，误差带不需要显示边缘曲线，可以修改"宽度"为 0.5，同时误差带需要半透明，设置⑨处的"透明"为 80%。单击"确定"按钮即可得到⑩处所示的效果图。

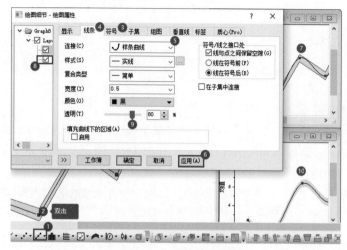

图 4-22　误差带图的细节设置

5. 颜色的设置

双击曲线打开"绘图细节 - 绘图属性"对话框，按图 4-23 所示的步骤，在①处的"线条"页面修改②处的"颜色"为红色。在③处的"符号"页面修改"符号颜色"为"自动"，单击"确定"按钮，即可得到④处所示的彩色误差带图。

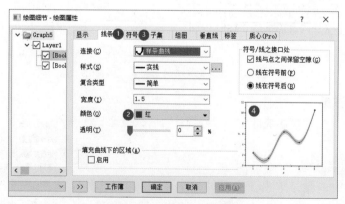

图 4-23　误差带颜色的设置

6. 图例的设置

按图 4-24 所示的步骤，在①处图例上右击，选择"属性"打开对话框，修改②处末"%(1)"为"均值"，单击③处的"增加图例"按钮，在弹出的"添加图例符号"对话框中，选择④处的"Color Block"（颜色块），分别修改⑤处的填充颜色、边缘颜色为红色，设置⑥处的"透明度"为 80，单击⑦处的"添加"按钮。如果不需要添加更多图例，则单击⑧处的"关闭"按钮回到图例设置窗口，单击⑨处的代码，在末尾添加文字"误差带"，单击"确定"按钮。

图 4-24　图例的设置

4.2.2 ▶ 均值95%置信区间及绘图

例3：求解平行数据的均值 95% 置信区间，求解过程与均值误差类似。

1. 全选所有Y列数据

单击菜单"统计"→"描述统计"→"行统计"，"行统计"对话框如图 4-25（a）所示。

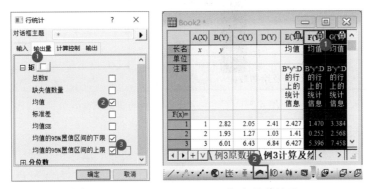

（a）求解方法　　　　　　　（b）计算结果

图 4-25　均值 95% 置信区间的求解方法及计算结果

2. 求解误差和置信区间

按图 4-25（a）所示的步骤，单击①处的"输出量"，选择②处"均值"及③处的"均值的 95% 置信区间的下限"和"均值的 95% 置信区间的上限"复选框，单击"确定"按钮，即可得到均值置信区间工作表，如图 4-25（b）所示。

3. 绘制置信带草图

按图 4-25（b）所示的步骤，选择①处的 F、G 两列数据（置信区间），单击下方工具栏②处的"填充面积图"。

4. 设置样条曲线

按图 4-26 所示的步骤，双击①处曲线，在弹窗中②处的"线条"页面修改③处的"连接"为"样条曲线"，一般"带状图"不需要显示边线，所以修改④处"宽度"为 0，"颜色"为橙色。单击"图案"页面设置"带"的颜色，修改"填充颜色"为"自动"，单击"确定"按钮。

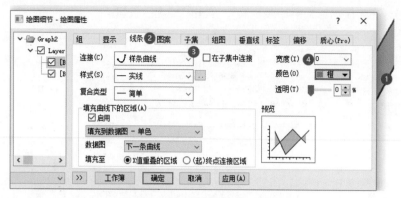

图 4-26　置信带样条曲线的设置

5. 用"拖入法"添加均值曲线

在一张绘制好的曲线图中，增加其他数据绘图，最简单的方法是"拖入法"。先将工作表和绘图窗口缩小并排放置，按图 4-27 所示的步骤，选择①处的均值（E 列），鼠标指针移动到该列②处的右边缘，待鼠标指针变为叠加图标时，按下鼠标左键，向③处的绘图窗口中拖放。

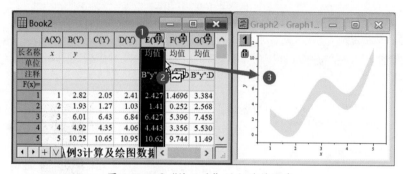

图 4-27　用"拖入法"添加均值曲线

6. 绘制均值点线图

按图 4-28 所示的步骤，双击①处的散点，在弹窗中②处的下拉框中选择"点线图"，在③处的"线条"中分别修改④处的"连接"为"样条曲线"，⑤处的"颜色"为深灰色。在⑥处的"符号"页面修改散点符号为圆形，单击"确定"按钮。

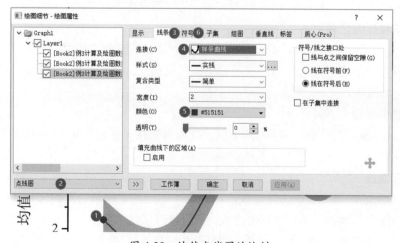

图 4-28　均值点线图的绘制

7. 曲线的排序

有时候绘制的曲线被"带状图"覆盖，需要继续调整曲线的顺序。按图 4-29 所示的步骤，双击页面①处的数字"1"打开"图层内容：绘图的添加、删除、成组、排序 -Layer1"对话框，选中②处的"均值"数据，单击③处的"↑"箭头按钮将"均值"数据"置顶"，单击"应用"按钮即可将点线图置于带状图顶部。此外，选择左边④处的数据，再单击⑤处的"→"箭头按钮，也可以添加数据到现有绘图中。通过以上操作可见，"拖入法"更加简便。

图 4-29　曲线的排序

8. 图例的设置

在图例上右击，选择"属性"打开图例，修改图例文本为"均值""95% 置信带"，删除多余的图例代码，单击"确定"按钮，如图 4-30 所示。

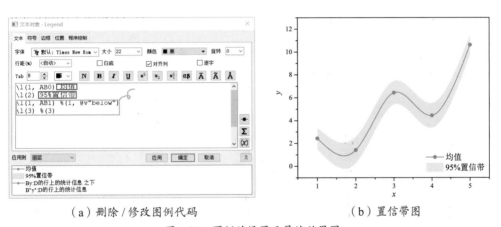

（a）删除 / 修改图例代码　　　　　　　　（b）置信带图

图 4-30　图例的设置及最终效果图

4.2.3　Y误差棒点线图

常见的误差图有两种：点线图和柱状图。点线图和柱状图的区别在于，点线图中各散点之间由线条连接，表达 Y 随 X 的变化情况；而柱状图的 X 轴刻度通常对应样品名称或编号，表达不同样品之间的横向比较。

例 4：构造 XYyEr 型工作表，填入相应数据，如图 4-31（a）所示。要求绘制的 Y 误差棒点线图目标图如图 4-31（b）所示。

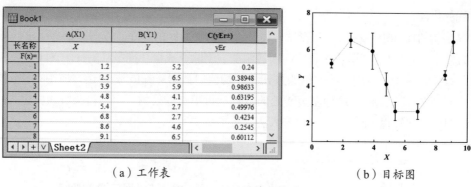

（a）工作表　　　　　　　　　　（b）目标图

图 4-31　*Y* 误差棒点线图

1. 绘制误差棒点线图

选中 C 列，设置 C 列为 yEr± 误差属性；全选工作表中的 3 列数据，单击下方工具栏的点线图工具（或单击菜单"绘图"→"基础 2D 图"，找到点线图工具），绘制出 *Y* 误差棒点线图。

2. 绘图细节设置

按图 4-32 所示的步骤，单击①处的折线，选择上方工具栏②处的"线条样式"为"短划线"；单击③处的散点，选择浮动工具栏④处的"图形符号"为圆形；单击⑤处的误差棒，在浮动工具栏中的数字大小下拉框中选择 1.5。

3. 调整页面

单击⑥处的图层，选择浮动工具栏的"图层框架"显示框架；单击⑦处的图例，按"Delete"键删除；在绘图空白⑧处右击，选择"调整页面至图层大小"。

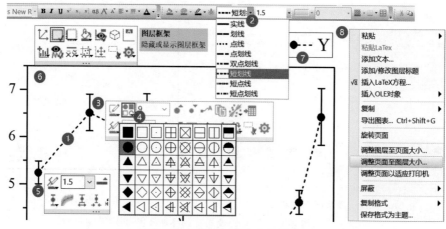

图 4-32　绘图细节和页面调整

4.2.4　双 *X* 轴 *Y* 误差棒点线图

科研中有时同一个物理量需要标识两种取值，不同的应用场合采用的单位不用。例如，摄氏度"℃"与开尔文温度"K"，工业界常用摄氏度，而科学界常用开尔文。在绘图中通常用上、下两个 *X* 轴显示同一组点线图。这种情况下，下轴通常采用标准的单位（如 K），而上轴采用通俗单位，上轴对下轴起辅助说明作用。

例 5：在 XYE 型工作表中新增一列并设为 *X* 属性，绘制双 *X* 轴 *Y* 误差棒点线图，如图 4-33 所示。

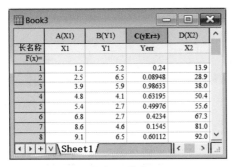

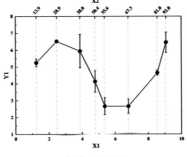

（a）工作表　　　　　　　　　（b）目标图

图 4-33　双 *X* 轴 Y 误差棒点线图

解析：双 *X* 轴图多为换算型的绘图，上 *X* 轴与下 *X* 轴之间存在某种对应关系。显示上 *X* 轴有两种方式：显示 / 隐藏上 *X* 轴；另建图层独立设置上 *X* 轴。第一种方法设置的上 *X* 轴与下 *X* 轴在刻度变化范围上是相互关联的，如果需要独立的刻度，就只能采用第二种方法。4.2.3 小节例 4 是在一个图层里绘图，本小节在例 4 的基础上新增一个图层，用于设置独立的上 *X* 轴。

1. 新建图层

按图 4-34 所示的步骤，在图层外空白区域①处右击，选择"新图层"（轴）→"上 -X 轴 右 -Y 轴（关联尺寸）"菜单，弹出"X 坐标轴 - 图层 2"对话框。

2. 设置刻度

在③处的"刻度"选项卡中单击④处的"主刻度"→"类型"下拉框，选择"按自定义位置"，单击⑤处"位置"下拉框，选择来源于 Sheet1 表中的 A 列，即按样品实际 *X* 值设置刻度线的位置。修改⑥处的"次刻度"→"计数"为 0，即不显示次刻度。

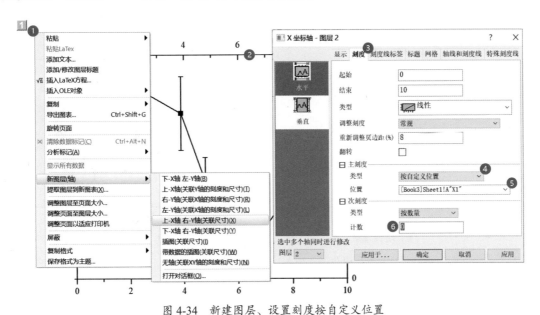

图 4-34　新建图层、设置刻度按自定义位置

3. 设置刻度线标签

按图 4-35（a）所示的步骤，在①处的"刻度线标签"选项卡中，将②处"显示"页面的"类型"设置为"来自数据集的文本"，在③处的"数据集名称"下拉框中选择 Sheet1 表格的 D 列（X2）数据。单击"确定"按钮。

通过以上操作可以看出，Origin 软件对轴线和刻度线的设置是非常灵活的，独立数轴的刻度位置和显示的刻度值数据均可以设置为来自不同的数据集（表列）。

4. 旋转标签

按图 4-35（b）所示的步骤，单击①处的"格式"页面，设置②处"旋转（度）"为 45，即可得到③处所示的刻度值格式。设置倾斜是为了避免标签的拥挤，这种方法经常被用于设置刻度标签格式。

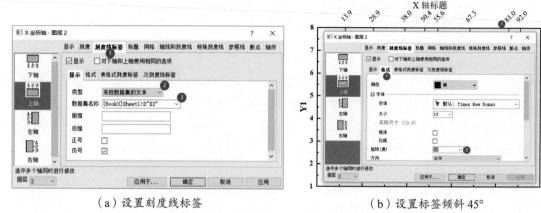

（a）设置刻度线标签　　　　　　　　　（b）设置标签倾斜 45°

图 4-35　依据数据集文本设置刻度线标签及格式

5. 设置点线空隙

设置空隙将散点与连线分离，按图 4-36（a）所示的步骤，双击①处的连线，单击"绘图细节 - 绘图属性"对话框中②处的"线条"页面，选择③处"线与点之间保留空隙"前面的复选框，单击"确定"按钮，修改上 X 轴标题和调整图层边距后，可得到如图 4-36（b）所示的效果图。

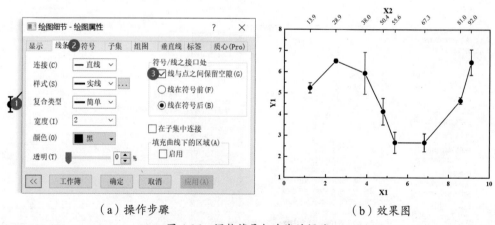

（a）操作步骤　　　　　　　　　　　（b）效果图

图 4-36　调整符号与连线的间隙

6. 设置网格线

设置上 X 轴的目的是方便读数，可以通过连接线将散点与上 X 轴刻度联系起来。按图 4-37（a）所示的步骤，双击①处的上 X 轴，单击②处的"网格"，选择③处的"显示"复选框，分别修改④处的"样式"为"点线"、⑤处的"粗细"为 1，单击"确定"按钮，即可得到如图 4-37（b）所示的目标图。

本例创建的 X2 轴，其刻度线分布是不均匀的，与下 X1 轴之间没有直接的换算关系，与其说 X2 是一个 X 轴，倒不如说 X2 是用来描述与样品对应的另一个 X 值。双 X 轴图通常也用来描述 2 个自变量引起的同一个因变量 Y 的变化。

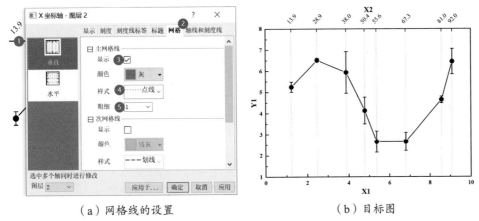

（a）网格线的设置　　　　　　　　　（b）目标图

图 4-37　设置主网格线

4.2.5　X、Y 双误差棒点线图

在某些科研领域，除了考察 Y 误差外，还需要考察实验引起的 X 误差，因此在绘图中，需要显示 X 和 Y 两个方向的误差棒。

例 6：绘制 X、Y 双误差棒点线图。

创建双误差的工作表，如图 4-38（a）所示，绘制背景渐变的双误差棒点线图，如图 4-38（b）所示。

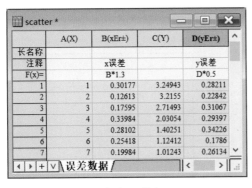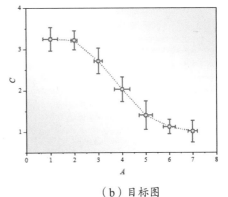

（a）工作表　　　　　　　　　　　　（b）目标图

图 4-38　X、Y 双误差棒点线图

1. 绘制草图

在绘图之前，先检查工作表，X 和 Y 的相应误差数据要紧跟其后，并且确保将其分别设置为 xEr± 和 yEr±。全选 4 列数据，单击下方工具栏的点线图工具绘制出草图。

2. 设置图例符号

按图 4-39（a）所示的步骤，单击①处散点，在浮动工具栏②处的"图形符号"中选择③处的空心圆符号。也可以直接双击④处的散点，在"绘图细节 - 绘图属性"窗口中设置。

3. 设置图例为空心圆符号

按图 4-39（b）所示的步骤，单击⑤处的"符号"选项卡，修改⑥～⑧处"边缘厚度""边缘颜色"及"填充色"，单击"确定"按钮。

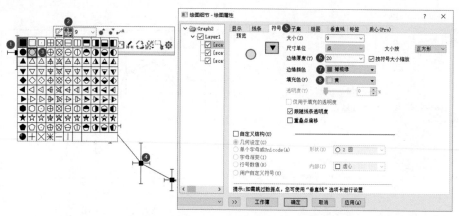

（a）通过浮动工具栏修改符号　　（b）通过"绘图细节 - 绘图属性"对话框设置细节

图 4-39　散点符号的设置

4. 修改细节

双击折线，在"绘图细节 - 绘图属性"对话框中修改"线条"样式为"短点线"，"宽度"为 1.5。单击图例，按"Delete"键删除。单击图层，通过浮动工具栏设置边框。在图层外右击，设置"调整页面至图层大小"。

5. 设置渐变背景

按图 4-40（a）所示的步骤，双击①处图层空白区域，在"绘图细节 - 图层属性"对话框中②处的"背景"选项卡中，分别修改③处的"颜色"为白色，④处的"模式"为"双色"，⑤处的"第二颜色"为浅绿色，⑥处的"方向"为"主对角线方向 从中心往外"，单击"确定"按钮，效果图如图 4-40（b）所示。

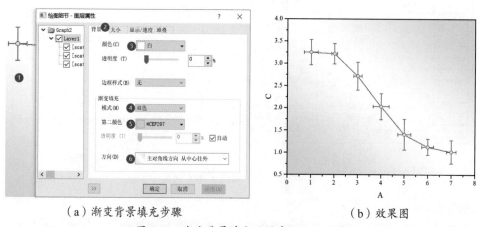

（a）渐变背景填充步骤　　　　　　　　　（b）效果图

图 4-40　渐变背景填充设置步骤及效果图

4.3 散点图

散点图没有连接线，与柱状图类似，各散点所描述物理量之间通常不存在联系，所有散点都是独立的个体数据。

4.3.1 棉棒图、垂线图的绘制与合并

散点与坐标轴之间相互远离，容易引起视觉误差，导致误读数据。可以绘制散点与坐标轴之间的垂直线，从而清晰地对应数据关系。垂直线的方向有向上和向下两种，分别对应棉棒图和垂线图。

例7：创建 XYY 型工作表如图 4-41（a）所示，其中 A、B 两列为 *XY* 列数据，用于绘制散点图，其余列用于存储文本标签。分别绘制垂线图、棉棒图，最终合并为垂线图、棉棒图按上下方式排列的组合图，如图 4-41（b）所示。

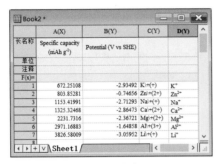

（a）工作表

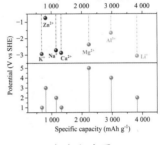

（b）组合图

图 4-41　棉棒图与垂线图

解析：垂线图与棉棒图都是通过启用"垂线"的方式，区别在于垂线的方向，垂线图是从上往下垂，而棉棒图则相反。另外，棉棒图的垂线一般为实线，垂线图的垂线一般为虚线。垂线方向应与 *Y* 轴刻度变化方向一致。例如图 4-41（b）的上方图中 *Y* 轴刻度为向下递减的负数，采用垂线图。图 4-41（b）的下方图中 *Y* 轴刻度为向上递增的正数，采用棉棒图。本例后续采用相同的数据绘制棉棒图、垂线图，暂不考虑 *Y* 轴刻度值的变化方向，请读者在具体绘图中留意这两种差别，灵活应用这两种类型的绘图。

绘图中，若数据点的标签来源于某列文本，可以通过设置工作表中该列单元格的"富文本"样式，实现对绘图中标签文本格式的设置。如图 4-41（a）所示，当单元格为普通文本格式时，上下标格式将以代码形式显示（见 C 列），选择单元格区域，右击，选择"设置数据样式"→"富文本"切换为带格式的文本（见 D 列）。设置方法如图 4-42 所示。

图 4-42　设置数据样式为"富文本"

1. 棉棒图的绘制

首先选择 A、B 两列数据，单击下方工具栏的"散点图"工具绘制草图；单击图例并删除，单击图层，选择浮动工具栏中的"图层框架"设置坐标系框线；右击页面边缘，选择"调整页面至图层大小"，缩小页面边距。

然后按图 4-43 所示的步骤，双击①处的散点，在弹出的"绘图细节 - 绘图属性"对话框中，在②处的"符号"页面分别修改符号为球形，颜色为橙色；在"垂直线"页面选择③处的"垂直"复选框，修改④处

图 4-43　棉棒图的设置

的垂直线"样式""宽度"和"颜色",单击"确定"按钮,即可画出棉棒图。

2. 垂线图的绘制

(1)绘制散点图

选择 A、B 两列数据,单击下方工具栏中的"散点图"工具。

(2)翻转坐标轴

按图 4-44 所示的步骤,双击①处的 Y 轴,在弹出的"Y 坐标轴 - 图层 1"对话框中,单击②处的"刻度"页面,选择③处的"翻转"复选框,单击④处的"应用"按钮可将 X 轴及标题从底部移到顶部(⑤处所示)。

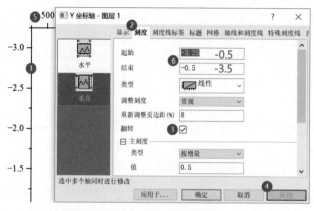

图 4-44 翻转坐标轴

(3)颠倒刻度范围

此时①处 Y 轴刻度变化方向还要调整反向,交换⑥处的"起始"和"结束"的范围取值,改为从 –0.5 到 –3.5,单击"确定"按钮。接着删除图例,在图层 - 浮动工具栏"图层框架"中设置坐标系框线。

(4)彩色映射球

按图 4-45 所示的步骤,双击①处的散点,在"绘图细节 - 绘图属性"对话框中②处的"符号"页面,点击③处的▼设置符号为球形,在④处设置"边缘颜色"为"自定义增量",填充色选择⑤处的"按点",在⑥处选择一个颜色列表,单击⑦处的"增量开始于",选择⑧处的某个开始的颜色块,单击"确定"按钮。

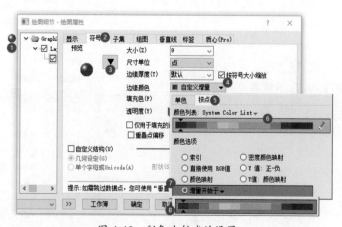

图 4-45 彩色映射球的设置

（5）垂直线的设置

按图 4-46 所示的步骤，在"绘图细节 - 绘图属性"对话框中，单击①处的"垂直线"页面，选择②处的"垂直"复选框，设置③~⑤处的垂直线"样式""宽度"和"颜色"（自动跟随散点的颜色），单击"确定"按钮，即可得到⑥处所示垂悬的球。

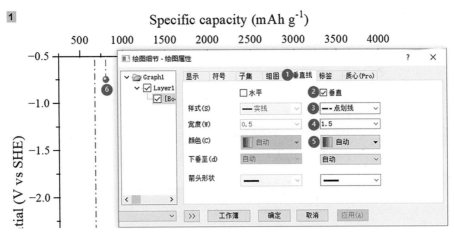

图 4-46　垂直线的设置

（6）启用显示标签

按图 4-47 所示的步骤，在"绘图细节 - 绘图属性"对话框中，单击①处的"标签"页面，选择②处的"启用"复选框，单击③处的"标签形式"下拉框，选择④处的"Col(C)"，即标签文本来源于 C 列，单击"确定"按钮。

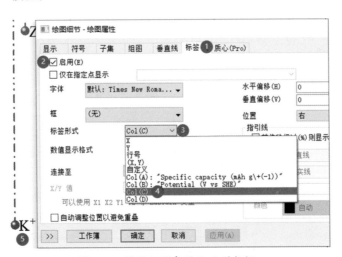

图 4-47　设置标签来源于 C 列数据

（7）单独移动标签位置

有时候标签会覆盖图形符号或相互重叠，这就需要单独移动某个或某些标签文本，避免遮挡和覆盖。按图 4-48 所示的步骤，在①处标签"K⁺"上单击 1 次，选择所有标签，在②处标签"Na⁺"上单击第 2 次可以单独选中"Na⁺"，此时拖动"Na⁺"标签可以单独移动位置，避免与其他图形元素重叠和覆盖。

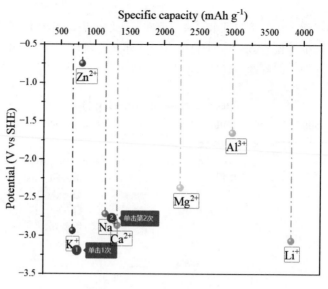

图 4-48　标签的单独移动

注意 ⚠ 在其他多条曲线图中，采用多次单击直到选中某点为止。该"特殊点"可进行样式设置，如将曲线上该点设置为球形符号，表示"突显"曲线上该点的"特殊性"。多次单击与双击不同，多次单击需要停顿，否则会被系统误认为双击而执行双击操作。该方法将在后续章节中演示。

（8）千位分隔符的设置

设置千位分隔符需要两个步骤。首先，按图 4-49（a）所示的步骤，双击①处的刻度线标签，单击②处下拉框，选择③处的"十进制：1,000"；然后按图 4-49（b）所示的步骤，在页面边缘空白①处双击，在弹出的"绘图细节 - 页面属性"对话框中，单击②处的"显示"，在③处的"数字分隔符"下拉框中选择"1 000.0"，单击"确定"按钮，即可得到④处所示的分隔后的数值。

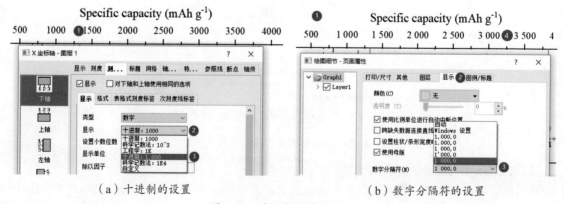

（a）十进制的设置　　　　　　　　　　（b）数字分隔符的设置

图 4-49　千位分隔符的设置

3. 多图的合并

在科研论文中，经常需要将多个图合并为一个组合图。下面演示将棉棒图、垂线图合并为组合图。在合并绘图前，首先要确保每张绘图的字体样式统一。

（1）合并图表

按图 4-50 所示的步骤，单击右边工具栏①处的"合并"按钮，选择②处的"自动预览"复选框，选择③处"图"列表中的图名称，单击上、下按钮调整图的顺序。

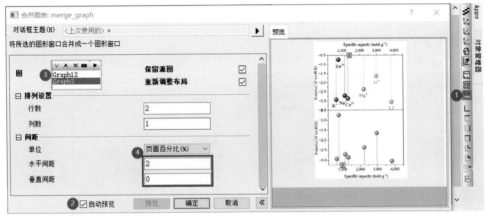

图 4-50　合并图表

（2）修改间距

修改④处的间距，直到"预览"框中的组合图基本符合要求为止，单击"确定"按钮。双击两个图中的 X、Y 轴刻度，修改"增量"直到刻度疏密合适为止，单击"确定"按钮。

（3）修改页面尺寸

按照前述步骤得到的上下组合绘图是"竖版"组合图，如果需要改为"横版"组合图，可以按图 4-51（a）所示的步骤，双击页面外①处的灰色区域，在弹出的"绘图细节 - 页面属性"对话框中，取消②处的"保持纵横比"复选框，修改③处的"高度"为 150（或其他值），单击"确定"按钮。

（4）修改绘图细节

Y 轴标题相同时，可以单击并删除其中一个 Y 轴的标题，将另一个 Y 轴标题移动到中间位置，形成双图层共用一个 Y 轴标题。若图层超出页面，右击页面外的灰色区域，选择"调整页面至图层大小"。优化其他绘图细节的设置后，得到如图 4-51（b）所示的效果图。

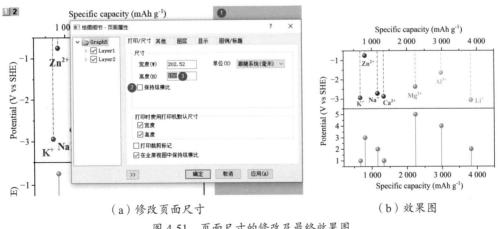

（a）修改页面尺寸　　　　（b）效果图

图 4-51　页面尺寸的修改及最终效果图

4.3.2 分类及颜色索引的气泡图

气泡图通过区分气泡大小、颜色映射不同的物理量或对应不同分类的样品。例如，考察两种反应体系中，不同 pH 对产物平均粒径、荧光强度的影响，可以采用颜色索引区分体系 A 和 B，以气泡大小表达平均粒径。下述以例 8 演示气泡图的绘制过程。

例 8：构建 XYYY 型工作表如图 4-52（a）所示，X 列为 pH，其余 Y 列分别为荧光强度、平均粒径、体系，其中体系（D 列）采用 1、2 为分类号。本例绘制的气泡图如图 4-52（b）所示。

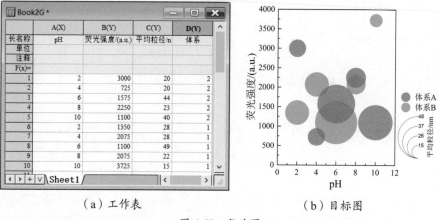

（a）工作表　　　　　　　（b）目标图

图 4-52　气泡图

解析：气泡图至少需要两列 Y 数据，即 XYY 型，X 和第一列 Y 为气泡的坐标，第二列 Y 控制气泡的大小。

1. 绘制气泡图

选择 A、B、C 三列数据，点击下方工具栏的散点图工具（或菜单"绘图"→"基础 2D 图"→"气泡图"），绘制出气泡图，显示框架。

2. 修改气泡图例

按图 4-53（a）所示的步骤，单击①处的图例，选择浮动工具栏中②处图例"布局"中③处的"半圆"，得到④处所示的半圆图例。单击④处的图例，选择浮动工具栏中⑤处的"气泡样式"，可以去除半圆气泡图例中的填充色。

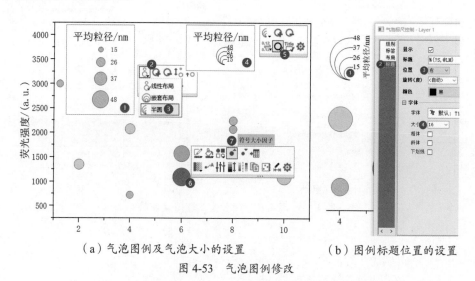

（a）气泡图例及气泡大小的设置　　　　　　　（b）图例标题位置的设置

图 4-53　气泡图例修改

3. 修改大小因子

单击⑥处的任意一个气泡，单击浮动工具栏⑦处的"符号大小因子"，调整气泡大小到合适为止。

4. 图例标题位置

按图 4-53（b）中的步骤，双击①处的气泡图例，单击弹窗中②处的"标题"，选择③处"位置"为"右"，修改④处"大小"为 16，单击"确定"按钮。

5. 分类索引配色

双击气泡，按图 4-54 所示的步骤，单击①处"填充色"下拉框，选择②处的"按点"，在③处"颜色列表"中选择"Bold2"配色，在④处"颜色选项"下拉框中选择⑤处的"Col(D)：'体系'"，单击"确定"按钮。

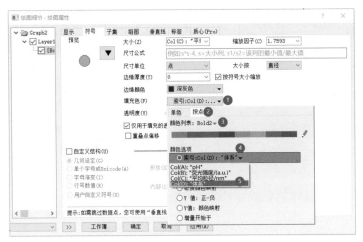

图 4-54　分类索引配色

6. 显示分类图例

删除图例或添加图层后，需要"重构图例"。按图 4-55（a）所示的步骤，单击①处的"重构图例"，得到②处所示的图例，右击②处的图例，选择"属性"，在弹出的对话框中将③处的原有图例代码改为④处的代码，即可将默认的矩形图例（②处）改为圆形图例（⑤处），删除③处的原图例代码，单击"边框"页面，修改"边框"为"无"，单击"确定"按钮，拖动调整两种图例到合适位置，再调整页面至图层大小，最终得到如图 4-55（b）所示的效果图。

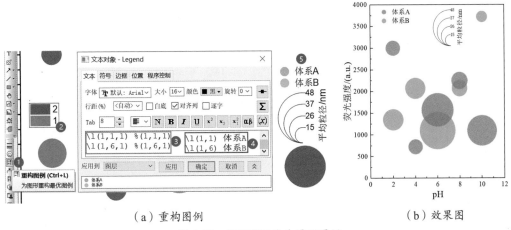

（a）重构图例　　　　　　　　　　　（b）效果图

图 4-55　矩形图例改为圆形图例

4.3.3 散点分布轴须图

例9：商品的销售价格通常会因为促销活动而不同，也会因为客户购买时的手机系统（iOS 或 Android）而不同，可以根据销售记录，如图 4-56（a）所示的两列 Y 绘制出散点分布轴须图，如图 4-56（b）所示，以统计销售价格的波动和分布情况。

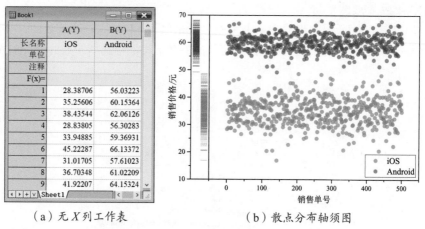

（a）无 X 列工作表　　　　　（b）散点分布轴须图

图 4-56　无 X 列工作表及其散点分布轴须图

1. 绘制轴须图

首先确保 iOS 和 Android 销售数据为 Y 属性，选择 A、B 两列数据，单击菜单"绘图"→"基础 2D 图"→"散点图 + 轴须"，即可绘制草图，拖动图例到右下方空白区域，避免遮挡散点。

2. 修改散点符号及半透明

按图 4-57（a）所示的步骤，双击①处的散点，弹出"绘图细节 - 绘图属性"对话框，在②处的"符号"页面中，选择③处为圆形，修改④处的"符号颜色"为"Bold2"，设置⑤处的"透明度"为 40%。

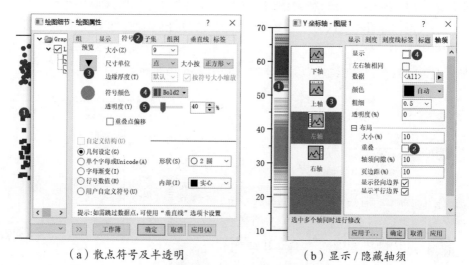

（a）散点符号及半透明　　　　　（b）显示 / 隐藏轴须

图 4-57　散点分布轴须图的设置

3. 显示/隐藏轴须

按图 4-57（b）所示的步骤，双击①处的左轴须，在弹出的对话框中，取消②处的"重叠"复选框，即可将原来重叠的轴须分离，便于区分。选择③处的"左轴"，取消④处的"显示"复选框，不显示 X 轴方向的分布（因为统计销售单号的分布无意义），单击"确定"按钮。调整页面至图层大小，即可得到如图 4-56（b）所示的效果图。

4.3.4 均值±SD统计的分类彩点图

彩点图是散点图的一种，当数据点较大且样品数量较多时，需要采用不同颜色加以区分，此时可绘制彩点图。

例 10：以鸢尾花的花瓣长度（A 列）、花瓣宽度（B 列）及种类（C 列）的工作表，如图 4-58（a）所示，绘制均值±SD 统计的分类彩点图，如图 4-58（b）所示。

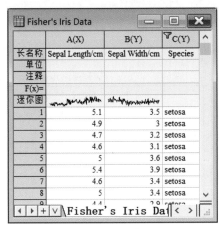
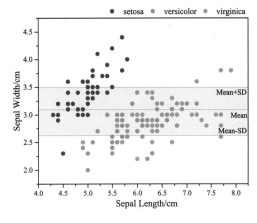

（a）工作表 （b）目标图

图 4-58 鸢尾花的花瓣分类统计彩点图

1. 绘制散点图

选择 A、B 两列数据，点击下方工具栏的散点图，绘制出草图。

2. 按点索引设置散点颜色

按图 4-59 所示的步骤，按点索引设置散点颜色。

双击①处的散点，在弹出的"绘图细节 - 绘图属性"对话框中，单击②处修改散点符号为圆形，在③处的"符号颜色"下拉框中选择④处的"按点"，修改⑤处的"索引"来源于⑥处的 C 列分类文本，单击"应用"按钮。

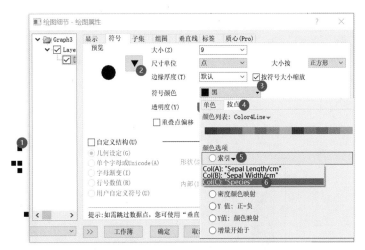

图 4-59 按点索引设置散点颜色

3. 编辑颜色列表

如果颜色列表中末尾的几个颜色效果合适不需调整，只需要对颜色列表中颜色块的顺序进行编辑。按图 4-60 所示的步骤，点击①处的"铅笔"按钮，在弹出的"创建颜色"对话框中，拖选②处的 3 个颜色，单击③处的"移到顶端"按钮，单击④处的"确定"按钮回到"绘图细节 - 绘图属性"

窗口，单击"确定"按钮结束。

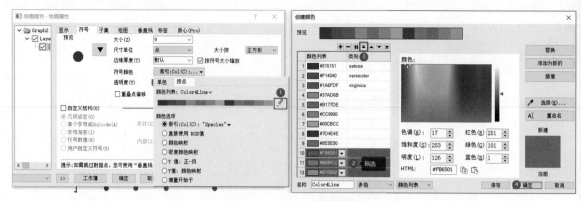

图 4-60　颜色列表的编辑

4. 重构图例

按图 4-61 所示的步骤，单击左边工具栏①处的"重构图例"，得到②处的新图例，单击图例，选择"浮动工具栏"中③处"水平"按钮、④处"隐藏边框线"，然后拖动图层到坐标系外，得到⑤处所示的水平图例。再单击坐标系中⑥处的空白位置，选择⑦处"浮动工具栏"的"图层框架"，显示如⑧处所示的图框。

5. 添加具有统计功能的参照线

按图 4-62 所示的步骤，双击①处的 Y 轴，弹出"Y 坐标轴 - 图层 1"对话框，在②处的"参照线"页面，单击③处的"细节"按钮，弹出"参照线"对话框，单击④处的"追加"按钮，修改⑤处的"数值类型"为"统计"，在⑥处的下拉框中选择

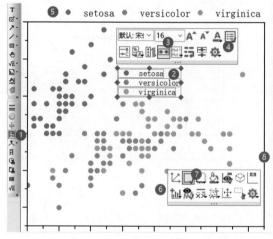

图 4-61　重构图例、显示 / 隐藏边框线

⑦处的"均值＋标准差"，单击⑧处的"应用"按钮。重复④～⑧处依次追加"均值＋标准差"和"均值－标准差"，单击"确定"按钮。

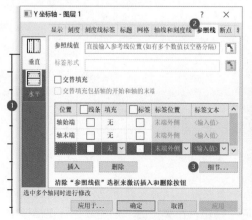
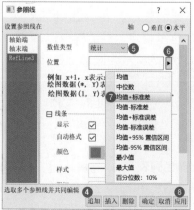

图 4-62　添加具有统计功能的参照线

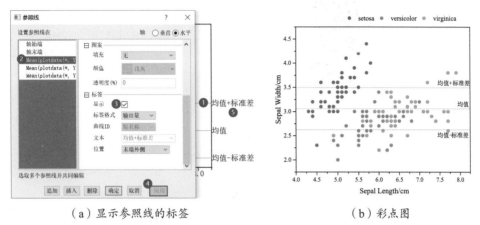
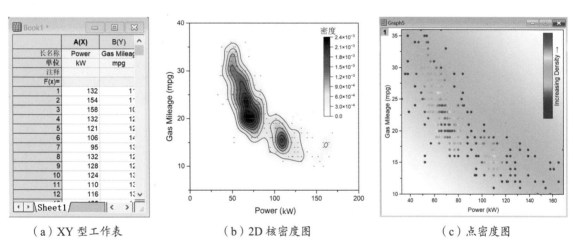

6. 显示参照线的标签

按图 4-63（a）所示的步骤，双击①处的参照线，在弹出的对话框中依次单击②~④处，单击"确定"按钮后得到⑤处所示的参照线标签，拖动标签到图层内部每条相应的参照线上，调整页面至图层大小后，单击"确定"按钮，即可得到如图 4-63（b）所示的彩点图。

（a）显示参照线的标签　　　　　　　　（b）彩点图

图 4-63　参照线标签的设置

4.3.5　散点分布核密度图

例 11：准备两列 XY 型工作表，如图 4-64（a）所示，绘制 2D 核密度图，如图 4-64（b）所示。

（a）XY 型工作表　　　　（b）2D 核密度图　　　　（c）点密度图

图 4-64　2D 核密度图与点密度图

解析：Origin 中用于描述散点分布密集程度的绘图模板有两种：2D 核密度图、点密度图。2D核密度图，如图 4-64（b）所示，采用拟合的方式绘制"云"状分布；而点密度图，如图 4-64（c）所示，采用颜色映射显示位点的密集程度。点密度图的绘制相对较为简单，方法为菜单"绘图"→"基础 2D 图"→"点密度图"。本例首先演示 2D 核密度图的绘制过程，然后将按点数据拖入核密度图中，最终绘制 2D 核密度与点密度叠加图。

1. 绘制2D核密度图

按图 4-65（a）所示的步骤，单击工作簿左上角①处全选数据，单击下方工具栏②处的二维图工具菜单，选择③处的"2D 核密度图"，弹出如图 4-65（b）所示的对话框。

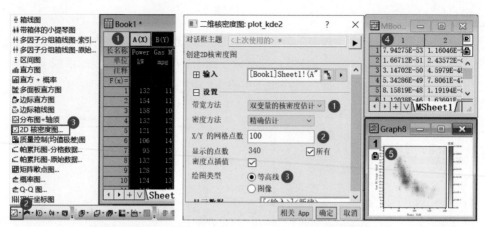

（a）2D核密度图工具菜单　　　　　　　（b）二维核密度图的设置

图 4-65　2D 核密度图的绘制

2. 2D核密度图的设置

按图 4-65（b）所示的步骤，单击①处"带宽方法"为"双变量的核密度估计"，根据需要修改"密度方法"，例如，选择"精确估计"，修改②处的"X/Y 的网格点数"为100，也可以尝试设置不同的点数。根据需要，修改③处的"绘图类型"为"等高线"，单击"确定"按钮，即可生成一张矩阵表（如④处所示）和核密度图（如⑤处所示）。

3. 显示等高线

按图 4-66 所示的步骤，双击①处的核密度图，在弹出的对话框中，单击②处的"线"，弹出"等高线"对话框，选择③处的"只显示主要级别"复选框，单击④处的"确定"按钮，返回"绘图细节 - 绘图属性"对话框，单击⑤处的"应用"按钮。

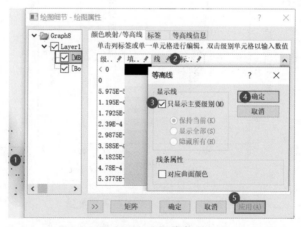

图 4-66　显示等高线

4. 修改颜色映射

按图 4-67 所示的步骤，单击①处的"填充"，在弹出的"填充"对话框中单击②处的"加载调色板"下拉框，选择③处的"Fire"调色板，勾选④处的"翻转"复选框，单击⑤处的"确定"按钮回到"绘图细节 - 绘图属性"对话框，单击⑥处的"确定"按钮。

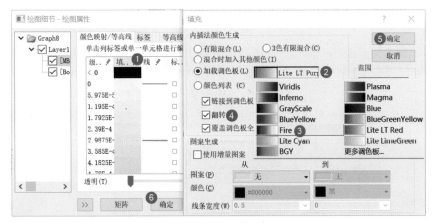

图 4-67　颜色映射的设置

5. 图例的设置

按图 4-68 所示的步骤，双击①处的色阶图例，在弹出的"色阶控制 - Layer 1"对话框中，单击②处的"布局"，修改"色阶宽度"为 100。单击③处的"标签"，取消④处的"自动"复选框，在⑤处的"显示"下拉框中选择"科学记数法"，单击⑥处的"应用"按钮。

6. 精细修改绘图

调整 X 轴和 Y 轴刻度范围及刻度增量，使刻度线疏密适中。右击空白边缘，选择"调整页面至图层大小"。

7. 拖入数据绘制散点

按图 4-69 所示的步骤，单击①处全选数据，移动鼠标指针到②处数据列的左边缘或右边缘，待鼠标指针变为"叠加"图形按钮时，按下鼠标左键，将文件拖入核密度图中，可得③处所示的散点分布核密度图。

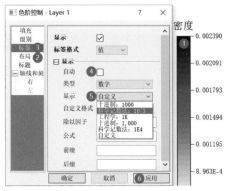

图 4-68　色阶图例的设置

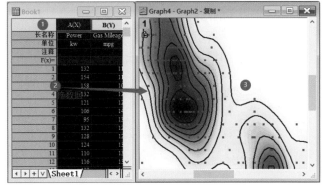

图 4-69　散点分布核密度图

4.4 曲线图

曲线图与点线图虽然在图形上有区别，但是在本质上是相同的。曲线图的数据量大，点与点之间的密集呈一定规律均匀平滑变化。将曲线图局部少数几个点放大后，其形态与点线图是相同的。

4.4.1 误差带曲线图

前面介绍了误差棒点线图，由于点线图数据量较少，误差棒数量同样较少。如果对一组平行实验获得的多条曲线进行误差计算，则可以得到大量误差棒数据，可绘制误差带曲线图。

例 12：创建 3 条曲线及其误差的工作表，即创建“X3(YE)”型工作表，如图 4-70（a）所示，绘制如图 4-70（b）所示的误差带曲线图目标图。

Book1E

	A(X)	B(Y)	C(yEr±)	D(Y)	E(yEr±)	F(Y)	G(yEr±)
长名	Crank Angle	Pedal Force	Error	Pedal Force	Error	Pedal Force	Error
单位							
注释		Effective Force		Ineffective Force		Total Force	
1	0	15.31468	13.43237	4.78459	22.01181	31.12243	12.71445
2	1	16.25615	13.39958	3.9865	22.60408	32.14536	13.18254
3	2	17.19762	13.37644	3.1884	23.26339	33.16828	13.68427
4	3	18.26426	13.38587	2.11997	23.93767	34.35651	14.15572
5	4	19.33162	13.40552	1.05002	24.68033	35.54567	14.65311
6	5	20.54521	13.45533	-0.30013	25.47507	36.92364	15.12108
7	6	21.76046	13.51665	-1.65345	26.3418	38.30375	15.60966
8	7	23.11537	13.59189	-3.27888	27.19569	39.83527	15.99795
9	8	24.47266	13.6787	-4.90895	28.10876	41.36937	16.40047
10	9	25.99776	13.81314	-6.86607	29.01955	43.09171	16.76844

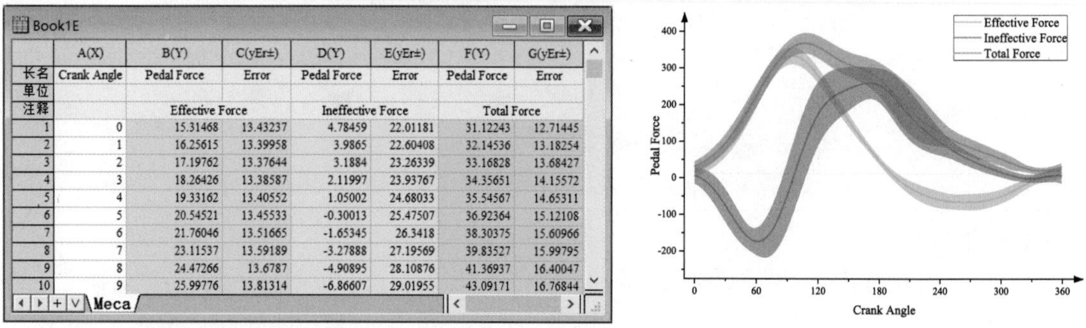

（a）工作表　　（b）目标图

图 4-70　误差带曲线图

1. 绘制误差带草图

全选数据，单击菜单“绘图”→“基础 2D 图”→“误差带图”。

2. 点线图改为折线图

按图 4-71（a）所示的步骤，在①处散点上双击打开“绘图细节 - 绘图属性”对话框，修改②处的类型为“折线图”，单击③处“线条颜色”的颜色列表，选择④处的“增量列表：Bold1”配色，将⑤处的线条颜色“增量”改为“逐个”，在⑥处的“线条”页面修改“宽度”为 2，单击“应用”按钮。单击⑦处的误差数据，打开如图 4-71（b）所示的页面。

3. 误差带边线的隐藏

按图 4-71（b）所示的步骤，分别单击①、②、③处的误差数据，修改④处的“宽度”为 0，单击“确定”按钮，即可得到⑤处所示的效果。

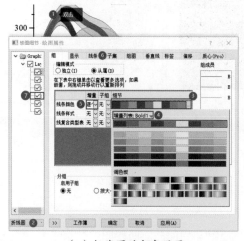

（a）折线图的颜色设置　　（b）误差带边线的隐藏

图 4-71　折线图的颜色设置及误差带边线的隐藏设置

4. 箭头坐标轴的设置

按图 4-72 所示的步骤，双击①处的坐标轴，在弹出的对话框中单击②处的"轴线和刻度线"，在③处单击选择"下轴"，按"Ctrl"键的同时，单击选择"左轴"，即可同时选择 X 轴和 Y 轴进行修改，选择④处的"箭头位于末端"复选框，修改⑤处的"形状"为尖锐的箭头形状，单击"确定"按钮即可得到⑥处所示的效果。

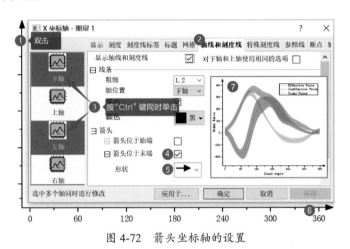

图 4-72 箭头坐标轴的设置

5. 刻度范围的调整

为了避免末端刻度标签位于箭头位置，可通过修改 X 轴的刻度变化"增量"来解决。例如前面绘图 X 轴默认"增量"为 50，箭头处刻度为 400，将"增量"改为 60，单击"确定"按钮，即可得到图 4-72 中⑦处所示的效果。

4.4.2 正负双色填充曲线图

曲线填充可用于表达"面积"的物理意义，也可用于辅助标注、区分样品曲线等，使某种"对比"效果更加明显，突出显示数据结构。

例 13：利用"填充"表达曲线的"面积"大小。本例利用设置 $y=0$ 的网格线，将正负两个方向的曲线分别填充红、蓝两种颜色，使正负两种响应区分更加明显，用"面积"表达正负响应的"贡献"。本例工作表及其双色填充曲线如图 4-73 所示。

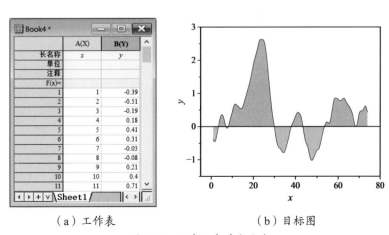

（a）工作表　　　　　　　（b）目标图

图 4-73 正负双色填充曲线

1. 绘制折线图

选择 *XY* 两列数据（或 *Y* 列数据）绘制折线图。

2. 线下填充

按图 4-74 所示的步骤，双击①处的曲线，在弹出的"绘图细节 - 绘图属性"对话框中，将②处的"连接"改为"样条曲线"（平滑）或"B- 样条"（不通过极值，但曲线更圆滑），设置③处的"宽度"为 2（或其他值）。选择④处"填充曲线下的区域"的"启用"复选框，选择⑤处为"填充至底部"，单击"应用"按钮。

3. 设置填充色

按图 4-75 所示的步骤，单击①处的"图案"页面，单击②处的"颜色"下拉框，单击③处的"按点"，修改④处的"颜色列表"为"Candy"，选择⑤处的"Y 值：正 - 负"，单击"确定"按钮。

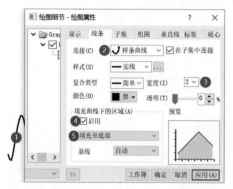
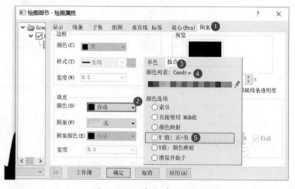

图 4-74　设置曲线平滑、粗细、线下填充　　　　图 4-75　填充色设置

按相同的方法，单击"线条"页面，设置"颜色"按点采用"Candy"颜色列表，选择"Y 值：正 - 负"。此时，曲线和填充色并没有按照"Y 值：正 - 负"分配不同的颜色，这就需要对 *Y* 轴进行操作（添加 *y*=0 网格线），单击"确定"按钮，关闭"绘图细节 - 绘图属性"对话框。

4. 设置 *y*=0 网格线

按图 4-76 所示的步骤，双击 *X* 轴打开"X 坐标轴 - 图层 1"对话框，进入①处的"网格"选项卡，单击②处的"附加线"，选择③处的"Y="复选框，并输入 0，单击"确定"按钮。

图 4-76　设置 *y*=0 网格线

5. 设置填充色的透明度

通过上述设置后发现，线条和填充色完全相同，主次不能区分，此时可以将填充色设置透明度"弱化"填充，而"突出"曲线的"地位"。按图 4-77 所示的步骤，双击①处的曲线，在弹出的"绘图细节 - 绘图属性"对话框中，选择②处的"图案"页面，取消③处的"跟随线条"复选框，设置④处的透明度为 60%，单击"确定"按钮。

6. 其他美化设置

如果绘图中仅有一条曲线，可以将图例删除。设置图层边框，首先调整 x 轴和 y 轴刻度线的疏密，再调整页面至图层大小。最终得到如图 4-78 所示的效果图。

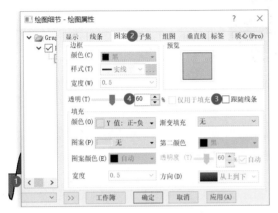

图 4-77　设置填充色的透明度

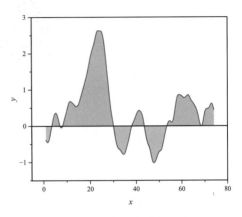

图 4-78　正负双色填充曲线图

4.4.3　XRD标准卡线图

X 射线衍射（XRD）分析是材料学研究领域最常用的一种材料表征手段。测试样品的 XRD 图谱需要用标准物相的衍射数据来佐证，这就需要绘制带标准卡线的 XRD 图谱。

例 14：XRD 图谱绘制通常将标准物相卡的标线绘制在 XRD 曲线下方，作为物相标定。如图 4-79（a）所示，AB 和 CD 列分别为 $ZnMnO_3$ 和 Mn_2O_3 的 XRD 图谱数据，EF 和 GH 列分别是其标准卡的数据。标准卡数据是标准峰的 2θ 及其相对强度（最强峰为 100%）。XRD 标准卡线图如图 4-79（b）所示。

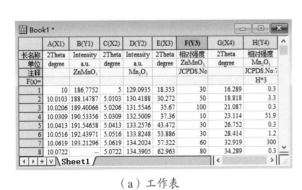

（a）工作表

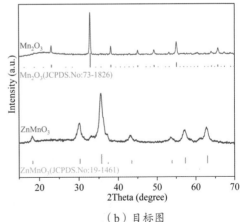

（b）目标图

图 4-79　XRD 标准卡线图

1. 绘制堆积图

修改 C、E、G 列为 X 属性。按图 4-80 所示的步骤，拖选①处 A~D 列，单击下方工具栏②处的 "▼" 按钮，在弹出的菜单中，选择③处的 "堆积图"。

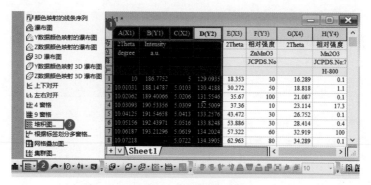

图 4-80　堆积图的绘制

按图 4-81 所示的步骤，在弹出的"堆叠：plotstack"对话框中，勾选①处的"自动预览"复选框，修改②处的"整图方向"为"水平"，单击"确定"按钮。

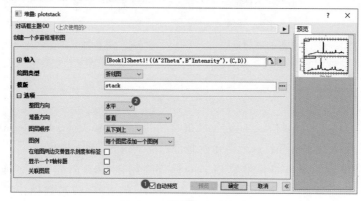

图 4-81　堆叠方向的设置

2. 删除无意义的刻度值及轴标题

保留下方的 X 轴刻度及标题，分别单击其他方向坐标轴的轴标题、刻度值标签，按"Delete"键删除。

3. 向各图层拖入XRD卡线数据

按图 4-82 所示的步骤，先将工作簿和图形窗口并排放置。绘制第一种样品图谱，单击①处激活图层 1，单击②处选择 F 列数据，移动鼠标指针到③处该列的左边缘或右边缘，待鼠标指针变为叠加图标时，按下鼠标左键，往图层 1 拖放。第二种样品图谱的绘制与上述步骤相同，即单击④处激活图层 2，在⑤处单击选中 H 列数据，按住鼠标左键不放移动到⑥处，按下鼠标左键往图层 2 拖放。

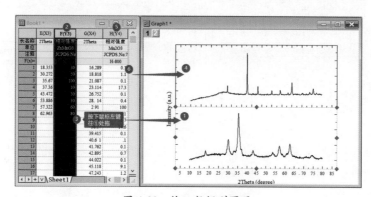

图 4-82　拖入数据到图层

4. 修改线图为柱状图

垂直于 X 轴的卡线可以用两种方式实现：垂直线、柱状图。本小节以柱状图为例。按图 4-83 所示的步骤修改线图为柱状图。

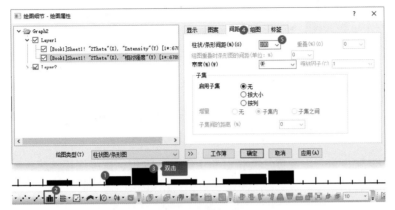

图 4-83　修改线图为柱状图、修改柱状图间距

首先单击①处卡线，单击下方工具栏②处的柱状图工具（垂直线方法需要修改为散点图），然后双击③处的柱状图，在弹出的"绘图细节 - 绘图属性"对话框中，单击④处的"间距"，修改⑤处的"柱状 / 条形间距"为 100（根据粗细做相应修改），单击"确定"按钮。按相同的方法，设置另一种样品的卡线为柱状图，并调整边距。

5. 设置刻度线朝外

卡线易与刻度线混淆，可将刻度线设置为朝外。按图 4-84 所示的步骤，双击①处的 X 轴，在弹出的"X 坐标轴 - 图层 1"对话框中，在②处的"轴线和刻度线"页面修改③处和④处的刻度线样式为"朝外"，单击"确定"按钮。

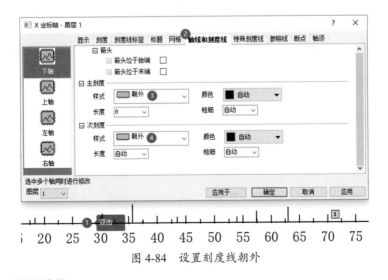

图 4-84　设置刻度线朝外

6. 隐藏无意义的刻度线

按图 4-85 所示的步骤，双击①处的坐标轴，在弹出的对话框中，单击②处的"轴线和刻度线"页面，按"Ctrl"键的同时在③处单击选择上轴、左轴、右轴，对其批量设置，修改④处和⑤处的刻度线样式为"无"，单击⑥处的"确定"按钮。

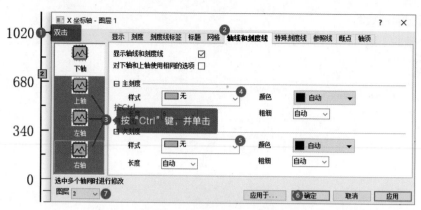

图 4-85 隐藏无意义刻度线

另一种样品的设置步骤与上文方法类似,单击⑦处下拉框,选择图层"2",重复③~⑤处的步骤即可。图层 1 的上轴和图层 2 的下轴需要设置隐藏:单击"上轴"或"下轴",取消"显示轴线和刻度线"复选框,即可隐藏图层 1 的上轴和图层 2 的下轴。单击⑥处的"确定"按钮。

7. 修改 X 轴范围及疏密

若两种样品的 XRD 测试范围不同,两条 XRD 曲线叠加时就会左右端不齐。可按如下方法设置调整:按图 4-86 所示的步骤,双击①处的 X 轴,在弹出的对话框中,修改②处的起始、结束值分别为 15 和 70,修改③处的"主刻度"类型为"按增量","值"为 10,单击④处的"应用"按钮。仿照上述步骤设置图层"2"的 X 轴刻度范围,单击⑤处的下拉框切换为图层"2",按②处和③处的步骤设置。单击"确定"按钮。

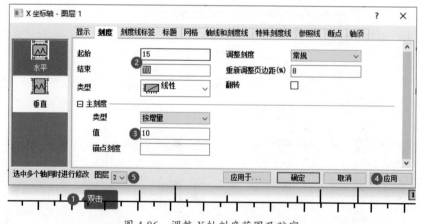

图 4-86 调整 X 轴刻度范围及疏密

8. 设置颜色

不同曲线及其卡线的颜色既要明显区分,又要相互关联。可设置曲线和卡线为相近的颜色,步骤如图 4-87 所示。

单击①处的曲线,在②处下拉框中选择红色,单击③处的卡线,在④处选择与红色相近的橙色。按相同的方法设置另一种样品的 XRD 曲线和卡线的颜色,分别为蓝色、浅蓝色。

9. 添加文本标签

当同一个图中有多条曲线或线型复杂时可删除图例,在曲线附近添加文本标签明确对应关系,以增强可读性。步骤如下:在曲线附近空白处右击,选择"添加文本",或者从工作簿中的单元格复制，在图中粘贴，然后分别修改文本的上下标及文本颜色，文本颜色要与相应的曲线一致。右击图层外的空白区域，选择"调整页面至图层大小"。

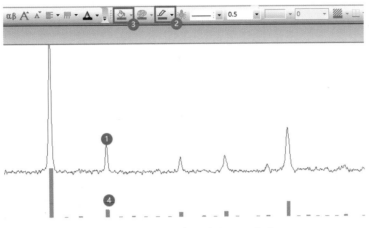

图 4-87　曲线颜色的修改及效果图

4.4.4 XRD堆积曲线

在材料学研究中，常需要比较不同的制备条件对材料晶格的影响，这就需要在同一个坐标系中绘制多条 XRD 图谱。通常的做法是将多条 XRD 图谱纵向堆叠起来，即绘制 Y 偏移堆积曲线。

例 15：比较多组样品的 XRD 图谱，需要绘制 XRD 堆积曲线图。如图 4-88 所示。用①处的 XRD 数据（5 组 XY 型数据）直接绘制折线图，出现的是多重叠加的图谱，如②处所示，难以区分。可用"堆积图"工具绘制 XRD 堆积曲线图，如③处所示。

1. 准备5组XY型工作表

确保在 5 组 10 列数据中，每组样品的两列数据分别为 X 和 Y 属性。

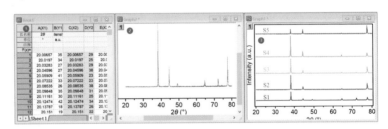

图 4-88　XRD 工作表及其 XRD 图谱

2. 绘制堆积线图

按图 4-89 所示的步骤，单击①处全选数据，在下方工具栏②处弹出的菜单中选择③处的"Y 偏移堆积线图"。

3. 删除无意义对象

由于 XRD 图谱缺少右上角控件，图例会遮挡部分曲线。可以删除图例，直接在每条曲线附近添加相同颜色的文本标签。XRD 图的 Y 轴是一种计数（或强度），通常无意义，另外，Y 轴的刻度值也因纵向堆积而发生变

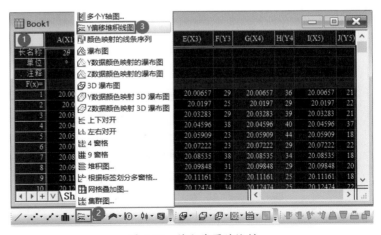

图 4-89　堆积线图的绘制

化，因此 Y 偏移堆积线图通常删除 Y 轴刻度及刻度标签。删除方式：单击某个对象，按"Delete"键删除。修改曲线粗细为 1.5，添加图层边框，调整页面至图层大小。

4. 修改曲线颜色

如果比较不同实验条件制备样品的 XRD 图谱，可将多条曲线设置为渐变颜色；如果各样品之间不存在某种量的变化，则可以采用颜色区分度较大的配色。按图 4-90 所示的步骤，双击①处的曲线，在"绘图细节 - 绘图属性"对话框中，修改"组"页面②处的颜色细节为"Candy"，单击"确定"按钮。

5. 文本标签的一键对齐

按图 4-91 所示的步骤，分别在每条曲线附近添加文本，如①处的"S1"～"S5"，从②处拖动鼠标全选文本标签，单击右边工具栏③处的"左对齐"按钮。

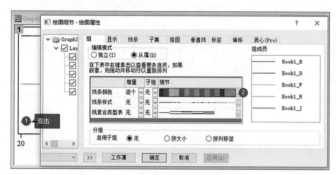

图 4-90　曲线颜色的设置

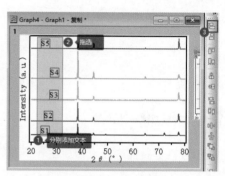

图 4-91　文本标签的一键对齐

> **注意 ⚠** 右边工具栏的对齐按钮，通常以多个选择对象中首先被选中的对象为基准，其他对象向它对齐。

6. 设置文本标签的颜色

对于多个文本对象，逐一设置与相应曲线相同的颜色，并不容易。按图 4-92（a）所示的步骤，选中①处一个标签，单击上方工具栏②处的文本颜色 A 按钮，在③处选择之前曲线的颜色 Candy，后续可以分别点击不同的文本标签，选择④处相应的色块，即可配置与相应曲线一致的颜色。另外，⑤处的"最近使用的颜色"也非常有用，方便我们选取使用过的颜色。总之，通过这种方法可以保证配色的一致性。最终得到如图 4-92（b）所示的效果图。

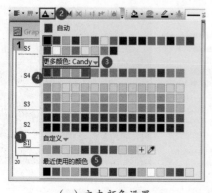

（a）文本颜色设置

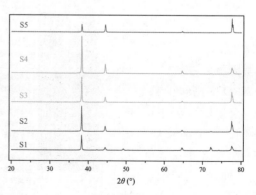

（b）效果图

图 4-92　文本颜色的设置及最终效果图

4.4.5 XRD精修曲线图

例 16：XRD 精修曲线图的绘制。

通过一系列专业软件对测试的 XRD 图谱数据进行精修，将得到的精修结果文件（本例文件"例 16：XRD 精修数据文件 .xyn"）拖入 Origin 软件界面，删除左右两端多余的数据，得到如图 4-93（a）所示的工作表，其中，A、B 列为 XRD 原始数据，A、C 和 E 列是相同 2θ 数据，D 列为衍射强度的计算值 Y_{calc}，F 列为精修误差 (实验值与计算值之差)，G 和 H 列为布拉格位置（即峰位置）。绘制目标图如图 4-93（b）所示。

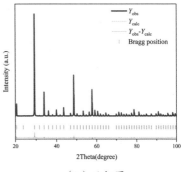

（a）工作表　　　　　（b）目标图

图 4-93　XRD 精修数据及其绘图

解析：布拉格位置是通过栅线绘制的，可以利用散点图修改符号为"|"，而其他曲线为折线图，为了避免后续单独修改出现"修改一处而动全身"的现象，我们考虑采用点线图，单独修改曲线粗细为 0，可绘制散点图，单独修改散点符号大小为 0，可绘制曲线图。

步骤一　绘制点线图。全选数据，绘制点线图。

步骤二　设置散点大小为0。某些精修图中采用了各类符号，但由于散点分布不均匀性，导致曲线并不吻合，因此建议将精修曲线中计算值、实验值均设置为粗细不同的曲线，即统一将散点大小设为 0。按图4-94所示的步骤，双击①处的散点打开"绘图细节-绘图属性"对话框，进入②处的"符号"选项卡，将"大小"修改为0，单击③处的"应用"按钮，即可得到曲线图。然后单击④处的"组"选择"独立"以解除从属关系，方便后续单独修改每条曲线的细节。

图 4-94　统一修改符号大小

步骤三 布拉格位置栅线的设置。与其他曲线不同，布拉格位置用栅线表达，不能绘制成连续的曲线，因此需将布拉格位置曲线修改为散点。按图4-95所示的步骤，在"绘图细节-绘图属性"对话框，单击①处的"组"，选择"独立"，选择②处的布拉格位置数据，进入③处的"线条"选项卡，修改④处的"宽度"为0，进入⑤处的"符号"选项卡，进行下一步符号的修改，单击⑥处的"应用"按钮。

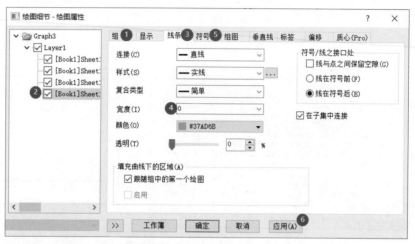

图 4-95　修改布拉格曲线为散点

按图 4-96 所示的步骤，在"绘图细节-绘图属性"对话框，进入①处的"符号"选项卡，修改②处的"大小"为 12，单击③处的▼按钮，从下拉菜单中选择④处的"|"，单击⑤处的"应用"按钮。

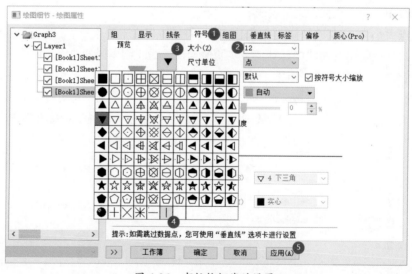

图 4-96　布拉格栅线的设置

步骤四 吻合曲线的粗细设置。精修XRD的计算值和实验值是吻合的，可通过设置不同的粗细突显这种"吻合"。按图4-97所示的步骤，在"绘图细节-绘图属性"对话框，选择①处的实验值数据，进入②处的"线条"选项卡，修改③处的"宽度"为3，④处的"颜色"为蓝色，单击⑤处的"确定"按钮。

图 4-97   吻合曲线的粗细设置

其他设置：修改图例文本标签。删除 Y 轴和刻度值，显示图层边框。双击 X 轴调整刻度范围在 20°~100°，即可得到目标图。

4.4.6 FTIR光谱曲线与标峰

傅里叶变换红外光谱（Fourier Transform Infrared Spectroscopy，FTIR）呈现物质分子中官能团红外吸收情况，其中特征峰的位置、强度是重点关注的对象。绘图中需要明晰特征峰的位置。对曲线上峰位置的标注最常见的方法是"指引线标注法"，也有文献中采用对某个单峰区域的"单峰填充法"，单峰填充法是比较新颖的绘图方式。

例 17：本例介绍 2 种指引线标注法和 1 种单峰填充法。3 组傅里叶变换红外光谱数据及其标峰红外光谱图如图 4-98 所示。

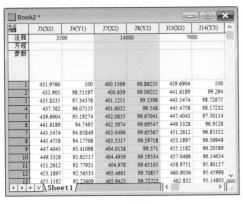

（a）工作表

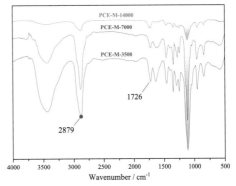

（b）目标图

图 4-98   红外光谱曲线及特征峰标注

1. 绘制红外光谱曲线
检查工作表中包含 3 组（6 列），即 "3(XY)" 型工作表。全选数据，绘制折线图。

2. 对曲线沿垂直方向移动
当不考虑 Y 轴（透过率 /%）时，不妨将曲线在垂直方向上移动一些距离，使每条曲线不至于堆叠在一起难以分辨。按图 4-99 所示的步骤，单击①处想要移动的曲线，依次单击菜单②处的"分析"→③处的"数据操作"→④处的"垂直平移"，曲线上出现一条红色拖动线，在⑤处拖动线上按下鼠标指针，往下拖到⑥处释放鼠标指针。

图 4-99　垂直平移曲线

3. 颠倒 X 轴波数范围

红外光谱的 X 轴波数范围一般是从大到小的，需要对 X 轴范围进行调整。双击 X 轴，在"X 坐标轴"对话框中，在"刻度"页面修改"起始"为 4000，修改"结束"为 500，单击"确定"按钮。

4. 绘图细节设置

分别单击 Y 轴标题、Y 轴、Y 刻度值、图例，按"Delete"键删除；显示图层边框，调整页面至图层大小；修改 X 轴标题为"Wavenumber(cm^{-1})"。为每条曲线设置颜色，添加文本标签。步骤上文已详细介绍，这里不再赘述。

5. 特殊点标记法

（1）选择特殊点

按图 4-100（a）所示的步骤，在①处某条曲线峰值处单击多次，直至出现圆形符号的特殊点为止。

（2）启用标签

双击②处圆形特殊点，在"绘图细节 - 绘图属性"对话框③处出现了一个特殊点，在④处的"标签"页面单击⑤处的"启用"复选框直至出现 ☑。

（3）设置标签数据来源及保留小数位

单击⑥处下拉框选择"标签形式"来源于 X，单击⑦处下拉框选择".4"（保留小数点后 4 位），修改⑧处".4"为 .0（保留到整数）。单击⑨处的"若偏移超过（%）则显示指引线"复选框直至出现 ☑，单击"确定"按钮。

（4）显示指引线

拖动图中特殊点附近的数字，将自动产生指引线。最终效果如图 4-100（b）所示。

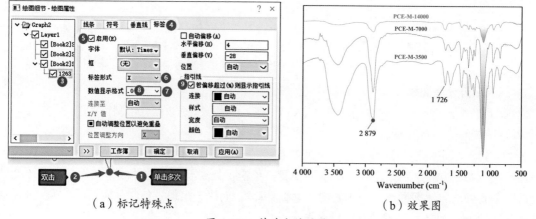

（a）标记特殊点　　　　　　　　　　　　　　（b）效果图

图 4-100　特殊点的设置

6. 标记工具法

（1）应用标注工具

按图 4-101（a）所示的步骤，单击左边工具栏①处"标注"的"▼"按钮，选择②处的"标注"按钮。在③处需要标峰的位置单击，出现十字光标，按"←"或"→"键，观察并确定当光标在峰值处时，按"Enter"键，即可显示一个坐标标注，单击左边工具栏上端的箭头按钮释放工具，拖动标注的坐标值，将自动生成指引线。

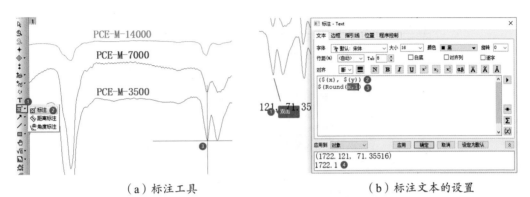

（a）标注工具　　　　　　　　　（b）标注文本的设置

图 4-101　利用标注工具标峰

（2）标注文本的设置

标注工具标峰显示的是（x,y）坐标，需要修改为只显示 x，四舍五入保留到整数。按图 4-101（b）所示的步骤，双击①处的标注文本，在"标注 -Text"对话框中，修改②处的"（S（x），S（y））"为"S（Round（x，1））"，④处可见预览效果，单击"确定"按钮。

> **注意** ⚠ Round() 为四舍五入函数，Round(x,n) 对 x 保留 n 位小数，n 为可选参数，默认时表示保留到整数。

7. 单峰填充法标峰

该方法采用单峰拟合方法得到某个单峰的拟合曲线，修改拟合曲线的线下填充，即可实现单峰区域填充标注。这里简单介绍单峰的拟合，关于各类拟合方法将在后续章节介绍。

（1）洛伦兹峰值快速拟合

按图 4-102（a）所示的步骤，单击激活绘图窗口，依次点击①处菜单"快捷分析"→"快速拟合"，选择②处的"5 Peak-Lorentz（System）"。

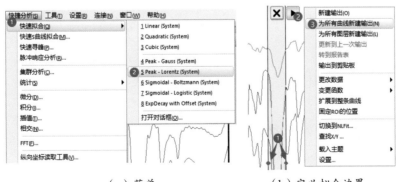

（a）菜单　　　　　　　　　（b）定义拟合边界

图 4-102　洛伦兹峰值快速拟合

（2）定义拟合边界

按图 4-102（b）所示的步骤，拖动①处黄色区域左、右边界句柄，使 3 条曲线上需要标注的单峰都被覆盖。单击②处的"▶"按钮，选择③处的"为所有曲线新建输出"。

（3）关闭工具

按图 4-103 所示的步骤，单击①处的"☒"按钮关闭工具，选中②处的所有报表，按"Delete"键删除。

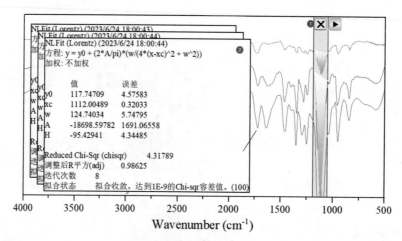

图 4-103　关闭拟合工具

（4）设置线下填充

按图 4-104（a）所示的步骤，双击①处的拟合峰曲线，选择②处紫框所示 3 条拟合峰曲线中的一条曲线，修改③处的"线条""宽度"为 0（不显示曲线边框），选择④处"填充曲线下的区域"的"启用"复选框，修改⑤处为"填充区域内部 - 在缺失值处断开"，单击⑥处的"应用"按钮。重复②～⑤步，设置另外 2 条拟合峰曲线。

（a）启用线下填充　　　　　　　　　　（b）双色渐变填充

图 4-104　拟合峰的线下填充

按图 4-104（b）所示的步骤，分别选择①处的 3 条拟合峰曲线中的一条曲线，单击②处的"图案"页面，修改③处的"颜色"为绿色，修改④处的"渐变填充"为"双色"，修改⑤处的"第二颜色"为白色，单击⑥处的下拉框，选择"从上到下"，单击⑦处的"应用"按钮。重复①～⑥步，设置另外 2 条拟合峰曲线的填充方式。单击"确定"按钮。

（5）调整曲线顺序

曲线被填充后，难免会出现填充色重叠。为避免遮挡，可以通过调整曲线的叠放顺序解决。按图 4-105 所示的步骤，双击①处图层编号（左上角的"1"），在"图层内容：绘图的添加、删除、成组、排序 -Layer1"对话框中②处拖选 3 条拟合峰曲线，单击③处的"↑"按钮，将其置于"顶层"，单击④处的"应用"按钮，观察 3 条拟合峰曲线之间是否有遮挡，若有则选择某条拟合峰曲线，单击"↑"按钮继续调整顺序。单击"确定"按钮。

（6）修改完善

检查绘图，精修细节设置，最终得到如图 4-106（a）所示的效果。利用洛伦兹峰值拟合的方法可以实现对曲线的分段填充，如图 4-106（b）所示。

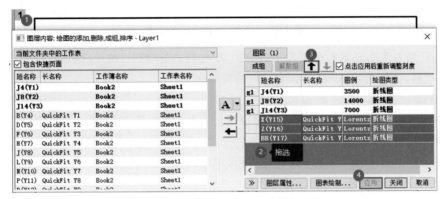

图 4-105　调整曲线叠放顺序避免遮挡

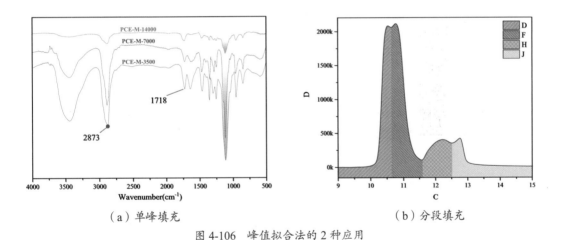

（a）单峰填充　　　　　　　　　　　　　（b）分段填充

图 4-106　峰值拟合法的 2 种应用

4.4.7　XPS彩色半透明填充图

X 射线光电子能谱（X-ray Photoelectron Spectroscopy，XPS）是材料领域常用的表征手段，多用于元素分析、结构鉴定等。通常采用 XPS 相关软件对测试的谱线进行拟合分峰，同时绘制原始曲线、单峰曲线及拟合曲线。

例 18：采用 XPS 拟合软件分峰得到的工作表，如图 4-107（a）所示，绘制扣除基线前后的半透明填充图，如图 4-107（b）所示。

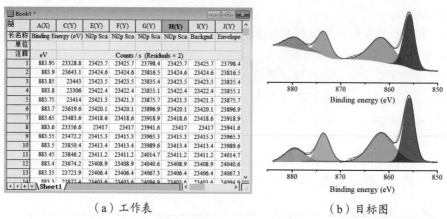

（a）工作表　　　　　　　　　　　（b）目标图

图 4-107　XPS 工作表及其绘图

表中 A、C 列为 XPS 的原始数据（实验值），E~H 列为分峰拟合的单峰数据，I 列为 Background（背景）基线数据，J 列是 Envelope（拟合结果的包络曲线）。

1. 扣除基线

按图 4-108 所示的步骤，单击激活工作簿窗口，单击上方工具栏①处的"添加新列"按钮，重复操作新增 6 列。右击②处的新增列，选择③处的"设置列值"，在"设置值"对话框中④处输入公式"col（E）-col（I）"，即扣减基线数据。按相同的操作扣除 I 列以外的曲线基线。

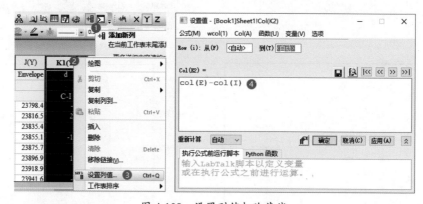

图 4-108　设置列值扣除基线

2. 绘制含基线的XPS填充图

Origin 的面积图工具是在所有曲线与最底曲线（基线）之间建立"填充"关系，这给彩色半透明填充的 XPS 曲线图的绘制带来便利。按图 4-109 所示的步骤，选择①处 A~J 列数据，单击②处的菜单"绘图"，选择③处的"条形图，饼图，面积图"，选择④处的"填充面积图"工具，得到⑤处所示的 XPS 草图，删除图例。

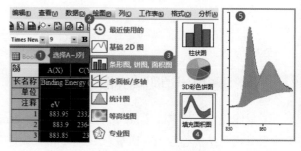

图 4-109　绘制面积图

3. 倒置X轴刻度范围

XPS 的横轴为结合能，X 轴刻度数值一般从大到小显示，绘图默认从小到大，需要设置倒置。双击 X 轴，在"X 坐标轴"对话框中，交换"起始"和"终止"的值。删除 Y 轴标题、刻度值及 Y 轴。

4. 解除"从属"独立设置曲线

双击曲线，在"绘图细节 - 绘图属性"对话框中，设置"组"页面的"编辑模式"为"独立"。选择①处的包络曲线数据，取消②处的"跟随组中的第一个绘图"和③处的"启用"复选框。设置原始数据（B 列）和包络曲线的线下不填充，如图 4-110 所示。

图 4-110　解除"从属"独立设置曲线

5. 修改填充颜色

按图 4-111 所示的步骤，选择①处的曲线，在②处的"图案"页面，单击③处的"颜色"下拉框，选择③处、④处颜色为"自动"，可以将曲线的填充颜色设置为与相应曲线一致的颜色。

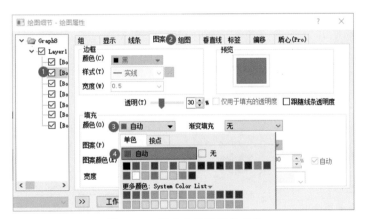

图 4-111　填充色跟随线条颜色

6. 绘制扣除基线后的XPS曲线

选择新增的 6 列数据，点击"面积图"工具，即可绘制出草图。依次删除 Y 轴标题、轴线刻度线，修改 X 轴刻度范围从大到小，删除 XPS 删除图例，显示图层边框，调整页面至图层大小。

7. "格式刷"绘图样式

用上文设置好的扣基线前的 XPS 能谱图，一键设置本图。按图 4-112（a）所示的步骤，在成图空白处（①处）右击，在②处"复制格式"，在③处选择"所有"格式。按图 4-112（b）所示的步骤，在草图空白①处右击，选择②处的"粘贴格式"。得到的图中显示不全，是因为没有调整刻度范围。解决办法是，单击右边工具栏上方的"调整刻度"。按第 5 步的方法，优化设计填充色与相应曲线一致。

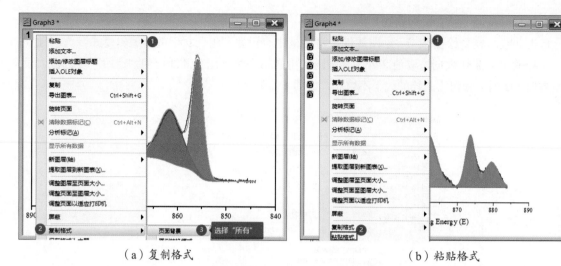

（a）复制格式   （b）粘贴格式

图 4-112 "格式刷"绘图样式

8. 合并图层

按图 4-113 所示的步骤，单击右边工具栏①处的"合并"按钮，检查②处绘图名称及顺序，必要时可对顺序进行调整。修改③处的"行数"为 2，④处的"垂直间距"为 0。单击"确定"按钮。

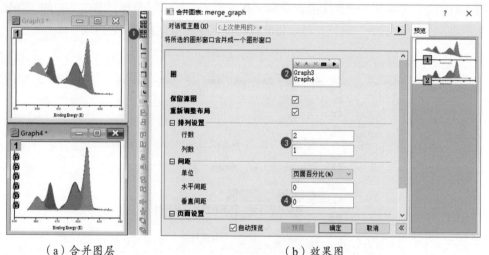

（a）合并图层   （b）效果图

图 4-113 合并图层及效果图

得到上下排列的合并组合图，删除上图下轴标题及刻度标签，调整页面尺寸，图中单峰的文本标注操作步骤此处省略。如果上下两图需要独立的 X 轴，可在图 4-113 中，设置"垂直间距"为 12。

4.4.8 ▶ EDS能谱曲线图

能量色散 X 射线谱（Energy Dispersive Spectroscopy，EDS）分析是材料学研究领域常用的元素及含量分析方法，但多数 EDS 绘图为检测报告中的截图，绘图不是矢量图，图像不清晰，此时有必要对 EDS 原始数据文件进行数据处理后绘制高质量的 EDS 谱图。

例 19：根据 EDS 能谱的原始数据文件，绘制 EDS 能谱曲线图。

在多数论文中，EDS 能谱图以截图的形式出现，这种位图比较模糊，且图中文字和填充颜色不能修改。本例用 EDS 能谱的原始文件，在 Origin 软件中绘制出高质量的矢量图（见图 4-114）。

1. EDS能谱原始数据文件

EDS 测试可以导出多种格式，如"*.doc" Word 文件格式，文件中提供了元素分析报表和能谱图（位图）。Word 文件是最普遍的一种格式，当然能谱图也只是不能修改的位图。一般情况下，我们可以要求测试员尝试另外导出原始数据文件，如"*.emsa"格式，这种原始文件包含了绘图所需的数据。

在"*.emsa"文件上右击，单击"打开方式"快捷菜单，选择记事本打开"*.emsa"文件，结果如图 4-115 所示。该文件的头部包含了几个重要信息："#NPOINTS: 2048"表示测试了2048 个点；"#XPERCHAN: 9.8511"表示测试的步长；"#XUNITS: eV"表示单位。

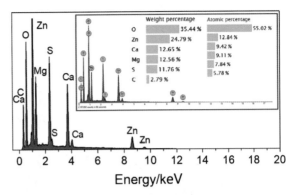

图 4-114　EDS 能谱图

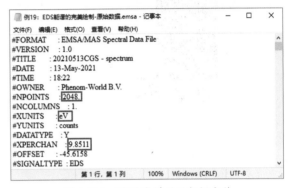

图 4-115　EDS 能谱原始数据文件

> **注意** ⚠ 这里的单位是 eV，而非最终绘图中 X 轴单位的 keV，在计算中需要再行换算。

2. 创建EDS能谱工作表

（1）拖入法导入"*.emsa"文件

将 Origin 软件窗口缩小，与 EDS 能谱原始数据文件的文件夹窗口并排，如图 4-116（a）所示，找到"*.emsa"文件，按下鼠标左键将该文件拖出，在 Origin 软件窗口中释放，将弹出"选择过滤器"对话框，如图 4-116（b）所示，选择"Basytec (App)"，单击"确定"按钮。

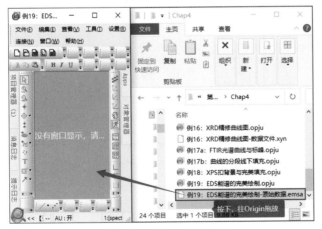

（a）拖入法导入数据文件

（b）选择过滤器

图 4-116　拖入法导入 EDS 能谱数据文件

（2）整理表格

通过前面的导入后，表格只有一列含有数据，需要对表格进行整理。按图 4-117（a）所示的步骤，拖选①处的 A、B 两列，单击②处的菜单"列"、③处的"交换列"，可以将含有数据的第一列移动到最后。但这两列的 X 和 Y 属性并没有交换，按图 4-117（b）所示的步骤，单击①处的 A 列标签，选择浮动工具栏中②处的"X"，单击③处的 B 列标签，选择浮动工具栏中④处的"Y"。检查表格的首行、末行是否含有非数据文本。例如，末行含有"#ENDOFDATA"，右击行标签，选择"删除行"。

（a）交换列　　　　　　　　　　　　　　（b）设置 X 和 Y 属性

图 4-117　表格的整理

（3）设置 X 列值

原始数据文件只包含一列 Y 值，X 列数据需要通过换算得到。前面已经分析了原始数据文件的头部信息，可知 X 列的换算公式：

$$X_i = 9.8511 \times i \div 1000$$

其中，i 表示数据的行号，X_i 表示第 i 行的 X 数据。

在工作簿中 A 列的 F(x) 单元格输入"9.8511*i/1000"，可生成 X 列数据，如图 4-118（a）所示。分别编辑 A 列和 B 列的长名称、单位，这些信息将在绘图中的 X 轴和 Y 轴标题中显示。全选两列数据，绘制折线图，如图 4-118（b）所示，再与 EDS 截图核对，一致则完成绘图。

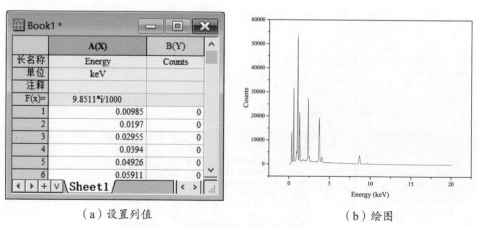

（a）设置列值　　　　　　　　　　　　　（b）绘图

图 4-118　利用 F（x）设置列值及绘图

（4）美化绘图

根据 EDS 测试报告中的 EDS 能谱截图，为每个峰添加相应的元素符号；删除 Y 轴刻度及标签；调整 X 轴范围为 0~20，调整 Y 轴从 −500 开始，既要缩小曲线与 X 轴的间隔，又要保证谱线不被 X 轴掩盖，可以修改曲线颜色为彩色，修改 X 轴及边框线不要过粗，这样可以使 EDS 谱线跟 X 轴线区分开；显示图层边框，调整页面至图层大小。

EDS 峰型一般较窄，可以适当调整页面的宽度，将图改为宽幅图片，这样跟 EDS 能谱报告中的截图相仿。按图 4-119 所示的步骤，双击①处页面外的灰色区域，取消②处的"保持纵横比"复选框，修改③处的"宽度"为 360（或其他合适的大小），单击"确定"按钮。右击页面外的灰色区域，选择"调整图层至页面大小"。

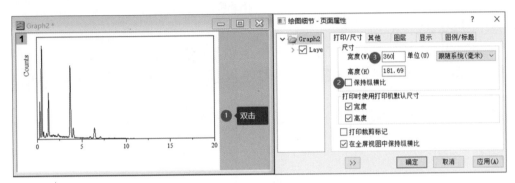

图 4-119　调整页面尺寸

设置线下填充，按图 4-120 所示的步骤，双击①处的曲线，单击②处修改线条"宽度"为 1.5，选择③处"填充曲线下的区域"的"启用"复选框，④处的填充模式为"填充至底部"，单击⑤处的"应用"按钮。在⑥处的"图案"页面修改填充颜色为黄色（或与论文中其他绘图配色相搭配的颜色），单击"确定"按钮。

图 4-120　EDS 能谱的线下填充

经上述美化设置，得到如图 4-121 所示的效果。

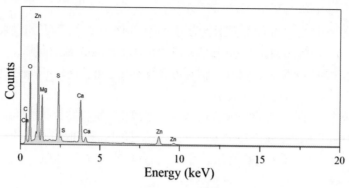

图 4-121　EDS 能谱图

（5）整理元素含量工作表

通常能谱图中有大量空白，可以充分利用这些空间，添加其他图片（电镜图片、示意图等）。例如，元素的质量分数、摩尔分数条形图，都是对 EDS 能谱图的有益补充。从 EDS 报告 Word 文件中整理出元素含量工作表，如图 4-122 所示。

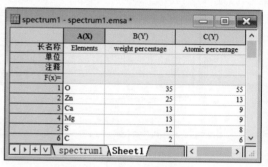

（6）新增 2 个图层

在现有图层的基础上，新增 1 个或多个图层，是绘制插图的一种方法。本例新增 2 个图层，用于绘制元素质量分数、摩尔分数条形图。这两个新增图层具有独立的 X 和 Y 刻度与尺寸，与主图的坐标系无关联。

图 4-122　EDS 元素含量工作表

按图 4-123 所示的步骤，在图层外空白①处右击，在快捷菜单中选择②处的"新图层"和③处的"下 -X 轴 左 -Y 轴"，按照相同方法再创建 1 个图层。单击激活其中一个图层，拖动④处的句柄调整大小，然后拖动图层到⑤处的合适位置，将新建的 2 个图层并排放置在右半部分空白区域。

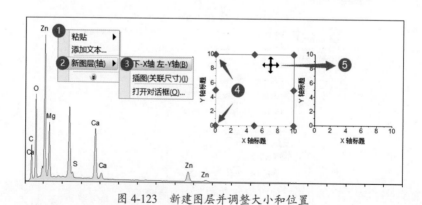

图 4-123　新建图层并调整大小和位置

（7）调整图层的"固定因子"

调整新建图层大小后，该图层中字体变小，与主图的文本格式不一致，解决办法就是设置图层的"固定因子"。按图 4-124 所示的步骤，在缩小的图层上①处双击，在"绘图细节 - 图层属性"窗口中，在②处的"大小"页面选择③处的"固定因子"，并设置为 1。按相同步骤，单击④处另一个缩小的图层，重复第②～③步，单击"确定"按钮。

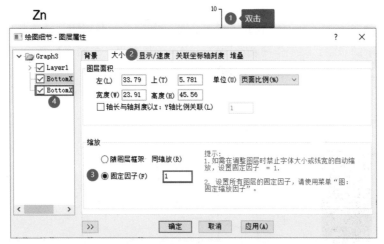

图 4-124　调整图层的"固定因子"

（8）"格式刷"设置 2 个图层样式一致

上文手动设置了 2 个新建图层的大小，但很难保证两者大小样式绝对一致，可以应用类似于"格式刷"的功能——复制格式 / 粘贴格式。按图 4-125 所示的步骤，设置好图层 2 的 X 轴和 Y 轴标题及图层大小等，单击①处激活图层 2，右击②处空白，选择"复制格式"→"所有"快捷菜单；单击③处激活图层 3，在④处空白处右击，选择"粘贴格式"，此时，两者完全重合。

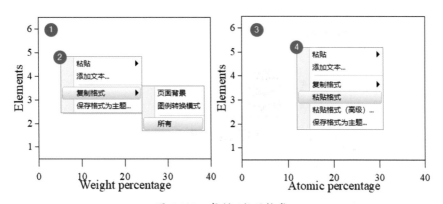

图 4-125　复制 / 粘贴格式

（9）图层的一键对齐

通过"复制格式 / 粘贴格式"操作后，图层 2 和图层 3 完全重叠在一起，图层 3 的 X 轴和 Y 轴标题也自动修改，所有格式都完全一致。按图 4-126 所示的步骤，拖动①处的图层 3 到②处，按下"Shift"键，同时单击③处实现多个对象的选取，单击右边工具栏④处的"水平对齐"按钮。Origin 的排版功能非常强大，利用"复制格式 / 粘贴格式"与排版功能（对齐、等距分布等），无须第三方排版软件，可以实现精准排版组图。

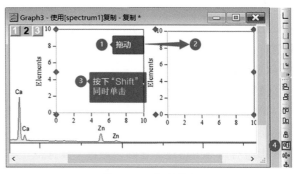

图 4-126　组图排版

（10）拖入法绘图

前面已经创建 2 个插图，用于绘制元素质量分数、摩尔分数条形图，这里采用拖入法绘制条形图。按图 4-127 所示的步骤，将工作簿和绘图窗口缩小并排布局，单击①处激活图层 2，在②处选中 B 列，移动鼠标到该列③处右边缘，待鼠标指针变为叠加图标时，按下鼠标，往图层 2 处拖放；按相同的步骤，单击④处激活图层 3，单击⑤处选择 C 列，将其拖入图层 3 中。

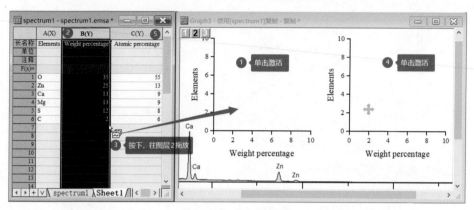

图 4-127　拖入法绘图

拖入后得到的是默认的折线图，需要修改为水平条形图。按图 4-128 所示的步骤，单击①处激活图层，单击下方工具栏②处的"▼"按钮，选择③处的"条形图"。

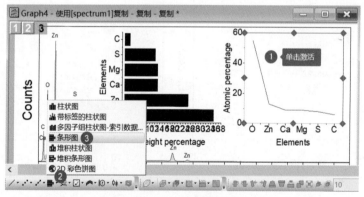

图 4-128　修改折线图为条形图

修改绘图细节，包括刻度范围、刻度疏密、条形颜色等，具体步骤属于基础操作。当然，也可以在图层 3 的 X 轴上右击，选择"复制格式"→"所有"，在图层 2 的 X 轴上右击，选择"粘贴格式"。设置好其中一个图层中条形颜色为无边框、草绿色，采用"复制格式／粘贴格式"的方法，将另一个图层的柱条设置为绝对一致的样式。

（11）翻转 Y 轴

翻转 Y 轴实现美化，本例主图为下方 X 轴，如果 2 个插图也采用下 X 轴，则不够协调美观，此时可翻转 Y 轴，将 2 个插图的下 X 轴翻转到上方。按图 4-129（a）所示的步骤，双击①处的 Y 轴，在弹出的对话框中选择②处的"翻转"复选框，单击"确定"按钮，即可得到如图 4-129（b）所示的效果。

采用相同的方法设置图层 3，翻转后图层可能会超出边界，按"Shift"键同时单击选择两个图层，按"↓"或"↑"键调整到合适位置。

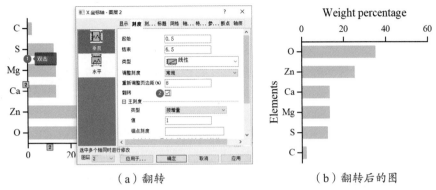

（a）翻转　　　　　　　　　　（b）翻转后的图

图 4-129　坐标轴翻转

（12）条形图的优化

作为插图不宜繁杂、喧宾夺主，可以对 2 个元素含量的条形图进行简化。例如，可以删除 Y 轴和 "Elements"，只保留元素符号；删除 X 轴及刻度标签，在柱条的末端显示具体的百分比，可以使条形图更具有可读性。对于上述需要删除的对象，单击后，按 "Delete" 键删除即可。

显示百分比标签可按如下步骤操作。按图 4-130 所示的步骤，双击①处柱条，单击 "绘图细节 - 绘图属性" 对话框中②处的 "标签"，选择③处的 "启用" 复选框，修改④处的字体格式，单击⑤处的 "数值显示格式" 下拉框，选择一个合适的格式，如果没有，可以直接输入 * "%"（* 为通配符，代表数值），修改⑥处的 "位置" 为 "外部顶端"，单击 "确定" 按钮。按相同的方法设置图层 3 的标签样式。

图 4-130　启用标签并设置格式

检查 X 轴标题，由于前面使用了 "复制格式 / 粘贴格式" 功能，2 个图层的 X 轴标题均为 "Weight percentage"，需要核对工作表，并修改正确的 X 轴标题。最终得到如图 4-131 所示的效果。关于各类柱状图的绘制，在后续章节中详细介绍。

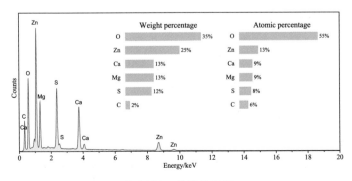

图 4-131　最终效果图

4.4.9 颜色渐变荧光光谱图

光谱曲线可以表达不同波长光谱的强度变化，在绘图中不同光谱通常用不同颜色呈现。绘制渐变曲线可以描述某种实验条件的改变引起的某种变化趋势。

例 20：测试不同浓度的样品溶液荧光光谱数据，如图 4-132（a）所示，绘制跟样品颜色一致的渐变荧光光谱曲线图，如图 4-132（b）所示。在光学领域的论文中，经常会在光谱曲线图中插入实物样品的荧光照片，展示荧光颜色的变化，而不同条件下的荧光光谱曲线也跟实际样品的荧光存在着某种一致的变化趋势，此时，设置起始曲线和终止曲线的颜色，并且按照一定规律呈现颜色渐变，可以形象地表达数据的变化趋势。

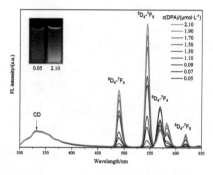

（a）工作表　　　　　　　　　　（b）目标图

图 4-132　颜色渐变荧光光谱曲线

1. 根据荧光照片拾色创建颜色列表

用屏幕截图拷贝一张荧光样品照片，在 Origin 软件的 Layout 窗口（或工作簿、绘图等窗口）中，按 "Ctrl+V" 组合键粘贴。本例有 9 个条件的荧光光谱曲线，利用 "颜色管理器" 创建 9 个从蓝色到绿色渐变的颜色列表，具体操作步骤在第 3 章有详细介绍，此处不再赘述。

2. 绘制曲线图

全选数据，绘制折线图；调整 X 轴范围，删除 Y 轴及刻度标签；显示图层边框，调整页面至图层大小。

修改颜色渐变，按图 4-133 所示的步骤，双击①处的曲线，在 "绘图细节 - 绘图属性" 对话框中，单击 "组" 页面②处的线条颜色细节，选择之前自定义创建的、与荧光照片颜色一致且渐变的颜色列表，单击 "确定" 按钮。

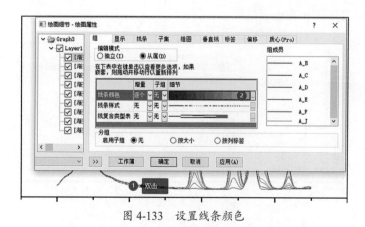

图 4-133　设置线条颜色

4.4.10 太阳光谱局部填充曲线

太阳光谱包括紫外线、可见光、近红外线等波段，其中可见光由紫色、蓝色、黄色渐变至红色，通常采用渐变颜色填充光谱曲线。用颜色映射渐变可以对曲线的全部范围填充，本小节演示仅对可见光范围进行渐变填充。

例 21：准备一张 XY 型工作表，如图 4-134（a）所示，A(X) 列为波长，B(Y) 列为光谱辐射通量密度，填入太阳全光谱数据。绘制太阳光谱局部填充曲线，如图 4-134（b）所示。

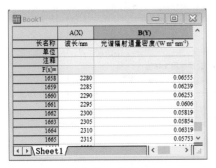

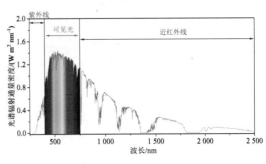

（a）工作表　　　　　　　　　　　　　（b）目标图

图 4-134　太阳光谱局部填充曲线

1. 绘制曲线

全选数据，单击下方工具栏的"折线图"工具，绘制太阳光谱曲线。单击绘图，拖动右侧句柄增加图层宽度（X 轴方向坐标系的宽度），添加图层框线。右击图层外灰色区域，选择"调整页面至图层大小"。调整 X 轴刻度范围 250~2500，调整 Y 轴刻度范围 −0.2~1.8、主刻度增量 0.4。

2. 线下填充

按图 4-135 所示的步骤，双击①处的曲线打开"绘图细节 - 绘图属性"对话框，进入②处的"线条"选项卡，选择③处的"填充曲线之下的区域"复选框，在④处下拉框中选择"填充至底部"，单击"应用"按钮。

图 4-135　填充曲线下方区域

按图 4-136 所示的步骤，进入①处的"图案"选项卡，单击②处填充颜色下拉框，选择③处的"按点"，单击④处"映射"下拉框，选择 A 列的波长数据。单击"应用"按钮。

图 4-136　按点颜色映射填充

　　以上所得绘图的填充颜色的级别少，填充颜色过渡不平滑，需要进一步优化。按图 4-137 所示的步骤，在"绘图细节 - 绘图属性"对话框，进入①处的"颜色映射"选项卡，单击②处的"级别"标签，打开"设置级别"对话框，修改③处的范围为 400~750，修改④处的"主级别数"为 10、"次级别数"为 9（构造 100 级渐变），单击"确定"按钮返回"绘图细节 - 绘图属性"对话框。单击⑤处的"填充"标签，打开"填充"对话框，选择⑥处的"加载调色板"，选择⑦处的 Rainbow 调色板，单击⑧处的"确定"按钮返回"绘图细节 - 绘图属性"对话框，单击"应用"按钮可得局部渐变填充效果，但是波长小于 400 nm 和大于 750 nm 的两端区域颜色分别为黑、灰色，需要设置为无色。可以单击两个端点的颜色并修改为无色。例如，单击⑨处的色块弹出"填充"对话框，修改⑩处的"填充色"为"无"，单击"确定"按钮返回"绘图细节 - 绘图属性"对话框，单击"确定"按钮。添加箭头及标注文本，修改其颜色，最终得到目标图，如图 4-134（b）所示。

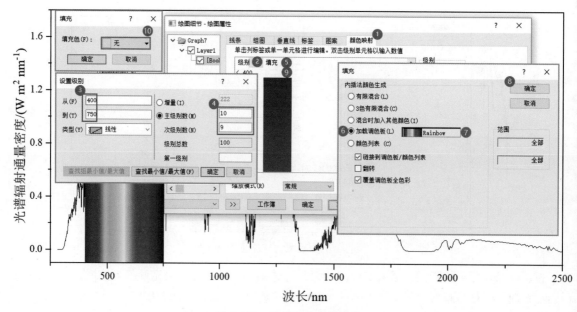

图 4-137　局部颜色映射填充

4.4.11 ▶ 充放电倍率点线图

充放电倍率点线图是电池研究必备的数据图，主要考察不同充放电倍率下电池比容量的变化。

例 22：测试不同倍率的充放电曲线，从充放电曲线中计算出不同循环次数的比容量。如图 4-138（a）所示列出 2 个样品（S1 和 S2）的倍率容量数据，倍率容量点线图如图 4-138（b）所示。

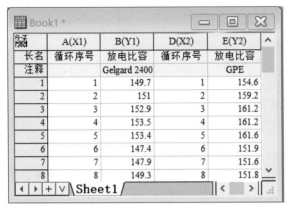

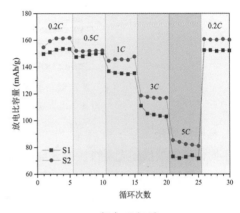

（a）工作表 （b）目标图

图 4-138　倍率容量点线图

1. 绘制点线图

检查确认表格为 2(XY) 型结构，全选数据，点击下方工具栏中的"点线图"工具，绘制出草图。添加各倍率参数标签，显示图层边框线，隐藏图例边框线，拖动图例到左下方空白处。调整页面至图层大小。

2. 修改 X 轴刻度

默认情况下，次刻度线数量为 1，而本例 X 轴为循环次数，可设置每一次循环显示一个次刻度，这样便于与图中的散点对应，增强可读性。

按图 4-139 所示的步骤，双击①处的 X 轴，

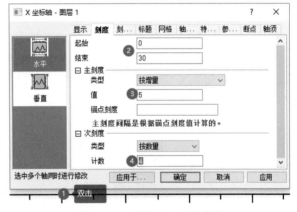

图 4-139　设置主、次刻度线

在"X 坐标轴 - 图层 1"对话框中修改②处的刻度"起始"和"结束"分别为 0 和 30（30 次循环），修改③处的"主刻度"的值为 5，"锚点刻度"（起始刻度）从 0 开始。修改④处的"次刻度"的计数为 4，此时次刻度与循环次数一一对应。

3. 显示坐标轴上不完整的散点符号

坐标轴刻度范围刚好位于数据点的 X 坐标时，会被图层截断。按图 4-140（a）所示的步骤，双击①处的图层区域，选择②处的"Layer1"，单击"显示 / 速度"页面，取消③处的"裁去图层框架外数据"，单击"确定"按钮，被截断的散点符号即可显示出来，但被轴线覆盖，如图 4-140（b）中①处所示。解决办法为按图 4-140（b）所示的步骤，右击②处的 X 轴，选择③处的"数据点覆盖坐标轴"，即可将散点符号显示在轴线上方。

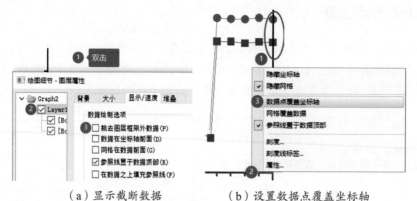

（a）显示截断数据　　　　　（b）设置数据点覆盖坐标轴

图 4-140　显示截断数据并设置数据点覆盖坐标轴

4. 参照线填充

不同倍率参数描述充电快慢或充电电流强弱，如果能在倍率容量点线图中，用不同深度的颜色映射这种强弱，会呈现得更直观。有些文献中采用了交替填充，也同样使图形具有明显的辨识度。

按图 4-141 所示的步骤，双击①处的 X 轴，在"X 坐标轴 - 图层 1"对话框中，单击②处的"参照线"，双击③处，分别输入节点的 X 值（如 0、5.5、10.5 等）。值得注意的是，中间交接处重复输入了相同的 X 值，目的在于构造填充的起始值和结束值。单击④处分别选择填充至结束值。单击⑤处的"应用"按钮后，在图中各参照线之间均填充灰色。单击⑥处的"细节"按钮进行下一步的颜色设置。

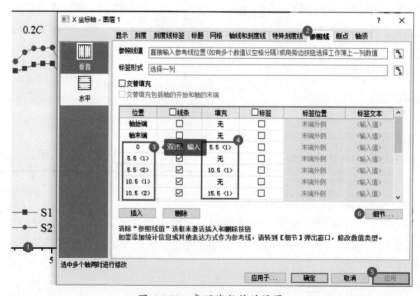

图 4-141　参照线数值的设置

接下来设置每个填充色为强弱渐变的颜色。按图 4-142 所示的步骤，单击①处的"0"，即设置 0~5.5 范围的填充色，单击②处下拉框，在③处下拉框中选择一个配色（Warming），这个配色将固定出现在④处所示的列表中，方便在设置其他色块时选择这个系列的配色。在④处选择一个浅蓝色（表达一个较低的倍率）。分别单击⑤处所示的起始值，进行相同的操作，即单击②处，选择④处逐渐加深的一个配色（与倍率变化一致）。单击"应用"按钮，预览效果，如果颜色过深，可以为每个色块设置透明度为 60%。最后单击"确定"按钮，可得⑥处的效果图。

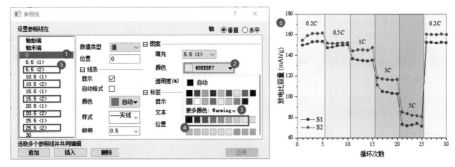

图 4-142　参照线渐变填充背景的设置及效果图

4.4.12 碳达峰与碳中和时限图

CO_2 排放对地球环境的影响是全球关注的热点，本小节利用网站数据绘制碳达峰与碳中和的时限图，通过线下填充构造各曲线的"面积"，可以使曲线更加清晰。

例 23：从 Our World in Data 网站 https://ourworldindata.org/co2-and-other-greenhouse-gas-emissions 上下载的碳排放量数据（csv 文件），该文件含 4 列数据，多个国家和地区的数据均在一张表格中。在导入 Origin 软件后，通过"拆分堆叠列"功能按国别进行拆分处理，如图 4-143（a）所示，绘制碳达峰与碳中和时限图，如图 4-143（b）所示。

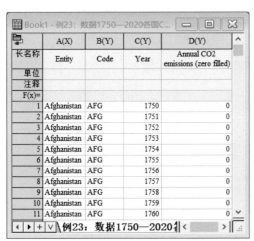

（a）工作表

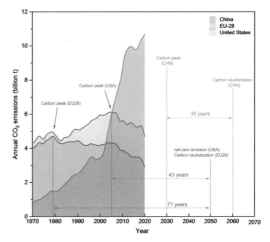

（b）目标图

图 4-143　碳达峰与碳中和时限图

1. 拆分各国碳排放量数据

（1）拖入法导入

拖入碳排放量 csv 文件到 Origin 软件中，弹出"选择过滤器"窗口，默认选择"使用连接器"，单击"确定"按钮，即可得到如图 4-143（a）所示的工作表。

（2）拆分堆叠列

按图 4-144（a）所示的步骤，单击①处的标题栏激活碳排放量工作簿窗口，在②处的菜单"工作表"中选择③处的"拆分堆叠列"。弹出对话框，按图 4-144（b）所示的步骤，单击①处的"▶"按钮，选择②处的 B 列（国别代码 Code）或者 A 列（国家或地区名称）作为拆分依据。从③处的示意图可以了解拆分堆叠列的原理。单击"确定"按钮，即可创建一张新的工作表。

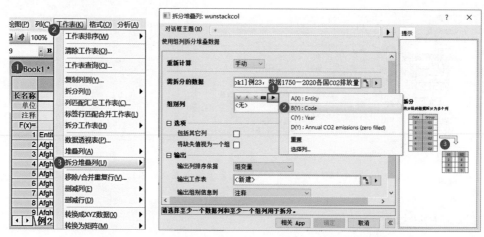

（a）拆分堆叠列菜单　　　　　　　　　（b）选择拆分依据

图 4-144　拆分堆叠列

由于国家和地区的数据列太多，难以查找，从上述新表格中拷贝 EU-28、United States 和 China 的碳排放量数据，粘贴数据到另外新建的一张工作表中，设置 C 列和 E 列为 X 列，如图 4-145 所示。

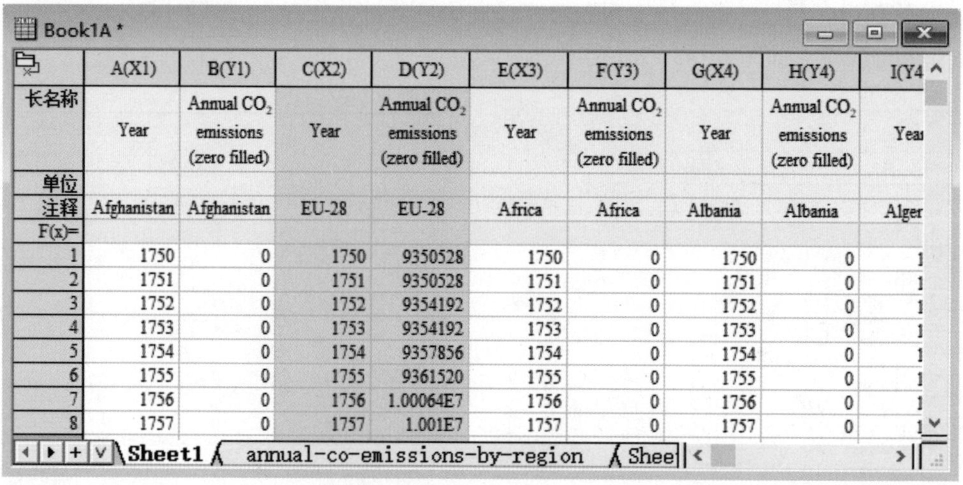

长名称	A(X1) Year	B(Y1) Annual CO₂ emissions (zero filled)	C(X2) Year	D(Y2) Annual CO₂ emissions (zero filled)	E(X3) Year	F(Y3) Annual CO₂ emissions (zero filled)	G(X4) Year	H(Y4) Annual CO₂ emissions (zero filled)	I(Y4 Year
单位									
注释	Afghanistan	Afghanistan	EU-28	EU-28	Africa	Africa	Albania	Albania	Alger
F(x)=									
1	1750	0	1750	9350528	1750	0	1750	0	1
2	1751	0	1751	9350528	1751	0	1751	0	1
3	1752	0	1752	9354192	1752	0	1752	0	1
4	1753	0	1753	9354192	1753	0	1753	0	1
5	1754	0	1754	9357856	1754	0	1754	0	1
6	1755	0	1755	9361520	1755	0	1755	0	1
7	1756	0	1756	1.00064E7	1756	0	1756	0	1
8	1757	0	1757	1.001E7	1757	0	1757	0	1

图 4-145　后续绘图所用工作表

2. 绘制面积图

（1）绘制折线图

全选数据，绘制折线图。设置 X 轴范围为 1970~2070，刻度增量为 10，次刻度数量为 0。双击曲线，在"绘图细节 - 绘图属性"对话框中，单击"线条"，设置"宽度"为 2，颜色为"Bold1"，启用"填充曲线下方的区域"，单击"图案"页面，设置填充颜色为"自动"，取消"跟随线条透明度"，设置透明度为 60%，单击"确定"按钮。

（2）Y 轴刻度线标签的简化

按图 4-146 所示的步骤，双击①处的 Y 刻度标签，在"Y 坐标轴 - 图层 1"对话框中，修改②处的"除以因子"为 1000000000，单击"确定"按钮。此时数值单位已换算为"十亿吨"，需要设置 Y 轴标题。双击 Y 轴标题，设置为"Annual CO₂ emissions (billion t)"。

图 4-146　刻度值的换算

（3）图例长方形改为正方形

按图 4-147 所示的步骤，在①处图例上右击，选择"属性"，在"文本对象"对话框中，修改②处的"图案块宽度"为 50，单击"确定"按钮。

图 4-147　图案块大小的设置

3. 文本、辅助线等的添加

文字排版步骤如下：双击图层外边缘，在"绘图细节 - 页面属性"对话框中，取消"保持纵横比"复选框，修改宽度约为高度的 2 倍。添加文本标签、箭头、虚线，均属于基本操作，从略。

绘制双箭头步骤如下：按图 4-148 所示的步骤，单击左边工具栏①处的箭头工具，在图上按下"Shift"键，拖画一条箭头，单击②处的箭头，选择浮动工具栏③处的灰色箭头按钮，单击④处的箭头按钮，即可将单箭头修改为双箭头。最终效果如图 4-149 所示。

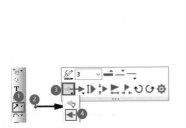

图 4-148　双箭头的绘制

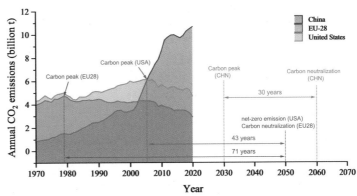

图 4-149　碳中和时限图

4.5 柱状图

柱状图（条形图）与点线图是科技论文中用途最广的绘图类型。两者的区别在于点线图由于数据的连续性通常表达随 X 轴连续变化的性质；而柱状图多数情况下表达一种并列的横向比较，X 轴刻度通常是文本型刻度标签，如样品名称或编号。本节由简入繁主要列举常见的绘图。

4.5.1 双色填充误差棒柱状图

例 24：根据 3 组平行实验数据计算出的均值 ± 标准差，如图 4-150（a）所示，绘制误差棒柱状图，如图 4-150（b）所示。

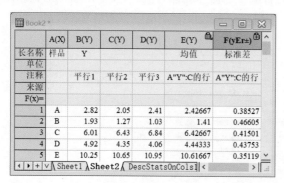 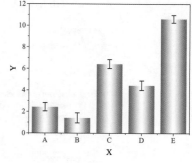

（a）均值及标准差工作表　　　　　　　（b）误差棒柱状图

图 4-150　误差数据及其误差棒柱状图

1. 绘制柱状图

选择 E、F 两列数据，单击下方工具栏的"柱状图"工具，可绘制出带误差棒的柱状图。一组只有 5 个样品，无须图例，可删除。显示图层边框线，调整页面至图层大小。有时横轴刻度标签需要显示为文本，而非行号（或其他数值），此时可为刻度标签指定来源数据集。按图 4-151（a）所示的步骤，双击①处的刻度值，在"X 坐标轴 - 图层 1"对话框中，单击②处的"刻度线标签"，选择③处的"类型"为"刻度索引数据集"，单击④处的"数据集名称"为 A 列的样品。单击"确定"按钮。

 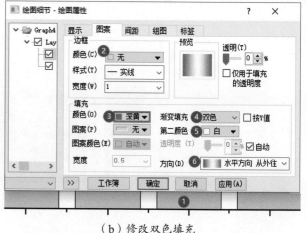

（a）修改文本刻度标签　　　　　　　　（b）修改双色填充

图 4-151　修改刻度值的显示类型

2. 修改填充颜色

按图 4-151（b）所示的步骤，双击①处的柱子，在"绘图细节 - 绘图属性"对话框中，将②处的边框颜色设置为"无"，修改③处的填充"颜色"为深黄，修改④处的"渐变填充"为"双色"，修改⑤处的"第二颜色"为"白"色，设置⑥处的"方向"为"水平方向 从外往中"。单击"确定"按钮，即可绘制出如图 4-150（b）所示的图。

4.5.2 多组分误差棒柱状图、堆积柱状图

例 25：比较不同波长对荧光峰的影响；以 2 种材料（S1 和 S2）的 2 种状态（Ground 和 Pristine）分别在 500 nm、550 nm、600 nm 处荧光峰柱状图的绘制为例。如图 4-152（a）所示，工作表结构为 X4(YyEr±) 型，第一列为共用的 X 列，第二、四、六、八列 Y 为均值，紧跟其后的 yEr± 为相应的误差。注释行填写相应的文本标签，注释行将会显示在图例中。绘制的目标图如图 4-152（b）所示。

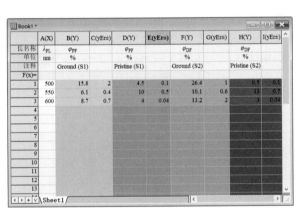

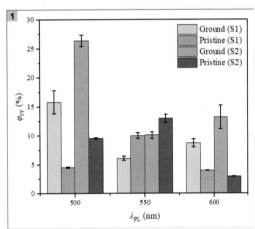

（a）工作表　　　　　　　　　　　　（b）目标图

图 4-152　多组分误差工作表及目标图

解析：本例为 2×2 型研究对象，即 2 组材料（S1 和 S2）×2 种状态（Ground 和 Pristine）共 4 个样品，考察 3 个条件（荧光峰中心波长）对荧光峰强度（或其他性质）的影响。如图 4-153（b）所示，X 轴用于表达 3 个波长（500 nm、550 nm、600 nm），每个波长刻度上显示 4 个样品（4 根柱子）。为了区分相同材料的 2 种状态，可以采用色调相近的颜色（如浅红色、深红色）。

1. 普通误差棒柱状图

（1）选择数据绘图

全选数据，单击下方工具栏的柱状图工具，绘制出柱状图。

（2）修改成对颜色

按图 4-153（a）所示的步骤，双击①处的柱子，在"绘图细节 - 绘图属性"对话框中，单击②处的"填充颜色"，选择③处的"Paired Color"颜色列表，单击"确定"按钮。

（3）其他修改

显示图层边框，隐藏图例边框，拖动图例到图层中的合适位置，调整页面至图层大小。最终得到如图 4-153（b）所示的效果。

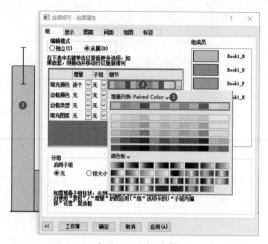

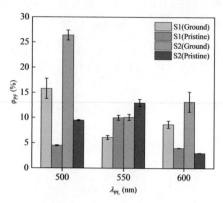

（a）设置成对色　　　　　　　　　　（b）效果图

图 4-153　成对色的设置及最终效果图

2. 堆积误差棒柱状图

科学研究中常需考察两种或多种效应的叠加效果，既可以显示各因素的贡献大小，又能显示总体累积量，此时可绘制堆积误差棒柱状图。在普通误差棒柱状图的基础上稍加修改，可以绘制堆积误差棒柱状图。

（1）创建绘图副本

按图 4-154 所示的步骤，在绘图窗口①处标题栏上右击，选择②处的"创建副本"。

（2）设置"累积"

按图 4-155（a）所示的步骤，双击①处的图层空白区域，单击"绘图细节 - 图层属性"对话框中②处的"Layer1"，在③处的"堆叠"选项卡中选择④处的"累积"，选中⑤处的"对使用'累积'/'增量'的图应用（'组'选项卡的）'子组内偏移'设置"复选框，单击"确定"按钮。

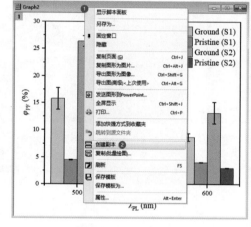

图 4-154　创建副本

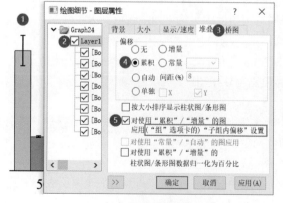

（a）设置"累积"　　　　　　　　　　（b）效果图

图 4-155　堆积误差棒柱状图的设置及其效果

（3）一键调整刻度范围

单击右边工具栏上方的"调整刻度"（或按快捷键"Ctrl+R"），最终得到如图 4-155（b）所示的效果图。

4.5.3 双 *Y* 轴、多 *Y* 轴柱线图

例 26：根据 XYYY 型工作表，如图 4-156（a）所示，绘制多 *Y* 轴图，图 4-156（b）所示。

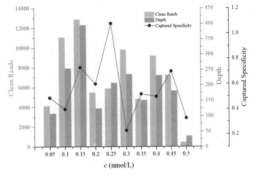

（a）工作表　　　　　　　　　（b）多 *Y* 轴图

图 4-156　工作表及多 *Y* 轴图

解析：考察不同浓度对两项或多项 *Y* 指标的影响时，如果每项 *Y* 指标的数量级不一样，会导致绘制在同一个坐标系中数值较小的柱状图（或线图）难以区分，如图 4-157 所示，这就需要为"弱者"建立单独的 *Y* 轴，因此需要绘制双 *Y* 轴或多 *Y* 轴图。

1. 双 *Y* 轴图

按图 4-158 所示的步骤，拖选①处的 A、B、C 三列数据，单击②处的"绘图"菜单，选择③处的"多面板 / 多轴"，选择④处的"双 *Y* 轴柱图"。

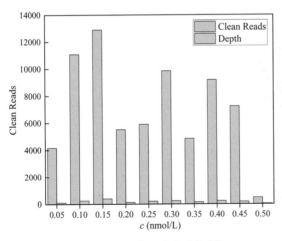

图 4-157　被压缩的"弱者"

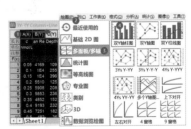

图 4-158　绘制双 *Y* 轴柱图

2. 新建关联 *X* 轴的图层

按图 4-159 所示的步骤，在①处图层空白处右击，选择②处的"新图层（轴）"，单击③处的"右 -Y 轴（关联 X 轴的刻度和尺寸）"。

3. 移动Y轴

新建的图层右 Y 轴与图层 2 的右 Y 轴重合，可将图层 3 的右 Y 轴右移。按图 4-160 所示的步骤，为了避免拖动对图层 2 右 Y 轴的误操作，右击①处的图层序号"2"，取消"隐藏图层"前的 √ ，单击②处的右 Y 轴，往右拖动（或按键盘"→"键移动）到合适位置。

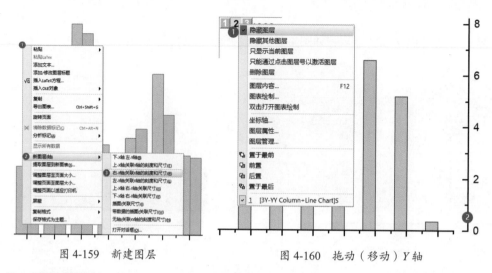

图 4-159　新建图层　　　　　　　图 4-160　拖动（移动）Y 轴

4. 拖入数据到绘图

将绘图窗口缩小后与工作簿窗口并列，按图 4-161 所示的步骤，单击①处的序号 3 激活图层，在②处的列标签选择 D 列数据，移动鼠标指针到③处的列边缘，待鼠标指针变为叠加图标时，按下鼠标往绘图窗口拖入。

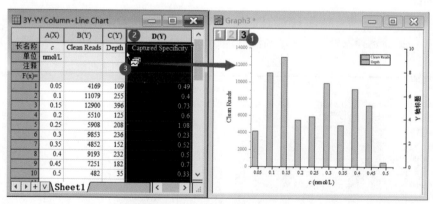

图 4-161　拖入数据到图层

5. 设置颜色"自动"

设置 Y 轴标题、刻度线、刻度值等颜色与图中符号颜色一致。单击需要修改的对象，修改上方工具栏中的"字体颜色"或"线条颜色"为"自动"。

6. 其他修改

按图 4-162（a）所示的步骤，分别单击①处的点线图按钮，②处的"调整刻度"按钮。右击左上角的图层序号 2，取消"隐藏图层"，右击图层外灰色区域，选择"调整页面至图层大小"。选中上方 X 轴，按"Delete"键删除。右击图例，选择"图例"→"重构图例"，隐藏图例边框。最终效果如图 4-162（b）所示。

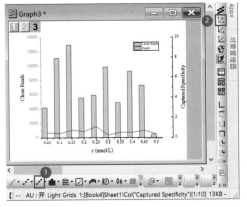

（a）调整绘图

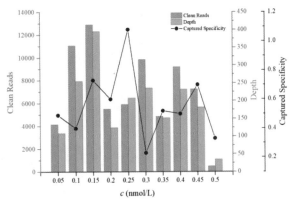

（b）最终效果图

图 4-162　调整绘图及最终效果图

4.5.4　赝电容贡献电池贴图柱状图

Origin 软件具有强大的"贴图"和排版功能，可以将各类科研图片（分子模型、照片、公式等）贴在数据绘图中，提升数据绘图的可读性和美观度。

例 27：巧用透明贴图元素，设计一款"电池"柱状图，利用电池柱状图中液体液面的高低展示百分比。例如，从如图 4-163（a）所示的表格绘制赝电容贡献率电池贴图柱状图，如图 4-163（b）所示，可以直观呈现电池容量贡献率。

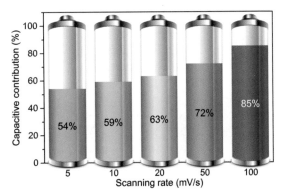

（a）工作表　　　　　　　　　　　　（b）电池贴图柱状图

图 4-163　工作表及电池贴图柱状图

笔者首创设计了一系列新颖的绘图模板，包括电池创意柱状图、弧形柱状图、仪表图、井穴板热图等。这些创意绘图将在本书中逐一介绍，本书电子附件中可查阅创意绘图的 Origin 文件模板，修改其中的数据和颜色，即可用于科技论文中。

1. 百分比柱状图

（1）电池壳图片的准备

在 Photoshop 中绘制一张透明的电池壳图片，或者利用画图软件填充一张图片，将图片拷贝到 PowerPoint 软件中，利用"设置背景色"将其透明化。从 PowerPoint 中复制电池壳、电池底盖透明图片，在 Origin 绘图中粘贴。理论上，利用图 4-164 中①②③的叠层顺序，以及柱体半透明的遮挡效果，可构造出"电池柱状图"。

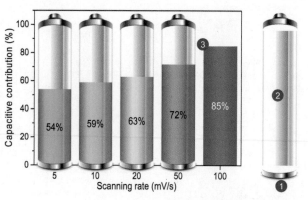

图 4-164　电池壳图片与柱状图

（2）绘制柱状图

选择 C 列数据，绘制"柱状图"，也可以选择 C、D 两列，绘制"百分比堆积柱状图"。双击柱子，弹出"绘图细节 - 绘图属性"对话框，按图 4-165 所示的步骤，双击①处的柱子，单击"绘图细节 - 绘图属性"对话框中②处的"图案"选项卡，在③处修改边框"颜色"为"无"。单击④处的填充"颜色"下拉框，选择⑤处的"按点"和⑥处的"颜色列表"中的"Rainbow7"，单击⑦处的"增量开始于"选择开始的颜色。拖动⑧处的"透明"滑块，调节透明度为 60%，或在滑块右方单击3 次即可修改为 60。删除图例，调整页面至图层大小。

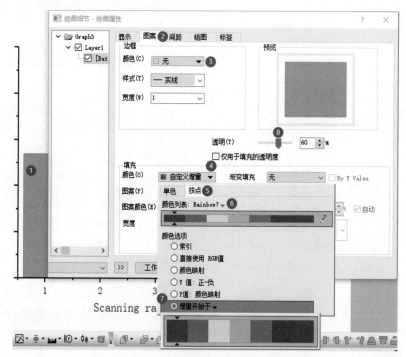

图 4-165　设置柱状图颜色

（3）调整图层宽度

为了使电池壳的尺寸比例更接近实物，需要拉宽图层。按图 4-166 所示的步骤，双击①处的图层外区域，在"绘图细节 - 页面属性"对话框中，取消"保持纵横比"复选框，修改③处的"宽度"为300，单击"确定"按钮。

（4）贴装"电池壳"

从 PowerPoint 中分别复制已透明化的电池壳图片，在绘图窗口中粘贴。按图 4-167 所示的步骤，右击①处的电池柱体，选择②处的"置于数据之后"，右击③处的电池底盖，选择"置于数据之前"。注意调整电池柱体的高度，使④处的电池顶盖上边缘与 100% 刻度对齐。如果"电池壳"与柱图及 X 轴不吻合，可以单击句柄（如⑤处）后按键盘的"←"或"→"键微调。

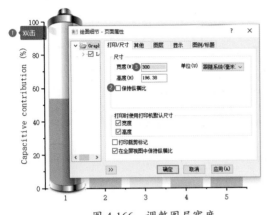

图 4-166　调整图层宽度

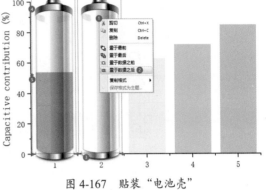

图 4-167　贴装"电池壳"

坐标系或图层宽度经过调整后，某些添加的对象（如贴图、文本标签）默认不跟随坐标系刻度的变化而变化。可按图 4-168 所示的步骤解决此问题。右击①处的贴图，选择"属性"，在"对象属性"对话框中，单击②处的"程序控制"选项卡，修改③处的"附属于"图层及刻度。单击"确定"按钮。

从上往下拖动鼠标选择电池柱体和底盖（或按"Shift"键的同时单击实现多个对象的选择），按"Ctrl+C"组合键，在其余每个柱子上方点击后，按"Ctrl+V"组合键粘贴，将其拖动到相应柱子的大概位置。

当贴图对象较多时，手动逐一设置已经不太现实。例如，本例需要粘贴多组"电池壳"，可以设置好一组"电池壳"，然后复制粘贴。对于多组不相同的贴图，可以在设置好的贴图上右击，选择"复制格式"→"所有"，在需要修改格式的贴图上右击，选择"粘贴格式"，即可快速设置相同的格式。通过这种类似于"格式刷"功能的操作后，贴图会完全重合，此时，拖动（或按"→"键）将其移动到合适位置即可。最终得到如图 4-169 所示的效果。

图 4-168　设置贴图附属于图层及刻度

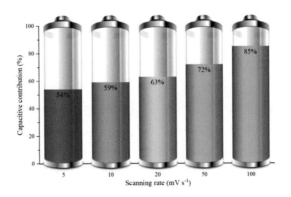

图 4-169　百分比电池创意柱状图

2. 赝电容与扩散贡献百分比堆积柱状图

（1）绘制百分比堆积柱图

选择 C、D 两列数据，绘制"百分比堆积柱图"。增加页面宽度，然后调整图层至页面大小。按图 4-170 所示的步骤，双击①处的连接线，在"绘图细节 - 绘图属性"对话框中，单击②处的"线条"选项卡，修改③处的"宽度"为 0（不显示连接线），单击"应用"按钮。

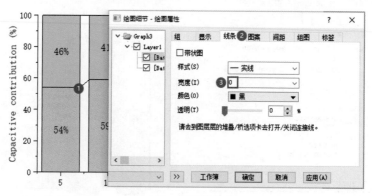

图 4-170　隐藏连接线

按图 4-171 所示的步骤，单击①处的"图案"选项卡，修改②处的边框"宽度"为 0（不显示主图的边框），单击③处的填充"颜色"下拉框，选择"Candy"颜色列表，取消④处的"仅用于填充的透明度"复选框，修改⑤处的"透明"为 60%。

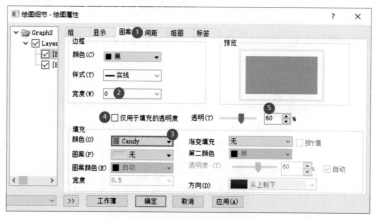

图 4-171　半透明柱状图的设置

（2）贴装"电池壳"

利用 PowerPoint 软件，将"电池壳"图片切成上、中、下三部分，扣除顶盖、底盖弯月面的背景，使其透明，从 PowerPoint 中分别复制切片，在 Origin 绘图中粘贴，得到如图 4-172 中①～③处所示的"电池壳"图片。按图 4-172 所示的步骤，将电池壳切片"组装"到堆积主图上，如④处所示。设置顶盖和底盖置于顶层，右击顶盖（或底盖）图片，选择"置于最前"，将"电池壳"柱体置于最后，这样可以构造一个完整的"电池"柱图。从上到下拖动鼠标"框选"这 3 张切片，按"Ctrl+C"组合键复制后，分别在其他堆积柱状图上方单击鼠标，按"Ctrl+V"组合键可在单击处粘贴，粘贴后，按键盘"→"键整体移动至大概位置。

分别设置底盖、柱体、顶盖的水平居中、水平分布。首先调整好一头一尾两张切片的位置，如

⑤处和⑥处，使其与柱状图吻合，然后从⑦处这些图片之外的地方开始向右拖动鼠标"框选"所有切片，分别选择浮动工具栏（或右边工具栏）⑧处的"水平居中"和⑨处的"水平分布"。按相同的方法，设置柱体和顶盖。

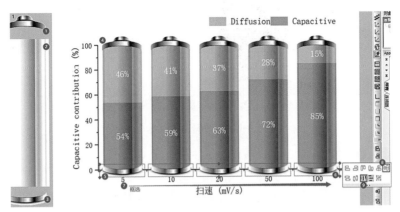

图 4-172　一键居中和均匀间距

通过上述方法，首先定位好首尾两个对象，然后单击居中或分布按钮，其他对象将以第一个对象为基准，自动设置对齐和均匀间隔分布。此方法对于快速组图排版非常实用。

4.5.5　赝电容贡献电池填充柱状图

通过对柱状图的双色渐变填充，可以巧妙构造"立体"柱状图，使柱状图的表达更生动、美观。

例 28：构造赝电容、扩散贡献率工作表，如图 4-173（a）所示，利用双色渐变填充方式绘制赝电容贡献率电池柱状图，如图 4-173（b）所示。

赝	A(X)	C(Y)	D(Y)	B(Y)	E(Y)	
长名	Scan rate	capacitive co	diffusion con	扫速		
单位	mV/s	%		mV/s		
注释	位置					
1	1	54	46	5	102	
2	2	59	41	10	102	
3	3	63	37	20	102	
4	4	72	28	50	102	
5	5	85	15	100	102	
6	6	94	6	200	102	

（a）工作表

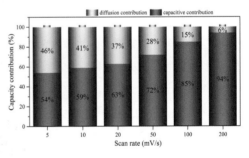

（b）效果图

图 4-173　双色填充电池柱状图工作表及效果图

1. 新建"位置"列

构建工作表中若数据点的 X 坐标变化不均匀，例如，本例的扫描速率为 5、10、20、50、100 mV/s，直接绘制的柱状图会堆叠在一起，这就需要新建一列均匀变化的"位置"列（数据为 1~5），用于"定位"每根柱子的位置，如图 4-174 所示，设置该列为 X 列。

本例需要构造一个"电池"的造型，所以需要新建一列（设置为 101%），用于画出"电池铜帽"。

2. 绘制普通柱状图

本小节不直接采用堆积柱状图的工具绘制，而是首先绘制普通的柱状图，然后启用"堆叠"的方式绘制堆积柱状图。按图 4-174 所示的步骤，在①处拖动鼠标选择 C、D 两列数据，单击下方工具栏②处的柱状图工具，即可绘制出③处所示的普通柱状图。

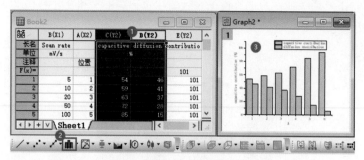

图 4-174　绘制普通柱状图

3. 设置"堆叠"柱状图

按图 4-175 所示的步骤，双击①处的图层空白区域，在"绘图细节 - 图层属性"对话框中，单击左边列表中②处的"Layer1"，单击③处的"堆叠"选项卡，选择④处的"累积"，选择⑤处的复选框，单击"确定"按钮。

图 4-175　设置"堆叠"柱状图

4. 绘制"铜帽"

将工作表和绘图窗口缩小，并排放置。按图 4-176 所示的步骤，单击①处列标签选择铜帽的数据列，移动鼠标指针到②处，待鼠标指针变为叠加图标时，按下鼠标，往绘图中拖放。

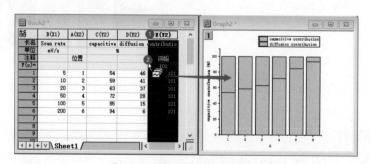

图 4-176　拖入数据绘制柱状图

得到的绘图中堆叠了铜帽的柱状图，说明铜帽柱状图也加入了"组"中，这不是我们希望的，需要将铜帽柱状图"移出组"。按图 4-177 所示的步骤，单击绘图窗口后，在右边的"对象管理器"窗口中，右击①处的"铜帽"，选择②处的"移出组"菜单。移出后，将③处的"铜帽"拖到④处组 g1 级别上，得到⑤处所示的堆叠顺序，即铜帽柱子在最底层，将被堆积柱状图遮挡，从而构造"铜帽"的效果。

图 4-177　移出组与调整堆叠顺序

按图 4-178 所示的步骤，双击①处的柱子，在"绘图细节 - 绘图属性"对话框中，选择②处的第一项数据，单击③处的"间距"选项卡，修改"柱状 / 条形间距"为 80%。选择④处的"图案"选项卡，修改⑤处的边框"颜色"为"无"，修改⑥处的填充"颜色"为"黄"色，修改⑦处的"渐变填充"为"双色"，修改⑧处的"方向"为"水平方向 从中心往外"，单击"应用"按钮。

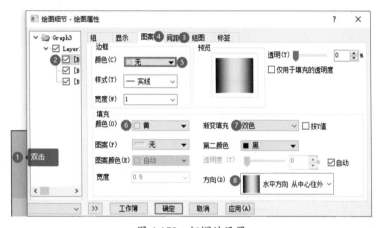

图 4-178　铜帽的设置

5. 堆积柱体的设置

按图 4-179 所示的步骤，选择①处的第二项数据，在②处的"组"选择③处的"Candy"颜色列表，单击"应用"按钮。

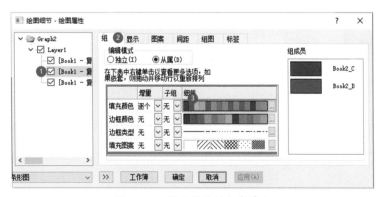

图 4-179　堆积柱体的颜色填充

按图 4-180 所示的步骤，单击①处的"图案"选项卡，依次修改②处的边框"颜色"为"无"，③处的"渐变填充"为"双色"，④处的"方向"为"水平方向 从中心往外"。默认颜色较深，虽然设置透明度可以变浅，但是会露出底层的铜帽柱子，可采用颜色列表的浅色系列。单击⑤处的下拉框，弹出的颜色列表中列出 5 个级别，选择⑥处较浅的颜色列表，单击"确定"按钮。

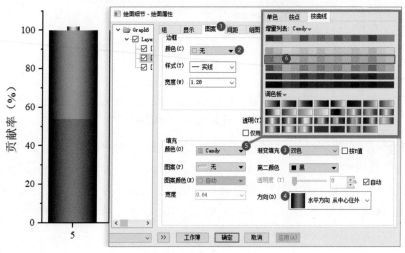

图 4-180　浅色双色填充

6. 启用标签

第二、三项是赝电容、扩散贡献率的数据，已处于"组"状态，只需要设置好第二项的标签，启用第三项即可。按图 4-181 所示的步骤，选择①处的第二项，单击②处的"标签"选项卡，选择③处的"启用"复选框，修改④处的"数值显示格式"为"*'%'"，修改⑤处的"位置"为"内部顶端"。选择⑥处的第三项，选择"标签"选项卡中的"启用"复选框。单击"确定"按钮。

图 4-181　启用标签

7. 修改图例

按图 4-182 所示的步骤，右击图例，选择"属性"打开对话框，删除②处的图例代码，修改③处的图例文本，单击"边框"选项卡，修改边框为"无"，单击"确定"按钮。单击图例，在浮动工具栏中水平排列。

图 4-182　图例的修改

8. X轴刻度标签的设置

按图 4-183（a）所示的步骤，双击①处的横轴刻度数字，在打开的对话框中，单击②处的"数据集名称"下拉框，选择③处的扫描速率数据列，单击"确定"按钮。经过其他精细修改后，得到图 4-183（b）。

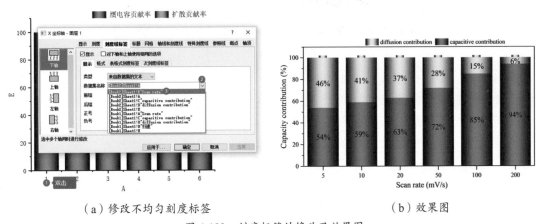

（a）修改不均匀刻度标签　　　　　　　　（b）效果图

图 4-183　刻度标签的修改及效果图

4.5.6　导带底与价带顶浮动柱状图

浮动柱状图通常表示特定物理量在某个范围的分布情况，常用于绘制带隙图。

例 29：构造一张 5 列工作表，如图 4-184（a）所示，（数据从文献图提取，仅供作图演示用），第一列为序号 1~17，第二、三列分别为导带、价带能量（eV），第四列为名称，第五列为分类。绘制如图 4-184（b）所示的效果。

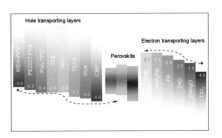

（a）工作表　　　　　　　　　　（b）效果图

图 4-184　工作表及浮动柱状图效果图

1. 配置17色列表

本例涉及 17 种材料样品，利用 3.5 节的"颜色管理器"方法，创建一个 17 种颜色的颜色列表，命名为"带隙 17"，具体步骤略。

2. 绘制浮动柱状图

按图 4-185 所示的步骤，在①处列标签上拖动鼠标选择 B、C 两列 Y 数据，单击②处的柱图工具栏，选择③处的"浮动柱状图"工具，得到④处所示的浮动柱状图。

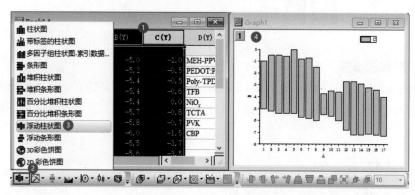

图 4-185　浮动柱状图的绘制

将 17 个样品分为 3 个子集，子集内部间隔默认为 0，需要将子集之间的间隙扩大。按图 4-186 所示的步骤，双击①处的柱状图，在②处的"间距"选项卡中修改③处的"柱状/条形间距"为 0，选择④处的"按列"来源于⑤处的"Col(E)"列的"分类"文本。设置⑥处的"子集间的距离"为 5，单击"应用"按钮。

3. 柱状图的渐变填充

按图 4-187 所示的步骤，在①处的"图案"选项卡分别修改②处的边框"颜色"为"无"，③处的"渐变填充"为"双色"，"第二颜色"为"白"色，④处的"方向"为"从下到上"。单击⑤处的填充"颜色"下拉框，选择⑥处的"按点"，"颜色列表"为⑦处自定义的"带隙 17"，单击⑧处的"索引"下拉框，选择"Col(A)"列。单击"应用"按钮。

4. 特殊点（柱）的选择与设置

本例描述"导带底"与"价带顶"，因此，在浮动柱状图的填充方向上需要加以区分。Origin 软件的鼠标操作手法包括单击、双击、右击、多次单击。多次单击是单击多次

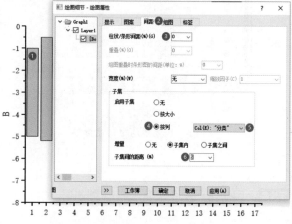

图 4-186　分类设置不同间距

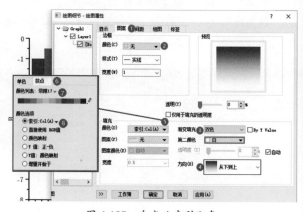

图 4-187　自定义索引配色

直到选中某个点（或柱子）为止，这种手法在需要对某个点（或柱子）进行单独特殊设置时非常实用。这里，我们需要对第一、第二子集的浮动柱状图分别进行填充方向上的调整。

按图 4-188 所示的步骤，在第一根浮动柱子①处多次单击直到单独选中该柱子，然后在②处该柱子上双击，即可在"绘图细节 - 绘图属性"对话框中③处新增一个单独数据点，修改④处的"方向"为"从下到上"，单击"确定"按钮。按相同的方法设置第一子集的填充"方向"为"从下到上"，设置第二子集（分类为 Perovskite）的填充"方向"为"垂直方向 从中心往外"。

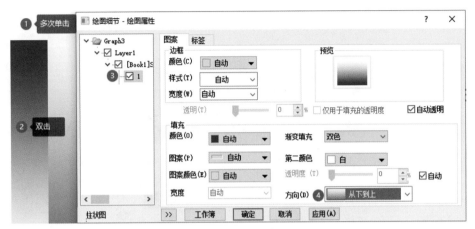

图 4-188　特殊点的单独设置

5. 启用标签

由于前面特殊点的单独设置，对应的"标签"也需要逐一设置。我们发现，上述操作并没有打散对第三子集的柱子，可以启用第三子集的"标签"，实现对所有柱状图标签的统一设置。当然，如果在特殊点设置之前，统一启用"标签"，就不会出现这个问题。

按图 4-189 所示的步骤，双击①处第三子集的柱子，在"绘图细节 - 绘图属性"对话框中，在②处的"标签"选择③处的"启用"复选框，修改④处的"位置"为"正中"，单击⑤处的"字体"下拉框，修改⑥处的"旋转（度）"为 90，单击⑦处的"标签形式"下拉框，选择⑧处的"Col(D)：'名称'"。单击"应用"按钮。

图 4-189　启用标签

当标签颜色与柱子颜色对比度不大时，可以多次单击直到选中标签后，移动到合适位置。为每根柱子手动添加文本，标注相应的"导带底"与"价带顶"的能量数据，并添加相应的文本标注。调整页面大小和边距，删除图例、轴线刻度线及轴标题，添加边框。

6. 手绘曲线箭头

按图 4-190 所示的步骤，单击左边工具栏①处下拉框"直线工具"和②处的"手绘工具"，从③处按下鼠标拖画出一条曲线，双击④处的曲线，在打开的对话框中，在⑤处的"线条"选项卡中设置曲线颜色为深红色、线型为虚线、宽度为 1。在⑥处的"箭头"选项卡中，取消⑦处的"相同箭头大小"复选框，修改⑧处的起点"形状"为圆形，"宽度"和"长度"均为 5，⑨处的终点"形状"为箭头，单击"确定"按钮。

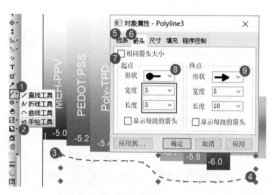

图 4-190　手绘任意曲线箭头

4.5.7　双 Y 轴误差棒柱状图、折线图

双 Y 轴图通常描述同一 X 轴数据对应两个 Y 指标的变化。从图形上看，双 Y 轴图具有 1 个共用的 X 轴和 2 个不同数据的 Y 轴，即这两个图是关联 X 轴刻度和尺寸的。

例 30：构建一张包含 1 列 X（样品名称）和 4 组（8 列）Y 及误差 yEr±，如图 4-191（a）所示的工作表，目标图如图 4-191（b）所示。

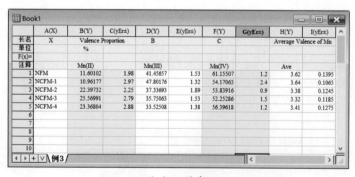

（a）工作表　　　　　　　　　　　　（b）目标图

图 4-191　双 Y 轴误差工作表及其目标图

1. 绘制误差棒柱状图

按图 4-192 所示的步骤，拖选①处 A~G 列数据，单击下方工具栏②处的柱状图工具，即可得到③处所示的误差棒柱状图。

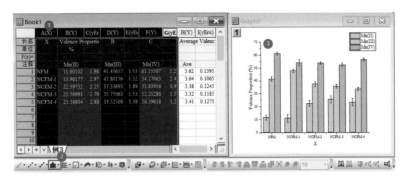

图 4-192　绘制误差棒柱状图

2. 设置柱状图的填充图案

按图 4-193 所示的步骤，双击①处的柱子，在"绘图细节 - 绘图属性"对话框"组"页面中，修改②处的"增量"为"逐个"，分别单击③处的下拉框，选择颜色列表及"地理学"填充图案。单击"确定"按钮。

3. 新建图层绘制点线图

按图 4-194（a）所示的步骤，在图层外空白①处右击，选择②处的"新图层（轴）"，单击③处的"右 -Y 轴 (关联 X 轴的刻度和尺寸)"。将工作簿与绘图窗口缩小并排放置，按图 4-194（b）所示的步骤，单击①处的图层序号 2 激活图层，拖选②处的 H、I 列数据，移动鼠标指针到③处，待鼠标指针变为叠加图标时，按下鼠标，往绘图窗口拖放。

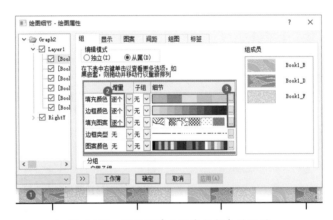

图 4-193　柱状图填充图案与颜色的设置

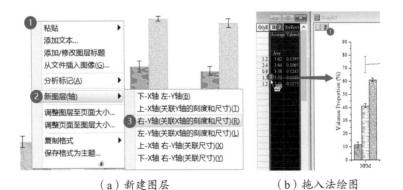

（a）新建图层　　　　　（b）拖入法绘图

图 4-194　新建图层与拖入法绘图

得到的折线图存在两个问题：一是横坐标错位，二是折线图压在柱图上难以分辨。按图 4-195 所示的步骤，统一修改 X 轴刻度范围。双击①处的 X 轴，在弹出的对话框中，分别修改②处的"图层"序号为 2，③处的"起始"与图层 1 的相同（这里输入 0.5）。单击④处的"垂直"，设置右 Y 轴"起始"为 2、"终止"为 4，主刻度的增量为 0.5，单击"确定"按钮。

图 4-195　调整坐标轴刻度范围

> ⚠ **注意**　如果图层空间拥挤，必要时可增加左 Y 轴刻度上限，增大图像上部空间，为右 Y 轴的图留够位置。

折线图略显单调，可修改为点线图。按图 4-196（a）所示的步骤，双击①处的散点，在"绘图细节 - 绘图属性"对话框中，单击②处的"线条"修改宽度和颜色。单击③处的"符号"选项卡，选择④处的圆圈符号，修改⑤处的"边缘颜色"为"橙"色和⑥处的"填充色"为"自动"。

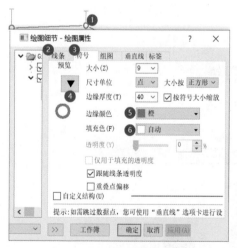

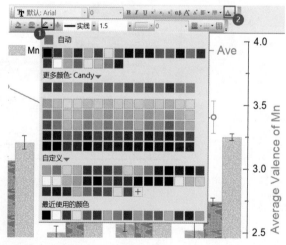

（a）折线图改为点线图　　　　　　　　　　（b）设置"自动"

图 4-196　折线图改为点线图

一般情况下，需要将双 Y 轴图中的轴线刻度线的颜色设置成与点线图一致的颜色。具体步骤：单击右 Y 轴，选择上方工具栏①处的"线条颜色"工具，修改为"自动"。刻度标签、轴标题等文本对象的颜色，可在单击文本对象后，选择②处的"字体颜色"工具修改，如图 4-196（b）所示。

通过上述方式新建图层的绘图缺少图例，按图 4-197（a）所示的步骤创建图例，单击①处激活图层 2，单击左边工具栏下方②处的"重构图例"工具，即可得到③处所示的图例。调整好图例位置，隐藏边框线，最后得到图 4-197（b）。

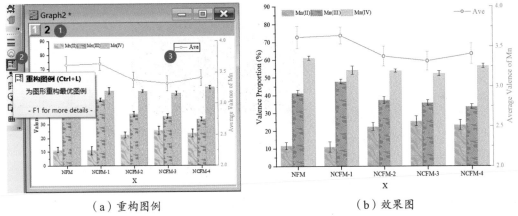

（a）重构图例　　　　　　　（b）效果图

图 4-197　图例的重构与最终效果图

4.5.8 断轴多因子误差棒柱状图

某些研究需要考察 X 参数变化引起多因子的变化，如果 Y 指标的数值大小相差很大，需要构造 Break（断轴）来突显较弱的数据。

例 31：构造 2 张工作表 Sheet1 和 Sheet2（或重命名为 SRCC 和 NSRCC），每张工作表结构相同，均为共 X 的 X6(YyEr) 型数据结构，绘制出上下 2 组 6 因子随 X 的变化图（见图 4-198）。

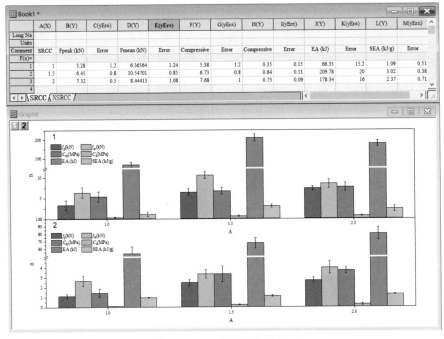

图 4-198　工作表及其效果图

1. 单组误差棒柱状图的绘制

按图 4-199 所示的步骤，单击工作表①处全选数据，单击下方工具栏②处的柱状图工具，即可得到③处所示的误差棒柱状图。

绘制的误差棒柱状图由于 6 项指标中某一项的数量级明显比其他指标突出，需要对 Y 轴做 Break

（断轴）处理。按图4-200所示的步骤，双击①处的 Y 轴，在弹出的对话框中，单击②处的"断点"选项卡，修改③处的"断点数"为1（可根据实际情况选择多个断点），分别双击④处"断点从"和"断点到"下方单元格，设置相应的断点起止范围，取消⑤处的"自动位置"复选框，双击⑥处修改"位置"位于90（Y轴的90%处），单击"确定"按钮。

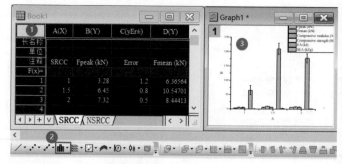

图 4-199　绘制误差棒柱状图

单击⑦处的"细节"按钮进行断轴后刻度线的设置。由于断点起始值150恰好位于断点处，导致断点后的起始刻度"150"的缺失，如图4-201中①处所示，修改②处的"150"为"149"，单击"应用"按钮得到③处所示的效果。同理，为了避免断点前的末刻度"90"缺失，修改②处的"90"为"91"。

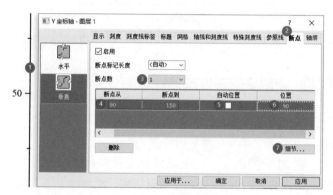

图 4-200　设置断点

若断点后的刻度线过于密集，可通过设置刻度增量来解决。取消④处的"自动缩放"复选框，修改⑤处的主刻度增量值为100，单击"应用"按钮得到⑥处的效果。由于刻度增量以100为单位，⑥处所示的刻度只显示出"200"，可以设置第一个刻度为150解决这个问题，修改⑦处的"锚点刻度"为150，单击"应用"按钮，可得到⑧处所示的效果。单击"确定"按钮。

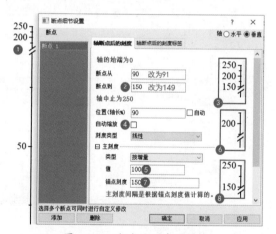

图 4-201　断点后刻度的设置

设置断点前刻度线。双击 Y 轴上断点前的刻度线，修改主刻度"增量"为20，单击"确定"按钮。

接下来要把上图与另一张工作表的绘图上下合并，先做如下准备：将该图页面尺寸修改为长条形，双击图层外的灰色区域，在"绘图细节‐绘图属性"对话框中，取消"保持纵横比"复选框，修改宽度为高度的3倍，单击"确定"按钮。修改字体轴标题、刻度值、图例文本大小分别为28、56、24。显示图层边框线。右击图例，选择"属性"，修改图例文本，编辑上下标、正斜体，单击"确定"按钮。单击图例，利用浮动工具栏取消图例的边框，将图例改为水平排列。将图例拖放到图层右上角合适位置。调整图层至页面大小。

修改柱体的颜色，按图4-202所示的步骤，双击①处的柱体，在"绘图细节‐绘图属性"对话框中，单击②处选择"Paired Color"颜色列表，单击"确定"按钮。

2. 复制格式快速绘图

上文已绘制出一张图，接下来需要绘制第二张工作表 NSRCC 的绘图，两张图的风格完全一致。首先单击 NSRCC 工作表，全选数据，绘制一张误差棒柱状图（参考图 4-199）；然后以第一张图为模板，采用"复制格式"和"粘贴格式"将第二张图快速设置成统一的风格。按图 4-203 所示的步骤，在第一张图①处右击，选择"复制格式"→"所有"，在第二张图②处右击，选择③处的"粘贴格式"。

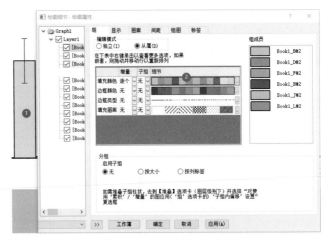

图 4-202　修改柱体的颜色

经过"格式刷"式的操作后，得到与第一张图的填充风格完全一致的绘图，再调整刻度范围、断点范围等细节。按图 4-204 所示的步骤，双击①处的断点，在弹出的对话框中，双击②处修改断点范围从 91 到 149，单击"应用"按钮。单击"刻度"选项卡，修改刻度范围上限为 100（依数据而定）。单击"应用"按钮。

此时断点后的刻度线太密，单击"断点"选项卡，单击"细节"按钮，其余步骤参考图 4-201，设置断点后的刻度增量为 50，锚点刻度为 50。单击"确定"按钮。

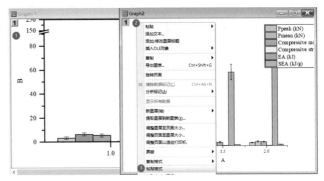

图 4-203　复制/粘贴格式快速设置绘图

3. 合并组图

最后一步合并组图，按上下 2 行的方式合并。设置 2 行 1 列，垂直距离为 0。按图 4-205 所示的步骤，单击右边工具栏①处的"合并"按钮，在"合并图表"对话框中，拖选②处不需要合并的其他图，单击③处的"移除"按钮，设置④处的行列数，修改⑤处的"垂直间距"为 0，单击"确定"按钮。

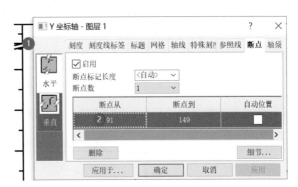

图 4-204　调整断点范围

将合并后共用的对象删除。再右击图层外灰色区域，选择"调整图层至页面大小"。单击 Y 轴的断点，出现双红线，可以拖动断点调整到比例协调的位置。

经过几次调整后，刻度线可能会变长。可按图 4-206 所示的步骤修改，双击①处的坐标轴，单击②处的"轴线和刻度线"，按住"Ctrl"键的同时单击③处的"下轴"和"左轴"实现多选后同时设置 X 轴和 Y 轴，修改④处的主刻度"长度"为 5（或其他合适的数值）。单击⑤处下拉框切换至图层 1，重复③~④的步骤。单击"确定"按钮。

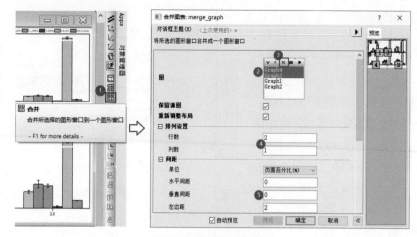

图 4-205　合并组图设置

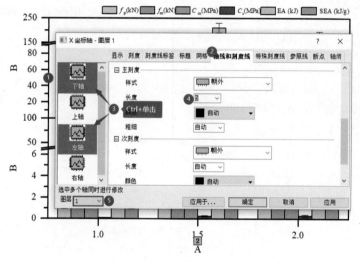

图 4-206　刻度线长度的设置

如果刻度线太密，可以不显示次刻度，只需在图 4-206 中修改次刻度"样式"的"朝外"为"无"。调整相关细节后，得到如图 4-207 所示的效果。

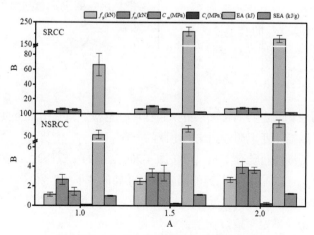

图 4-207　上下合并的断轴误差棒柱状图

第一张图只设置 1 处断点，仍然不能显示较弱信号的差异，此时可添加 2 处断点。按图 4-200 所示的步骤设置"断点数"为 2，双击添加断点范围为 12~50。单击"细节"按钮后，按图 4-201 所示的步骤设置断点后的主刻度增量值为 20，单击"确定"按钮。再次全局检查，必要时调整断点刻度范围，避免断口截去误差棒的线帽。最终得到如图 4-208 所示的效果。

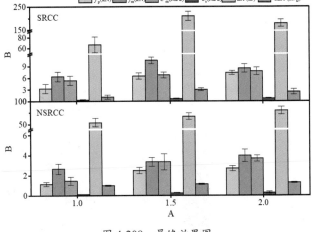

图 4-208　最终效果图

4.5.9 ▶ 螺旋条形图

在研究某项指标随不同年度月份或日期的变化情况时，绘制普通的柱状图或曲线图很难在横轴清楚地显示日期。此时可将日期或时间"卷"起来，绘制"螺旋条形图"，用于揭示某种变化趋势。

例 32：构造一张 XYY 三列工作表，第一列为 Date（日期），第二列为 Year（年），第三列为煤炭产量，如图 4-209（a）所示，绘制出螺旋条形图，如图 4-209（b）所示。

	A(X)	B(Y)	C(Y)
长名称	Date	Year	US Coal Production
单位			Quadrillion Btu
注释			
F(x)=			
类别		未排序	
1	1973/1/1	1973	1.16649
2	1973/2/1	1973	1.08607
3	1973/3/1	1973	1.19657
4	1973/4/1	1973	1.11223
5	1973/5/1	1973	1.21698
6	1973/6/1	1973	1.10386
7	1973/7/1	1973	1.03404
8	1973/8/1	1973	1.31983
9	1973/9/1	1973	1.14239
10	1973/10/1	1973	1.28559
11	1973/11/1	1973	1.17834
12	1973/12/1	1973	1.14975
13	1974/1/1	1974	1.25115

（a）工作表　　　　　　　　　（b）目标图

图 4-209　工作表及螺旋条形图

> **注意** ⚠ 螺旋条形图是本书作者向 Origin 软件官方建议新增的、由 Echo 设计的 Origin 内置模板，只有 Origin 2023 版以上新增该功能。

1. 绘制螺旋条形草图

螺旋条形图需要 XY 数据，按图 4-210 所示的步骤，单击①处选择 C 列（1 列 Y 数据，通常 X 列可以不用选择，因为 Y 是与 X 相关联的），单击②处的"绘图"菜单，选择③处的"条形图、饼图、面积图"，选择④处的"螺旋条形图"，即可得到⑤处的螺旋条形草图。

2. 螺旋的设置

按图 4-211 所示的步骤，双击①处的条形，在"绘图细节 - 绘图属性"对话框中，单击②处的

"布局"下拉框，选择"按周期"，单击③处的下拉框，选择④处的"1year"，修改⑤处为"3year"（根据实际数据周期来定），单击⑥处的"绘图大小"为 0.7(螺旋之间的空隙为 0.3)，选择⑦处的"显示阴影条形当 Y="复选框，并设置为 1.7（螺旋条形的最大刻度），单击"应用"按钮。

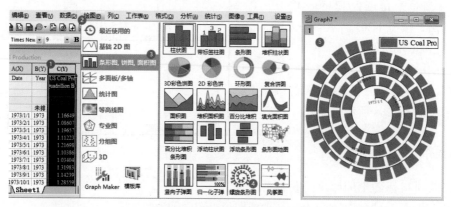

图 4-210　螺旋条形草图的绘制

图 4-211　螺旋周期、大小、极值的设置

3. 条形间距及颜色填充

单击"间距"选项卡，设置"柱状 / 条形间距"为 5。按图 4-212 所示的步骤，单击①处的"图案"选项卡，在②处的下拉框中选择③处的"按点"，单击④处下拉框，选择"Paired Color"颜色列表，在⑤处的"索引"下拉框中选择⑥处的"Col（B）：'Year'"这一列，单击"应用"按钮。

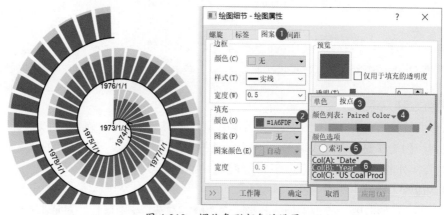

图 4-212　螺旋条形颜色的设置

4. 标签的设置

按图 4-213 所示的步骤，单击①处的"标签"选项卡，选择②处的"标题"复选框，选择③处的"根据字符数换行"复选框（可根据设定值将长句换行），单击④处下拉框修改标题字体。修改⑤处的"显示为"下拉框，选择年度，单击"应用"按钮。

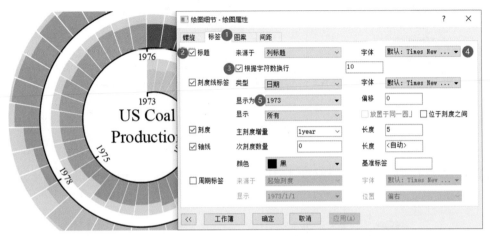

图 4-213　螺旋刻度标签的设置

5. 刻度标签的设置

螺旋条形图不能显示螺旋条形的刻度范围。从螺旋条形图中，无法了解这些条形的数量在什么量级。因此，需要在螺旋末端添加起始、结束的刻度值。在图 4-211 中，我们设置了灰色条形的 $Y=1.7$，即灰条的极大值，这里添加 0 和 1.7 即可。在螺旋末端右击，选择"添加文本"，输入"0"和"1.7"，设置适当的大小，移动这两个标签到恰当位置。添加其他批注文本。

6. 重构图例

单击左边工具栏下方的"重构图例"按钮，单击图例，选择上方工具栏修改图例的字体大小，调整页面至图层大小。最后得到如图 4-214 所示的效果。

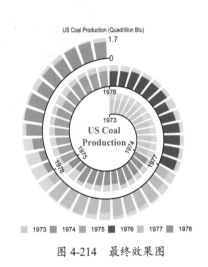

图 4-214　最终效果图

4.6 饼图

饼图通常被用来统计所有成分所占百分比，以扇形面积形式表达百分比的多少。由普通饼图可以演变出多种漂亮的绘图。

4.6.1 普通2D饼图

例 33：构造 *XY* 两列工作表，第一列为文本标签，第二列是百分比数据，如图 4-215（a）所示，绘制普通 2D 饼图，如图 4-215（b）所示。

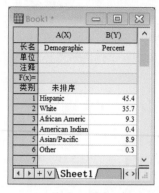
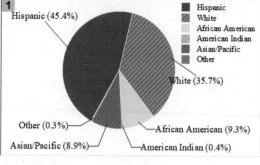

（a）工作表　　　　　　　　　（b）目标图

图 4-215　普通 2D 饼图

1. 绘制饼图

按图 4-216 所示的步骤，单击①处全选数据，单击下方工具栏②处的柱状图下拉框，选择"2D 彩色饼图"，得到如③处所示的饼图。

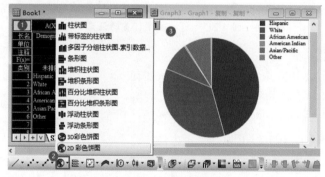

图 4-216　绘制饼图

2. 修改填充颜色和图案

按图 4-217（a）所示的步骤，双击①处的饼图，在"绘图细节 - 绘图属性"对话框中，单击②处的填充"颜色"下拉框，选择③处的"按点"，单击④处的"颜色列表"下拉框，选择"Rainbow7"配色，单击⑤处的"索引"选择来源于 A 列。单击"应用"按钮。

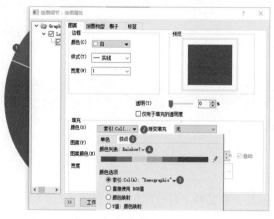

（a）颜色设置　　　　　　　　　（b）图案设置

图 4-217　饼图颜色与图案设置

按图 4-217（b）所示的步骤，单击①处的"图案"下拉框，选择②处的"按点"，单击③处的"图案列表"，选择④处的"增量"单选框，单击"应用"按钮。

3. 旋转饼图

单击"饼图构型"选项卡，将"旋转"的"起始方位角（度）（S）"设置为 120，单击"应用"按钮。

4. 添加标签

饼图默认的标签为百分比，需要在数据前后添加一些文本。按图 4-218 所示的步骤，单击①处的"标签"选项卡，单击②处的指引线"连接"为"2 段折线"。取消③处的"百分比"复选框，选择④处的"自定义"复选框，单击⑤处的下拉框，可以选择⑥处的相关格式代码，也可以直接在⑦处输入"%(*, @WT, 1, I) ($(p,.1*)%)"，单击"确定"按钮。将标签文本向外拖开，避免重叠，拖开一定距离后，指引线即可自动跟随生成。

图 4-218　添加标签

5. 楔子的设置

按图 4-219 所示的步骤，单击①处的"楔子"，选择②处的"分解"，即可将某个组分的扇形分离出去，当然这里也可以对几种成分进行组合。

图 4-219　楔子的设置

6. 修改图例的色块大小

单击图例，通过浮动工具栏调整为水平排列。右击图例，选择"属性"，打开"文本对象"对话框。按图 4-220 所示的步骤，如果一行图例太长，可以单击①处的"文本"选项卡，在图例代码文本框中某个图例后插入换行。单击②处的"符号"选项卡，修改③处的"图案块宽度"为 50，单击"确定"按钮。

经过其他细节调整后，得到如图 4-221（a）所示的效果。右击绘图窗口标题栏，选择"创建副本"，双击绘图，修改"图案"页面的"填充颜色"为灰色渐变列表（可以自定义灰色渐变列表），最终效果图如图 4-221（b）所示。

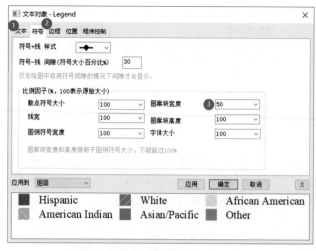

图 4-220　图例色块大小的设置

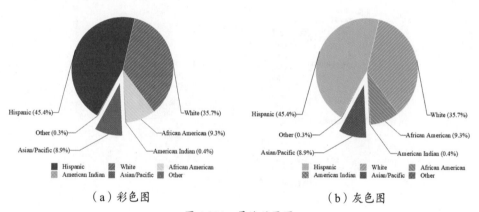

（a）彩色图　　　　　　　　　（b）灰色图

图 4-221　最终效果图

4.6.2 普通3D饼图

3D 饼图除了可以通过扇形角度描述百分比，还可以通过饼图的"厚度"描述另一个维度的指标。3D 饼图可以通过 3D 饼图工具直接绘制，也可以由 2D 饼图修改而成。上文绘制的彩色（和灰色）2D 饼图，是一张"视角（度）"为 90° 的饼图，可以将该视角改为除 90° 以外的任意角度，实现 2D 饼图向 3D 饼图的切换。

例 34：利用例 33 的工作表及其 2D 绘图，设置饼图的厚度为百分比数据，经过修改绘制出 3D 饼图，如图 4-222 所示。

1. 绘制3D饼图

按图 4-223 所示的步骤，单击①处选择 *XY* 两列数据，单击下方工具栏②处的"3D 彩色饼图"，即可得到③处所示的 3D 饼图。

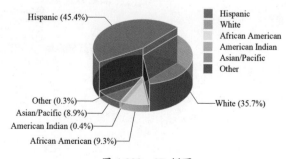

图 4-222　3D 饼图

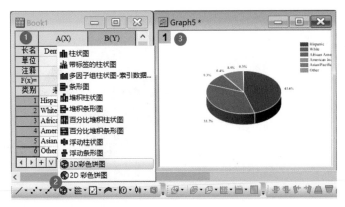

图 4-223　3D 饼图的绘制

2. 将2D饼图修改为3D饼图

在 2D 饼图的标题栏上右击，选择"创建副本"。单击绘图副本窗口中的饼图，按图 4-224 所示的步骤，在"绘图细节 - 绘图属性"对话框中，单击①处的"图案"选项卡，修改填充"图案""单一"为"无"，修改"透明"为 40%，单击"应用"按钮。

单击②处的"饼图构型"选项卡，修改③处的"视角（度）"为 30，修改④处的"厚度"为 100，选择⑤处的"增量厚度"复选框，修改⑥处的厚度来源于 B 列。单击"确定"按钮，即可得到目标图。

图 4-224　3D 饼图的设置

4.6.3　2D复合饼图

复合饼图由饼图和楔子组成，通常将百分比较小的末尾几个组分"分解"出来并"组合"为楔子，将较小的组分放大显示出来。

例35：构造 *XY* 两列工作表，第一列为地区，第二列为 2010 年的销售额，如图 4-225（a）所示，绘制出 2D 复合饼图，如图 4-225（b）所示。

1. 绘制复合饼图

参考楔子附属图的形状（饼图、条形、环形），将复合饼图分为三类：复合饼图、复合条饼图、复合环饼图。本例绘制复合环饼图。按图 4-226 所示的步骤，单击①处全选数据，单击②处的"绘图"菜单，选择③处的"条形图、饼图、面积图"，选择④处的"复合环饼图"工具，即可绘制出⑤处所示的效果。

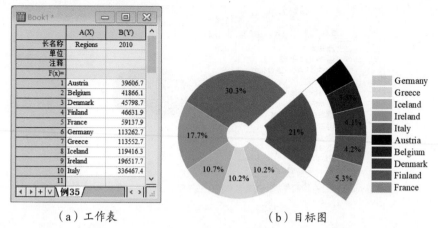

（a）工作表　　　　　　　　　　（b）目标图

图 4-225　工作表及 2D 复合饼图

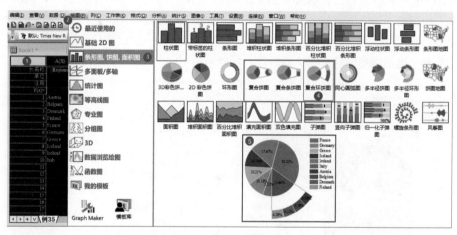

图 4-226　复合环饼图的绘制

2. 颜色、旋转的设置

按图 4-227 所示的步骤，双击①处的饼图，单击②处的"图案"选项卡，单击③处的填充"颜色"下拉框，选择④处的"按点"，单击⑤处的"颜色列表"下拉框，选择"RedPurple"配色表，单击"应用"按钮。单击⑥处的"饼图构型"，修改旋转的"起始方位角（度）"为30°，单击"应用"按钮。

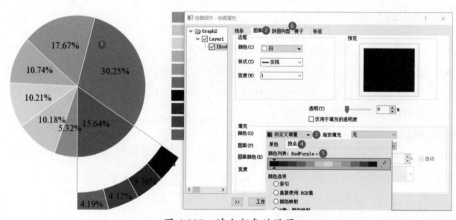

图 4-227　填充颜色的设置

3. 标签的设置

按图 4-228（a）所示的步骤，单击①处的"标签"选项卡，单击②处的"字体"下拉框，修改③处的字体颜色为"自动"，单击"应用"按钮，标签将根据背景颜色自动更改字体颜色，避免字体颜色与背景色相近而不明显，效果如图 4-228（b）所示。

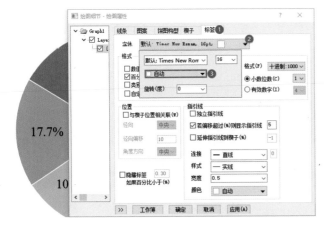

（a）标签的设置　　　　　　　　　　　（b）效果图

图 4-228　标签的设置及效果图

4. 分解楔子的设置

按图 4-229 所示的步骤，单击①处的"楔子"，将②处组合的项目"分解"下方的复选框都选中，单击"确定"按钮。

5. 中心环的设置

按图 4-230 所示的步骤，单击①处的"饼图构型"，选择②处的"环形图（半径百分比）"复选框，修改③处的"中心大小"为 20，单击"应用"按钮。

图 4-229　分解楔子的设置

图 4-230　中心环的设置

6. 调整绘图和字体

在调整页面至图层大小后，往往会出现字体太大或太小的情况。按图 4-231 所示的步骤，双击

①处的图层空白区域，在“绘图细节-图层属性”对话框中，单击②处的“Layer1”，单击③处的“大小”，修改④处的“固定因子”为1，即与实际的字体大小一致。单击“确定”按钮，即可绘出目标图。

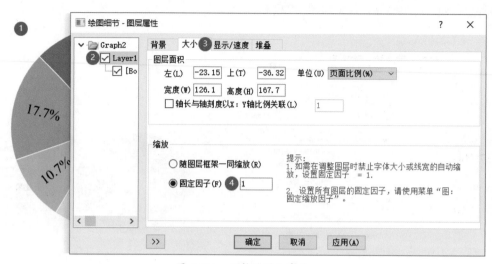

图 4-231 调整绘图和字体

4.6.4 同心圆环形图

同心圆环形图由多层环饼组成，可以直观、清晰地显示各个环层总量及各组分占比的情况。

图 36：统计2015—2019年度四大桌面操作系统的市场份额，如图4-232（a）所示，绘制同心圆环形图，如图4-232（b）所示。

Desktop Windows Version Market Share Worldwide

	A(X)	B(Y)	C(Y)	D(Y)	E(Y)	F(Y)
长名称	Version	2015	2016	2017	2018	2019
单位						
注释						
F(x)=						
类别	WinXP Win8					
1	WinXP	11.8	7.69	4.77	2.89	1.81
2	Win7	60.46	50.74	45.27	39.05	33.23
3	Win8.1	16.92	11.39	9.34	7.69	6.09
4	Win10	3.96	24.85	37.05	47.46	56.18
5						

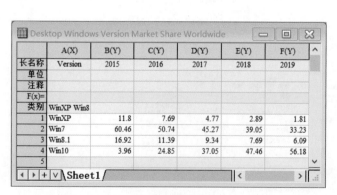

（a）工作表

（b）目标图

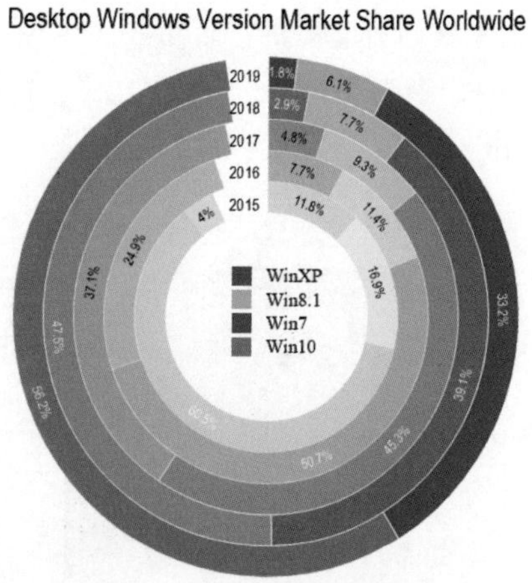

图 4-232 工作表及同心圆环形图

1. 绘制同心圆环形图

按图4-233所示的步骤，单击①处全选数据，单击②处的“绘图”菜单，选择③处的“条形图、饼图、面积图”，选择④处的“环形图”工具，得到⑤处的环形图。

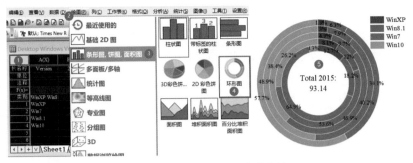

图 4-233　同心圆环形图的绘制

2. "其他"额度的设置

由于四种操作系统的市场份额之和并非等于 100%，显然有"剩余值"，可作为"其余"，分别设置为"楔子"。按图 4-234 所示的步骤，单击①处的"楔子"选项卡，修改②处的"楔子总数"为"值"，③处的总数为 100。单击"应用"按钮，即可得到④处所示的"缺口"。

图 4-234　楔子总数的设置

3. 颜色的设置

在"绘图细节 - 绘图属性"对话框中，单击"组"选项卡，选择"独立"。按图 4-235 所示的步骤，单击①处的选项卡，修改②处的"透明"度为 20%，单击③处填充"颜色"下拉框，选择 A 列的"索引"，选择④处的按点，选择⑤处的一个配色，选择⑥处的"索引"，来自 A 列。单击"应用"按钮。

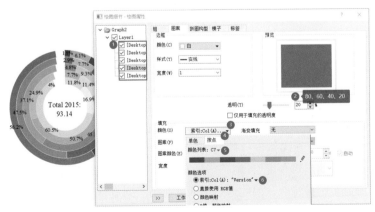

图 4-235　颜色与透明度的设置

> **注意** ⚠ 为每个圆环分别设置一个递减或递增的透明度，即可实现由中心往外、由浅变深的渐变过渡效果，使图形更加美观。

4. 修改标签角度

按图 4-236 所示的步骤，分别选择①处的数据，单击②处的"标签"，单击③处的下拉框，修改④处的"旋转（度）"为"角度"。采用相同的方法设置①处其他环形的标签。单击"应用"按钮。

图 4-236　标签的旋转

5. 调整环饼的大小

单击"绘图细节 - 绘图属性"对话框中的"饼图构型"选项卡，修改"半径 / 中心"的"重新调整半径"为 120。按相同的方法，修改其他数据。添加其他标注文本，调整页面至图层大小。最终得到如图 4-237 所示的效果。

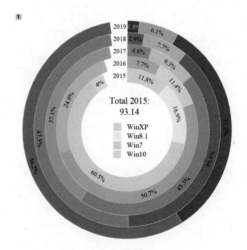

图 4-237　最终效果图

4.6.5 ▶ 南丁格尔玫瑰图

南丁格尔玫瑰图是弗罗伦斯·南丁格尔发明的一种多半径环形图，所有样品以相同角度的扇形呈现，样品数据的大小对应扇形半径大小。南丁格尔玫瑰图既美观，又能可视化显示各组分的差异。

例 37：以《人民日报》新媒体设计的疫情玫瑰图为例，构造 4 列工作表，第一列为地区，第二列为常数（用于均分饼图扇形角度），第三列是新增病例数据，如图 4-238（a）所示，由于不同地区的病例数据分布跨越多个数量级，因此通过第四列对第三列进行对数运算，采用第四列数据绘图，如图 4-238（b）所示。

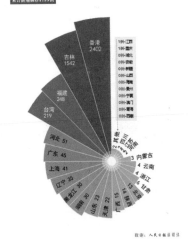

（a）工作表 （b）目标图

图 4-238 南丁格尔玫瑰图

可采用两种方法绘制多半径饼图：一是通过普通饼图修改半径增量来源于病例数，二是通过 XYY 数据绘制多半径饼图。

1. 通过普通饼图绘制

按图 4-239 所示的步骤，拖选①处选择 A、B 两列数据，单击下方工具栏②处的饼图工具，绘制出③处所示的饼图，双击③处的饼图，在"绘图细节 - 绘图属性"对话框中，单击④处的"饼图构型"，选择⑤处的"增量半径"，单击⑥处下拉框中选择半径数据来源于 D 列，选择⑦处的"逆时针方向"复选框，单击⑧处的"确定"按钮，即可得到如⑨处所示的效果图。

图 4-239 从普通饼图绘制多半径饼图

2. 绘制多半径饼图

按图 4-240 所示的步骤，按下"Ctrl"键，分别单击①处的 A、B 和 D 列标签，单击②处的"绘图"

菜单，选择③处的"条形图、饼图、面积图"，选择④处的"多半径饼图"，即可得到⑤处所示的效果。

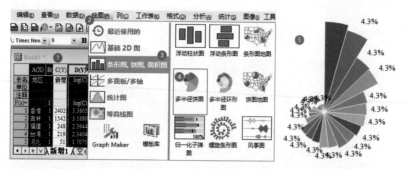

图 4-240　多半径饼图的绘制

3. 疫情玫瑰图

（1）自定义颜色列表并填充饼图

单击菜单"工具"→"颜色管理器"，按图 4-241 所示的步骤，单击①处的"新建"按钮，在"创建颜色"窗口中，单击②处的"+"增加色块，选中③处的第一个色块，在④处选择某种颜色（如绿色），单击⑤处可将③处的色块"替换"为绿色，单击⑥处的"插值"按钮，在"插值"对话框⑦处修改"色号"为 23，单击"确定"按钮，在⑧处的"名称"文本框中输入命名"GR23"（或易记的名称，23 表示 23 个色块）。单击"确定"按钮，直到退出"颜色管理器"窗口。

图 4-241　自定义颜色列表

（2）颜色填充

按图 4-242 所示的步骤，双击①处的饼图，在"绘图细节 - 绘图属性"对话框中，在②处的"图案"选项卡中，单击③处的填充"颜色"下拉框，在④处的"按点"选项卡中，单击⑤处下拉框，选择⑥处所示的自定义 GR23 颜色列表，单击"应用"按钮，得到⑦处所示的效果。

通常，可以用冷色向暖色的变化表达某项指标从低到高的变化。可将 4.6.4 小节颜色列表的顺序翻转过来。按图 4-243 所示的步骤，单击①处的填充"颜色"下拉框，选中②处的铅笔按钮，单击③处的"翻转"按钮，即可翻转为从红到绿的变化。单击④处的"确定"按钮。

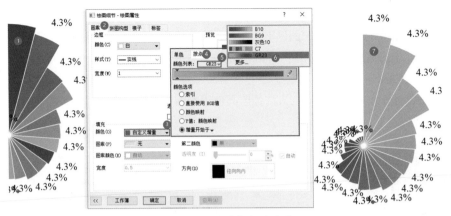

图 4-242　饼图颜色的设置

图 4-243　颜色列表的翻转

（3）饼图方向和标签的设置

单击"绘图细节 - 绘图属性"对话框中的"饼图构型"选项卡，选择"逆时针方向"复选框，修改"重新调整半径"为 100，扩大饼图，单击"应用"按钮。

在饼图的每个扇形末端显示包含地区和病例数的标签。按图 4-244 所示的步骤，单击①处的"标签"选项卡，单击②处的字体下拉框，修改字体为黑体、大小为 8，设置颜色为自动（将会依据背景色自动调整标签的颜色，避免撞色），设置"旋转（度）"为"径向"或"角度"，这样可以使文本标签跟随扇形的角度变化而变化，使图文协调。

自定义标签可以组合多种信息。单击③处的"自定义"复选框，输入一行代码"%(*,@WT,1,i) %(*,@WT,3,i)"，构造包含第一列地区和第三列新增病例数据的标签。

饼图的标签位置默认在饼图扇形楔子的外围，可以设置标签与楔子关联，实现在楔子末端显示。单击④处的"与楔子位置相关联"复选框，设置"径向"为"终

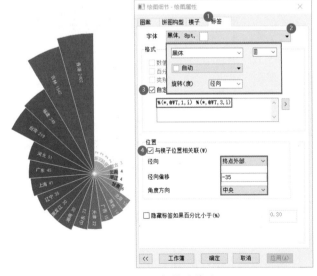

图 4-244　标签的修改

点外部"、"径向偏移"为"-35"、"角度方向"为"中央"。单击"确定"按钮。

标签已经区分显示了地区名称，图例不再需要，可以单击图例，按"Delete"键删除。

对于病例数较少的地区，文本标签出现堆叠现象，可以通过单独设置，避免堆叠。按图 4-245 所示的步骤，右击①处重叠的标签，选择②处的"属性"快捷菜单，在③处文本前插入多个空格，单击"应用"按钮可查看效果。按相同的方法修改其他重叠的文本标签。

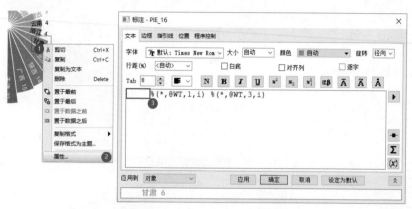

图 4-245　重叠标签的"插空法"分离

调整页面尺寸：按图 4-246 所示的步骤，双击页面外①处的灰色区域，在"绘图细节 - 页面属性"对话框中，取消②处的"保持纵横比"复选框，修改"宽度"和"高度"分别为 200 和 300，单击"确定"按钮。

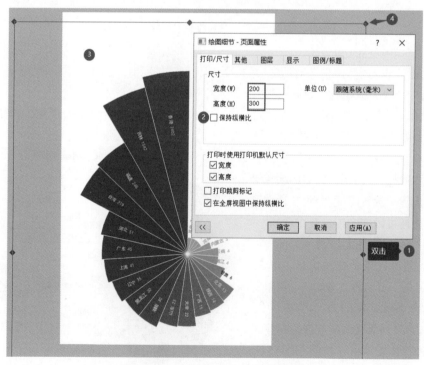

图 4-246　页面及图层尺寸的调整

调整图层大小：按图 4-246 所示的步骤，单击③处选中图层，拖动调节句柄（如④处所示）到合适大小，拖动图层到页面中的合适位置。

（4）排版页面

按图 4-247（a）所示的步骤，单击①处的"直线"工具，在"其他"楔子上方，按住"Shift"键向上拖动鼠标，画出一条垂直线，单击②处的直线，选择上方工具栏，修改"线条样式"为"短虚线"。单击②处虚线一端，在浮动工具栏中点击③处的箭头为圆形。选择左边工具栏④处的"矩形工具"，在⑤处画出一个长条形矩形框，设置边框颜色为"无"、填充为黄色，右击矩形框，选择"置于最后"。在⑥处右击选择"添加文本"，按一定格式输入地区和数据，必要时修改局部字体为红色或其他颜色。

设置填充颜色的文本框，按图 4-247（b）所示的步骤，单击①处的文本框，单击上方工具栏②处的填充工具，单击③处修改字体。选择文本框中的局部文字，可修改颜色和字体。

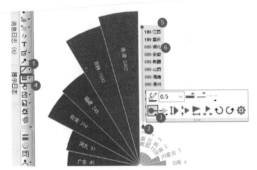

（a）虚线与矩形的绘制　　　　　　　　　　（b）文本框填充与文本格式设置

图 4-247　添加虚线、矩形和文本框

（5）空心光圈的绘制

构造一个 XYY 型表格（见图 4-248），第一列 X 为空值，第二、三列的第一行均为 1，这样可以构造两个 100% 填充的饼图，只需要设置两个饼图的直径分别为 5% 和 7% 即可。

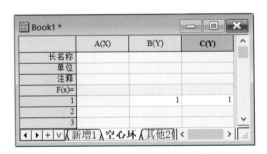

图 4-248　空心光圈的工作表

将绘图窗口与工作簿窗口缩小并排放置，分别选择 B 和 C 列空心环的数据，移动鼠标到列的左边缘，待鼠标指针变为叠加图标时，按下鼠标，将其拖入图中得到黑色饼图。按图 4-249（a）所示的步骤，双击①处的黑色饼图，在"绘图细节 - 绘图属性"对话框中，单击②处的"图案"，修改③处的边框"颜色"为"无"，修改④处的"透明"为 60，修改⑤处的填充"颜色"为白色。单击⑥处的"饼图构型"选项卡进行后续设置，如图 4-249（b）所示。

按图 4-249（b）所示的步骤，在"绘图细节 - 绘图属性"对话框中，单击①处的多半径饼图项目，单击②处的"饼图构型"选项卡，选择③处的"环形图（半径百分比）"复选框，修改④处的"中心大小"为 2，即可将饼图设置为空心。分别选择⑤处的两个半透明光圈项目，修改⑥处的"半径 / 中心"→"重新调整半径"为 5（或 7，柱图为 100，前面已设置好，不用修改）。单击"确定"按钮。

新绘制的空心光圈上自动生成了"100%"字样,单击后,按"Delete"键删除。经过其他细节的美化修改后,得到目标图。

(a)半透明光圈的设置

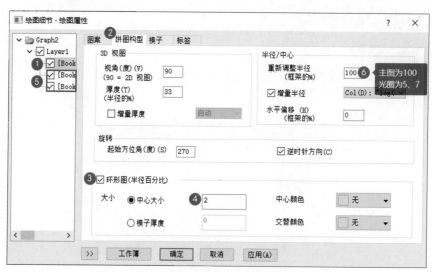

(b)空心的设置

图 4-249　半透明空心光圈的设置

4.7 专业图

Origin 2023 版的"专业图"绘图菜单中列出了 36 种绘图模板（见图 4-250），较为常用的有极坐标图、雷达图、风玫瑰图、径向图、三元图和矢量图。

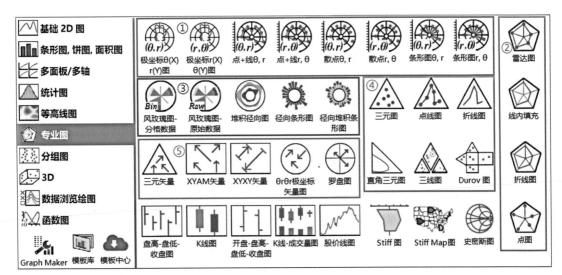

图 4-250　专业图的绘图菜单

　　绘制专业图前，需要创建符合绘图工具要求的工作表。在专业图"绘图"菜单所列的绘图工具中，大部分工具的图表上已注明所需数据结构。例如，极坐标系列的工作表为由 θ、r（或 r、θ）组成的 XY 型结构，"XYAM 矢量图"要求准备 X、Y、角度 A、幅度 M 共 4 列 XYYY 型数据，而"XYXY 矢量图"则需要准备 2(XY) 型数据（矢量的起点、终点坐标）等。另外，当鼠标移动到这些工具上并悬停时，会出现浅绿色提示框（见图 4-251），根据这种提示框可以方便我们准备工作表，从而绘制想要的专业图。

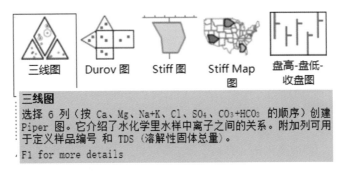

图 4-251　鼠标悬停提示框

　　本节列举 9 个具有代表性的绘图案例，其他常用的专业图绘制过程均可参考这些案例。

4.7.1　极坐标扇形面积图

　　极坐标系包含角度、半径两个维度，可以表达某些角度方向上的数据分布，指标的强和弱对应圆心（中心）向外径向延伸的长短。当然，角度也可以不具有物理意义，仅作为"定位"坐标，将条形分布在圆上，用来横向比较样品特性的差异。

　　例 38：研究 19 位驾驶员分别在自由流、拥挤流两种路况场景下，边驾驶边执行分心任务（如聊天、看手机等）时瞳孔面积变化情况。构造工作表，如图 4-252（a）所示，绘制极坐标扇形面积图，如图 4-252（b）所示。

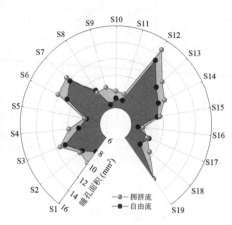

（a）工作表　　　　　　　　（b）目标图

图 4-252　工作表与极坐标扇形面积图

1. 工作表的创建

新建 X4Y 型工作表：第一列为编号 1~19；第二列设置为 X，F(x)=16*I，构造角度 θ；第三、四列分别为自由流、拥挤流场景下驾驶员的瞳孔面积，这两列为半径 r，将绘制出 2 条点线图。

经过计算后，第二列的取值范围为 16°~304°，这是扇形角度的起止范围。该列的增量为 16°，也是设置外圈角度刻度增量为 16 的依据。

2. 绘制极坐标(θ,r)点线图

（1）绘制极坐标点线图

选择 B、C、D 三列数据，单击菜单"绘图"→"专业图"→"点＋线 θ,r"。

（2）调整极坐标系方向角

按图 4-253 所示的步骤，双击①处的外圈刻度线，在"绘图细节 - 绘图属性"对话框中，单击②处的"显示"选项卡，修改③处的"方向"为"顺时针"，"轴的起始角度（度）"为 –110，单击"应用"按钮，即可得到④处所示的效果。

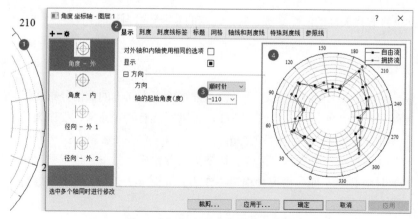

图 4-253　极坐标系方向角的设置

（3）扇形范围的设置

按图 4-254 所示的步骤，单击①处的"刻度"选项卡，修改②处的"起始"和"结束"分别为 16 和 304，修改③处的主刻度增量"值"和"锚点刻度"均为 16，修改④处的次刻度"计数"为 0，单击"应用"按钮，即可得到⑤处所示的效果。

单击⑥处的"径向"，修改"中心位于（%）"为 20，起始与结束范围为 6~16，主刻度增量"值"为 2，次刻度"计数"为 0，单击"应用"按钮。

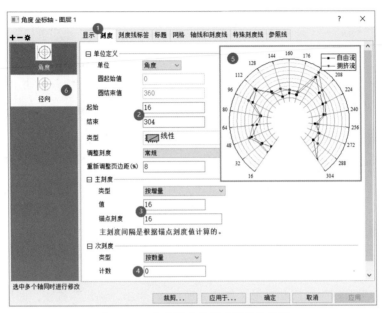

图 4-254　扇形刻度范围及增量的设置

（4）添加径向轴

按图 4-255 所示的步骤，单击①处的"轴线和刻度线"选项卡，单击②处的"+"可新增如③处所示的"径向 - 内轴 1"，单击④处的"角度 - 内"（内圈轴），选择⑤处的"显示轴线和刻度线"，修改⑥处的"主刻度"样式为"无"，修改其下方的"次刻度"样式为"无"，单击"应用"按钮，即可得到⑦处所示的效果。

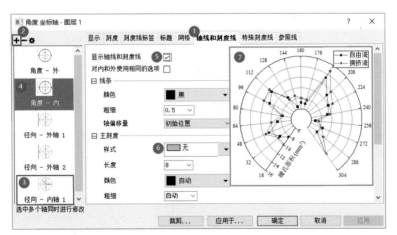

图 4-255　径向轴的添加及内圈设置

（5）外圈刻度线标签的设置

按图 4-256 所示的步骤，单击①处的"刻度线标签"，单击②处的"角度 – 外"，修改③处的"除以因子"为 16，修改④处的"前缀"为"S"，单击"应用"按钮，即可得到⑤处所示的效果。

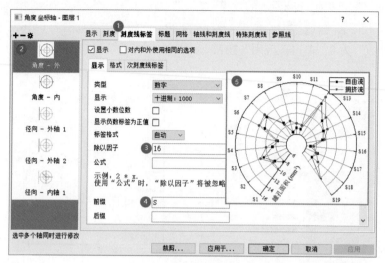

图 4-256 外圈轴刻度标签的设置

（6）线下填充的设置

按图 4-257 所示的步骤，双击①处的散点，在"绘图细节 - 绘图属性"对话框中，单击②处的"组"，修改③处的三项均为"逐个"，修改④处两项设置为相同的颜色列表，单击⑤处下拉框，修改第一、二个图例符号分别为圆圈和球形（如⑥处所示），单击"确定"按钮，即可得到⑦处所示的效果。

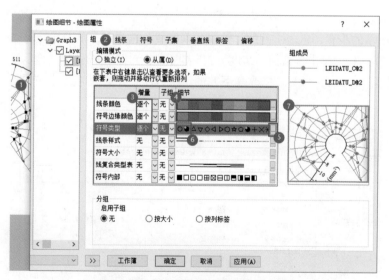

图 4-257 散点符号及线条颜色的设置

按图 4-258 所示的步骤，单击①处的"线条"，选择②处的"启用"复选框，修改③处为"填充至底部"，单击④处的"图案"选项卡，修改填充"颜色"为"自动"，修改"透明"度为 60%，单击"确定"按钮。

图 4-258　线下填充的设置

（7）图例的设置

本例旨在比较 19 位驾驶员瞳孔面积的总体变化趋势，通过填充色突显这种变化趋势，填充的"面积"无意义，只需要用点线图例。

按图 4-259（a）所示的步骤，右击①处的图例，选择"属性"，在弹出的对话框中，修改②处的代码，单击"符号"选项卡，修改"图案块宽度"为 50，单击"确定"按钮。

因为前面添加了一条刻度线，这里的两条径向刻度线需要删除。单击需要删除的对象，按"Delete"键删除。调整页面至图层大小，最终得到如图 4-259（b）所示的效果图。

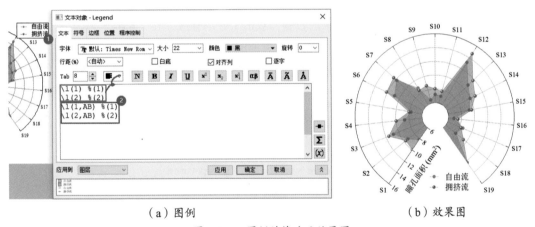

（a）图例　　　　　　　　　　　（b）效果图

图 4-259　图例的修改及效果图

4.7.2 电池性能雷达图

雷达图通常描述某个研究对象的各项性能（技能）指标，多用于游戏角色各项技能在整体队伍中的评价。雷达图也可用在科研绘图中，如展示一种电池材料的循环寿命、比容量、负载量等各项性能。

例 39：创建 XYY 型工作表，第一列为电池的各项指标（含单位），第二列是 This work 达到的指标，第三、四列为对比的文献指标，如图 4-260（a）所示，绘制出电池性能雷达图，如图 4-260（b）所示。

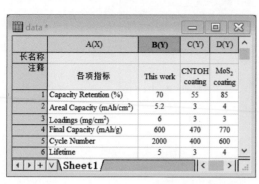

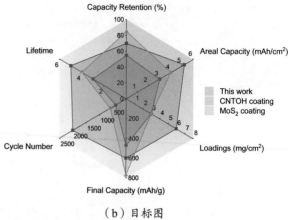

（a）工作表　　　　　　　　　　　　　（b）目标图

图 4-260　电池性能雷达图

1. 雷达图的数据特征

工作表中有 6 行，绘制的雷达图为六边形，且存在 6 个数轴。在与各研究对象进行横向比较时，除了看某项指标谁最强，多数情况下，我们更希望看到综合表现，即围成面积越大越好。

由于各指标物理量和单位都各不相同，数量级存在较大差异，绘制的雷达图形状不够美观，甚至出现曲线超出图层的现象，这就需要单独设置每个数轴的刻度范围，通常设置指标的最大值为数轴的最大刻度，使各曲线围成的图形尽量铺展。

2. 绘制雷达图

全选数据，单击菜单"绘图"→"专业图"→"雷达图"，即可得到一张雷达图草图。

调整各轴刻度范围，按图 4-261 所示的步骤，双击①处的轴线，在"Axis 1- 图层 1"对话框中，单击②处修改"起始"为 0，"结束"为该指标最大值的 1.2 倍左右的整数，修改③处的主刻度增量值为"结束"值的 1/5 左右的整数（需要构造 5 段主刻度，必要时调整前面的"结束"值，使刻度值为整数）。分别单击④处的其他各数轴，进行相同的设置。单击"应用"按钮可得到⑤处所示的效果，各样品的曲线已尽可能铺展开来。

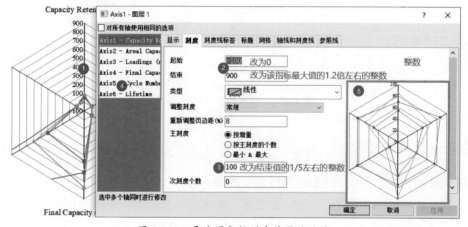

图 4-261　雷达图各轴刻度范围的设置

3. 网格线的设置

通常雷达图具有网格线，为了避免与曲线混淆，可将网格线设置为灰色（必要时设置为虚线）。按图 4-262 所示的步骤，双击①处的数轴，在"Axis 1- 图层 1"对话框中，单击②处的"网格"选项卡，选择③处的"对所有轴使用相同的选项"复选框，修改④处的主网格线"颜色"为浅灰、"样式"为"划线"，单击"应用"按钮，即可得到⑤处所示的效果。

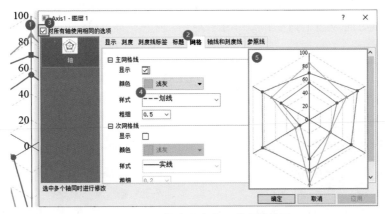

图 4-262   网格线浅灰色及虚线的设置

4. 刻度线及刻度标签的设置

显示刻度线，按图 4-263 所示的步骤，单击①处的"轴线和刻度线"，拖选②处的数轴，选择③处的"显示"复选框，修改④处的主刻度"样式"为"朝外"，单击"应用"按钮。

对于刻度值的设置，与图 4-263 所示的步骤类似，单击"刻度线标签"，选择数轴后，将"显示刻度线标签"的"无"改为"在坐标轴前"，单击"确定"按钮。

5. 半透明颜色的填充

按图 4-264 所示的步骤，双击①处的散点，在"绘图细节 - 绘图属性"对话框中，单击②处的"线条"，选择③处的"启用"复选框，单击④处下拉框，选择"填充区域内部 - 在缺失值处断开"。单击"应用"按钮，即可得到①处所示的效果。若需要修改填充颜色，可单击"绘图"选项卡，对填充颜色进行设置，设置透明度。

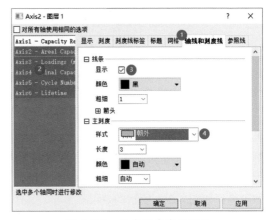

图 4-263   轴线刻度线的设置

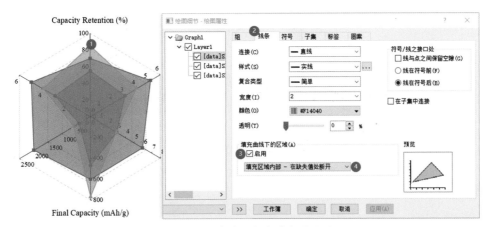

图 4-264   半透明颜色填充的设置

雷达图的图层为多边形，为雷达图添加浅色渐变的"背景"，会使图增色不少。按图 4-265 所示的步骤，在"绘图细节 - 图层属性"对话框中，单击①处的"Layer1"，修改"背景"选项卡中②处的"颜色"，修改③处的"模式"为"双色"，修改④处的"第二颜色"和"透明度"，修改⑤处的"方向"为"对角线方向 从右上到左下"，单击"应用"按钮，即可得到⑥处所示的效果。

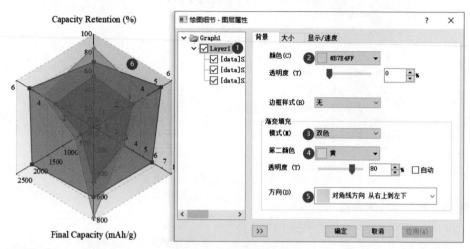

图 4-265　图层背景的设置

修改图例色块、隐藏边框线，右击图例，在"符号"选项卡中，修改"图案块宽度"为 50，在"边框"选项卡中修改"边框"为"无"，单击"确定"按钮。

本例电池各项性能的数轴数量级的差异较大，网格线跟刻度线不一致，此时隐藏网格线视觉效果更好。按图 4-262 所示的步骤，取消选择"显示"复选框，单击"应用"按钮。当雷达图中心的刻度发生"聚集"或"堆叠"时，可以保留一个"0"刻度，隐藏其他数轴的零刻度，按图 4-261 所示的步骤，将其他轴的 0 改为 0.001（增量的 1‰），巧妙实现零刻度的"隐藏"。单击"确定"按钮，即可得到如图 4-266 所示的效果。

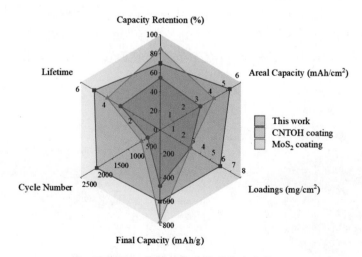

图 4-266　电池性能雷达图最终效果

4.7.3 分组径向条形图

当我们考察多个因子对某项指标的影响时，通常绘制多个柱状图，这种视觉效果很普通。如果将普通的柱状图优化一下，换一种绘图思路，采用极坐标系绘制出径向分布的条形图，则会提升绘图的表现力。本小节采用同一组数据，如图 4-267（a）所示，绘制表格式刻度柱状图和分组径向条形图，如图 4-267（b）和图 4-267（c）所示。

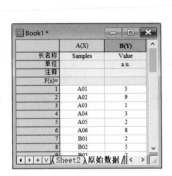

（a）工作表

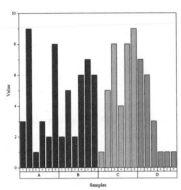

（b）表格式刻度柱状图

（c）分组径向条形图

图 4-267　工作表及两种效果图

例 40：表格式刻度柱状图。

准备工作表如图 4-268 所示，第一列为样品名，第二列为指标数据，第三列为分类号（1~6），第四列为分类标签 A~D。

长名称	A(X1) Samples	B(Y1) Value	C(X2) 分类号	D(Y2) 分类标签
单位				
注释				
F(x)=	i			
1	A01	3	1	A
2	A02	9	2	A
3	A03	1	3	A
4	A04	3	4	A

图 4-268　分组柱状图的工作表

1. 表格式刻度标签的设置

表格式刻度标签是代替传统 X 轴刻度标签的、具有分类分组功能的表格式刻度值。

选择 A、B 两列数据，单击下方工具栏的"柱状图"工具，绘制出普通柱状图。按图 4-269 所示的步骤设置表格式刻度标签。双击①处的 X 轴刻度标签，单击②处的"刻度线标签"和③处的"表格式刻度标签"，选择④处的"启用"复选框，修改"行数"为 2，即可创建如⑤处所示的 2 行下轴刻度标签。

按图 4-270 所示的步骤设置表格式标签的数据来源。"下 1"为表格式标签中最下面一行，"下 2"是靠近刻度线的第二行。单击①处的"显示"标签，修改②处的"数据集名称"为 D 列"分类标签"，单击③处的"下 1"轴，修改②处为 C 列"分类号"，单击"确定"按钮，可得④处所示的效果。

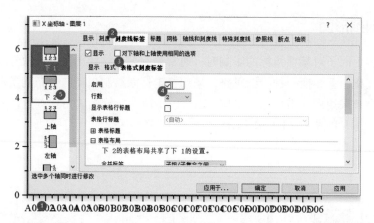

图 4-269 表格式刻度标签的启用

图 4-270 表格式刻度的设置

2. 分组颜色的设置

按 A~D 分类标签设置 4 个不同的颜色。按图 4-271（a）所示的步骤，双击①处的柱子，在"绘图细节 - 绘图属性"对话框中，依次单击②处的"图案"，③处的填充"颜色"下拉框，④处的"按点"，⑤处下拉框选择一个配色，⑥处的"颜色选项"→"索引"下拉框，选择⑦处的 D 列"分类标签"，单击"应用"按钮，效果如图 4-271（b）所示。

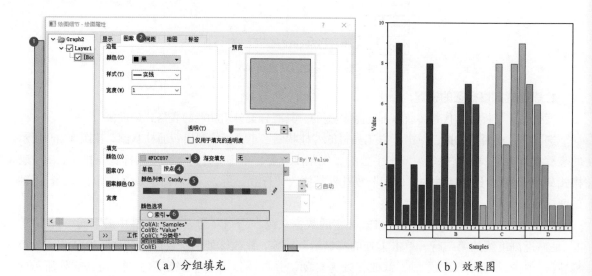

（a）分组填充　　　　　　　　　　　　　　　　　（b）效果图

图 4-271 分组填充颜色设置及效果图

例 41: 分组径向条形图。

构造 5 列工作表,如图 4-272(a)所示,分别设置为 X、X、Y、Y、Y 属性,第一列为样品名称,第二列为依据样品总数构造的角度,第三列为指标数据,第四列为分类标签 A~B,第五列为构造的内环分类带(宽度)数据。绘制分组的径向强度映射的条形图,如图 4-272(b)所示。

(a)工作表　　　　　　　　　　(b)目标图

图 4-272　工作表及分组径向条形图

> **注意** ⚠ 在绘图中,"文本"或"文本 & 数值"型的数据通常不能参与计算和绘图,注意检查数据列的属性是否为"数值"型。右击某列标签,选择快捷菜单中的"属性",在弹出的"列属性"对话框中,修改"选项"的"格式"为"数值"。

1. 绘制径向条形图

选择 B、C 两列数据,单击菜单"绘图"→"专业图"→"径向条形图"。

按图 4-273 所示的步骤拖入内环分类带数据。将工作簿和绘图窗口缩小并排放置,单击①处列标签选择 E 列数据,移动鼠标到列左边缘,待鼠标指针变为叠加图标时,按下鼠标,向绘图中拖入,即可得到③处所示的内环条形图。

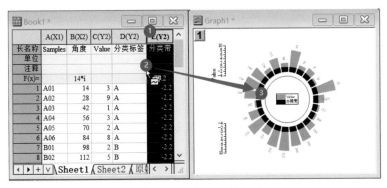

图 4-273　拖入法绘制内环

修改径向、角度方向的刻度范围。按图 4-274 所示的步骤,双击①处的径向刻度线,在"角

度 坐标轴 - 图层 1"对话框中，单击②处的"径向"，修改"刻度"页面的"圆起始值"为 0，单击③处的"角度"，依次修改④处的"单位"为"角度"，⑤处的"起始"为 14（第一个点），"结束"为 342，⑥处的主刻度增量"值"为 14（构造的第二列角度增量为 14），"锚点刻度"为 14（第一个刻度线），次刻度"计数"为 0。单击"应用"按钮。

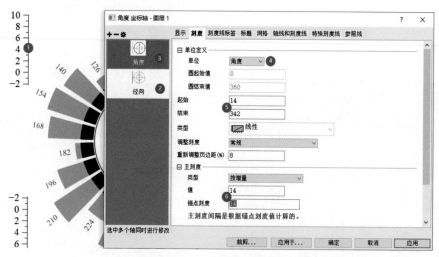

图 4-274　刻度范围的设置

显示轴线 1 刻度线、网格线。按图 4-275 所示的步骤，单击①处的"轴线和刻度线"选项卡，单击②处的"角度 – 外"，单击③处的"+"按钮新建一个数轴，单击④处所示的"径向 – 内轴 1"，选择⑤处的"显示轴线和刻度线"复选框，修改⑥处的线条"颜色"为"浅灰"，修改⑦处的主刻度"长度"为 3。单击⑧处的"网格"选项卡，选择主网格线的"显示"复选框，修改"颜色"为浅灰色，"样式"为划线。单击"确定"按钮。

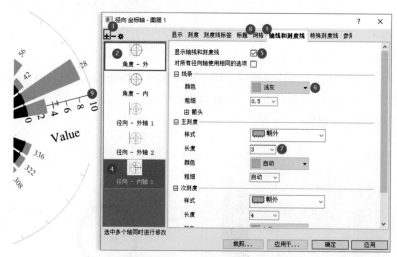

图 4-275　轴线、刻度线、网格线的设置

所得内轴被第一根条形遮挡，是因为"起始"刚好在第一个点上，可通过调大圆的角度范围来解决。按图 4-276 所示的步骤，双击①处的外圈刻度线，单击②处的"角度"，修改③处的"起始"为 10（单击"应用"按钮预览调节效果）。单击"确定"按钮，分别单击左边的两条径向外轴、刻度标签、标题及中间的图例，按"Delete"键删除。

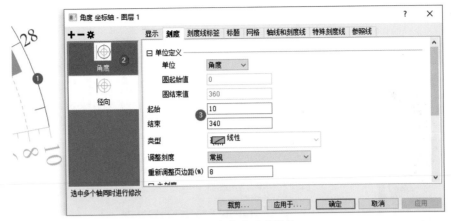

图 4-276　角度范围的调整

2. 分组条形间距的设置

虽然数据列只有 *XY* 两列，但可以对数据按其他某列的分类标签进行分组，凡是具有相同标签的（如 "A"），都将被分为一组，再设置间距和颜色。按图 4-277 所示的步骤，双击①处的条形，在 "绘图细节 - 绘图属性" 对话框中，单击②处的 "间距"，修改③处的 "柱状 / 条形间距" 为 0，选择④处的 "按列" 并修改为 D 列 "分类标签"，修改⑤处的 "子集间的距离" 为 5。单击⑥处的内环项目，按第③~⑤步进行操作。单击 "应用" 按钮。

图 4-277　分组条形间距的设置

通过前述步骤设置后，内环分组带与条形图在子集内无间距，连为一体。如果想让条形在子集内也有较小的间距，可以按图 4-277 所示的步骤，修改条形项目在③处的间距为 5。

3. 分组颜色的设置

（1）内环分组带的设置

按图 4-278 所示的步骤，双击①处的内环分组带，在 "绘图细节 - 绘图属性" 对话框中，单击②处的 "图案" 选项卡，修改③处的边框 "颜色" 为 "无"，修改④处的 "透明" 度为 60%，单击⑤处的填充 "颜色" 下拉框，选择⑥处的 "按点"，单击⑦处的下拉框选择一个 "颜色列表"（内环分组区域将会与每个色块对应），单击⑧处的 "索引" 下拉框，选择按 D 列 "分类标签" 进行索引配色。单击 "应用" 按钮。

图 4-278　内环分组带颜色的设置

（2）条形数据的颜色映射

按图 4-279 所示的步骤，选择①处的条形项目，单击②处的填充"颜色"下拉框，选择③处的"按点"，单击④处的"颜色列表"选择一个配色，单击⑤处的"颜色映射"下拉框，选择映射来源于⑥处的 C 列"Value"数据，单击"应用"按钮。

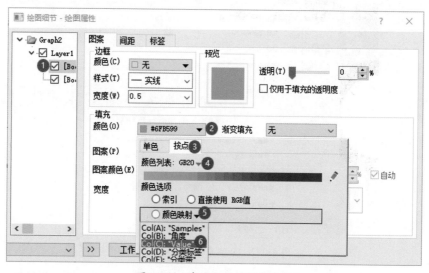

图 4-279　条形数据的颜色映射

4. 极坐标方向角的设置

极坐标系的 0° 起始位置默认在右方，角度变化按逆时针（角度为正值）或顺时针（角度为负值）顺序。如果需要将 0° 方向安排在正上方，可设置旋转角为 90°，相反，如果需要安排在正下方，则设置旋转角为 -90°。

按图 4-280 所示的步骤，双击①处的外圈刻度线，在"角度 坐标轴 - 图层 1"对话框中，单击②处的"显示"，修改③处的"方向"为"顺时针"，④处"轴的起始角度（度）"为 -95。单击"确定"按钮。

图 4-280　极坐标系旋转方向及角度的设置

5. 刻度线标签与数据标签的设置

经过前述步骤得到的绘图中，存在两个问题：一是外圈刻度对应的是每个条形的样品名称，需要设置显示刻度标签；二是条形顶部显示的是来源 *X* 列（构造的角度），而非实际 Value 列数据，需要调整标签文本的数据集。

（1）刻度线标签的设置

按图 4-281 所示的步骤，单击①处的"刻度线标签"，选择②处的"角度 – 外"，选择③处的"显示"复选框，修改④处的"类型"为"刻度索引数据集"，选择⑤处的"数据集名称"为 A 列的"Samples"，单击"应用"按钮，可得⑥处所示的刻度线标签。该刻度线标签文字的方向没有关联角度变化，单击⑦处的"格式"标签进行下一步设置。

图 4-281　刻度线标签的设置

按图 4-282 所示的步骤，单击①处的"格式"页面，单击②处的"旋转（度）"下拉框，如果选择③处的"平行坐标"，则可得到④处所示的环形分布的刻度线标签。这里，我们选择⑤处的"垂直"，则可得到⑥处所示的效果。单击"确定"按钮。

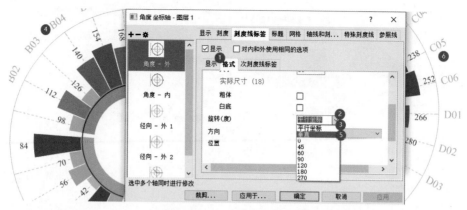

图 4-282　刻度线标签的旋转

（2）数据标签的设置

按图 4-283 所示的步骤，双击①处的数据标签，在"绘图细节 - 绘图属性"对话框中，单击②处的"字体"下拉框，修改③处的"旋转（度）"为"角度"，单击④处的"标签形式"来源于 C 列的"Value"数据列。单击⑤处的"径向偏移"（单击"应用"按钮预览调节标签与条形顶部之间的距离），单击"确定"按钮，可得⑥处所示的效果。

添加文本对象，删除内轴的标题"Value"，在中心位置右击，选择"添加

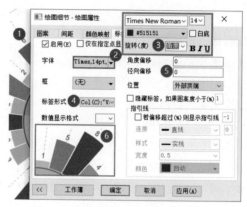

图 4-283　数据标签的设置

文本"，输入"Value"或其他描述该图的主题词。在内环分组带附件添加文本"A"等分类标签，按图 4-284（a）所示的步骤，右击①处的"A"，选择"属性"，在"文本对象 -Text1"对话框中，修改②处的"旋转"为"-45"，单击"确定"按钮。按同样的方法，设置其他分类标签的旋转，即 B、C、D 的旋转角度分别设置为 45、-45、45。调整页面至图层大小，最终可得如图 4-284（b）所示的效果。

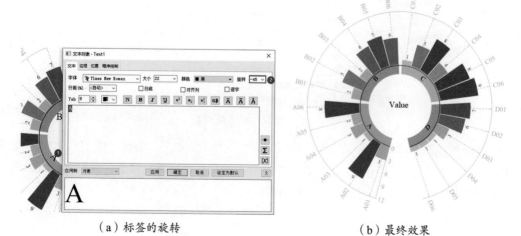

（a）标签的旋转　　　　　　　　　　　　　　　（b）最终效果

图 4-284　分类标签的旋转及最终效果图

4.7.4 分束玫瑰条形图

例 42：在如图 4-285（a）所示的例 41 图基础上，隐藏外圈刻度线及网格线，添加内环分组带的标签（如"A01"），隐藏下方的缺口，构造"十字"排列的"4 束玫瑰"条形图，如图 4-285（b）所示。

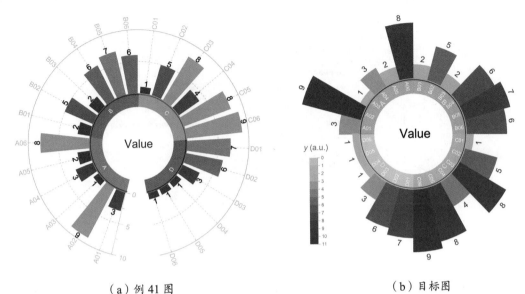

（a）例 41 图　　　　　　　　　　（b）目标图

图 4-285　由例 41 图修改的分束玫瑰条形图

1. 极坐标旋转角的设置

在例 41 的绘图窗口标题栏右击，选择"创建副本"，右击副本绘图窗口标题栏，选择"属性"，修改"长名称"为"例 42"，单击"确定"按钮。

按图 4-286 所示的步骤，双击①处的外圈刻度线，在"角度 坐标轴 - 图层 1"对话框中，单击②处的"显示"选项卡，修改方向"轴的起始角度（度）"为 188°，即以左边开始为 0°，让 A 组样品在左上角，B~D 组样品分别在右上、右下、左下角。单击③处的"刻度"选项卡，修改④处的"单位"为"自定义"，⑤处和⑥处的范围起始和结束均为 0° 和 336°（即第一个和最后一个数据点的构造角度）。单击"应用"按钮。

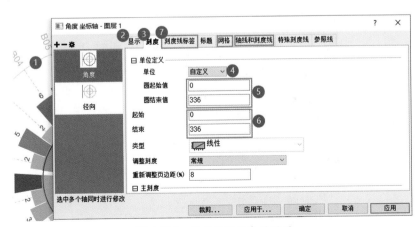

图 4-286　极坐标旋转角的设置

2. 刻度线标签、网格线、轴线刻度线的隐藏

分别单击⑦处的"刻度线标签""网格""轴线和刻度线"选项卡，选择相应方向的轴线项目，取消相应的"启用"复选框，实现对这些绘图对象的隐藏。单击"确定"按钮。

3. 内环分组带标签的显示

例 41 对于条形样品名称的标注采用了外圈刻度线标签的方式，本例按图 4-287 所示的步骤"启用"内环分组带的数据标签。

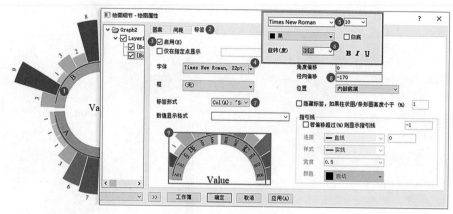

图 4-287 内环标签的设置

双击①处的内环，在"绘图细节 - 绘图属性"对话框中，单击②处的"标签"选项卡，选择③处的"启用"复选框，单击④处的"字体"下拉框，修改⑤处的大小为 10，修改⑥处的"旋转（度）"为"径向"。修改⑦处的"标签形式"来源于 A 列"Samples"样品名称，修改⑧处的"径向偏移"为 −170（单击"应用"按钮预览调节到合适值），单击"确定"按钮，即可得到⑨处所示的内环标签。

4. 色阶图例的添加

玫瑰图虽然美观，但缺少 Y 轴的标识和数量标定，此时需要构造一个色阶图例描述 Y 轴物理量。按图 4-288 所示的步骤，单击左边工具栏①处的"添加颜色标尺"工具，即可得到②处所示的图例，双击②处的图例，在"色阶控制 -Layer 1"对话框中，单击③处的"级别"，选择④处的"隐藏头级别"和"隐藏尾级别"复选框，可以隐藏色阶图例首尾的灰色色块和黑色色块。单击⑤处的下拉框，修改为"自定义级别"，检查⑥处的主刻度"值"，确保为整数递增。单击"应用"按钮。

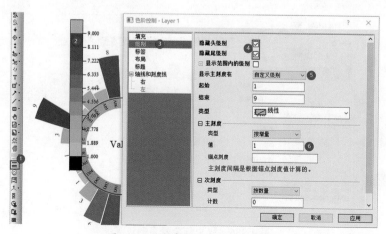

图 4-288 颜色标尺的添加与修改

设置颜色标尺的刻度值保留 1 位小数位。按图 4-289 所示的步骤，单击①处的"标签"，选择②处的"显示"复选框，取消③处的"自动"复选框，选择④处的"设置小数位数"复选框，修改⑤处的"小数位数"为 1（根据需要设定）。为颜色标尺添加标题。单击⑥处的"标题"，选择"显示"复选框，修改"标题"为"Value (a.u.)"（根据实际情况设定）。单击"确定"按钮。

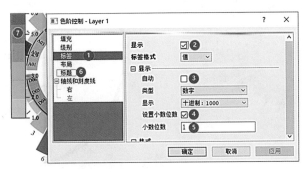

图 4-289　图例标签格式的设置

单击图例，拖动句柄缩小到合适大小，移动到合适位置。按图 4-290（a）所示的步骤缩小图例宽度，双击①处的图例，在"色阶控制 -Layer 1"对话框中，单击②处的"布局"，修改③处的"色阶宽度"为 100，单击"应用"按钮。如果需要隐藏图例边框线，可以单击④处的"轴线和刻度线"，取消"显示边框"复选框。如果需要修改图例刻度线的长度，则单击⑤处的"右"，修改页面中⑥处的"长度"为 3，单击"确定"按钮。经过其他细节调整后，即可得到如图 4-290（b）所示的效果。

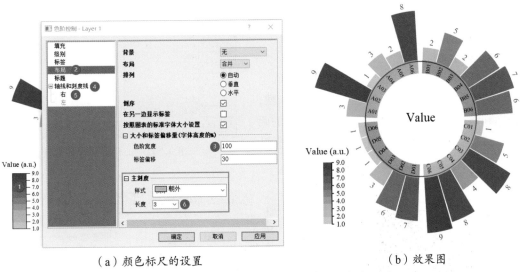

（a）颜色标尺的设置　　　　　　　　　　（b）效果图

图 4-290　颜色标尺的设置及最终效果图

4.7.5 分组轮式条形图

例 43：以如图 4-291（a）所示的例 41 图为基础，添加外环，与内环分组带形成"呼应"，划清各分组之间的界限，绘制整体形似"车轮"的分组轮式条形图，如图 4-291（b）所示。

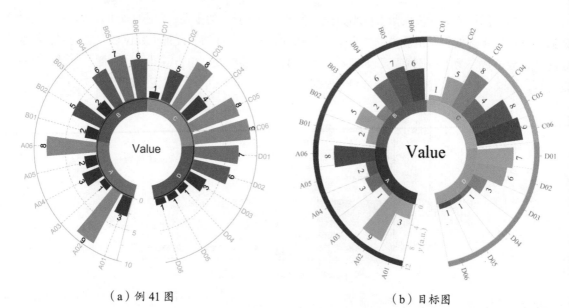

（a）例41图   （b）目标图

图 4-291　由例41图修改为分组轮式条形图

1. 在工作表中添加外环数据

在工作表中新增两列 Y，分别在 $F(x)=$ 单元格中输入 12 和 11（见图 4-292）。这里的外环由两列（外环 1 和外环 2）组成，其值需大于所有 Y 值的最大值，否则会覆盖遮挡样品的条形数据。

2. 外环的绘制

（1）拖入法绘图

用例 41 的绘图创建副本，在该副本的基础上进行后续的绘图设置。按图 4-293（a）所示的步骤，将工作簿和绘图窗口缩小并排放置，拖选①处的两列数据，移动鼠标指针到列的左边缘，待鼠标指针变为叠加图标时，按下鼠标往绘图窗口中拖放。

长名称	A(X1)	B(X2)	C(Y2)	D(Y2)	E(Y2)	F(Y2)	G(Y2)
	Samples	角度	Value	分类标签	分类带	外环1	外环2
单位							
注释							
F(x)=		14*i			-2.2	12	11
1	A01	14	3	A	-2.2	12	11
2	A02	28	9	A	-2.2	12	11
3	A03	42	1	A	-2.2	12	11
4	A04	56	3	A	-2.2	12	11
5	A05	70	2	A	-2.2	12	11
6	A06	84	8	A	-2.2	12	11
7	B01	98	2	B	-2.2	12	11
8	B02	112	5	B	-2.2	12	11

图 4-292　工作表新增外环数据

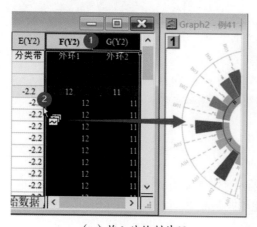

（a）拖入法绘制外环

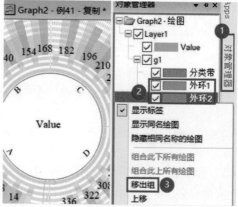

（b）移出组

图 4-293　拖入法绘图及移出组设置

（2）移出组

拖入后绘制的外环将自动加入某个条形图中，成为一"组"，导致绘制的图形被破坏。此时需要将拖入的外环 1 和外环 2"移出组"，并进行单独设置。按图 4-293（b）所示的步骤，鼠标指针移动到右边①处的"对象管理器"，在②处"外环 1"和"外环 2"项目上右击，选择③处的"移出组"。

（3）外环 2 的设置

绘制外环的原理：设置外环 1 为最底层，外环 2 处于其上一层且填充为白色。按图 4-294 所示的步骤，双击左上角①处的图层序号，在弹出的"图层内容"对话框中，分别选择②处的"外环 1"和"外环 2"，单击③处的↑按钮，调节"外环 1"为第一项（最底层），"外环 2"为第二项，单击"确定"按钮。

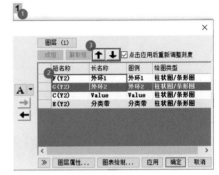

图 4-294　叠层顺序的调整

外环 2 填充为不透明的白色，用于遮挡外环 1 的颜色。按图 4-295 所示的步骤，双击①处的外环 2 条形，在"绘图细节 - 绘图属性"对话框中，单击②处选择外环 2 项目，单击"图案"选项卡，修改③处的边框"颜色"为"无"，修改④处的填充"颜色"为白色，修改⑤处的"透明"为 0。

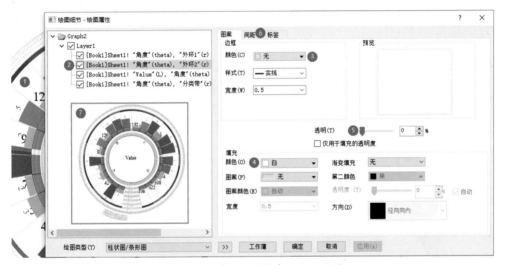

图 4-295　外环 2 的颜色和间距设置

单击⑥处的"间距"选项卡，选择"启用子集"的"无"单选框，即不按子集，外环 2 是一个无间隙的、白色填充的圆面遮挡层。单击"应用"按钮，可得⑦处所示的效果。

（4）外环 1 的设置

外环 1 处于最底层，按照分类标签，设置 4 种颜色，与内环分类带的颜色"呼应"。在拖入法绘制外环的过程中，内环分组带的设置遭到破坏，这里需要与外环 1 进行一致性设置。

按图 4-296 所示的步骤，双击①处的外环 1，在"绘图细节 - 绘图属性"对话框中，单击②处的"间距"选项卡，在"子集"中设置"无"（否则外环有断口）。单击③处的"图案"选项卡，在④处的填充"颜色"下拉框中，选择⑤处的"按点"，在⑥处的下拉框选择一个"颜色列表"，单击⑦处的"索引"下拉框，选择⑧处的 D 列"分类标签"，单击"应用"按钮。勾选⑨处的内环"分类带"，按第②～⑧步进行一致性设置。单击"应用"按钮，可得⑩处所示的效果。

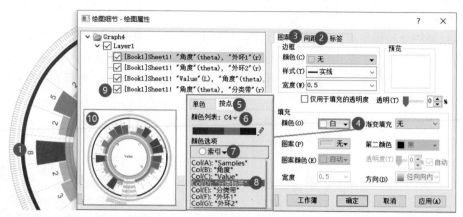

图 4-296 外环 1 及内环分类带的一致性设置

拖入法绘图使刻度增量发生了变化，绘图外圈的刻度线过于密集。双击外圈刻度线，调整角度方向的主刻度范围为 7°~342°（单击"应用"按钮预览调节直到合适为止），设置增量"值"为 14，检查径向刻度范围的"起始"为 0，"结束"为 12，单击"确定"按钮。

在绘制过程中可能会添加不需要的标签，双击标签，在"绘图细节 - 绘图属性"对话框中，取消"标签"页面的"启用"复选框。经过其他细节的调整后，得到目标图。

4.7.6 分组扇形柱状图

例 44：在如图 4-297（a）所示的例 43 图基础上，删除外环 2，设置外环 1 的分组子集间隔，设置外环 1 的半透明浅色填充，启用内环分组带的"标签"，可以绘制出分组扇形柱状图，如图 4-297（b）所示。

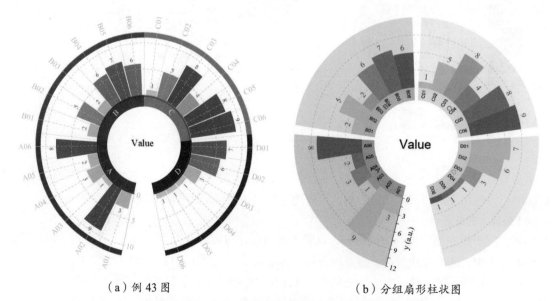

（a）例 43 图　　　　　　　　　　　　　（b）分组扇形柱状图

图 4-297 由例 43 图修改后绘制分组扇形柱状图

1. 从绘图中移除外环2的数据

右击例 43 绘图窗口标题栏，选择"创建副本"，在副本绘图的基础上进行后续修改。按图 4-298 所示的步骤，双击绘图窗口左上角①处的图层序号，在弹出的对话框中，选择②处的"外环 2"，单击③处的"←"键移除数据，单击"确定"按钮。

2. 内环、外环的设置

按图 4-299 所示的步骤，双击①处的外环，在"绘图细节 - 绘图属性"对话框中，单击②处的"间距"选项卡，选择③处的"按列"来源于 D 列的"分类标签"，修改④处的"子集间的距离"为 5。单击⑤处的"图案"选项卡，修改页面中的"透明"为 80%。单击⑥处选择内环分组带项目，重复第③~⑥步的操作，对内环分组带进行一致性设置，内环的透明度可以相对小一点（如 20%），构造出内外环一深一浅的颜色差异。单击"应用"按钮。

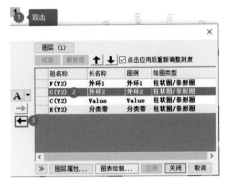

图 4-298　从绘图中移除数据　　　　　　图 4-299　内环、外环的设置

3. 刻度与刻度线的设置

经过前述步骤设置后，图中的刻度发生了变化，需要重新调整。按图 4-300 所示的步骤，双击①处的外圈刻度线，在"角度 坐标轴 - 图层 1"对话框中，单击②处的"起始"和"结束"分别为 10 和 342（单击"应用"按钮预览调试到合适位置），修改③处的主刻度增量"值"为 14。选择④处的"径向"，按第②~③步进行相关设置，修改"起始"和"结束"分别为 0 和 12，修改主刻度增量"值"为 3。单击"应用"按钮。

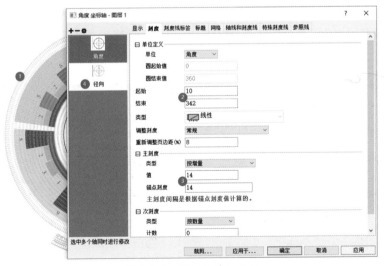

图 4-300　刻度范围的设置

4. 刻度线标签的隐藏

在"绘图细节 - 绘图属性"对话框中，单击"刻度线标签"，取消"显示"复选框。单击"网格"选项卡，取消主网格线的"显示"复选框。单击"轴线和刻度线"选项卡，取消"显示轴线和刻度

线"复选框。

5. 内环分组带标签的设置

取消外环及刻度线标签(如"A01")后,将样品名(如"A01")标注在对应的条形下方,提升条形图的可读性。

按图 4-301 所示的步骤,双击①处的外环,在"绘图细节 - 绘图属性"对话框中,单击②处的"间距"选项卡,选择③处的子集"按列"并设置其来源为 D 列的"分类标签",修改④处的"子集间的距离"为 5。进入⑤处的"图案"选项卡并修改"预览"下方的"透明"为 80%。单击⑥处选择内环分组带项目,重复第②~⑤步的操作对内环分组带进行一致性设置,建议内环的透明度小一点(例如 20%),构造出内外环一深一浅,比较美观。单击"应用"按钮。

图 4-301　内环标签的设置

如果内环标签比较拥挤,可以修改工作表中内环"分类带"的 $F(x)=-3$,参考图 4-287 所示的步骤,适当修改径向偏移量,单击"应用"按钮预览调节到合适位置。

6. 颜色列表局部颜色的选择

Origin 软件的"颜色管理器"为我们选择和编辑颜色列表提供了便利。按图 4-302 所示的步骤,双击①处的外环,在"绘图细节 - 绘图属性"对话框中,分别选择②处的外环、内环项目,单击③处的"图案"选项卡,单击④处的"颜色"下拉框,单击⑤处的"颜色列表"下拉框,选择一个配色。如果我们想利用颜色列表中⑥处框中的 4 个配色,可以单击⑦处的"铅笔"按钮进行修改。

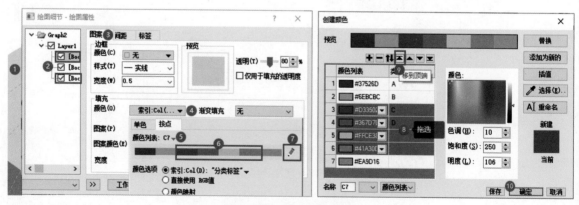

图 4-302　局部颜色的选择

在弹出的"创建颜色"对话框中,拖选⑧处的 4 个颜色,单击⑨处的"移到顶端"按钮,单击⑩处的"确定"按钮(注意不要单击"保存"按钮,否则会破坏系统的颜色列表)。单击"应用"按钮,按相同的方法设置内环的颜色。最终得到如图 4-303 所示的效果。

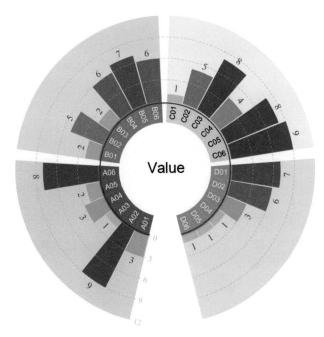

图 4-303　分组扇形柱状图

4.7.7 风向玫瑰图

例 45：通过风向测试实验获得风向数据，如图 4-304（a）所示，绘制出带有无风中心圆的风向玫瑰图，如图 4-304（b）所示。

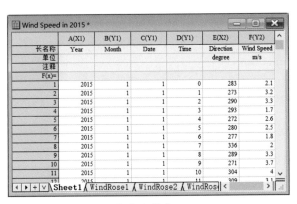

（a）工作表

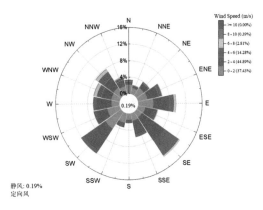

（b）目标图

图 4-304　风向玫瑰图的工作表及目标图

1. 绘制风向玫瑰图

设置 E 列"Direction"为 X 列，该列为方位角（单位"°"），F 列为风速（m/s）。选择 E 列和 F 列数据，单击菜单"绘图"→"专业图"→"风向玫瑰图 - 原始数据"工具，打开"对话框主题"窗口，选择窗口下方的"自动预览"复选框。按图 4-305 所示的步骤，选择①处的增量"自动"复选框，输入"2"，选择"显示中心圆（无风概率）"复选框，修改②处的"计算的量"为"频率百分比"，选择③处的"每一个速度间隔的总数小计"复选框。单击"确定"按钮。

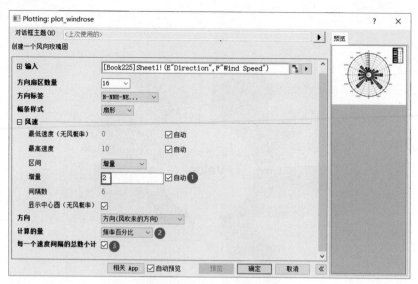

图 4-305　风向玫瑰图的设置

2. 修改径向轴刻度

按图 4-306 所示的步骤，双击①处的轴线，在"径向 坐标轴 - 图层 1"对话框中，单击②处修改主刻度"类型"为"按增量"，设置增量"值"为 4（依据整除原则），单击"应用"按钮。

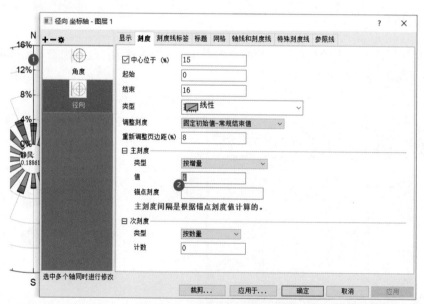

图 4-306　径向轴刻度的修改

3. 修改条形边框及间距

双击条形，在"绘图细节 - 绘图属性"对话框中，单击"图案"选项卡，修改边框"颜色"为"无"，单击"间距"选项卡，修改"柱状 / 条形间距"为 5。

删除中心的"静风：……"，右击，选择"添加文本"，输入"静风：0.19%"。修改左下方的"静风：0.18861"为"静风：0.19%"。

4. 添加颜色标尺

在添加颜色标尺之前，需要将两列数据进行字符串拼接。按图 4-307 所示的步骤，单击工作簿窗口①处的"WindRose1"选项卡，在 K 列的 F(x) 单元格输入②处的公式，将 H 列和 I 列的数据连接起来。

构造的 K 列文本，将作为颜色标尺的数据集。

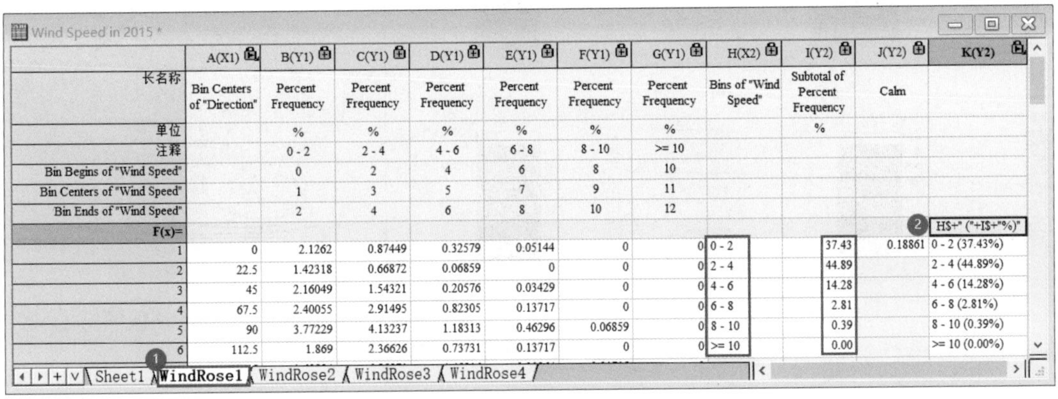

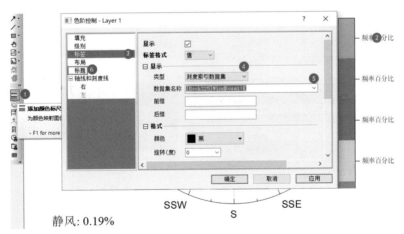

图 4-307　数据的字符串拼接

单击图例，按"Delete"键删除。按图 4-308 所示的步骤，单击左边下方工具栏①处的"添加颜色标尺"工具，可生成②处所示的颜色标尺，双击颜色标尺，在"色阶控制 -Layer 1"对话框中，选择③处的"标签"，修改④处的显示"类型"为"刻度索引数据集"，单击⑤处下拉框，选择"[Book225]WindRose1!K"（前面拼接字符串的 K 列），单击"应用"按钮。单击⑥处的"标题"，选择"显示"复选框，修改"标题"为"Wind Speed (m/s)"，单击"确定"按钮。

图 4-308　添加颜色标尺

缩小颜色标尺，调整颜色标尺宽度，修改字体大小等步骤从略。单击图例，利用浮动工具栏的"倒序"工具将颜色标尺刻度反序。经过其他细节修改，最终得到目标图的效果，如图 4-304（b）所示。

4.7.8　三元相图折线图

例 46：构造 4 张不同条件下的三元相图 XYZ 型工作表，如图 4-309（a）所示，绘制三元相图折线图，如图 4-309（b）所示。

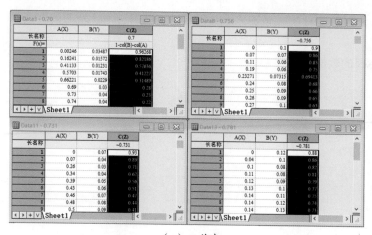
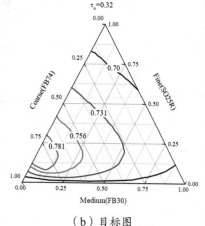

（a）工作表　　　　　　　　　　　　　　　　（b）目标图

图 4-309　三元相图折线图工作表及目标图

1. 绘制三元相图

选择第一张工作表中的 C 列数据，单击菜单"绘图"→"专业图"→三角形的"折线图"，即可绘制出一张三元相图。

按图 4-310 所示的步骤，双击绘图左上角①处的图层序号，在"图层内容：绘图的添加、删除、成组、排序 -Layer 1"对话框中，在②处按下"Ctrl"键，单击所有 Z 列数据，单击③处的"→"按钮，将其他表格的数据导入当前绘图，单击"确定"按钮。

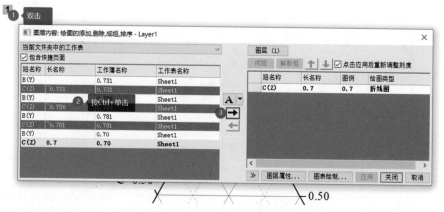

图 4-310　添加其他表格数据

2. 绘图细节的设置

按图 4-311（a）所示的步骤，单击①处的曲线，在上方工具栏②处修改颜色、③处修改粗细。单击图例，按"Delete"键删除。

可以在每条曲线附近直接添加文本标签，也可以采用特殊点标记法启用标签。按图 4-311（b）所示的步骤，在曲线上①处多次单击直到出现圆形散点，双击该散点，在"绘图细节 - 绘图属性"对话框中，单击②处的"标签"选项卡，选择③处的"启用"复选框，单击④处的"字体"下拉框，选择"白底"复选框，单击⑤处的"标签形式"下拉框，在"自定义"处选择⑥处的"%（?,@LL）"（LL 表示长名称标签），单击"确定"按钮，拖动标签盖住特殊散点。

依次双击三元图中的轴标题，修改为对应的标题文本，添加其他需要标注的文本标签。经过其他细节调整后，最终得到目标图。

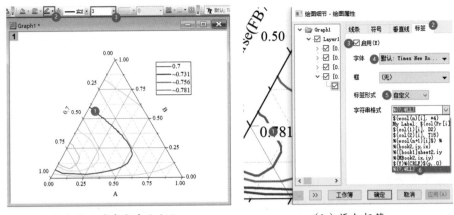

（a）修改线条颜色和粗细 　　　　　　　（b）添加标签

图 4-311　曲线颜色和粗细的设置

4.7.9　风险仪表图

风险值一般可以用柱状图表达，但是难以形象地表达其"风险"程度，如果绘制出一张"仪表图"，则可以更加直观地描述结果。

例 47：构造一张工作表，如图 4-312（a）所示，第一列是可以修改的数据点，后续各列是仪表表盘的相关数据（请勿修改），绘制出风险仪表图，如图 4-312（b）所示。

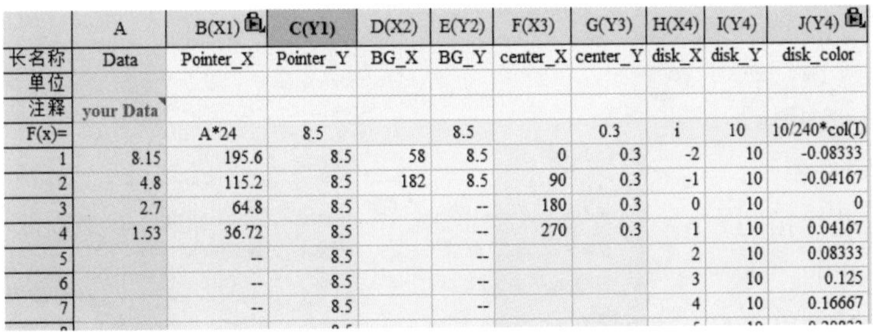

长名称	A	B(X1)	C(Y1)	D(X2)	E(Y2)	F(X3)	G(Y3)	H(X4)	I(Y4)	J(Y4)
	Data	Pointer_X	Pointer_Y	BG_X	BG_Y	center_X	center_Y	disk_X	disk_Y	disk_color
单位										
注释	your Data									
F(x)=		A*24	8.5		8.5		0.3	i	10	10/240*col(I)
1	8.15	195.6	8.5	58	8.5	0	0.3	-2	10	-0.08333
2	4.8	115.2	8.5	182	8.5	90	0.3	-1	10	-0.04167
3	2.7	64.8	8.5	--		180	0.3	0	10	0
4	1.53	36.72	8.5	--		270	0.3	1	10	0.04167
5	--		8.5	--				2	10	0.08333
6	--		8.5					3	10	0.125
7	--		8.5					4	10	0.16667

（a）工作表 　　　　　　　　　　　（b）目标图

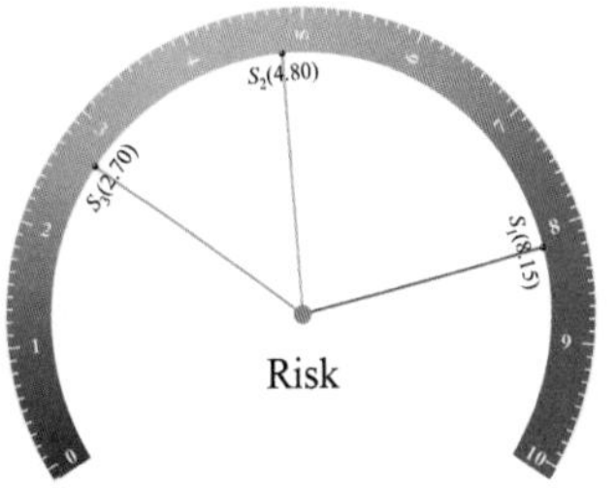

图 4-312　仪表图工作表及目标图

笔者首创设计了一系列新颖的绘图模板，包括电池创意柱状图、弧形柱状图、仪表图、井穴板热图等，这些创意绘图将在本书中介绍。本书附件中均提供这些创意绘图的 Origin 文件，修改其中的数据和颜色，即可用于科技论文中。

1. 渐变表盘的绘制

（1）表盘数据公式

利用工作表中 H、I、J 三列数据绘制渐变表盘。H 列为 X 属性，构造 0°~240° 的角度变化，为了使表盘填充色平滑渐变，以 1° 为增量（即 240 行）；I 列为 Y 属性，构造径向条形图中条形的长度（等长，设为 10）；J 列为 Y 属性，构造条形的颜色映射填充。

J 列的设置公式：

$$Col(J)=\Delta x/240 \times Col(I)$$

其中 Δx 为数据的刻度范围，$\Delta x=10$。在 J 列的 $F(x)$ 单元格中输入文本公式：

$$10/240*Col(I)$$

> **注意** ⚠ 在构造表盘时发现，设置 0°～240° 的范围，导致首尾的刻度标签（"0"和"10"）将显示不全，因此需要扩展这个范围。如图 4-312（a）表格中 H 列所示，设置 H 列从 −2 到 242 的变化，使首尾表盘向外延伸 1 个次刻度的范围，则可以完整地显示首尾刻度标签。

（2）绘制径向条形图

选择 H 和 I 两列数据，单击菜单"绘图"→"专业图"→"径向条形图"。

按图 4-313 所示的步骤，双击①处的径向刻度线，单击②处的"径向"，设置"中心位于"为 0，"起始"和"结束"分别为 0 和 10。单击③处的"角度"，修改④处的"单位"为"角度"，设置⑤处的"起始"和"结束"分别为 −2 和 242，设置⑥处的主刻度增量"值"为 24（构造 10 个刻度）。单击"应用"按钮，可得⑦处所示的效果。

图 4-313 径向条形图的绘制

（3）颜色映射的设置

按图 4-314 所示的步骤，双击①处的条形，在"绘图细节-绘图属性"对话框中，单击"图案"选项卡，单击②处的边框"颜色"下拉框，选择③处的"按点"，单击④处的颜色选项"映射"下拉框，选择数据来源于 J 列的"disk_color"，这里设置条形的边框颜色按映射数据渐变（否则，表盘有密集的框线）。单击⑤处，进行相同步骤（③～④）的设置。单击⑥处的"标签"选项卡，取消"启用"复选框，单击"应用"按钮，可得⑦处所示的效果。

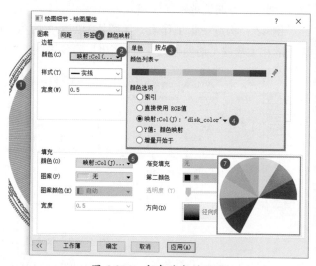

图 4-314 颜色映射的设置

图中的映射颜色并非平滑过渡，其实是映射的级数太少，修改"颜色映射"的级数即可解决。按图 4-315 所示的步骤，单击①处的"颜色映射"选项卡，单击②处的"级别"，在"设置级别"对话框中，将③处的"主、次级别数"均设置为 10。单击④处的"确定"按钮，单击"应用"按钮。填充后条形之间有间隙，单击⑤处的"间距"选项卡，设置"柱状/条形间距"为 0。单击"应用"按钮，可得⑥处所示的效果。

得到的颜色从蓝色到红色渐变，似乎不好看，在"颜色映射"中更换一个调色

图 4-315 映射级别的设置

板。按图 4-316 所示的步骤，单击①处的"颜色映射"选项卡，单击②处的"填充"标签，在"填充"对话框中，选择③处的"加载调色板"，单击④处的"选择调色板"，选择⑤处的"Maple"，单击⑥处的"确定"按钮，返回"绘图细节 - 绘图属性"对话框。单击"确定"按钮，可得⑦处所示的效果。

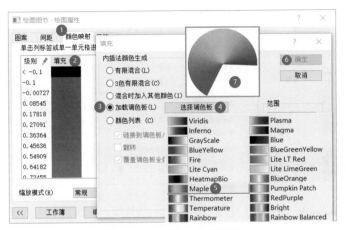

图 4-316　颜色映射的设置

（4）角度的旋转

仪表表盘是一段左右对称的圆弧，需要将扇形旋转到合适角度。按图 4-317 所示的步骤，双击①处的径向刻度线，单击②处的"显示"选项卡，单击③处的"角度 – 外"，修改④处的"方向"为"顺时针"，设置"轴的起始角度（度）"为 –150，单击"应用"按钮，可得⑤处所示的效果。

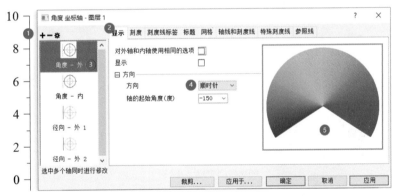

图 4-317　角度的旋转

（5）刻度线的设置

按图 4-318 所示的步骤，双击①处的径向刻度线，单击②处的"刻度线标签"，单击③处的"角度 – 外"，选择④处的"显示"复选框，修改⑤处的"除以因子"为 24。单击⑥处的"轴线和刻度线"，选择"显示轴线和刻度线"复选框。单击"确定"按钮关闭对话框后，外圈的刻度线并没有显示，是因为数据（填充色）覆盖了刻度线，右击⑦处的轴线，取消⑧处的"数据点覆盖坐标轴"，可得⑨处所示的效果。

这里只显示了主刻度线，需要显示次刻度线，同时需要将外圈刻度标签移动到刻度线下方。按图 4-319 所示的步骤，双击①处的刻度线，单击②处的"刻度"选项卡，修改次刻度"计数"为 9。单击③处的"刻度线标签"，单击"格式"选项卡，修改④处的"大小"为 16，修改⑤处的"旋转

（度）"为"垂直"，修改⑥处的"方向"为"水平"，单击⑦处"偏移（点大小的%）"前的田按钮，修改⑧处的"垂直"为 –200（单击"应用"按钮预览并调节到合适位置）。单击⑨处的"轴线和刻度线"，修改线条"颜色"为白色。单击"确定"按钮，可得⑩处所示的效果。

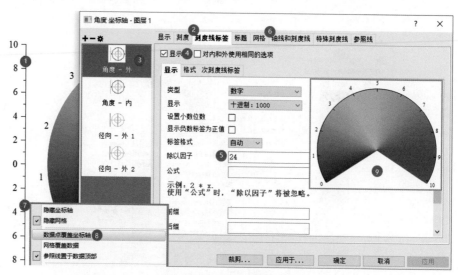

图 4-318　刻度线的显示

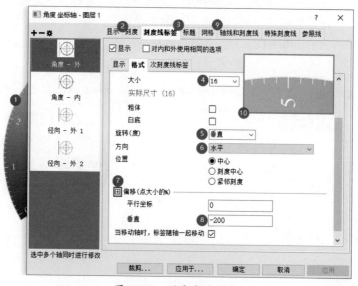

图 4-319　刻度线的设置

2. 添加其他数据

前面已绘制好扇形表盘，将其安排在最底层，如果在其上方依次叠放白色圆面（半径小于表盘半径）、指针数据、圆心，就可以像安装钟表一样构造出一个仪表图。按图 4-320 所示的步骤，双击绘图左上角①处的图层序号，在"图层内容：绘图的添加、删除、成组、排序 -Layer1"对话框中，首先取消②处的"点击应用后重新调整刻度"复选框（这一点非常重要，否则会破坏前面设置好的表刻度），然后在③处按照方框中数字所表示的先后顺序，依次单击选择相应数据，单击④处的"→"按钮，导入右边的列表中。分别单击新加入数据右方⑤处的下拉框，按框线中所示的类型，分别调整"绘图类型"，单击⑥处的"应用"按钮，可得⑦处所示的效果，单击"关闭"按钮。

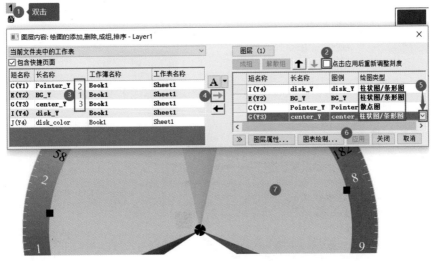

图 4-320　添加其他数据到绘图中

（1）白色档盘的设置

按图 4-321 所示的步骤，双击①处的扇形，在"绘图细节 - 绘图属性"对话框中，单击②处的"图案"选项卡，修改③处的边框"颜色"为白色，修改④处的填充"颜色"为白色，注意⑤处的"透明"度为 0，单击⑥处的"间距"选项卡，修改"柱状 / 条形间距（%）"为 0。单击"应用"按钮，可得⑦处所示的效果。

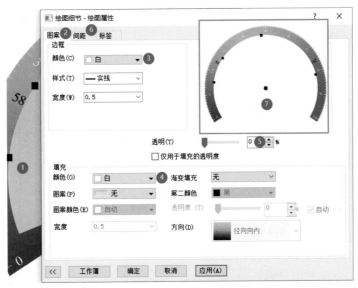

图 4-321　白色档盘的设置

（2）圆心的设置

圆心是由 4 行数据构造的 4 根径向条形（扇形）图，修改条形间距为 0 时，可以让 4 个扇形连成圆面。按图 4-322 所示的步骤，双击①处的圆心扇形，单击②处的"间距"选项卡，修改"柱状 / 条形间距（%）"为 0。单击③处的"图案"选项卡，修改④处的边框"颜色"和⑤处的填充"颜色"均为橙色。单击"确定"按钮。

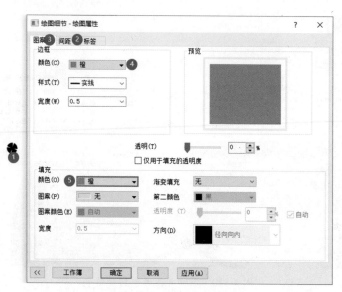

图 4-322　圆心的设置

（3）数据指针的设置

按图 4-323 所示的步骤，双击①处的散点，在"绘图细节 - 绘图属性"对话框中，单击②处的"符号"选项卡，单击"▼"按钮，选择球形符号。单击③处的"垂直线"选项卡，选择④处的"垂直"复选框，单击⑤处的"映射"下拉框，选择⑥处的"按点"，单击⑦处的颜色"映射"下拉框，选择来源于 A 列的"Data"。单击"应用"按钮。

图 4-323　散点符号与垂直线的设置

为了使不同的数据指针颜色与表盘相应位置的颜色一致，对垂直线的颜色也设置与之相同的"颜色映射"。按图 4-324 所示的步骤，单击①处的"颜色映射"选项卡，单击②处的"级别"进入"设置级别"对话框，检查映射范围是否跟前面表盘映射范围一致，修改③处的"主、次级别数"均为 10，单击④处的"确定"按钮。单击⑤处的"填充"，进入"填充"对话框，选择⑥处的"加载调色板"，单击⑦处选择"Maple"颜色列表，单击⑧处的"确定"按钮。单击"应用"按钮，可得⑨处所示的效果。

每条指针代表一个数据点，我们希望在指针末端添加"样品名（数据）"样式的标签。按图 4-325 所示的步骤，双击①处的散点，打开"绘图细节 - 绘图属性"对话框，单击②处的"标签"选项卡，选择③处的"启用"复选框，单击④处的"字体"下拉框，修改⑤处的字体大小为 12（或其他合适的值），修改⑥处的"旋转（度）"为"径向"，单击⑦处的"标签形式"下拉框，选择"自定义"，单击⑧处的"字符串格式"下拉框，选择第一条代码"$(wcol(n)[i],*4)"（表示显示 4 位有效数字），或者直接修改为以下代码。

$$\backslash i(S)\backslash-(i)\ (\$(wcol(n)[i],\ .2))$$

其中，"\i(S)"表示输出一个斜体 S，"\-(i)"表示输出一个下标数字 i，"$(wcol(n)[i], .2)$"表示从当前工作表第 n 列第 i 行取值，并且保留"."后 2 位小数。单击"确定"按钮，可得⑨处所示的效果。

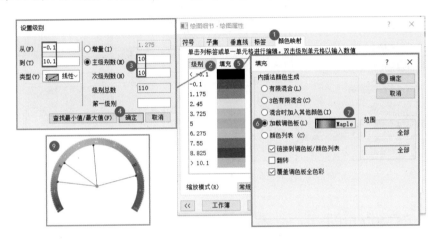

图 4-324　指针颜色映射

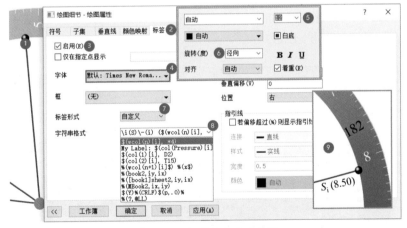

图 4-325　标签的自定义设置

我们注意到，图中还有些额外的标签（如图 4-325 中⑨处所示的"182"），这是白色档盘的标签，双击"182"标签打开"绘图细节 - 绘图属性"对话框，取消"启用"复选框，即可隐藏。如果指针附近的标签位置不合适，多次单击直到单独选中该标签，然后拖动到合适位置，单击其他标签可实现拖动操作。图例和径向刻度线已不再需要，单击这些对象，按"Delete"键删除。在仪表下方右击，选中"添加文本"，输入标题"Risk"。右击图层外灰色区域，选中"调整页面至图层大小"，最后得到目标图。

4.8 等高线（Contour）图

等高线，顾名思义，就是将各类数值相等的点连接成线，通常被用于绘制高程、温度、降雨量、污染程度、大气压强等数据绘图。等高线将离散的数据点通过拟合计算绘制出等高线曲线，与其说等高线是一种绘图功能，倒不如说是一种数据分析工具。按色彩分类，等高线图包括黑白等高线、彩色等高线、灰度等高线、剖面等高线。按绘图类型分类，等高线图包括直角坐标系、极坐标系、三角相图等。等高线图可采用的工作表结构主要有 XYYY 型工作表、XYZ 型工作表、矩阵。

等高线（Contour）图主要分为 8 类（见图 4-326），本节主要列举典型的绘图案例。

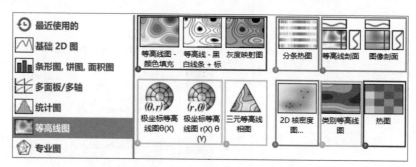

图 4-326　等高线图的绘图模板

4.8.1 三维荧光Contour图

三维荧光光谱是在不同波长的光源激发下，测试荧光物质的荧光发射光谱强度，通常采用彩色填充的等值线图表征物质的三维荧光特征。

例 48：构造 XYYY 型工作表，如图 4-327（a）所示，第一列为发射波长，第一行为激发波长，绘制 Contour 图，如图 4-327（b）所示。

	A(X)	B(Y)	C(Y)	D(Y)	E(Y)	F(Y)	G(Y)
长名称	λ_{em}	λ_{ex}					
单位	nm	nm					
注释							
F(x)=							
1		200	205	210	215	220	225
2	300	6.686	1.296	8.791	4.933	2.237	4.657
3	302	11.423	4.656	2.443	8.797	4.947	3.625
4	304	3.035	5.033	4.129	4.209	3.079	4.144
5	306	5.737	7.674	3.181	5.039	5.963	7.944
6	308	6.678	6.962	5.625	9.411	6.439	9.205
7	310	11.754	9.459	13.293	8.238	9.493	13.648
8	312	5.581	-0.203	18.568	15.64	6.3	13.945
9	314	7.2	10.46	13.337	13.33	11.031	15.334
10	316	15.843	17.44	19.014	9.299	18.199	19.813
11	318	15.11	12.62	7.973	13.886	14.678	14.448

（a）工作表

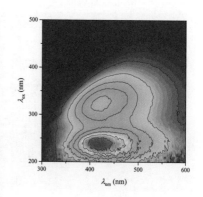

（b）目标图

图 4-327　三维荧光工作表及目标图

解析：第一行数据将作为 Contour 图的 Y 轴刻度标签，第一列数据将作为 X 轴刻度标签。第一行与第一列围成的数据为荧光强度，如图 4-327（a）中的绿色区域这种荧光强度为 Z 值，属于行列式二维数组。Contour 图可以用颜色映射描述强度的变化。另外，三维荧光光谱中常伴有仪器光源的瑞利散射，本例的三维荧光数据采用笔者开发的瑞利散射消除工具进行完美消除。

1. Contour图的绘制

按图 4-328 所示的步骤，单击①处全选数据，单击下方工具栏②处的弹出菜单，选择③处的"等高线图 - 颜色填充"，在弹出的对话框中，检查"Y值在"（或"X值在"）是否在"选中区域的第一行"（或"选中区域的第一列"），设置"X 标题""Y 标题"和"Z 标题"，单击④处的"确定"按钮，可得⑤处所示的效果。

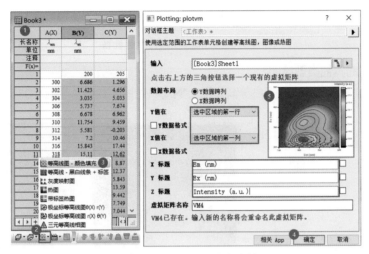

图 4-328　Contour 图的绘制

一般情况下，不考察荧光强度时，可以删除色阶图例。单击图例，按"Delete"键删除。右击图层外灰色区域，选择"调整页面至图层大小"，可得目标图。

2. 等高线数据的提取

在多数情况下，需要提取设定值的等高线数据，并求等高线围成区域的面积。

（1）提取某条等高线的数据

按图 4-329 所示的步骤，在需要提取数据的某一条等高线上①处多次单击，直到该等高线被单独选中为止，在选中的等高线上②处右击，选择③处的"提取等高线"，即可得到④处所示的工作表，表中⑤处的"Z-Level"为等高线的"高程"（这里是荧光强度），⑥处的"Area"为积分面积。

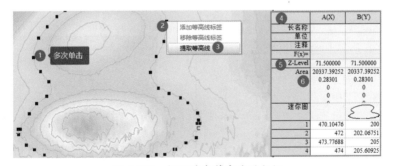

图 4-329　提取某条等高线的数据

（2）提取所有等高线的数据

按图 4-330 所示的步骤，右击①处的 Contour 图，选择②处的"提取等高线"，即可得到③处所示的等高线工作表。

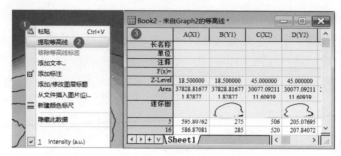

图 4-330　提取所有等高线的数据

3. XYYY型数据的其他类型绘图

采用相同的工作表，可以绘制黑白等高线图、灰度映射图、热图（见图 4-331）。

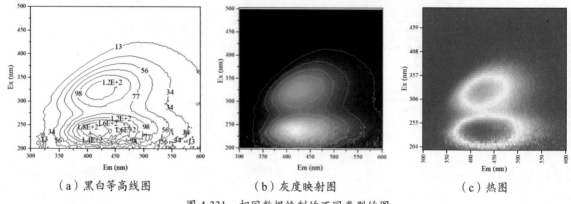

（a）黑白等高线图　　　　　（b）灰度映射图　　　　　（c）热图

图 4-331　相同数据绘制的不同类型的图

4.8.2　余晖Contour图

余晖 Contour 图是描述不同时间荧光光谱强度的衰减情况，揭示发光材料的余晖衰减寿命特性。

例 49：构造 XYYY 型工作表，如图 4-332（a）所示，第一列为波长，第二列及其右方各列为不同时间的荧光强度。绘制一组上下拼接的 Contour 剖面曲线组合图，如图 4-332（b）所示。

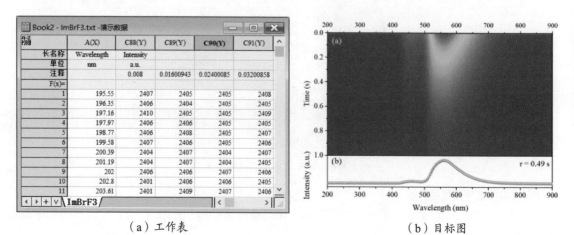

（a）工作表　　　　　　　　　（b）目标图

图 4-332　Contour 图的工作表及目标图

1. Contour图的绘制

（1）绘制草图

全选数据，单击下方工具栏的"等高线图 - 颜色填充"工具，注意修改"对话框主题"对话框中的"Y 值在"为"列标签"，修改"列标签"为"注释"，单击"确定"按钮绘制出 Contour 图。翻转坐标轴，双击 Y 轴，在弹出的对话框中，选择"翻转"复选框，单击"应用"按钮。单击图例，按"Delete"键删除。右击图层外灰色区域，选择"调整页面至图层大小"。

（2）修改颜色映射

按图 4-333 所示的步骤，双击①处的 Contour 图进入"绘图细节 - 绘图属性"对话框，单击②处的"级别"，将主级别数和次级别数均设置为 10，单击"确定"按钮。

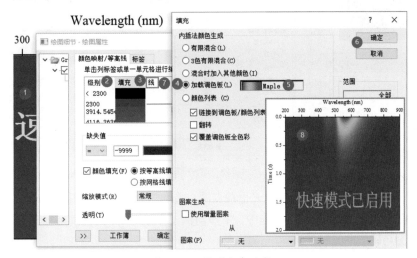

图 4-333 修改颜色映射

单击③处打开"填充"对话框，选择④处的"加载调色板"，单击⑤处选择"Maple"颜色列表，单击⑥处的"确定"按钮回到"绘图细节 - 绘图属性"对话框，单击⑦处的"线"，取消"只显示主要级别"复选框，选择"隐藏所有"。单击"确定"按钮，可得⑧处所示的效果。

2. 绘制某时刻的荧光光谱

在余晖 Contour 图下方需要绘制一条 $\tau=0.49$ s 的荧光曲线，从工作表注释行中找到 0.49 s 左右的数据列，按图 4-334 所示的步骤，单击①处的表列，单击下方工具栏②处的散点图，即可得到③处所示的荧光曲线。

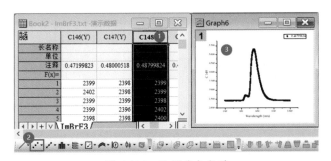

图 4-334 绘制荧光光谱

在这里，荧光强度不是我们感兴趣的研究指标，通常可以将 Y 轴（荧光强度）刻度线和刻度值删除，分别单击这些对象，按"Delete"键删除。单击绘图，利用浮动工具栏显示图层框架。双击散点，修改符号为球形，修改颜色为橙色。双击修改 X 轴的刻度范围、刻度增量与前面绘制的 Contour 图一致。右击绘图，选择"调整页面至图层大小"。

3. 合并组图

按图 4-335 所示的步骤，单击右边工具栏①处的"合并"工具，打开"合并图表：merge_graph"对话框，检查②处绘图的上下顺序，检查③处的"行数、列数"，修改④处的"垂直间距"为 0。单击"确定"按钮。

图 4-335　合并组图

拖动调节上下两图的宽度。单击荧光光谱散点图，拖动句柄压缩散点图。Contour 图不容易选择，可以按"Ctrl"键，单击 Contour 图将其选中，下拉句柄，将 Contour 图高度增加到合适大小。

4. Contour图与轮廓曲线的关系

为了理解余晖 Contour 图与荧光光谱曲线的关系，在 Contour 图中添加一条 τ=0.49 s 时的参照线，指出荧光光谱曲线所在的位置。按图 4-336 所示的步骤，双击①处的 Y 轴，在弹出的对话框中，单击②处的"参照线"，双击③处输入"0.49"，单击④处的"细节"按钮修改参照线的样式（粗细为 1.5，线型为划线，颜色与光谱曲线颜色一致）。在虚线参照线右端附近添加文本" τ=0.49 s"，修改文本颜色为与光谱曲线一致的颜色。

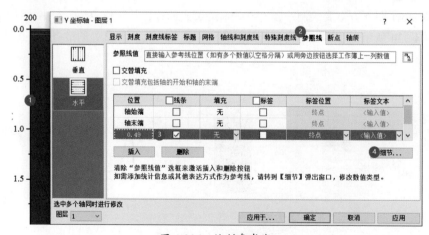

图 4-336　绘制参考线

在以散点形式绘制曲线图时，散点往往因为曲线数据点太密而堆叠在一起，可以通过设置 Skip 值间隔开。按图 4-337（a）所示的步骤，双击①处的散点，打开"绘图细节 - 绘图属性"对话框，单击②处的"垂直线"选项卡,修改③处的下拉框为"Skip Points by Increment",设置跳过数为 5 (单击"应用"按钮预览调节),单击"确定"按钮,可得如图 4-337(b)所示的效果。

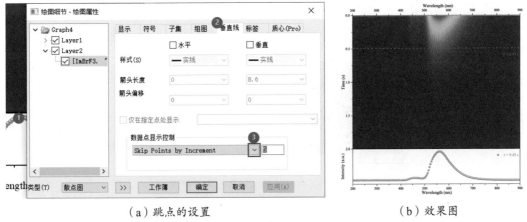

（a）跳点的设置　　　　　　　　　　　（b）效果图

图 4-337　跳点的设置及效果图

由图 4-337(b)可知,Contour 图由多条曲线的强度数据组成。在 Y 轴上绘制的参照线可以与其下方的光谱曲线"呼应"起来,光谱曲线正是 Contour 图中该参照线对应的"剖面线",描述了 Contour 图中颜色强弱变化对应的光谱强度变化。而 Contour 图正是将多条光谱曲线沿 Y 轴排列后,根据光谱强弱数据"扁平化"为颜色映射的等高图。

4.8.3　原位XRD充放电Contour图

在电池充放电测试的同时,原位扫描某时刻材料 XRD 物相的衍射峰位置(2θ)的变化,根据周期性和衍射峰强弱的变化规律,研究材料中可逆或不可逆的反应过程。

例 50:构造一个工作簿,如图 4-338(a)所示,包含充放电工作表(GCD)、原位 XRD 工作表及一系列局部角度范围的 XRD 工作表。绘制出原位 XRD 充放电 Contour 图,如图 4-338(b)所示。

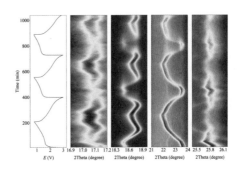

（a）工作簿　　　　　　　　　　　（b）目标图

图 4-338　原位 XRD 充放电 Contour 图

1. 交换XY的充放电曲线

在目标图中,充放电 GCD 曲线与普通的充放电曲线不一样,是交换 XY 后的转置图,目的是辅助说明右边一系列原位 XRD 的 Contour 图。在 Contour 图中,横轴是 XRD 的衍射角(2θ),而纵轴则是测试进程(与充放电进程一致),因此转置的 GCD 曲线纵轴(Time)用来描述其右方的 Contour 图,右方的 4 个 Contour 图纵轴均被删除,它们的 Y 轴及刻度线均由 GCD 曲线的 Y 轴描述。

（1）交换 XY

按图 4-339 所示的步骤，单击工作簿中①处的 "GCD" 表格标签，单击②处全选数据，单击下方工具栏③处的折线图工具绘制出④处所示的充放电曲线，单击右边工具栏⑤处的 "交换坐标轴" 工具，可得⑥处所示的转置图。

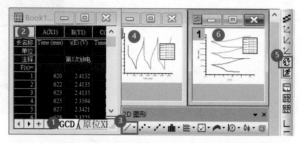

图 4-339 绘制交换 XY 的充放电曲线

（2）修改页面尺寸

GCD 曲线将要与 Contour 图并排放置，所以 GCD 曲线图需要设置为长条形。在图层外灰色区域双击，在 "打印 / 尺寸" 选项卡中取消 "保持纵横比" 复选框（见图 4-340），将 "宽度" 改为 "高度" 的一半左右，单击 "确定" 按钮。在图层外灰色区域右击，选择 "调整图层至页面大小"。单击绘图，在浮动工具栏中选择显示 "图层框架"。

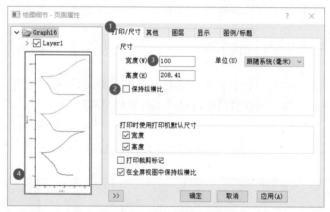

图 4-340 页面尺寸的设置

（3）调整刻度范围

GCD 工作表中第一列 Time 单位如果是 s 的话，需要换算为原位 XRD 工作表中注释行参数一致的单位（min）。原位 XRD 工作表的注释行数值从 10 min 增加到 1040 min，因此，GCD 曲线的 Y 轴刻度范围需要与其保持一致。双击 Y 轴，在弹出的对话框中，修改 "起始" 和 "结束" 分别为 10 和 1040。X 轴较窄，一般安排 3 个刻度值即可，单击 "水平" 轴，修改 "刻度" 选项卡中的主刻度增量为 1，单击 "确定" 按钮。利用上方工具栏的样式工具调整字体大小。右击图层，选择 "调整图层至页面大小"。

（4）修改颜色红蓝交替

这里绘制了 3 次循环的充放电曲线，通常需要将充电曲线设置为红色，将放电曲线设置为蓝色。按图 4-341 所示的步骤，双击①处的 GCD 曲线，打开 "绘图细节 - 绘图属性" 对话框，单击②处的 "组" 选项卡，单击③处的 "子组" 下拉框，选择④处的 "在子组内" 选项，单击⑤处的 "按大小"

单选框，修改⑥处的"子组大小"为 2。

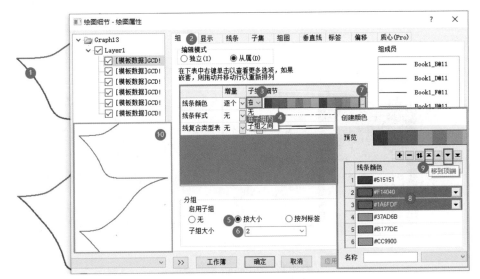

图 4-341　按子组分配颜色

子组配色的原理：6 条充放电曲线按照 2 分为 3 组。如果在③处定义颜色列表将"在子组内"分配颜色，则按"黑、红"交替配色；如果在③处定义"子组之间"，则按"黑黑、红红、蓝蓝"分配颜色。注意本例中充放电数据已被分割为单独 XY 列，如果充放电未分割而存放在 XY 两列数据中，则按子集配色将失效。

继续按图 4-341 所示的步骤操作，单击⑦处下拉框打开"创建颜色"对话框，选择⑧处的红色或蓝色，单击⑨处的置顶或调整顺序按钮，使第一色块为蓝色，第二色块为红色。如果第一条是充电曲线，则红蓝色块顺序刚好相反。调整好颜色列表后，单击"确定"按钮（注意不要单击"保存"按钮，否则会破坏系统配色顺序），可得⑩处所示的效果。

2. XRD局部角度范围的数据提取

材料物相在某衍射角附近具有特征衍射峰，研究电池活性材料中嵌入或脱出导致晶体结构的变化十分有意义。这些反应过程将引起新晶相的逐渐形成或消退，直接导致衍射角的偏移。因此，原位 XRD Contour 图通常描述某些局部衍射角度范围的"特写"，而非全部角度范围的"全谱"。

从原位 XRD 原始工作表中第一列，找到需要局部"特写"的衍射角范围对应的起始和结束行数，复制出来，在新建的表格中粘贴。在"原位 XRD"表格标签，找到 2θ 为 16.9° 的行，按下"Shift"键并保持，单击行标签，拖动滚动条或下方的调节按钮，找到 2θ 为 17.2° 的行，单击该行的行标签，松开"Shift"键即可选中 2θ=16.9°~17.2° 的数据行，按"Ctrl+C"组合键复制。在表格标签上右击"插入"表格，单击表格的第一单元格，按"Ctrl+V"组合键粘贴，双击新建的表格标签，将名称修改为"16.9-17.2"，该局部范围的 XRD 数据提取完成。按相同步骤提取其他范围的 XRD 数据。

3. XRD Contour图的绘制

绘制 Contour 图的数据一般是 XYYY 型数据或行列矩阵。因为测试条件相同（检测角度范围、扫描速率等），所以原位 XRD 的 X 列数据完全相同，可以构建共用 X 列的 XYYY 型数据。对于怎样从几十个甚至上百个原位 XRD 数据文件（包含 XY 两列）批量导入并且合并为 XYYY 型工作表，在第 3.4.4 节已有类似的介绍，可供参考。

（1）绘制 Contour 图

按图 4-342 所示的步骤，单击"16.9-17.2"工作表中①处全选数据，单击下方工具栏②处的"▼"按钮，选择③处的"等高线图 - 颜色填充"工具，在"对话框主题"对话框中，修改④处的"Y 值在"为"列标签"，修改"列标签"为"注释"。单击⑤处的"确定"按钮，可得⑥处所示的效果。

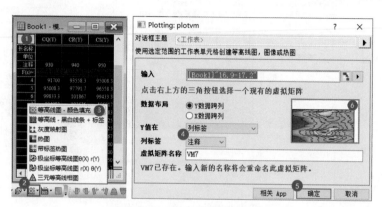

图 4-342 Contour 图的绘制

通过 XYYY 型数据绘制 Contour 图时，都会自动创建虚拟矩阵。这些虚拟矩阵与源工作表是链接的，我们只需要修改源工作表的数据，虚拟矩阵及其绘图都会自动更新。

（2）填充颜色、隐藏等高线

按图 4-343 所示的步骤，双击绘图①处打开"绘图细节 - 绘图属性"对话框，单击②处的"填充"标签打开"填充"对话框，选择③处的"加载调色板"，单击④处下拉框选择"Warming"配色，单击⑤处的"确定"按钮。单击⑥处的"线"标签打开"等高线"对话框，取消⑦处的"只显示主要级别"，选择⑧处的"隐藏所有"，单击⑨处的"确定"按钮，单击"绘图细节 - 绘图属性"对话框中的"确定"按钮，可得⑩处所示的效果。

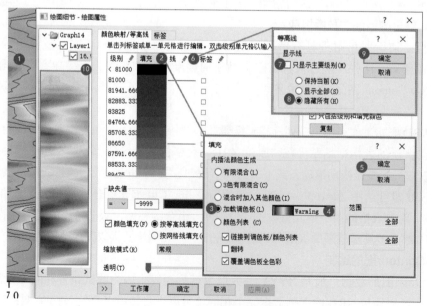

图 4-343 设置颜色映射 / 等高线

删除图例、Y 轴刻度及 Y 轴标题。双击图层外灰色区域，在"打印 / 尺寸"页面，取消"保持纵

"横比"复选框，修改宽度为高度的 50%，构造长条形页面，单击"确定"按钮。修改轴标题、刻度线标签文本的字体分别为 14 和 12。单击菜单"查看"→"显示"→"框架"。右击图层外灰色区域，选择"调整图层至页面大小"。

4. 创建绘图模板快速绘图

在后续步骤中，需要绘制格式、尺寸完全一致的多个 Contour 图，用于合并组图。如果采用前述步骤绘制，很难保证绘制出完全一致的图，关键是绘图效率非常低。这里，我们利用绘图模板，选择相同结构的工作表，调用模板即可几秒内绘制出完全一致的绘图，从而大幅提升绘图效率。

（1）创建绘图模板

按图 4-344 所示的步骤，在绘制好的绘图窗口标题栏①处右击，选择②处的"保存模板为"（注意不是"保存模板"，否则会覆盖系统模板，下一次绘制其他图时，会始终按这次保存的模板绘图），在弹出的对话框中，修改③处的模板名为"XRD-Contour"（或其他自定义名称）。

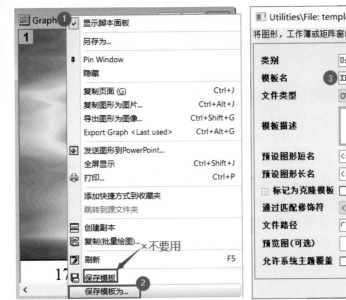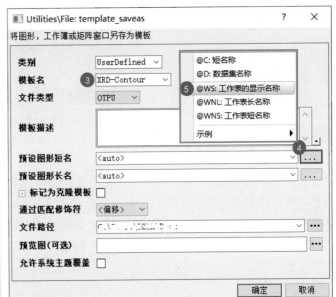

图 4-344　保存绘图模板

单击④处的"…"按钮，在弹出的菜单中选择⑤处的"@WS：工作表的显示名称"（或其他自定义名称），下次调用模板绘图时会自动修改绘图的短名称，取代默认"Graph1"递增序号的绘图名称，方便我们快速寻找绘图。单击"确定"按钮，绘图模板即可被保存。

（2）调用模板快速绘图

按图 4-345 所示的步骤，选择一个衍射范围的 XRD 工作表，单击①处全选数据，单击②处的菜单"绘图"和③处的"模板库"（或单击④处的"模板库"按钮），即可打开"模板库"对话框，选择⑤处的"XRD-Contour"模板，单击⑥处的"绘图"按钮，在弹出的对话框中检查数据来源信息，单击⑦处的"确定"按钮。

调用模板绘制出 4 个不同衍射角度范围的 Contour 图，检查调整 X 轴刻度数量（一般保留 3~4 个主刻度），避免拥挤。右击每张绘图的标题栏，选择"属性"，修改"短名称"分别为 GCD、XRD-17、XRD-18、XRD-22、XRD-25（或其他容易记住的名称，方便我们后续合并组图时调整顺序）。

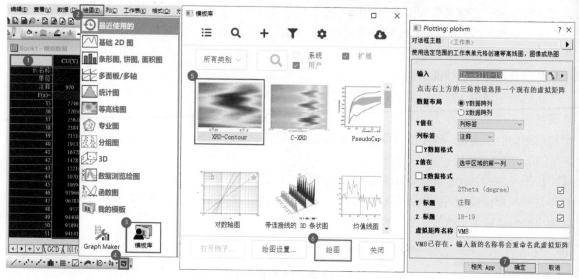

图 4-345　调用模板快速绘图

5. 合并组图

Origin 提供了非常强大的合并组图与排版功能，可以方便控制所有图中字体大小一致、图框大小一致、一键对齐和均匀分布，这是其他第三方软件在排版组图时无法做到的。Origin 软件中的排版组图方法有两种：（1）合并工具，可以合并单个图层的 2D 绘图；（2）Layout 布局工具，可以排版组合任意类型的绘图（3D 绘图、照片等）。这里采用第一种工具。

按图 4-346 所示的步骤，将不需要合并的绘图窗口最小化，只留下需要合并的绘图窗口。单击右边工具栏①处的"合并"工具，打开"合并图表：merge_graph"对话框，检查②处的绘图顺序，如果有顺序错误的，选择绘图名称后，单击③处的"上移"或"下移"按钮调整顺序，修改④处的"行数、列数"（1行5列），修改⑤处的"水平间距"为2，即可得到⑥处所示的预览效果。单击"确定"按钮。

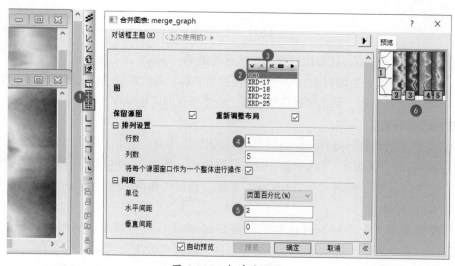

图 4-346　合并的设置

检查修改合并后绘图中的字体大小，调整页面至图层大小。最终得到如图 4-347 所示的效果。

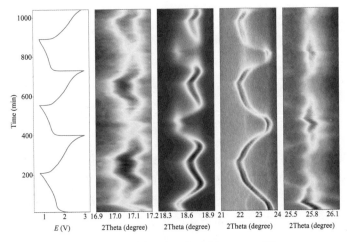

图 4-347　原位 XRD 充放电 Contour 图

4.8.4 电机效率边界MAP图

在研究电机发电效率与转速、扭矩之间的关系时，经常需要用 MAP 图来可视化描述。利用 Origin 软件可以自动提取边界数据，绘制一种有边界的电机效率边界 MAP 图。

例 51：创建一张 5 列的工作表，如图 4-348（a）所示，前三列分别为转速（rpm）、扭矩（N·m）、电机效率（%），后两列是边界 x、边界 y 数据。提取边界线，如图 4-348（b）所示，绘制电机效率 Contour 图，如图 4-348（c）所示。

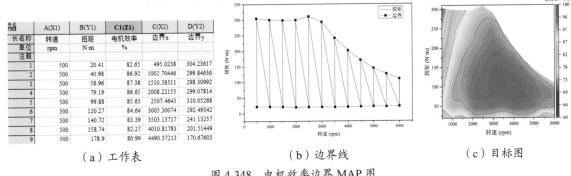

	A(X1)	B(Y1)	C1(Z1)	C(X2)	D(Y2)
长名称	转速	扭矩	电机效率	边界x	边界y
单位	rpm	N·m	%		
注释					
1	500	20.41	82.65	495.0238	304.23617
2	500	40.98	86.92	1002.70446	299.84636
3	500	58.96	87.38	1510.38511	298.30992
4	500	79.19	86.65	2008.22155	299.07814
5	500	99.88	85.63	2507.4643	310.05268
6	500	120.27	84.64	3005.30074	292.49342
7	500	140.72	83.39	3503.13717	241.13257
8	500	158.74	82.27	4010.81783	201.51449
9	500	178.9	80.99	4490.37213	170.67603

（a）工作表　　　　　　　　　　（b）边界线　　　　　　　　　　（c）目标图

图 4-348　电机效率边界 MAP 图

1. 边界线数据的提取

由图 4-348（b）可知，电机效率边界 MAP 图的边界为所有外围数据点的坐标，需要采用 Origin 的数据筛选器提取这些外围边界点的数据。

按图 4-349 所示的步骤，单击工作表①处的列标签选择 "B" 列数据，单击②处的菜单 "列"，单击③处的 "数据筛选器"，选择④处的 "添加或移除数据筛选器"，在弹出的对话框中修改⑤处的 "用来代表 Col（'扭矩'）的变量" 为 y，在⑥处可以选择程序代码，也可以直接在⑦处的 "条件" 文本框中输入以下代码。

```
y[i]<y[i-1] and y[i]<y[i+1]
```

单击⑧处的 "测试" 按钮预运行一下，如果不出错，则单击⑨处的 "确定" 按钮。

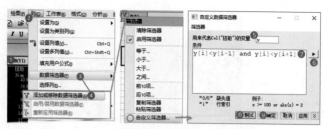

图 4-349　添加数据筛选器

解析：用 y 代表 Col（"扭矩"），即用 y 这个数组变量存储"扭矩"这一列的所有行数据，在程序中采用索引取值，例如，用"$y[1]$"取第一行数据，以此类推。这里根据数据特征，可以建立一个逻辑判断：比较第 i 个点 $y[i]$ 与其上一个点 $y[i-1]$、下一个点 $y[i+1]$ 的大小，如果 $y[i]$ 都比它前后的 y 值大，说明 $y[i]$ 处于峰值，采用这个逻辑判断，可以将满足该条件的点筛选出来，即提取出边界点的坐标。

通过前述步骤，工作表中数据量大幅减少，B 列"扭矩"数据的列标签左上角出现一个绿色的漏斗图标，表示该列进行了筛选。目前，A 和 B 两列数据是边界点的数据，选择 A、B 两列数据，按"Ctrl+C"组合键复制，在新建的两列中，按"Ctrl+V"组合键粘贴，设置新粘贴的第一列为 X，边界数据提取完成。单击 B 列左上角绿色漏斗图标，选择"清除筛选器"，工作表恢复正常，所有数据将被显示出来，用于后续的 Contour 绘图。

2. 从XYZ型数据绘制Contour图

前面介绍了用 XYYY 型工作表绘制 Contour 图，这里介绍用 XYZ 三列数据绘制 Contour 图。按图 4-350 所示的步骤，单击工作表①处全选数据（注意确保三列为 X、Y、Z 属性），单击下方工具栏②处的等高线图 - 颜色填充工具，即可得到③处所示的 Contour 图。

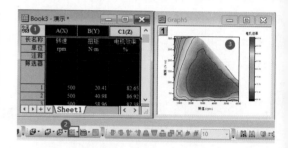

图 4-350　Contour 图的绘制

3. 定义Contour图的边界

按图 4-351 所示的步骤，双击①处绘图打开"绘图细节 - 绘图属性"对话框，单击②处的"等高线信息"选项卡，选择③处的"自定义边界"，单击④处的"X 边界数据"和"Y 边界数据"下拉框分别选择⑤处的 D 列和 E 列数据作为 X 和 Y 边界数据。单击"确定"按钮，即可得到⑥处所示的效果。

图中 Contour 边界线下方被"裁剪"，这是因为我们只提取了上边界（峰值），没有提取下边界（谷值）。按前述步骤添加数据过滤器，在图 4-349 中的"条件"文本框输入以下代码。

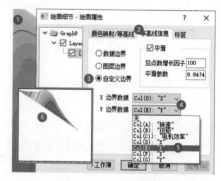

图 4-351　定义边界数据

```
y[i]<y[i-1] and y[i]<y[i+1]
```

将提取的下边界 X 和 Y 两列数据拷贝到新建的两列中，如图 4-352（a）所示。需要将下边界的数据拷贝到上边界数据末尾，这就出现一个问题：上、下边界数据均为递增顺序，直接拷贝到末尾，边界线的变化将出现"N"型回路，会导致 Contour 图被"Z"形裁剪。因此，需要对下边界数据进行"倒序"操作。

按图 4-352（b）所示的步骤，拖选①处的两列下边界数据，单击②处的菜单"列"，选择③处的"倒序"。按"Ctrl+C"组合键复制，在上边界数据的末尾，按"Ctrl+V"组合键粘贴，即可得到如图 4-353（c）所示的结果。

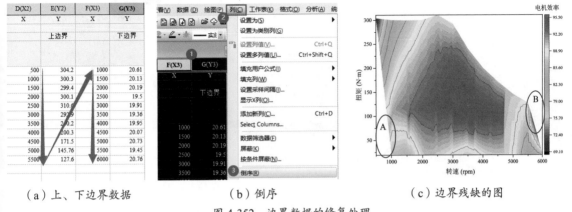

（a）上、下边界数据   （b）倒序   （c）边界残缺的图

图 4-352   边界数据的修复处理

4. 读取曲线上某点的数据

图 4-352（c）中有 A、B 两处残缺，是因为前面提及的"漏判"引起的。在提取边界线的过程中，会"漏判"数据。如图 4-353（a）所示，按前面两段代码的判断逻辑，A、B 两个点会被忽略，因此需要读取这两个点的数据，插入边界线工作表格中的相应位置，即可完美修复，如图 4-353（b）所示。

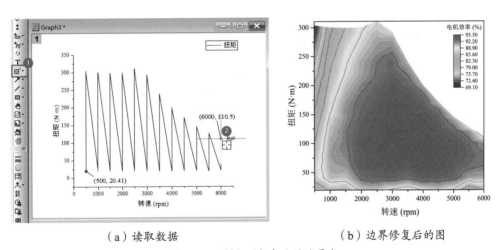

（a）读取数据   （b）边界修复后的图

图 4-353   判断逻辑忽略的边界点

4.8.5   地图边界Contour图

在前面介绍了利用边界线数据"裁剪"电机效率边界 MAP 图，理解了 Contour 图边界的概念。边界 Contour 图在地理科学可视化绘图中极为常见。例如，在地图上绘制各类污染程度的分布，再如在江河流域上描述水污染程度等。

例 52：准备一张近 30 年来美国一月份的平均气温工作表，如图 4-354（a）所示，第一列为标签型（用于备注城市名称），第二、三、四列为 XYZ 型（分别为经度、维度、一月的平均气温），第

五、六列为 XY 型（边界线）。绘制出地图边界 Contour 图，如图 4-354（b）所示。

长名称	A	B(X1)	C(Y1)	D(Z1)	E(X2)	F(Y2)
单位	City	Longitude	Latitude	January	Boundary X	Boundary Y
注释						
迷你图						
1	EUREKA, CA.	-124.1	40.8	47.9	-122.76383	48.99991
2	ASTORIA, OR	-123.8	46.2	42.4	-95.15752	49
3	EUGENE, OR	-123.1	44.1	39.8	-95.15163	49.37173
4	SALEM, OR	-123	44.9	40.3	-94.83181	49.33081
5	OLYMPIA, WA	-122.9	47	38.1	-94.68104	48.87718
6	MEDFORD, OR	-122.9	42.3	39.1	-93.84373	48.62478
7	PORTLAND, O	-122.7	45.5	39.9	-93.81252	48.52546
8	REDDING, CA	-122.4	40.6	45.5	-93.51398	48.53433
9	SAN FRANCISC	-122.4	37.8	49.4	-93.30409	48.63723
10	SEATTLE C.O.,	-122.3	47.6	41.5	-92.69867	48.49482
11	MOUNT SHAST	-122.3	41.4	35.3	-92.36996	48.22087
12	SACRAMENTO	121.5	38.6	46.3	92.30013	48.29841

（a）工作表

30-Year Mean Temperature for the Month of January

（b）目标图

图 4-354　地图边界 Contour 图

1. 从XYZ型数据绘制Contour图

由于前面对 Contour 图的绘制步骤进行了较为详细的介绍，本例简要演示。

选择 B、C、D 三列数据，单击下方工具栏的"等高线图 - 颜色填充"工具。按图 4-355（a）中的序号先后步骤设置边界线。调整图层至页面大小，得到如图 4-355（b）所示的效果图。

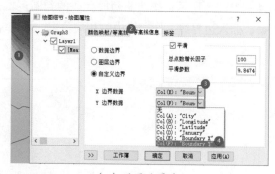

（a）设置边界线

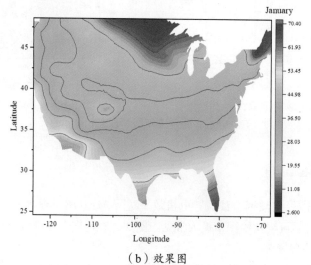

（b）效果图

图 4-355　设置边界线及效果图

2. 填充颜色和级别的设置

按图 4-356 所示的步骤设置填充色为 Rainbow。

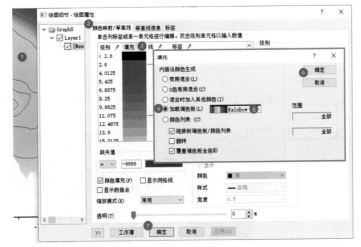

图 4-356　填充颜色的设置

按图 4-357 所示的步骤，设置填充主级别数为 15。

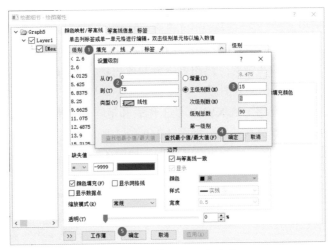

图 4-357　填充级别的设置

3. 颜色标尺的设置

双击颜色标尺，按图 4-358 所示的步骤设置为水平分块的颜色标尺，单击①处的"布局"，选择②处的"水平"，修改③处的"色阶宽度"为 100，单击④处的"轴线和刻度线"，选择⑤处的 3 个复选框。单击⑥处的"下"，修改⑦处的"样式"为"朝内"。单击"确定"按钮，调整好颜色标尺的大小和位置。

绘制的图中缺少国界线，按图 4-359 所示的步骤，双击绘图左上角①处的图层序

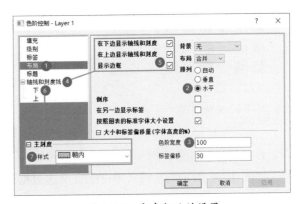

图 4-358　颜色标尺的设置

号，打开"图层内容：绘图的添加、删除、成组、排序-Layer1"对话框，选择左边列表②处的"Boundary Y"，单击③处的"→"按钮，单击④处的"确定"按钮，即可得到⑤处所示的效果。

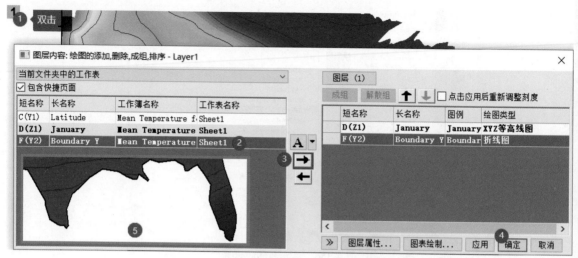

图 4-359　添加地图国界线

4.8.6　臭氧级别分条热图

Contour 图（云图）可用于描述数据量较大且连续变化的强度分布，而热图可以显示数据量相对较少且非连续的各类风险等级分布情况。热图可以分裂成色块，而 Contour 图不能，但 Contour 图能将少量数据点之间拟合成连续变化的云图。

例 53：在第 3.2.2 节详细介绍了从 XYYY 型工作表和矩阵表绘制热图的内容。与之相似，本例通过调节 X 和 Y 方向的间距绘制分块热图，如图 4-360（a）所示，用 2017—2019 年某地区每天的臭氧等级数据，如图 4-360（b）所示，绘制出分条热图，如图 4-360（c）所示。

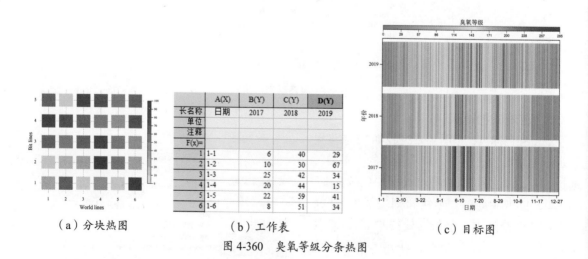

（a）分块热图　　　　（b）工作表　　　　（c）目标图

图 4-360　臭氧等级分条热图

1. 绘制分条热图

按图 4-361 所示的步骤，单击①处全选数据，单击②处的菜单"绘图"，选择③处的"等高线图"，单击④处的"分条热图"工具。

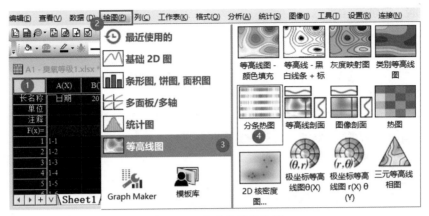

图 4-361 分条热图的绘制

2. 填充颜色的设置

本例需要绘制臭氧的等级，在颜色搭配上加入蓝天的颜色，再加入预警颜色（黄色、红色），3 色有限混合可以灵活配色。按图 4-362 所示的步骤，前面绘制的图会自动产生水印"快速模式已启用"，虽然导出图不会包含该水印，但在工作界面显示的颜色失真，会影响作图者对颜色的预览，单击①处的"跑人"按钮取消快速模式。双击②处的绘图，打开"绘图细节 - 绘图属性"对话框，单击③处的"颜色映射"选项卡，单击④处的"填充"，选择⑤处的"3 色有限混合"，修改⑥处的颜色分别为蓝、黄、红色，单击⑦、⑧处的"确定"按钮，可得⑨处所示的效果。

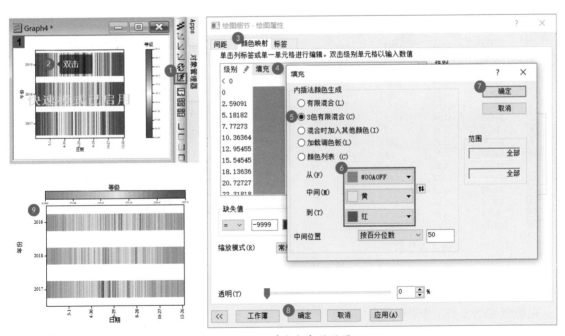

图 4-362 填充颜色的设置

3. 其他细节设置

（1）间距的设置

双击图层，打开"绘图细节 - 绘图属性"对话框，在"间距"选项卡中拖动"Y 方向单元格之间的间隙（%）"的滑块，单击"应用"按钮预览调节。

（2）*X* 轴刻度、日期标签的设置

双击刻度线打开"X 坐标轴"对话框，在"刻度"选项卡中修改"起始"为 1、"结束"为 365，修改主刻度"按增量"的"计数"为 10，"锚点刻度"为 1。

进入"刻度线标签"选项卡，单击"格式"，修改"旋转（度）"为"自动"，单击"确定"按钮。

（3）颜色标尺的修改

缩小宽度：双击颜色标尺进入"色阶控制"对话框，单击"布局"，修改"色阶宽度"为 100。

保留整数：单击"标签"，取消"自动"复选框，修改"自定义格式"为".0"。

修改标题：单击"标题"，修改为"臭氧等级"。

（4）调整页面大小

右击图层灰色区域，选择"调整页面至图层大小"，即可得到目标图。

4.8.7 等高线剖面图

Contour 图是对曲线数据的"可视化"显示，但有时候需要了解感兴趣的数据区域（或数据点）沿 *X*、*Y* 或者对角线上的剖面曲线特征，这就需要绘制等高线剖面图。

例 54：准备一张 XYYY 型工作表，第一列为 *X*，在标签行定义 1 行"用户参数"作为"Y Values"，如图 4-363（a）所示，绘制等高线剖面图，如图 4-363（b）所示。

	A(X)	B(Y)	C(Y)	D(Y)
长名称	X Values			
单位				
注释				
Y Values		600	602	604
1	835	-15.49	13.47	4.94
2	836.04	-12.05	0.56	-13.72
3	837.09	-11.47	-12.35	-10.97
4	838.13	-13.19	-8.98	-2.19
5	839.17	-9.18	5.05	-11.52
6	840.22	-12.05	-10.67	-17.56
7	841.26	-14.34	-11.23	7.13
8	842.3	-5.16	6.17	-25.24
9	843.35	-13.77	-12.91	1.1
10	844.39	-0.57	7.3	4.94
11	845.43	6.88	2.25	-8.23
12	846.47	2.29	-8.98	0
13	847.52	-2.29	5.61	11.52
14	848.56	-2.87	13.47	-17.01
15	849.6	-4.59	-11.23	13.72
16	850.64	-1.15	-5.61	-1.65

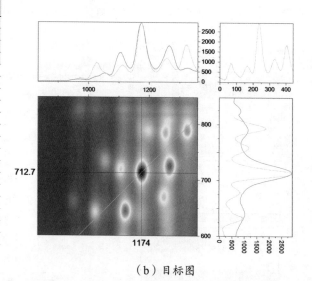

（a）工作表　　　　　　　　　　　　　　　　（b）目标图

图 4-363　等高线剖面图

1. 添加"用户参数"

在前面 XYYY 型工作表中，我们将 *Y* 值安排在第一行，或安排在"注释"行，本例介绍第三种方法，创建一行"用户参数"。工作表中的"Y Values"为用户参数，并已填入了数据。下面以求每列最大值为例，演示用户参数的创建过程。按图 4-364 所示的步骤，右击①处工作表窗口标题栏，选择②处的"用户参数"，会在表格标签行③处新建一个"UserDefined"用户参数，双击③处标签打开"编辑"对话框，修改④处的"名称"为"MaxY"，选择⑤处的"公式"复选框，单击⑥处的"▶"按钮，选择⑦处的"Max"方法，即可得到⑧处所示每列求出的最大值。

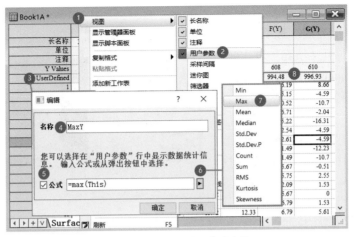

图 4-364　添加"用户参数"

2. 绘制Contour剖面图

全选数据，单击菜单"绘图"→"等高线图"→"等高线剖面图"，绘制 Contour 剖面图。

根据需要可以添加多条切线，拖动切线，Contour 图外侧的剖线图将会发生变化。以添加对角线切线为例，按图 4-365 所示的步骤，单击①处的"添加任意线条"工具，即可在右上角创建一个②处的剖线图，拖动任意线两端（③和④）句柄，可以调整切线位置和方向。单击⑤处的"转到轮廓数据"可以打开剖线曲线的工作表，通过该方法可以提取轮廓。任意线条切线工具同时提取 3 条剖线，包括切线方向剖线、剖线在 X 轴上的投影曲线、剖线在 Y 轴上的投影曲线。

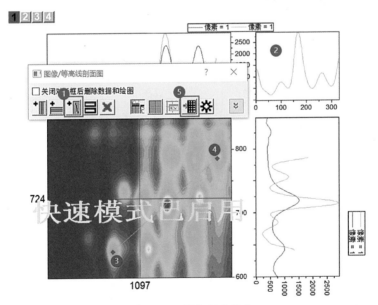

图 4-365　添加任意线条

3. 修改填充颜色

剖面图工具不同于 Origin 中的其他常规绘图工具，剖面图不容易修改格式和填充颜色，如果需要对绘图优化，建议通过该工具提取剖线数据后，单独绘制合并组合图，方便修改和美化。

按图 4-366 所示的步骤，右击页面左上角①处的图层序号，选择②处的"图层属性"，打开"绘图细节 - 绘图属性"对话框。

单击③处的"Layer1"-"Z"，单击
④处的"颜色映射/等高线"选项卡，单
击⑤处的"填充"，打开"填充"对话框，
单击⑥处选择"Pumpkin"调色板。由于
该调色板从红到绿渐变，一般需要反序表
达由弱到强的变化。选择⑦处的"翻转"
复选框，单击"确定"按钮返回"绘图细
节-绘图属性"对话框，单击"确定"按
钮，即可得到目标图。

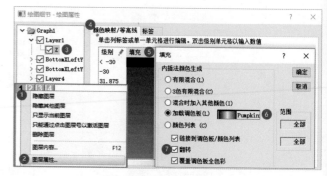

图 4-366　填充颜色的修改

4.8.8 ▶ 风向SO₂浓度极坐标Contour图

大气环境污染研究领域通常需要考察风向、风速等条件对污染物传播浓度的影响，利用极坐标系绘制 Contour 图，能够将浓度分布可视化。

例55：创建 XYZ 型工作表，如图 4-367（a）所示，第一、二列分别为风向、风速（m/s），第三列为 SO₂ 浓度（$\times 10^{-6}$），绘制风向 SO₂ 浓度极坐标 Contour 图，如图 4-367（b）所示。

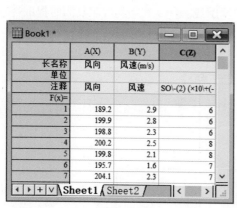

（a）工作表

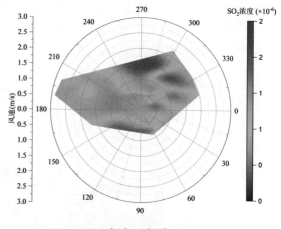

（b）目标图

图 4-367　风向 SO₂ 浓度极坐标 Contour 图

1. 绘制极坐标等高线图

全选数据，单击菜单"等高线图"→
"极坐标等高线图 θ(x)"工具，绘制出图。

旋转方向：按图 4-368 所示的步骤，
双击①处的径向轴，打开对话框，单击
②处的"显示"选项卡，修改"方向"为
"顺时针"，修改"轴的起始角度（度）"为
0，单击③处的"刻度"选项卡，选择④处
的"径向"，修改⑤处的"起始"和"结
束"分别为 0 和 3，修改⑥处的主刻度的
增量"值"为 1，单击"应用"按钮。单

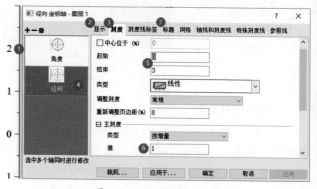

图 4-368　径向轴的设置

击⑦处的"标题"选项卡，选择"显示"复选框，修改"文本"为"风速 (m/s)"，"旋转（度）"为"自动"，单击"应用"按钮。

2. 设置填充颜色

有时候因为数据缺失或颜色级别范围设置问题，Contour 图中的填充颜色出现残缺情况，只需要调整级别范围便可解决。按图 4-369 所示的步骤，双击①处的绘图打开"绘图细节 - 绘图属性"对话框，单击②处的"级别"选项卡，打开"设置级别"对话框，修改③处的范围为整数，修

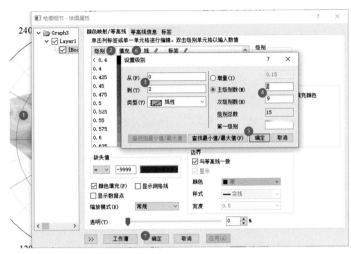

图 4-369　填充颜色的设置

改④处所示的主、次级别数。单击⑤处的"确定"按钮，单击⑥处的"填充"选项卡，选择"加载调色板"，选择"Maple"调色板，单击"应用"按钮。单击⑦处的"确定"按钮。

3. 设置颜色标尺

双击颜色标尺，修改"布局"页面的"色阶宽度"为100，修改"标签"页面的"自定义格式"为".1"（保留 1 位小数位），选择"级别"页面的"隐藏头（尾）级别"复选框。单击"确定"按钮，即可得到目标图。

4.8.9　温度分布极坐标Contour图

在 4.8.8 小节绘制的风向 SO_2 浓度极坐标 Contour 图中，填充面并未填满圆形极坐标区域，是因为考察风向、风速两种条件下 SO_2 浓度的变化。本小节介绍地球北半球的温度分布情况，绘制全填充的圆形极坐标 Contour 图。

例 56：创建一张 5 列工作表，A~C 列分别为经度、纬度和温度（XYZ 型），D 列和 E 列分别为径向刻度标签（"\(176)"是 ° 的代码）、角度刻度标签，如图 4-370（a）所示，绘制温度分布极坐标 Contour 图，如图 4-370（b）所示。

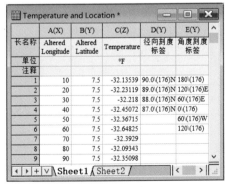

（a）工作表

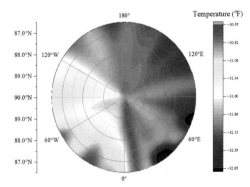

（b）目标图

图 4-370　温度分布极坐标 Contour 图

由于 4.8.8 小节已详细介绍，本例步骤从略。

1. 极坐标等高线图的绘制

选择 X、Y、Z 三列数据，单击菜单"绘图"→"等高线图"→"极坐标等高线图 θ(x)"工具。

（1）设置顺时针起始 90°：双击外圈刻度线打开对话框，单击"显示"选项卡，修改"方向"为"顺时针"，修改"轴的起始角度（度）"为 90。

（2）设置刻度范围：进入"刻度"选项卡，修改"角度"的主刻度增量"值"为 60，修改"径向"的刻度"起始"和"结束"分别为 0 和 7，主刻度增量"值"为 2。

（3）设置刻度标签来源：进入"刻度线标签"选项卡，单击"角度 – 外"，修改"类型"的"数字"为"刻度索引数据集"，"数据集名称"来源于 E 列；按"Ctrl"键，同时单击"径向 – 外 1"和"径向–外 2"，修改"类型"的"数字"为"刻度索引数据集"，"数据集名称"来源于 D 列。单击"应用"按钮。

（4）隐藏重叠刻度线：2 条径向数轴连接处存在 2 个重叠标签"90.0°N"，需要隐藏一个。按图 4-371 所示的步骤，双击①处的重叠刻度标签，在对话框中单击②处的"特殊刻度线"，双击③处输入"0"（前面定义了刻度标签的来源，显示刻度标签并非实际值，此处的刻度值实际上为 0），取消④处的"显示"复选框，单击⑤处的"确定"按钮。该方法在其他绘图中隐藏某个刻度线时非常有用。

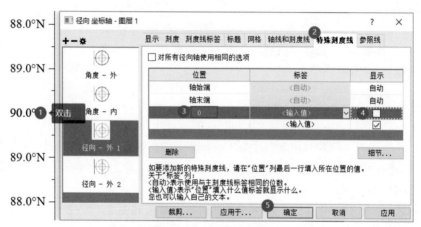

图 4-371　重叠刻度线的隐藏

2. 温度配色

由于该图绘制的是地球北半球气温的分布情况，建议用 Origin 调色板中的"Temperature"配色方案。双击填充色区域打开"绘图细节 - 绘图属性"对话框，单击"填充"，选择"加载调色板"，选择调色板为"Temperature"，单击"确定"按钮返回"绘图细节 - 绘图属性"对话框，单击"确定"按钮，修改其他细节，即可得到目标图。

4.8.10 扇形Contour图

前面介绍了圆形的极坐标系，圆形起始和结束角度范围为 0°~360°，而某些研究场合需要绘制扇形的极坐标 Contour 图。扇形 Contour 图除了需要修改扇形极坐标系的角度范围，还需要调整方向角，这也是极坐标系绘图中令人头疼的技术难题。

例 57：前面的绘图采用 XYZ 型工作表，本例采用矩阵表，如图 4-372（a）所示，绘制扇形 Contour 图，如图 4-372（b）所示。

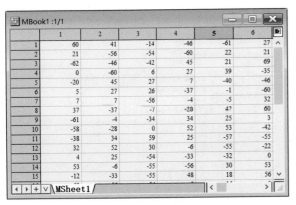

（a）矩阵表

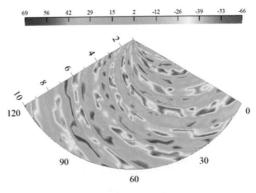

（b）目标图

图 4-372　扇形 Contour 图

1. 扇形Contour图的绘制

单击矩阵表激活窗口，单击菜单"绘图"→"等高线图"→"极坐标等高线图 θ(x)"工具。

2. 方向角的设置

绘制的扇形角度为 120°，将其零刻度顺时针旋转的角度，可以按下式进行计算：

$$\theta = 90 - 120 \div 2 = 30°$$

顺时针旋转取负数，逆时针旋转取正数。这里需要顺时针旋转 30°，因此选用在轴的起始角度设置为 −30。

按图 4-373 所示的步骤，双击①处的外圈刻度线，在对话框中单击②处的"显示"选项卡，修改③处的"方向"为"顺时针"，设置"轴的起始角度（度）"为 −30。单击"确定"按钮，即可得到①处所示的效果。

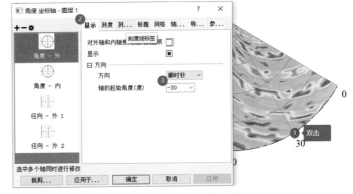

图 4-373　扇形的旋转

3. 径向内轴的设置

默认的绘图有 2 条外置的径向轴，如果将径向轴放置在扇形半径方向，则可以直观显示出数据，增加易读性。按图 4-374 所示的步骤，双击①处的径向轴，在对话框中单击②处的"轴线和刻度线"，单击③处的"+"按钮，即可添加如④处所示的"径向 – 内轴 1"。单击"确定"按钮。此时，原有的 2 条径向轴已不再需要，单击它们，按"Delete"删除。

4. 颜色标尺的设置

双击颜色标尺，打开"色阶控制 -Layer1"对话框，按图 4-375 所

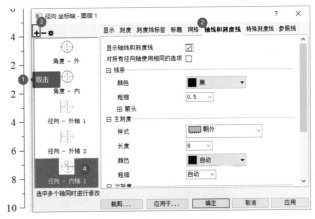

图 4-374　径向内轴的设置

示的步骤，单击①处的"布局"，选择②处的"水平"，修改③处的"色阶宽度"。单击④处的"轴线和刻度线"，选择"在上边显示轴线和刻度"。单击"标题"，取消"显示"复选框。单击"确定"按钮。其他细节略，最终得到目标图。

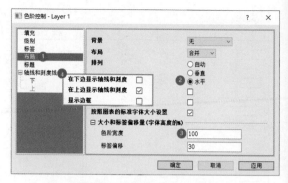

图 4-375　颜色标尺的设置

4.8.11 三元等高线相图

三元等高线相图是应用于物理化学研究领域的一种绘图，考察三种物相随着温度或其他条件的改变而发生的相平衡等高线。

例 58：创建一张 XYZZ 型工作表，如图 4-376（a）所示，前三列为 CaO、Al_2O_3、SiO_2 的配比（三者之和为 100），第四列为温度。绘制三元等高线相图，如图 4-376（b）所示。

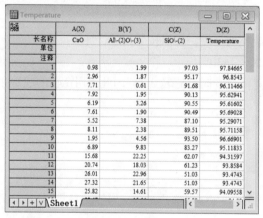

（a）工作表

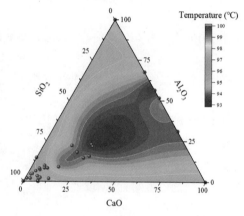

（b）目标图

图 4-376　三元等高线相图

1. 三元Contour图的绘制

选择 XYZZ 四列数据，单击菜单"绘图"→"等高线图"→"三元等高线相图"。绘制出的图不平滑，需要定义图层边界。按图 4-377 所示的步骤，双击①处的绘图，打开"绘图细节 - 绘图属性"对话框，单击②处的"等高线信息"，选择③处的"图层边界"，单击④处的"确定"按钮，即可得到⑤处所示的效果。

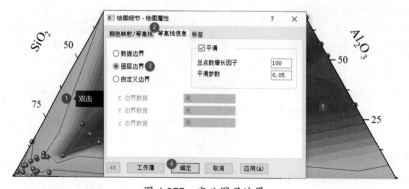

图 4-377　定义图层边界

2. 绘制散点图

将工作表和绘图窗口缩小，并排放置，选择 C 列数据，移动鼠标指针到 C 列左边缘，待鼠标指针变为叠加图标时，按下鼠标向绘图窗口中拖放。双击散点，修改符号为球形，颜色为红色。经过其他细节修改，即可得到目标图。

4.8.12 2D核密度等高线叠加图

核密度图是对散点在平面中的分布密度进行拟合，可视化显示散点的分布密集程度。

例 59： 创建 2 张工作表 Book1 和 Book1A，分别填充局部和全局范围的散点数据。每张工作表包含 A、B 两列数据，如图 4-378（a）所示。绘制 2D 核密度图，创建矩阵数据，将局部核密度矩阵数据添加到全局范围的核密度图中，设置局部核密度图为等高线半透明核密度图，如图 4-378（b）所示。

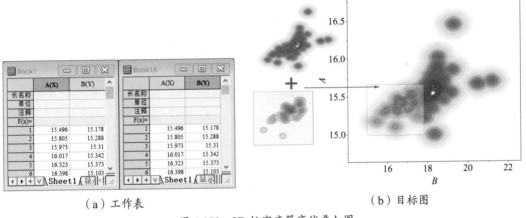

（a）工作表　　　　　　　（b）目标图

图 4-378　2D 核密度等高线叠加图

解析： 叠加局部核密度并显示等高线，是为了突出感兴趣区域的轮廓特征。Origin 软件可以直接对 X、Y 两列数据进行核密度拟合，生成相应的核密度矩阵，并绘制出 2D 核密度图。2D 核密度图是一种等高线颜色映射填充图，可以启用等高线。

1. 2D核密度图的绘制

选择 Book1 工作簿 Sheet1 中的 A、B 两列数据（局部范围的散点数据），单击菜单"绘图"→"等高线图"→"2D 核密度图"，可打开如图 4-379 所示的"二维核密度图"对话框，修改①处的"设置"，"带宽方法"采用"拇指规则"，"密度方法"采用"精确估计"，"X/Y 的网格点数"为 86，"显示的点数"为 32，选择"密度点

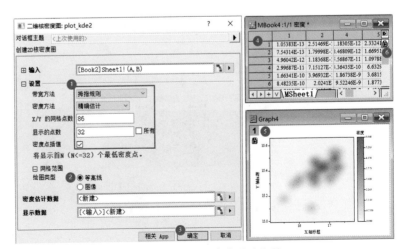

图 4-379　2D 核密度图的绘制

插值"复选框。选择②处的"绘图类型"为"等高线"。单击③处的"确定"按钮，即可生成④处的矩阵和⑤处的核密度图。此过程会在原始工作表中增加 3 张"显示数据"的工作表。

采用相同的方法，选择 Book1A 的 Sheet1 中 A、B 两列数据（全局范围的散点），可调节图 4-379 中①处的"密度方法"为"区间估计近似"，绘制出 2D 核密度图。如果核密度云图面积并不大，可以单击生成矩阵右上方⑥处的绿锁，选择弹出菜单中的"更改参数"，可打开"二维核密度图"对话框，在①处进行修改。

2. 全局范围密度图的设置

按图 4-380 所示的步骤，双击①处的核密度图打开"绘图细节 - 绘图属性"对话框，单击②处的"级别"，修改主级别数为 5，次级别数为 4，单击"确定"按钮返回"绘图细节 - 绘图属性"对话框。单击③处的"填充"打开对话框，选择④处的"3 色有限混合"，修改⑤处的颜色分别为白、橙、深红色，单击⑥处的"确定"按钮返回"绘图细节 - 绘图属性"对话框，单击⑦处的"确定"按钮，即可得到①处所示的映射效果。

核密度图的颜色映射特点是由浅色背景逐渐加深，多数调色板通常包含蓝、绿、

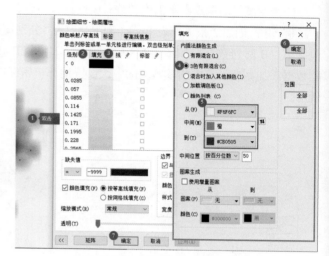

图 4-380 3 色有限混合颜色设置

黄、红等颜色，均不适合表达核密度的"密集""富集"特征，因此需要采用 3 色有限混合的方式自定义渐变颜色。核密度图的 3 色有限混合的颜色选择，可遵循第一色为白色，第二、三色为相近的两种颜色。例如，这里的橙色和红色。

3.局部等高线图的添加

向前面绘制的全局范围核密度图中添加局部核密度矩阵数据。按图 4-381 所示的步骤，双击绘图左上角①处的图层序号，单击②处的下拉框选择"当前文件夹中的矩阵"，选择③处的局部核密度矩阵（MBook4），单击④处的"→"按钮即可添加到右边⑤处的列表中，单击⑥处的"应用"按钮，可得⑦处所示的效果。

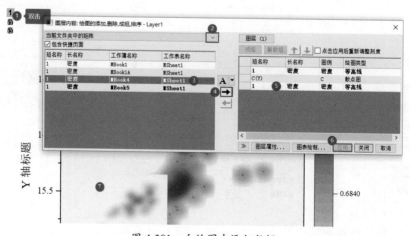

图 4-381 向绘图中添加数据

添加的局部范围核密度图为不透明的核密度图，且未显示等高线。按图 4-382 所示的步骤，双击①处的局部核密度图，打开"绘图细节 - 绘图属性"对话框，单击②处的"线"，打开"等高线"对话框，选择③处的"只显示主要级别"复选框，单击④处的"确定"按钮返回"绘图细节 - 绘图属性"对话框。修改⑤处的"边界"的"样式"为"划线"，在⑥处"透明"滑块前方单击 2 次，可设置透明度为 40%，单击⑦处的"确定"按钮，即可得到①处所示的效果。

提示：凡是有滑块设置的地方，在滑块右方轨道上，单击 n 次，可设置为 $n \times 20\%$ 的设置值，例如单击 4 次为 80%。通过这种手法，可以快速设置透明度。

其他细节经过精修，可得到如图 4-383 所示的目标图。

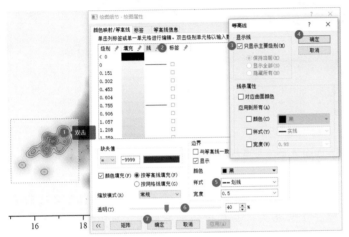

图 4-382　等高线的显示

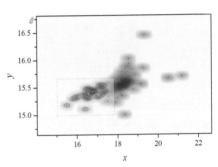

图 4-383　2D 核密度等高线图

4.8.13 2D元素周期表Heatmap图

通过一张元素周期表热图将某项指标的计算结果"可视化"，最常见的方法是绘制元素周期表热图，即颜色由冷色渐变到暖色"显示"某项指标的强弱差异。

例 60：构造 1 个包含 4 个工作表的工作簿，如图 4-384（a）所示，这 4 个工作表分别用作数据（Value 表）、原子序数（order 表）、元素名称（name 表）和标签（label 表），绘制出 2D 元素周期表热图，如图 4-384（b）所示。

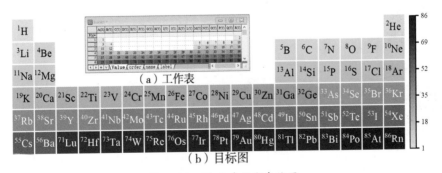

图 4-384　2D 元素周期表热图

解析：感谢 OriginPro 官方的 Echo 为元素周期表的优化设计提供指导。本例提供一个模板，只需要更改 Value 表中的数据为具体的实验数据，元素周期表热图将自动更新颜色。

1. 采用公式自动填写label表

如图 4-385 所示，在工作簿中，order 表填充了原子序数，name 表中填充了元素名称。与 Excel 软件的语法相同，在 label 表中双击 A1 单元格，输入如下代码。

```
="""+2!A1$+"""+3!A1$
```

其中，"2!A1$" 和 "3!A1$" 分别表示第 2 个和第 3 个表格的 A1 单元格。按相同的代码格式填写其他元素位置的单元格。

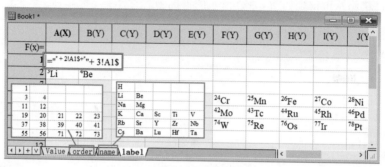

图 4-385　label 表的字符串拼接公式

> **注意** ⚠ 代码为英文字符，注意不要输入中文引号和感叹号；第 2 个和第 3 个双引号之间的文本为上标，选择这些文本后，单击上方格式工具栏中的上标按钮（或同时按 "Ctrl" 和 "Shift" 键，再按 "+" 键），可修改为上标。

2. 周期表热图的绘制

按图 4-386 所示的步骤，单击 Value 标签激活 Value 表，单击①处全选数据，单击下方工具栏②处等高线工具菜单，选择③处的 "热图" 选项打开对话框，注意④处选中 "X 数据跨列"，单击 "确定" 按钮，可得⑤处所示的热图。

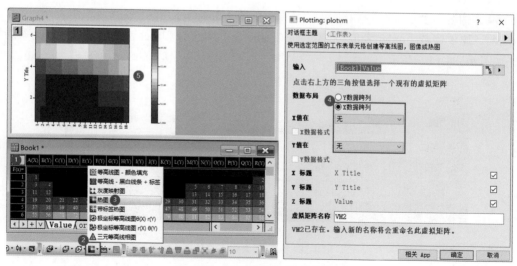

图 4-386　元素周期表热图的绘制

所得热图需要翻转和调整宽度。双击 Y 轴刻度线，打开 "绘图细节 - 绘图属性" 对话框，在 "刻度"选项卡，选择"翻转"复选框，单击"确定"按钮。按"Alt"键的同时点击热图，可出现 8 个拖动句柄，此时拖动左边或右边的句柄，将热图拉长到适当长度。分别单击轴线、刻度线和轴标题，按"Delete"键删除。拖动颜色标尺紧靠热图右边缘，右击图层外灰色区域，选择"调整页面至图层大小"，即可调整为紧凑型页面。

所得周期表热图存在两个问题需要解决，一是热图需要分裂，二是颜色需要调整。按图 4-387 所示的步骤，双击①处的热图打开"绘图细节 - 绘图属性"对话框，进入②处的"间距"选项卡，拖动滑块设置 X 和 Y 方向间距为 2~4 左右，单击"应用"按钮查看效果。进入③处的"颜色映射"选项卡，单击④处修改"缺失值"的颜色为"无"，单击⑤处打开"填充"对话框，单击⑥处的"加载调色板"，选择"Viridis"颜色列表，单击⑦处的"确定"按钮返回"绘图细节 - 绘图属性"对话框，单击"应用"按钮，可得⑧处所示的效果。

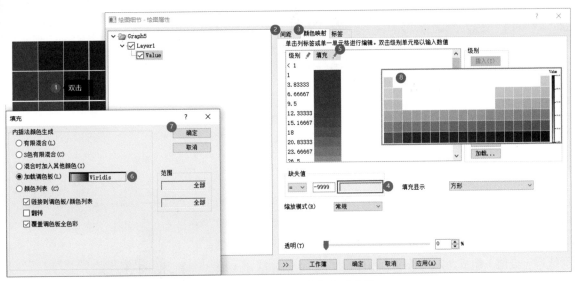

图 4-387　热图间距和颜色的设置

3. 标签的设置

按图 4-388 所示的步骤，进入①处的"标签"选项卡，选择②处的"启用"复选框，修改③处的"标签形式"为"自定义"，从④处的"字符串格式"下拉框中选择，或直接输入"%(4!,ix,iy)"，单击"确定"按钮，可得⑤处所示的目标图。

图 4-388　标签的设置

4.9 统计图

在科研中经常需要对实验数据进行统计分析，如统计粒径分布、箱线图等，这些绘图基于统计学原理对数据进行统计分析，并将分布特征可视化显示出来。在 Origin 软件菜单"绘图"→"统计图"中的绘图模板较多，如图 4-389 所示，本节选择常用的一些案例进行介绍。

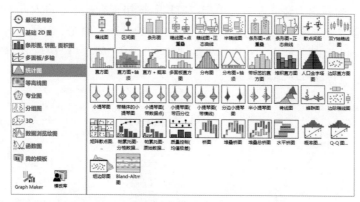

图 4-389　统计图菜单

4.9.1 双 *Y* 轴箱线图

箱线图是对一列 Y 数据进行统计的可视化图形，如图 4-390 所示，箱体长度为 IQR，箱体由 Q_3（上四分位数）和 Q_1（下四分位数）围成矩形，箱体中包含中位数和均值，箱体两端由须线及线帽（极值）组成，须线长度为箱体长度的 1.5 倍，线帽（极值）外通常有异常值。了解箱线图的组成部件，对设置相应的箱线图类型及相关的样式设置非常有益。

例 61：创建一张 XYYY 型工作表，如图 4-391（a）所示，第一、第二列为调查对象中学生的姓名、年龄，第三列为性别，第四、第五列分别为身高、体重。绘制出双 *Y* 轴箱线图，如图 4-391（b）所示。

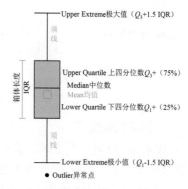

图 4-390　箱线图的组成部件

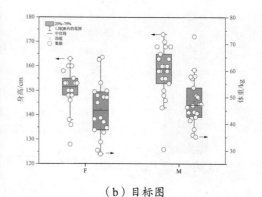

（a）工作表　　　　　　　（b）目标图

图 4-391　双 *Y* 轴箱线图

1. 工作表按分组拆分

原始数据并没有将性别拆分开，为了使统计考虑性别差异，需要依据 C 列的 "F" 或 "M" 拆分工作表。按图 4-392 所示的步骤，拖选①处选择身高、体重两列数据，单击菜单②处的 "工作表"，选择③处的 "拆分堆叠列" 和④处的 "打开对话框"。

按图 4-393（a）所示的步骤，单击①处的 "▶" 按钮，选择 C 列，单击②处的 "确定" 按钮，即可在原工作簿中自动新建一个拆分后的工作表，如图 4-393（b）所示。

图 4-392　拆分堆叠列菜单

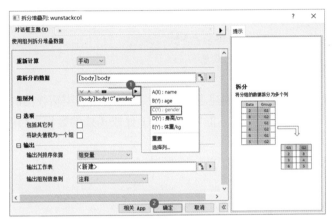

（a）拆分设置

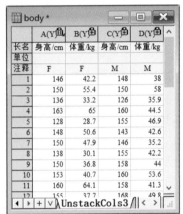

（b）拆分后的工作表

图 4-393　拆分堆叠列设置

2. 双 *Y* 轴箱线图的绘制

箱线图只对 *Y* 列数据进行统计。拆分后的工作表为 4 列 *Y*，全选数据，单击菜单 "绘图" → "统计图" → "双 *Y* 轴箱线图"，绘制出草图。

（1）点重叠的设置

箱线图是对散点的分布情况的统计，普通箱线图中已看不出原始散点的图像。如果我们既要看统计结果，又要看原始数据点，那么就需要在箱线图上重叠数据点。按图 4-394 所示的步骤，双击①处的箱线图打开 "绘图细节-绘图属性" 对话框，单击②处的 "箱体"，单击③处的箱体 "类型" 下拉框，选择④处的 "箱体+重叠数据"。单击⑤处的另一组箱线图，重复第②~④步的操作。单击⑥处的 "符号" 选项卡，修改符号为圆圈，单击 "确定" 按钮。

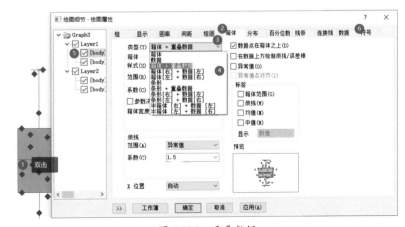

图 4-394　重叠数据

（2）坐标轴的设置

双击 X 轴刻度标签弹出对话框。按图 4-395 所示的步骤，单击①处的"刻度线标签"选项卡，单击②处的下拉框，选择"注释"，单击"确定"按钮。单击③处的"标题"，分别单击左轴、右轴，修改标题文本，设置标题颜色与数轴颜色一致。最终得到④处所示的效果。

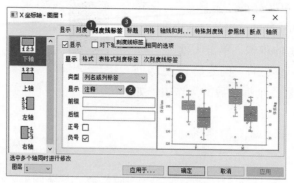

图 4-395　坐标轴的设置

3. 箱体的设置及效果

在前面绘图窗口标题栏右击，选择"创建副本"，创建多个副本，进行后续各类箱线图的设置。按图 4-396 所示的步骤，在"绘图细节 - 绘图属性"对话框中，单击①处或④处的数据项目，双击②处的"箱体"，在"箱体"页面进行以下操作。

（1）修改③处的"类型"为"半箱体 [右]+ 数据 [左]"，得到⑤处所示的半箱线图。

图 4-396　半箱线图

（2）正态曲线的叠加。按图 4-397 所示的步骤，依次单击①处或④处的数据项目、②处的"分布"选项卡，修改③处的曲线类型为"正态"，选择④处的数据项目，重复第②～④步的操作。最终得到⑤处所示的效果。

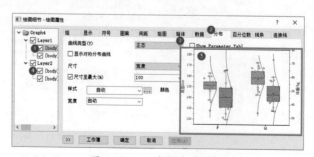

图 4-397　正态分布箱线图

4. 箱线图部件图例颜色的设置

在由多组样品绘制的箱线图中，一般显示了不同颜色的箱线图，如果需要显示箱线图的部件作为图例，则此时的图例颜色为某一组样品的颜色（见图 4-398），这就容易引起误读。需要将部件图例设置为不与任何样品颜色相同的颜色（如灰色），实现对全局样品的图示功能。

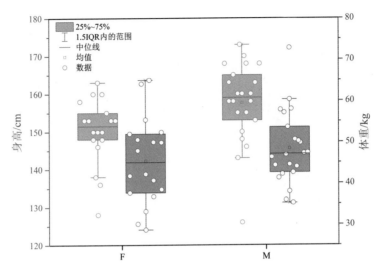

图 4-398　箱线图的部件图例

右击部件图例，选择"属性"，会打开"文本对象"对话框，文本输入框中会显示多行代码。

```
\l(1,B)  %(1,@V"Box_R")
\l(1,W)  %(1,@V"Box_W")
\l(1,MDL) %(1,@V"Box_MDL")
\l(1,M)  %(1,@V"Box_M")
\l(1,D)  %(1,@V"Box_D")
```

代码中"\l(1,B)"为图例符号，"%(1,@V"Box_R")"为文本标签。这些代码一般是自动生成的，例如，单击左边下方工具栏的"重构图例（Ctrl+L）"即可生成，因此其颜色或格式也是默认的。

在图例的符号代码"\l(1,B)"括号中新增一个参数，并指定需要的颜色，即可将图例的颜色设置为所需颜色。这个新增的颜色参数主要如下。

（1）边框"BorderColor:#808080"。

（2）填充"PatternFill:#C0C0C0"。

（3）线条"lineColor:#808080"。

（4）散点边缘"edgeColor:#808080"。

代码中的"#808080"字样表示颜色编码，一般网上可以查到颜色及其编码。

例如，设置箱体颜色，修改第一行代码。

```
\l(1,B, BorderColor:#808080 PatternFill:#C0C0C0) %(1,@V"Box_R")
```

其他部件的颜色代码设置如图 4-399 所示，画线部分为新增的颜色参数，单击"应用"按钮，可得灰色的部件图例。

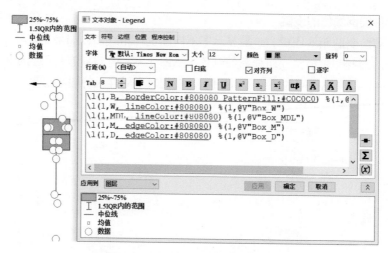

图 4-399　箱线图部件颜色的设置

提示：这种颜色参数的设置方法也可用于其他图例或对象的设置中。

4.9.2 分类彩色点重叠箱线图

4.9.1 小节以少数散点的统计箱线图为例，介绍了箱线图的基本原理和绘图过程，本小节以大量散点的统计为例，对大量分组（类）测试数据点的分布情况进行可视化绘图。

例 62：准备一张 XYYY 型工作表，如图 4-400（a）所示，第一列为样品编号（仅做记录，但不用于绘图），第二、第三列是两个样品的数据，第四列为分类标签（Treat，实验方法分类）。采用 A~C 三列数据绘制的散点图如图 4-400（b）所示，显示的是实际采样数据点的分布，不便于分析。采用 B 和 C 两列数据绘制点重叠箱线图，并依据 D 列的 Treat 标签列按索引分配颜色，可得图 4-400（c），可以非常直观地显示不同范围数据点的分布情况。

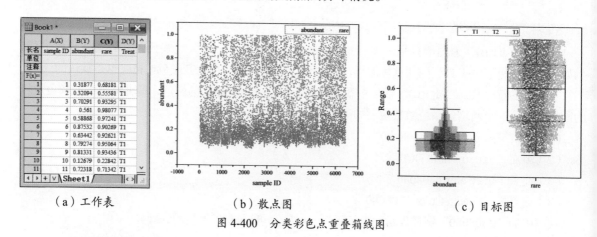

（a）工作表　　　　　　（b）散点图　　　　　　（c）目标图

图 4-400　分类彩色点重叠箱线图

1. 点重叠箱线图的绘制

选择 B、C 两列数据，单击菜单"绘图"→"统计图"→"箱线图+点重叠"，即可绘制出点重叠箱线图。按图 4-401 所示的步骤，双击①处的散点打开"绘图细节-绘图属性"对话框，单击②处的"数据"选项卡，修改"排列点"为"随机"。单击③处的"符号"选项卡，单击④处的"▼"下拉框选择球形，单击⑤处的"边缘颜色"下拉框，单击⑥处的"按点"选项卡，如果需要可以单击

⑦处的"铅笔"按钮修改前三种色为想要的颜色。单击⑧处的"索引"下拉框，选择分类配色的依据来源于 D 列的"Treat"数据，设置⑨处的"透明度"为 40%，单击⑩处的第二组样品，检查或重复第②~⑨步的操作，单击"应用"按钮。

箱体中默认的填充会使绘图变得繁杂，建议取消箱体的填充。单击"绘图细节 - 绘图属性"对话框中的"图案"选项卡，将填充"颜色"改为"无"，单击"确定"按钮。

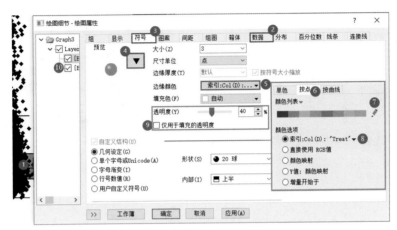

图 4-401　箱线图的设置

2. 图例的修改

图中的点已经按分类显示了不同的颜色，为了增加可读性，需要在图例中标注不同颜色的点分别代表什么含义。按图 4-402 所示的步骤，单击左边工具栏①处的"重构图例"，将②处框选的部件图例删除（右击图例，选择"属性"，在文本框中删除相应部件的代码，单击"确定"按钮），单击图例，在浮动工具栏中单击③处的"水平排列"按钮，将图例拖到合适的位置。经过其他细节修改后，可得目标图。

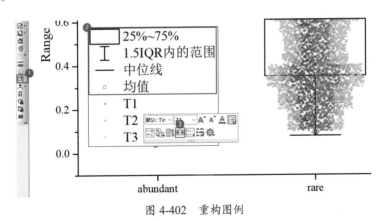

图 4-402　重构图例

4.9.3　边际图（箱线、直方、正态）

在前面介绍了利用箱线图对大量数据点的分布情况进行统计，本小节介绍利用边际图对散点图在 X 和 Y 方向上的分布进行统计，绘制 3 种常见的边际分布图（箱线图、直方图、正态曲线）。

例 63：准备一张 3(XY) 型工作表，如图 4-403（a）所示，即三个年度范围的某种类型发动机小型化的演变历程，X 列为功率，Y 列为质量。通过简单设置绘出三种包含边际统计结果的边际图如

图 4-403（b）~（d）所示。

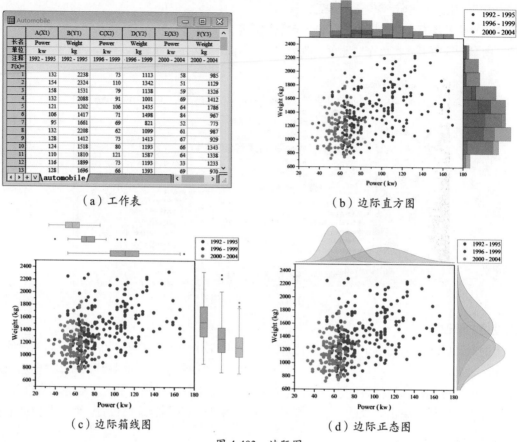

（a）工作表 （b）边际直方图

（c）边际箱线图 （d）边际正态图

图 4-403　边际图

全选数据，单击菜单"绘图"→"统计图"→"组边际图"，会弹出"对话框主题"窗口。按图 4-404 所示的步骤，单击①、③、⑤三处的下拉框，可根据需要在②、④、⑥处所示的下拉列表中选择，来设置主图层、顶部图层及右侧图层的绘图类型。修改⑦、⑧两处的"图层间隙"和"边际图层大小（%）"，选择⑨处可"显示轴须"（轴须也能反映数据在 X 和 Y 方向上的分布情况）。在③处分别选择直方图、箱线图、分布曲线，即可得到三种目标图（边际直方图、边际箱线图、边际正态分布图）。

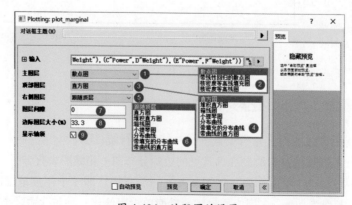

图 4-404　边际图的设置

4.9.4 带箱体的小提琴图

小提琴图是另一种统计图，因其形状酷似小提琴而得名。在统计方法上小提琴图与箱线图有很大的不同，因此其形状也大不相同。本小节将两者结合起来，绘制带有箱体的小提琴图，根据实际的数据分析需要，选择相关的绘图类型。

例 64：准备一张 5Y 型工作表，如图 4-405（a）所示，绘制带箱体的小提琴图，如图 4-405（b）所示。

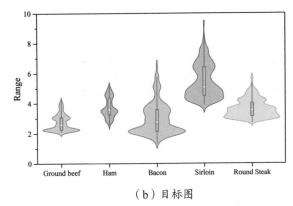

	A(Y)	B(Y)	C(Y)	D(Y)	E(Y)
长名称	Ground beef	Ham	Bacon	Sirloin	Round Steak
单位	per lb.	per lb.	per lb.	per lb.	per lb.
注释					
F(x)=					
1	2.3	2.844	1.546	4.191	2.814
2	2.292	2.817	1.488	4.177	2.868
3	2.193	2.591	1.464	4.137	2.907
4	2.224	2.898	1.434	4.23	2.895
5	2.226	2.895	1.387	4.206	2.898
6	2.207	2.741	1.356	4.242	2.869
7	2.194	2.571	1.457	4.371	2.947
8	2.178	2.803	1.595	4.152	3.001
9	2.21	2.887	1.474	4.187	3.007

（a）工作表　　　　　　　　　　（b）目标图

图 4-405　带箱体的小提琴图

1. 带箱体的小提琴图的绘制

（1）简单绘制

全选数据，单击菜单"绘图"→"统计图"→"带箱体的小提琴图"，即可绘制出图。单击图例，按"Delete"键删除。双击图层外灰色区域，打开"绘图细节 - 绘图属性"对话框，取消"保持纵横比"复选框，修改宽度为 350，单击"确定"按钮。在图层外灰色区域右击，选择"调整图层至页面大小"。

（2）小提琴形状及填充的设置

小提琴图的轮廓是"分布"的特征曲线。按图 4-406 所示的步骤，双击①处的小提琴，打开"绘图细节 - 绘图属性"对话框，单击②处的"分布"选项卡，修改③处的"带宽"为 0.2（可以尝试不同的值，单击"应用"按钮预览形状，请根据具体的研究原理选择准确的值）。修改④处的"尺寸至最大"（如设置为 150），单击⑤处的"颜色"下拉框选择一个颜色列表，单击⑥处的"填充"下拉框选择"自动"（跟随轮廓线的颜色）。单击"确定"按钮，可得⑦处所示的效果。

图 4-406　小提琴形状及填充的设置

（3）横轴范围的调整

与其他普通绘图略不同，小提琴图超出坐标系，不能一键调整刻度范围，且右边工具栏上方的"调整刻度"按钮似乎也不能调整。这是因为图 4-406 中第④步输入的放大率为 150%，对数据进行了放大，并没有映射坐标系刻度的变化，因此，"调整刻度"按钮失效，需要通过手动调整。双击 X 轴，修改"刻度"的"结束"为 5.7，单击"确定"按钮，即可得到目标图。

2. 其他类型小提琴图的绘制

参考前述方法，全选数据后，单击菜单"绘图"→"统计图"中不同的模板，可以绘制半小提琴图、蜂群图、脊线图（见图 4-407），对于绘图细节的设置，可参考本章及前面各章的基本操作。

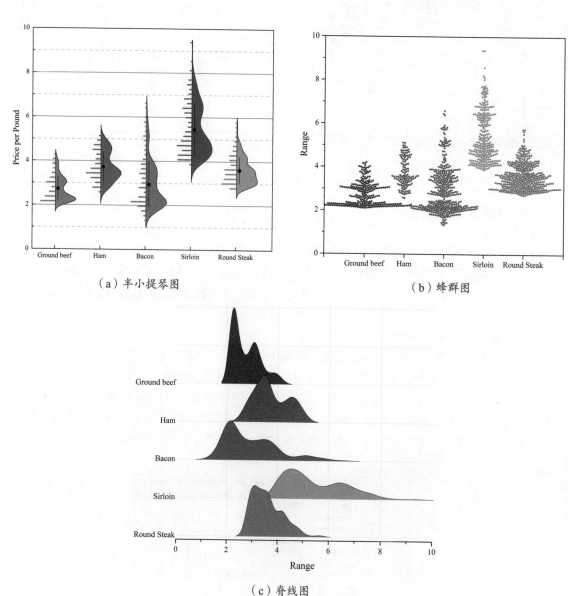

（a）半小提琴图　　　　　　　　　　　（b）蜂群图

（c）脊线图

图 4-407　类似方法绘制的 3 种绘图

4.9.5 ▶ 粒径分布直方图

粒径分布是材料学研究领域常见的统计图，它对扫描电子显微镜（或透射电子显微镜）拍摄的微观颗粒尺寸数据进行统计，得到不同尺寸对应的频数分布比例。

例 65：准备一张表，如图 4-408（a）所示，只有一列 Y，存放粒径的测量数据，绘制出粒径分布直方图，如图 4-408（b）所示。

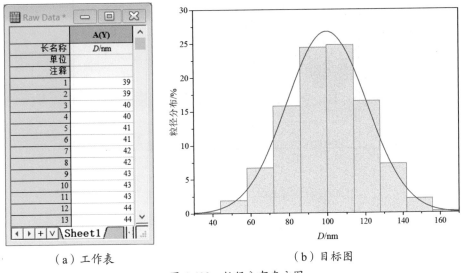

（a）工作表 　　　　（b）目标图

图 4-408　粒径分布直方图

分布图的绘制非常简单。选择 A 列数据，单击菜单"绘图"→"统计图"→"分布图"，可立即绘制出图。

Y 轴默认显示为计数，一般粒径分布显示的是相对频率百分比。按图 4-409 所示的步骤，双击①处的直方图，打开"绘图细节 - 绘图属性"对话框，单击②处的"数据"选项卡，单击③处的"数据高度"下拉框，选择"相对频率"，单击"确定"按钮。

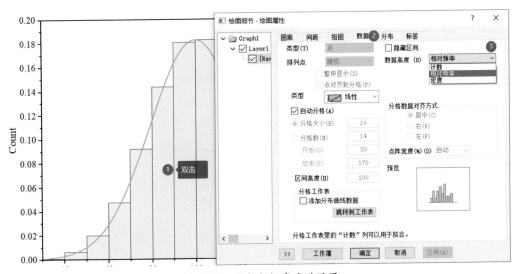

图 4-409　Y 轴数据高度的设置

Y 轴刻度标签显示为小数，需要换算为百分比。按图 4-410 所示的步骤，双击①处的 Y 轴打开 "Y 坐标轴 - 图层 1"对话框，修改②处的"除以因子"为 0.01，单击"确定"按钮。

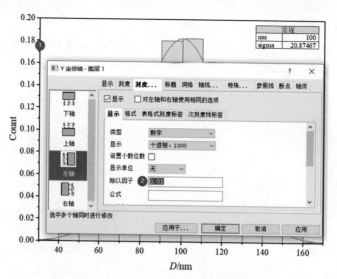

图 4-410　刻度标签的换算

将 Y 轴标题及单位改为"粒径分布 /%"，修改其他细节，再调整页面至图层大小，最终得到目标图。

第5章
三维绘图

三维绘图比二维绘图多一个维度，因此三维绘图的工作表在数据结构上也与二维绘图的工作表有所不同。最明显的区别在于二维绘图采用 XY 型表格，而三维绘图采用 XYZ 型数据结构。但是三维图与二维图的工作表结构也有相同之处，例如，XYYY 型工作表、矩阵表既可以绘制二维图（如等高线 Contour 图、热图），又可以绘制三维图（如瀑布图、表面图、3D 点线柱图）。

三维绘图的菜单如图 5-1 所示，主要分为 3D 点线柱图（①～③）、表面图（④）、三元图（⑤）、线框图、矢量图、基线图、墙形图等。

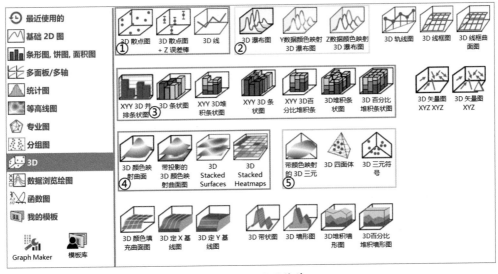

图 5-1　3D 绘图菜单

(5.1) 三维散点图

三维散点图主要显示 X、Y、Z 三个维度的空间分布情况，与二维散点图一样，三维散点图主要包括散点图、泡泡图、点线图等。如果利用散点的形状、尺寸、颜色 3 个维度，三维散点图至少能够描述 6 个因子的变化。

5.1.1 3D散点参考柱体图

3D散点图往往因为三维的视觉差而不易分辨，通常需要绘制一些辅助平面（或立方体），用于突出散点之间的区别与联系。

例1：准备XYZY型工作表，如图5-2（a）所示，X、Y、Z为绘图所需数据，第四列为文本标签（样品名称）。该工作表仅2行，绘制2个点的3D图，如图5-2（b）所示。

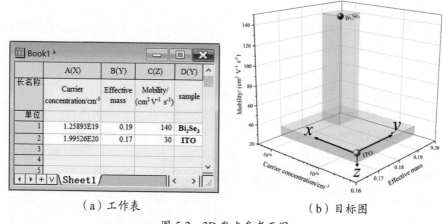

（a）工作表　　　　　　　　　　　　（b）目标图

图5-2　3D散点参考面图

解析：在对比研究2种光伏材料（Bi_2Se_3和ITO）的性能时，通常考察载流子浓度、有效质量、迁移率这3项指标。将图5-2（a）中表格转置后得到如图5-3（a）所示的表格，选择XYY型数据，可以绘制出雷达图，如图5-3（b）所示，对比展示这2种材料的3项指标情况。本例将利用Origin软件的一个App插件"Cube Plot"构造参考面，定义长、宽、高等参数，设置填充色及透明度。依据本例也可以绘制柱体声定位散点图。

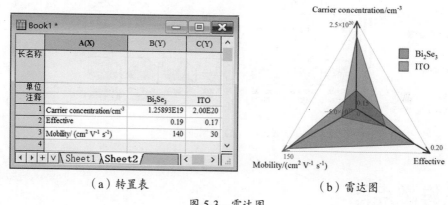

（a）转置表　　　　　　　　　　　　（b）雷达图

图5-3　雷达图

如果说雷达图可以通过"面积"大小综合评价2种材料的整体水平，那么绘制的3D散点参考面图可以通过"体积"大小对材料进行综合评价。两种类型的绘图既能展示整体水平，又能比较单项指标的差异。

1. 3D散点图的绘制

按图5-4所示的步骤，拖选①处的A、B、C三列标签，选择X、Y、Z三列数据，单击下方工具栏②处3D图按钮，选择③处的"3D散点图"，即可得到④处的效果图。

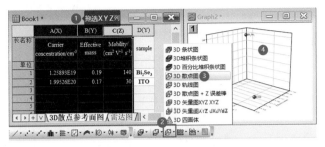

图 5-4　3D 散点图的绘制

（1）散点颜色的设置

因为绘制的 2 个点为 2 种材料，所以需要用不同的颜色区分。按图 5-5 所示的步骤，双击①处的散点打开"绘图细节 - 绘图属性"对话框，单击②处的"符号"选项卡，单击③处的"颜色"下拉框，选择④处的"按点"，单击⑤处的"增量开始于"红色，这样就能使这 2 个点分别为红色、蓝色。单击"应用"按钮，可得①处所示的效果。

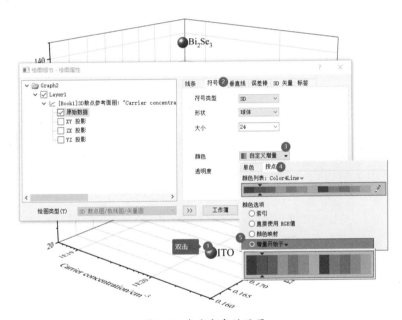

图 5-5　散点颜色的设置

（2）刻度线及标签面向屏幕

三维图中刻度线标签和标题默认是"贴"在相应平面的，可读性较差，需要修改所有刻度线标签和轴标题文本均面向屏幕（贴在纸张正面的文字）。按图 5-6 所示的步骤，在"绘图细节 - 图层属性"对话框中，单击①处的"坐标轴"选项卡，选择②处的"全在屏幕平面"，单击"确定"按钮，可得③处所示的效果。

（3）轴标题的旋转

按图 5-6 所示的步骤设置后，需要将轴标题旋转一定的角度，使其与相应坐标轴平行。按图 5-7 所示的步骤，双击①处的坐标轴（刻度线太密，需要调整），单击②处的"刻度"选项卡，修改主刻度的增量"值"为 0.01，单击③处的"标题"，分别选择④处的 X、Y、Z 轴后，修改⑤处的"旋转（度）"为某特定角度（单击"应用"按钮预览并调节到合适的角度，顺时针为负数）。单击"确定"按钮，可得⑥处所示的效果。

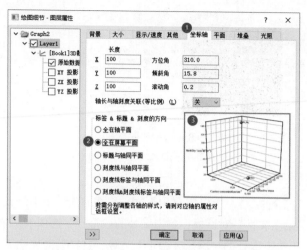

图 5-6　设置标签、轴标题、刻度线的方向

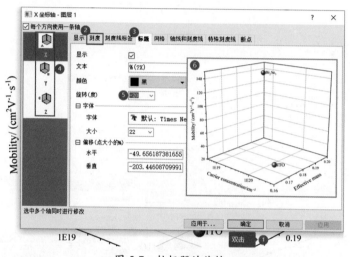

图 5-7　轴标题的旋转

图中已自动添加来源于 D 列的样品名称标签。如果没有添加，可以双击散点，打开"绘图细节 - 绘图属性"对话框，单击"标签"选项卡，选择"启用"复选框，修改"标签形式"来源于"Col(D)"，单击"确定"按钮。

2. 立方体的添加

为了更明显地区分 2 种材料的 3 项性能指标，通过每个点绘制 *XY*、*YZ* 和 *XZ* 三个方向的平面可构造立方体。但这样操作似乎需要添加 6 个面，步骤比较繁琐，这里介绍 Origin 软件的 App 插件"Cube Plot(2021).opx"，该插件可以通过设置长、宽、高等参数，快速构造半透明立方体。

将"例 1：App 插件 CubePlot(2021).opx"拖入 Origin 软件界面，在弹出的对话框中单击"确定"或"是"，即可安装成功。安装后，该 App 插件将出现在右边栏"Apps"中。

按图 5-8 所示的步骤，单击①处激活绘图窗口，单击右边栏的"Apps"选项卡，选择②处的"Cube Plot"，可弹出③处所示的"Apps:PlotCube"对话框，分别修改④、⑥、⑧处的 *X*（或 *Y*、*Z*）的极值，均从该点的 *X*（或 *Y*、*Z*）值到 *X* 轴（或 *Y*、*Z*）刻度起始值（或结束值），即该点分别向 *X*、*Y* 和 *Z* 轴投影的方向，如⑤、⑦、⑨所示。修改⑩处的边框线颜色和填充色为一深一浅的相同色系，透明度为 75。选择添加立方体到"Active Graph"（激活的绘图窗口），单击"确定"按钮。

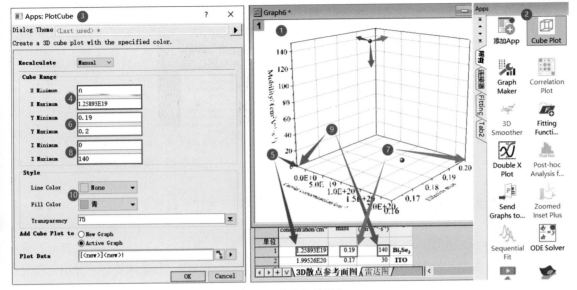

图 5-8　立方体的添加

按相同的方法添加第二个样品散点的立方体，绘制后会改变坐标轴范围，修正后即可得到目标图。

5.1.2 3D散点参考平面图

由于散点比较分散及视觉错位等原因，3D 散点图通常比较难以分辨，这就需要根据数据之间的逻辑关系增加相应的参考平面，以增加 3D 散点图的可读性。

例 2：准备一张工作表，如图 5-9（a）所示，按 3 组 2 类，将表结构设置为 3(XYZZ) 型。XYZZ 工作表可以在一个 Z 平面内绘制 2 条曲线。为 3 组各添加 1 个参考平面，绘制 3D 散点参考平面图，目标图如图 5-9（b）所示。

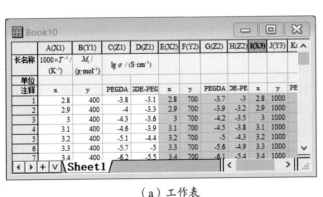

（a）工作表　　　　　　　　　　　　　　　（b）目标图

图 5-9　3D 散点参考平面图

1. 3D轨线图的绘制

按图 5-10 所示的步骤，单击①处全选数据，单击下方工具栏②处的 3D 绘图工具，选择③处的"3D 轨线图"，即可得到④处所示的效果图。图中每个散点上都有垂直于 X 轴和 Y 轴的垂直线，用于指示散点的坐标。

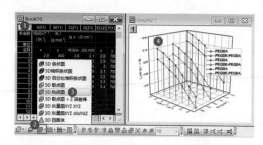

图 5-10　绘制 3D 轨线图

2. 分组颜色、符号的设置

由于同一个 Z 轴平面内的 2 条曲线分别对应于 2 种体系（PEGDA 和 PEGDE-PEGDA），因此，这两组的图例符号、颜色应该在"组内"相互区别。可以对 2 种体系设置不同的符号（☆和▲）和相同的颜色。

按图 5-11 所示的步骤，双击①处的散点打开"绘图细节 - 绘图属性"对话框，在"符号"选项卡中修改"符号类型"为 2D，大小为 8。单击③处进入"组"选项卡，修改④处的"分组"按大小（设置为 2）。在⑤和⑥处，分别设置"符号边缘颜色""线条颜色""符号类型"这三项的"增量"为"逐个"、"子组"为"子组之间"（注意："符号类型"的"子组"为"在子组内"）。单击⑦处选择一个颜色列表（如"Bold1"），单击⑧处修改第一、第二个符号分别为☆和▲，单击"确定"按钮。

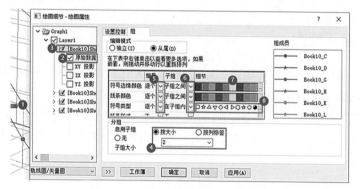

图 5-11　3D 散点颜色和符号的设置

3. 坐标轴的设置

在默认情况下，3D 坐标系刻度线标签、标题均在相应的坐标平面内，显示不够清楚，需要将它们显示在纸张所在的平面内。双击绘图（请勿在点线上双击）打开"绘图细节 - 绘图属性"对话框，单击"坐标轴"选项卡，修改"标签&标题&刻度的方向"为"全在屏幕平面"，单击"确定"按钮。

修改后得到的图中轴标题文本与相应的轴线不平行，需要设置其旋转角度。在轴标题文本上右击，选择"属性"，在弹出的对话框中，修改"旋转（度）"为某个角度。如，X 轴标题旋转 −18°，Y 轴标题旋转 30°，Z 轴标题旋转 90°。将各轴标题微调拖动到合适位置。

在 3D 散点图中，Y 轴刻度往往是实验参数或样品编号，因此建议隐藏次刻度，只显示与样品数一致的主刻度。另外，调整 Y 轴刻度范围，让 3 组样品平面分别位于前、中、后坐标平面。按图 5-12 所示的步骤，双击①处的刻度线，修改②处的"起始"和"结束"分别为 400、1000，修改③处的"主刻度""计数"为 3（对应 3 个分组），修改④处的"次刻度""计数"为 0（无次刻度）。单击"确定"按钮。

如果得到的 Y 轴刻度线与相应的 3 个 Z 平面不对应，修改⑤处的"锚点刻度"为 400，即可将第一个刻度与第一个样品参数关联起来。如果样品参数是等差变化的数据（例如，本例 400、700、

1000），设置"锚点刻度"值之后，另外两组都将与刻度线对应。

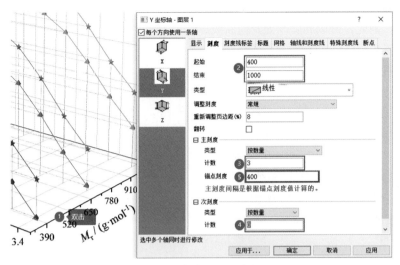

图 5-12　刻度范围及数量的设置

4. 分组图例的设置

在分组设置绘图后，原图例略显繁杂，建议只保留组别图例，设置与图中任何分组颜色不同的图例，这样既可以说明图例，又不显重复。

按图 5-13 所示的步骤，右击①处图例选择"属性"打开对话框，在保留的 2 行图例中，在"\l(1)"代码的括号中"1"后输入逗号，然后添加②处线条、边缘颜色的代码。

```
linecolor:#555555 edgecolor:#555555
```

其中，"#"后的字符串表示颜色代码，可以百度搜索选择某种颜色代码。颜色设置由"键:值"的格式表示，不同键值对之间用空格分隔，这样我们可以对任何图形元素（如填充 fillcolor 等）进行单独的颜色设置。设置后得到③处所示的效果。

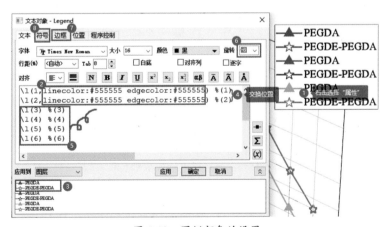

图 5-13　图例颜色的设置

在设置图例时，建议检查图例中描述的样品顺序是否与图中上下对应关系一致，这是一个细节问题，虽然不影响绘图质量，但注意这个细节，可以增强绘图的易读性。交换④处两行代码中所有"1"和"2"的位置，可以调整图例中的显示顺序。

对图例的颜色进行单独设置，使图例颜色与图中任何散点和曲线的颜色不一致，目的是对分组进行统一描述。因此，可以删除⑤处其他曲线的图例代码，保留两行分组的图例。

3D 坐标系的图例默认为矩形边框，如果隐藏边框，并且将图例整体旋转一个角度，置于坐标系内部，则可以使整体绘图比较协调。修改⑥处的"旋转"为 –8°，单击⑦处的"边框"选项卡，修改"边框"为"无"。单击"应用"按钮。

符号的线条略长，可以单击⑧处的"符号"选项卡，修改"图案块宽度"为 50，单击"确定"按钮。拖动图例到合适位置，可得到如图 5-14 所示的效果。

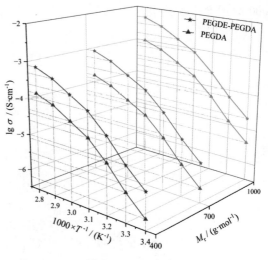

图 5-14 3D 点线图

5. 参考平面的添加

前面得到的 3D 散点图效果已基本满足发表的要求，但如果能增加 3 个 Z 平面，则可以增加视觉分隔效果。按图 5-15 所示的步骤，单击上方工具栏①处的按钮，选择②处的"新建 3D 参数函数图"菜单打开对话框，修改③处的"参数"，u 是 X 轴刻度范围，v 是 Z 轴刻度范围。设置④处的 X、Y 和 Z 的方程，其中 $Y(u,v)=400$（对应于第一个参考平面）。单击⑤处下拉框，选择"加入当前图"，单击"确定"按钮。分别设置 $Y(u,v)=700$ 和 1000，单击"确定"按钮，即可添加另外两个参考平面。

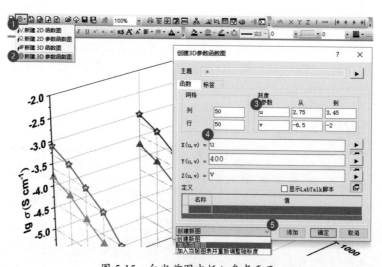

图 5-15 向当前图中插入参考平面

3D 散点图中插入的 3 个平面因为不透明而相互遮挡，网格线容易使绘图显得繁杂，且填充颜色与点线图的颜色不一致，起不到辅助参考作用。按图 5-16 所示的步骤，双击①处的平面，单击②处的"曲面"选项卡，修改"透明"度为 80%，单击③处的"网格"选项卡，取消"启用"复选框。单击④处的"填充"选项卡，单击⑤处的下拉框，选择"青"，单击⑥处的下拉框，选择与点线图相同的颜色列表（颜色列表名称为"Bold1"），这样就可以方便在⑦处选择相应的颜色。分别选择⑧处的另外两个参考平面，重复第②~⑤步和第⑦步进行相应设置。

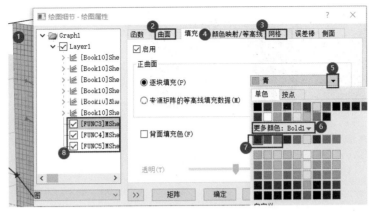

图 5-16　参考平面填充与半透明设置

由于添加了 3 个参考平面，此时图例中也相应增加了内容，可以将新增的图例删除。右击图例选择"属性"，在图例代码输入框中，选择不需要的图例代码，按"Delete"键删除。经过其他细节的微调，最终得到目标图。

5.1.3　电化学阻抗3D点线图

电化学阻抗（Electrochemical Impedance Spectroscopy，EIS）图可以揭示电极材料的传质电阻 R_{ct}（高频部分半圆的直径）和扩散电阻 R_s（低频部分斜线的斜率），一般绘制 2D 点线图即可，用 3D 点线图也是不错的尝试。

例 3：创建 4 组 XYZ 型工作表，如图 5-17（a）所示，填入 4 组样品的电化学阻抗数据，Y 列用于安排不同曲线的位置，设置为 1~4。绘制出电化学阻抗 3D 点线图，如图 5-17（b）所示。

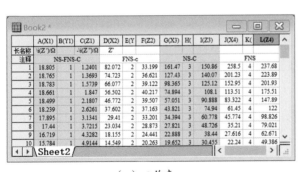

（a）工作表

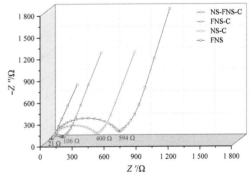

（b）目标图

图 5-17　电化学阻抗 3D 点线图

1. 3D散点图的绘制

检查工作表是否为 4 组 XYZ 型结构，按图 5-18 所示的步骤，单击①处全选数据，单击下方工具栏②处选择③处的"3D 散点图"，即可得到④处所示的 3D 散点图。

双击散点，在"符号"选项卡中，修改"符号类型"为"2D"、"大小"为 8。在"线条"选项卡中，选择"连接散点"复选框，修改"颜色"为"Bold1"。在"符号"选项卡中，选择图例符号为空心圆，修改"符号颜色"为"Bold1"、"内部"为"空心"。按图 5-19 所示的步骤，单击①处的"[Book2]Sheet1"，修改②处的"符号类型"为"逐个"，修改其后所列的符号类型。

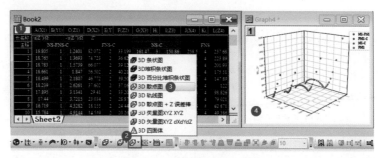

图 5-18　3D 散点图的绘制

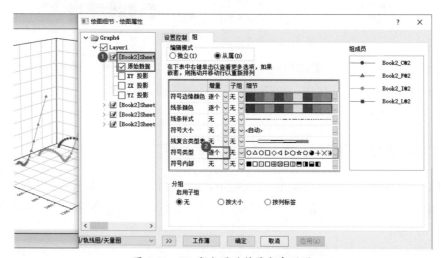

图 5-19　3D 散点图的符号颜色设置

2. 3D 坐标系的设置

默认绘图为透视六边形，现需要将其设置为"扁平"3D 图。按图 5-20 所示的步骤，双击图层（请勿在散点或线图上双击），打开"绘图细节 - 图层属性"对话框，单击①处的"坐标轴"选项卡，修改②处的 X、Y 和 Z 轴的长度、方位角、倾斜角、滚动角。在③处的"标签 & 标题 & 刻度的方向"单选框中选择"全在屏幕平面"，单击"应用"按钮，可得④处所示的效果。

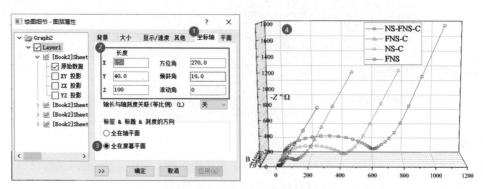

图 5-20　3D 坐标系的设置

所得绘图存在明显的"透视"效果，我们需要获得正交坐标系。按图 5-21 所示的步骤修改正交坐标系。单击①处的"其他"选项卡，设置②处的"投影"为"正交"，选择③处的"启用剪切"复选框，设置"X 偏移""Y 偏移"分别为 –30 和 –5，单击"应用"按钮，可得④处所示的效果。EIS

一般要设置相同的 X 和 Y 刻度范围，双击刻度轴修改刻度范围即可。经过其他细节的微调，例如，可以设置 3 个坐标平面的填充色，最终得到目标图。

图 5-21　正交坐标系的设置

5.1.4 3D三棱柱介稳相图

在第 4 章中介绍了 2D 三元相图的绘制，涉及三元体系。对于四元、五元体系的介稳相图，通常需要增加一个维度，即在普通三元体系三角形相图的基础上增加一个 Z 轴，这就需要绘制三棱柱结构的 3D 相图。

例 4：构造 XYZZ 型工作表，如图 5-22（a）所示，分别填入 Mg^{2+}、SO_4^{2-}、K^+ 的摩尔分数和 Na^+ 的某项指标数据，绘制出 3D 三棱柱介稳相图，如图 5-22（b）所示。

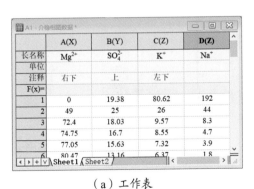

（a）工作表　　　　　　　　　　（b）目标图

图 5-22　3D 三棱柱介稳相图

1. 绘制3D三元图

选择 XYZZ 四列数据，单击菜单"绘图"→"3D"→"3D 三元符号"，可绘制出图。绘图可能并非处于最佳视角，需要利用下方工具栏的 3D 旋转工具调整到最佳显示效果。按图 5-23 所示的步骤，单击①处的旋转按钮调整 3D 图的姿态。

可以依据该数据对散点设置渐变色，双击②处的散点，打开"绘图细节 - 绘图属性"对话框，进入③处的"符号"选项卡，单击④处的"按点"选项卡和⑤处的"颜色映射"下拉框，选择映射数据来源于 D 列的 Na^+ 数据。进入⑥处的"颜色映射"选项卡，打开"填充"对话框，修改⑦处的起始和结束的颜色为蓝、红。单击"确定"按钮返回"绘图细节 - 绘图属性"对话框。单击⑧处的"垂直线"选项卡，修改"平行于 Z 轴"的样式为"短划线"、"宽度"为 1.5、颜色为橙色，单击"确定"按钮。

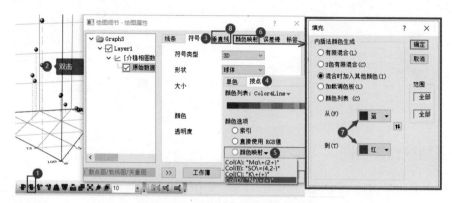

图 5-23　散点颜色、垂直线的设置

2. 底部投影散点的设置

底部的投影可以理解为将所有散点的 Z 降为 0，即可实现底部投影点的绘制。按图 5-24 所示的步骤，右击①处的"Sheet1"，选择②处的"创建副本"，即可创建③处所示的具有相同数据的工作表 Sheet2。在 D 列④处的"$F(x)$"单元格中输入"0"，即可将 Na^+ 这一列数据全部置零。

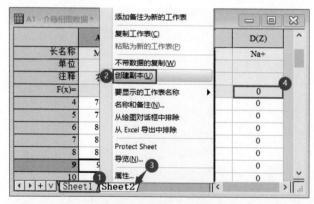

图 5-24　创建工作表副本

按图 5-25（a）所示的步骤，单击①处的 Sheet2，单击②处全选数据，移动鼠标到③处边缘，待鼠标指针变为叠加图标时，按下鼠标，向图中拖入，即可得到④处所示的散点。可以将底部的散点符号改为四面体，双击底部的投影散点，在"符号"选项卡中修改"形状"为四面体、"大小"为 18、"颜色"为橙色。在"线条"选项卡中选择"连接散点"复选框，修改"颜色"为橙色，这样可以建立底部散点的连接线。按图 5-25（b）所示的步骤，双击①处的图层打开"绘图细节 - 图层属性"对话框，单击②处的"坐标轴"选项卡，在③处的"标签 & 标题 & 刻度的方向"单选框中选择"全在屏幕平面"，单击④处的"确定"按钮，可得⑤处所示的效果。

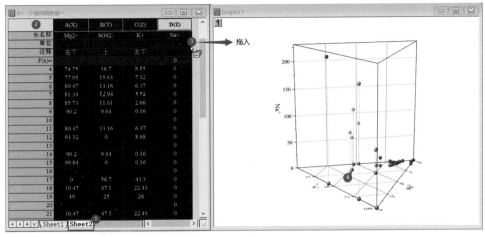

（a）底部投影散点的绘制

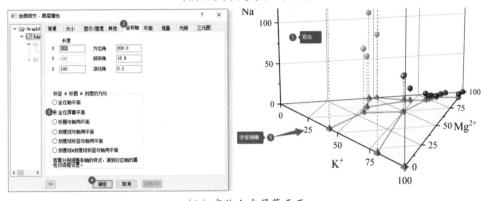

（b）字体全在屏幕平面

图 5-25　底部投影散点、坐标轴标题及刻度值的设置

> 注意 ⚠ 默认情况下，3D 绘图底部坐标平面的轴标题、刻度值标签均在底部平面内，不易读，可按
> 图 5-25（b）中的步骤设置字体"全在屏幕平面"。

3. 坐标系平面颜色填充

为坐标平面设置浅色背景，按图 5-26 所示的步骤，双击①处的图层打开"绘图细节 - 图层属性"
对话框，单击②处的"平面"选项卡，修改③处两个方向坐标平面的颜色和透明度，单击"确定"
按钮。经过其他细节的设置，可得目标图。

图 5-26　平面的设置

5.1.5 3D四面体相图

第 4.8.11 小节及 5.1.4 小节介绍了三元相图的绘制，均讨论三元组分的性质。本小节介绍四元组分的相图。为了便于理解四面体相图的数据特征，本小节包括两个案例。例 5 绘制甲烷分子，例 6 绘制四面体相图。这里需要说明的是，绘制化学分子需要利用化学相关软件绘制，这里绘制甲烷分子仅仅为了方便理解四面体相图的绘制。

例 5：创建 4 组 XYZZ 型工作表，如图 5-27（a）所示，A、F、K、P 列均为"标签"属性，仅作备注标签，而其后的 4 列分别设置为 X、Y、Z、Z 属性。绘制出甲烷四面体的目标图如图 5-27（b）所示。

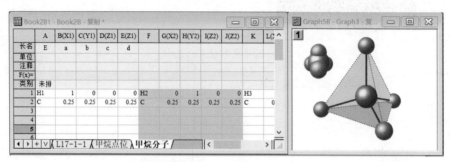

（a）工作表　　　　　　　　　　（b）目标图

图 5-27　甲烷四面体

解析：甲烷分子为正四面体构型，中心为 C 原子，4 个顶点为 H 原子。在前面介绍过三元组分，各组分的摩尔分数之和为 1。因此，我们将 4 个 H 原子视为 4 种组分，则 4 个 H 原子的位置参数（顶点与其对立平面之间的距离）之和为 1。而每个顶点均在 3 个平面上（距离为 0），且与其对立平面之间的距离为 1，则 4 个 H 原子的位置参数（a,b,c,d）分别为 (1,0,0,0)、(0,1,0,0)、(0,0,1,0)、(0,0,0,1)。由于中心 C 原子与每个面之间的距离均相等，则在四元体系中，C 原子的位置参数为 (0.25,0.25,0.25,0.25)。

1. 绘制四面体

全选数据，单击菜单"绘图"→"3D"→"3D 四面体"，可绘制出四面体图（见图 5-28）。图中显示了 4 个顶点和 1 个中心点，但在中心与各顶点之间并没有连接线。按图 5-28 所示的步骤，双击①处的图层打开"绘图细节 - 绘图属性"对话框，选择②处的"原始数据"，进入③处的"线条"选项卡，选择"连接"复选框，修改线条宽度为 3。进入④处的"符号"选项卡，修改⑤处的"大小"为"30"、"颜色"为单色，选择墨绿色，单击"确定"按钮。

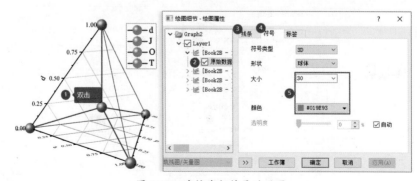

图 5-28　连接线与符号的设置

在图中可以看到甲烷的球棍模型了，但我们希望为中心 C 原子设置与四周的 H 原子不同的颜色。可以通过特殊标记法设置中心 C 原子的颜色。按图 5-29 所示的步骤，多次单击①处的中心球直到单独选中为止，然后双击该点打开"绘图细节 - 绘图属性"对话框，可得到②处所示的特殊点，修改③处的"大小"和"颜色"，单击"确定"按钮。

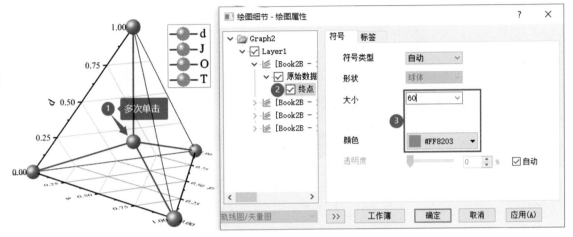

图 5-29　特殊点的选中与设置

2. 半透明平面的设置

增加两个半透明灰色填充平面，可以增强四面体的立体感。按图 5-30 所示的步骤，在"绘图细节 - 图层属性"对话框，单击①处的图层（Layer1），进入②处的"平面"选项卡，显示部分平面，设置一深一浅的两种灰度颜色，设置一定的透明度。建议取消"平面边框"③处的"启用"复选框，单击"棱柱体"④处下拉框，选择"整个棱柱体"，同时修改"样式"为"短划线"。单击"应用"按钮。

图 5-30　半透明平面的设置

3. 四面体大小的设置

刻度轴不再需要，分别单击刻度轴、刻度值及轴标题，按"Delete"键逐一删除。单击四面体会出现 8 个蓝色句柄，表明可以拖动这些句柄对图层进行缩放。有时候单击并不能出现句柄，可以按下"Alt"键的同时单击四面体。拖动句柄不断缩小，即可得到如图 5-31 所示①～③的效果。

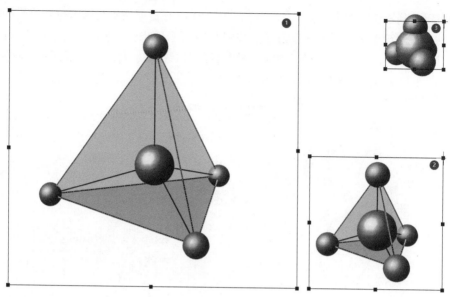

图 5-31　通过句柄调整四面体大小及形态

例6：创建一个 XYZZ 型工作表，如图 5-32（a）所示，A 列为"标签"属性，填入标签文本，B~E 列为 XYZZ 属性，填入四元组分的摩尔分数，F 列和 G 列为 Y 属性，填入相关指标的数据（如颗粒尺寸、熔点等），用作映射散点大小和颜色的数据集。绘制出 3D 四面体相图，如图 5-32（b）所示。

长名称	A	B(X)	C(Y)	D(Z)	E(Z)	F(Y)	G(Y)
	Sample ID	Ca^{2+}	Mg^{2+}	Na^++K^+	SO_4^{2-}	size (nm)	m.p.(°C)
单位							
注释							
F(x)=						rnd()*100	
类别	未排序						
1	A1	0.26585	0.2731	0.29054	0.1705	74.99033	63.09728
2	A2	0.33742	0.26098	0.30257	0.09904	50.78893	41.06697
3	B	0.19927	0.2267	0.49711	0.07692	25.71906	77.35529
4	C1	0.22671	0.48618	0.17828	0.10883	37.69757	2.86897
5	C2	0.29234	0.06369	0.41007	0.2339	10.11816	98.15406
6	C3	0.11529	0.33077	0.51973	0.03421	71.29542	63.92274
7	C4	0.47034	0.25405	0.23882	0.03678	3.70607	39.71839

（a）工作表

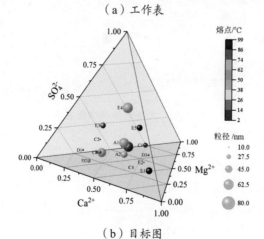

（b）目标图

图 5-32　3D 四面体相图

1. 四面体相图的绘制

选择 B~E 列 XYZZ 型数据，单击菜单"绘图"→"3D"→"3D 四面体"，可得灰色散点的四面体相图。按图 5-33 所示的步骤，双击①处的四面体，进入②处的"平面"选项卡，修改"XY"和"ZiZh"平面的颜色与透明度，单击"应用"按钮，可得①处所示的填充效果。

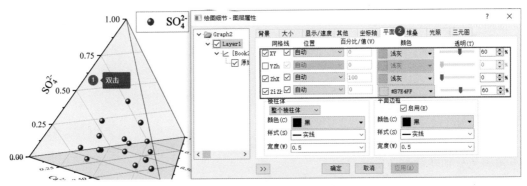

图 5-33　四面体平面的设置

此时，坐标轴刻度标签在各平面内，不易阅读，且 0 刻度标签发生重叠。按图 5-34 所示的步骤，单击①处的"坐标轴"选项卡，选择②处的"全在屏幕平面"，单击"确定"按钮。单击图例，按"Delete"键删除。

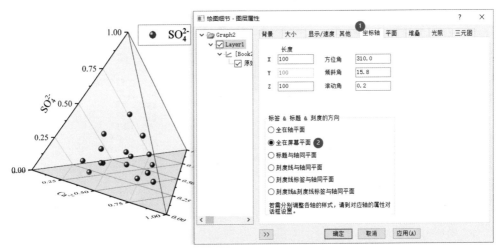

图 5-34　调整文本的显示方式

在所得四面体绘图中，散点的高低远近分布各异，这些位置与四种组分的摩尔分数有关，并未描述每个散点的某项指标具体的数据。如果用泡泡大小描述该条件下的粒径尺寸，用颜色深浅冷暖描述熔点的高低，则该四面体相图能表达的结论将更加丰富。

2. 泡泡大小和颜色的设置

绘图中球体的大小都相等，如果依据 F 列的粒径尺寸设置其大小，则可以使球体大小各异。按图 5-35 所示的步骤，选择①处的"原始数据"，进入②处的"符号"选项卡，单击③处的"大小"下拉框，选择依据 Col(F) 列数据映射大小，单击"应用"按钮，查看球体大小，必要时调整"缩放因子"直到球体大小合适为止。单击④处的"颜色"下拉框，选择"映射"，单击"颜色映射"下拉框，选择依据 Col(G) 列数据映射颜色。单击"应用"按钮，可得⑤处所示的效果。

图 5-35　散点大小和颜色映射的设置

3. 气泡图例的设置

所得图中增加了两种信息，即用气泡大小和颜色分别映射粒径尺寸和熔点数据，因此需要重建图例解释这两种信息。按图 5-36 所示的步骤，分别单击左边工具栏①处的"添加颜色标尺"和"添加气泡标尺"按钮，可得②处所示的两种图例。

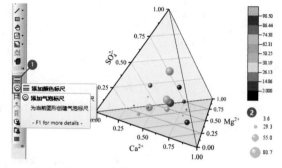

图 5-36　颜色、气泡标尺的设置

按图 5-37 所示的步骤修改颜色标尺的格式样式，双击①处的颜色标尺，打开"色阶控制"对话框，单击左边栏②处的"标题"，选择"显示"复选框。单击③处的"布局"，修改"色阶宽度"为 100。单击④处的"级别"，选择"隐藏头级别"和"隐藏尾级别"复选框。单击⑤处的"标签"，取消⑥处的"自动"复选框，修改⑦处的"自定义格式"为".0"（小数点后 0 位，即保留整数位）。单击"确定"按钮。

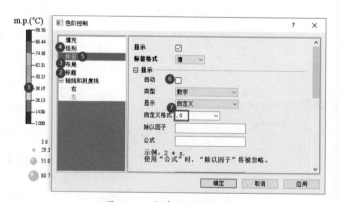

图 5-37　颜色标尺的设置

按图 5-38 所示的步骤修改气泡图例的格式样式，双击①处的气泡图例打开对话框，单击②处的"级别"，修改③处的"起始"和"结束"为整数，修改④处的级别"类型"为"按数量"、"计数"为 5。单击⑤处的"标题"，选择"显示"复选框。单击"确定"按钮。

4. 标签的设置

如果需要时，可以为每个球体设置标签，用于标注样品编号。按图 5-39 所示的步骤，双击①处的球体打开"绘图

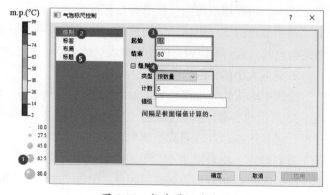

图 5-38　气泡图例的设置

细节 - 绘图属性"对话框,单击②处的"原始数据",进入③处的"标签"选项卡,选择④处的"启用"复选框,修改⑤处的字体,修改⑥处的"标签形式"来源于 Col(A) 列,设置⑦处的"位置"为"左"。单击"确定"按钮。经过其他细节的设置,最终得到目标图。

图 5-39　标签的设置

5.2 3D 柱状图

在三维图中,柱状图是用途比较广泛的一种绘图类型。相对于 2D 柱状图,3D 柱状图可以理解为由多张 2D 柱状图组成,因此 3D 柱状图适合多因子绘图。

5.2.1 分组3D误差棒柱状图

在 3D 柱状图中,通常需要按分类(或分组)设置间隔和颜色,呈现数据之间的逻辑关系,更好地突显结果差异。

例 7:准备一张工作表,如图 5-40(a)所示。A 列为"标签"属性,填入 3 组样品的文本标签。B 列为共用的 *X* 列。C 列以后为 4 组 YyEr± 属性,每个 *Y* 列后为其误差数据列。绘制分组 3D 误差棒柱状图,如图 5-40(b)所示。

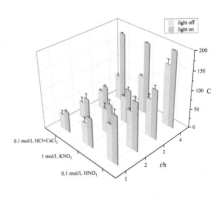

（a）工作表　　　　　（b）目标图

图 5-40　分组 3D 误差棒柱状图

解析： 在 Origin 界面下方工具栏有 2 个 3D 绘图按钮，两者的区别在于所采用的工作表结构不同，即 XYY 型 3D 绘图工具、XYZ 型 3D 绘图工具。多数情况下，我们往往会混淆这两个工具，当工作表结构不符合所需类型时，Origin 就会报错，最终绘制不出 3D 图。

1. XYY型3D条状图的绘制

按图 5-41 所示的步骤，从①处的 B 列标签开始，按下鼠标，往右拖选至最后一列，选择数据，单击下方工具栏②处的按钮，在弹出的工具菜单中选择③处的"XYY 3D 条状图"按钮，即可得到④处所示的 3D 条状图。

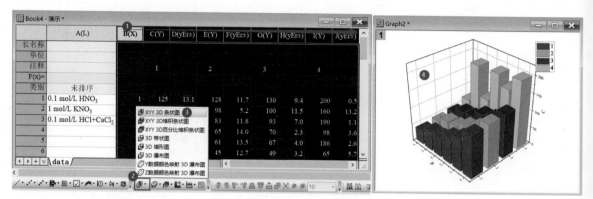

图 5-41　XYY 型 3D 条状图的绘制

2. 分组片状柱条的设置

所得绘图中柱条为较粗的立方体，需要设置"轮廓"在 X 和 Y 方向上的间距，从而构造片状柱条。按图 5-42 所示的步骤，双击①处的柱条打开"绘图细节 - 绘图属性"对话框，进入②处的"轮廓"选项卡，修改③处的 X 和 Z 方向条状宽度分别为 98% 和 10%，可以单击"应用"按钮，查看效果。选择④处的子集"按大小"单选框，按两组分组，这里设置为 2，修改⑤处的"子集间的距离"为"20"。单击"应用"按钮，可得⑥处所示的效果。

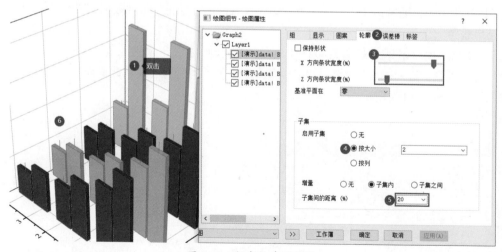

图 5-42　柱条轮廓的设置

3. 分组颜色的设置

在前面已根据子集分组将不同组的柱条间隔一定距离，现在需要设置相同组的柱条为相同的颜色。按图 5-43 所示的步骤，在"绘图细节 - 绘图属性"对话框中，进入①处的"图案"选项卡，如果不希望柱条有边框线，可以修改②处的颜色为"无"。单击③处的下拉框，选择④处的"按点"选项卡，单击⑤处的"索引"下拉框，选择按 Col(B) 列数据索引，单击"应用"按钮，可得⑥处所示的效果，此时，同一组柱条的颜色均相同。

图 5-43　分组颜色的设置

4. 误差棒的设置

所得绘图中的误差棒缺少线帽，按图 5-44 所示的步骤设置。进入①处的"误差棒"选项卡，修改②处的"颜色"为蓝色或与柱条颜色对比明显的其他颜色，修改③处的"线条宽度"为"1"，选择④处的"线帽"为"X 线"。单击"确定"按钮，可得⑤处所示的效果。

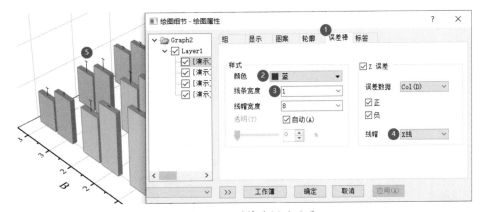

图 5-44　误差棒线帽的设置

5. 刻度线标签的设置

所得绘图中左侧刻度线标签为重复数字，该轴线描述的是不同浓度的溶液体系，因此采用 A 列标签文本更加准确。由于 6 列柱条的 X 分别为 1、1、2、2、3、3，即包含重复数字，它们是按 2 分组的，所以刻度变化增量为 2，刻度线应该是 3 条。按图 5-45 所示的步骤，双击①处的轴线打开对话框，设置②处的主刻度"类型"的增量"值"为 2。单击"应用"按钮。

3 条刻度线并不位于每组柱条的中间位置，这是因为这 6 条柱条的数据具有独立的行号。例如，第一组两条柱条的数据行号分别为 1 和 2。如果要为第一组设置一个位于两条柱子中间的刻度线，则该刻度值为 1 和 2 的平均值（1.5），其余分组柱子的刻度平均值以此类推。另外，刻度值与刻度线的数量、刻度范围、刻度增量的换算有关。这里，第一个刻度值是从 0 开始的，而非 1.5，因此需要设置③处的"锚点刻度"为"1.5"。由于该轴不是表达连续的变化量，而是显示样品名称，因此需要隐藏次刻度线。设置④处的次刻度"计数"为"0"，单击"确定"按钮，可得⑤处所示的效果。

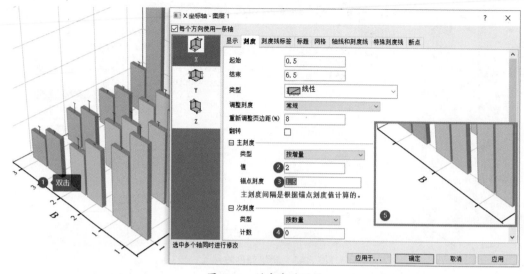

图 5-45　刻度线的设置

X 轴刻度虽然已设置为 3 个刻度，但刻度线标签暂时缺失，这就需要指定刻度线标签来源数据集。按图 5-46 所示的步骤，在"X 坐标轴 - 图层 1"对话框中，单击①处的"刻度线标签"，单击②处下拉框。修改显示"类型"为"刻度索引数据集"，选择③处的"数据集名称"为"A"列，可得④处的效果，由于 X 轴已经说明了这些分组文本，因此，图例略显多余，可以单击图例并按"Delete"键删除图例。

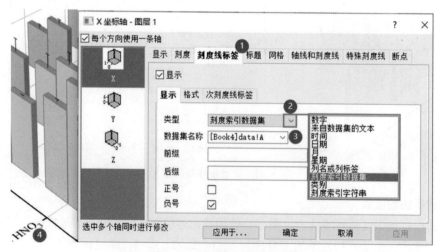

图 5-46　刻度线标签的设置

为了使文本清晰易读，需将所有文本面向屏幕。双击图层空白处打开"绘图细节 - 绘图属性"对话框，进入"坐标轴"选项卡，在"标签 & 标题 & 刻度的方向"单选框中选择"全在屏幕平面"，单击"确定"按钮。拖动标签到合适位置，修改填充颜色，如图 5-47 所示。

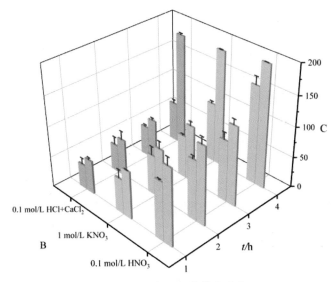

图 5-47　文本面向屏幕的设置

6. 绘图的优化

图 5-47 在"自明性"方面存在不足，分组内的 2 条柱子分别代表什么并未表达出来。假设这并排的 2 条柱子分别代表光照的 light on 和 light off，则需要对并排的 2 条柱子设置不同的颜色，以表达开灯和关灯两种状态。

图 5-47 是在 B 列设置的数字索引配色，即按数字选择颜色列表中相应序号的颜色。如果将 B 列的"1、1、2、2、3、3"改为"1、8、1、8、1、8"，则柱条的颜色将按照第 1 个和第 8 个色块交替填充柱条。

图例需要修改，按图 5-48 所示的步骤，单击左边工具栏下方①处的"重构图例"按钮，可以将②处的图例更新为③处所示的图例，右击③处的图例，在弹出的菜单中选择④处的"属性"，打开对话框，修改⑤处的图例文本为"light on"和"light off"，单击⑥处的"符号"选项卡，修改"图案块宽度"为"50"。单击"确定"按钮，最终得到目标图。

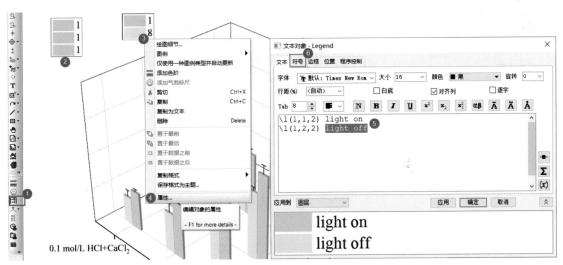

图 5-48　图例的修改

5.2.2 并排3D误差棒柱状图

假设在 A 和 B 两种条件下，讨论指标 Y 随 X 的变化，可以绘制并排 3D 误差棒柱状图。

例 8：创建 XYE 型工作表，如图 5-49（a）所示，A 列为共用的 *X* 列，B 列和 C 列为条件 A 得到的 *Y* 和 *Y* 误差，D 列和 E 列为条件 B 得到的 *Y* 和 *Y* 误差。绘制并排 3D 误差棒柱状图，如图 5-49（b）所示。

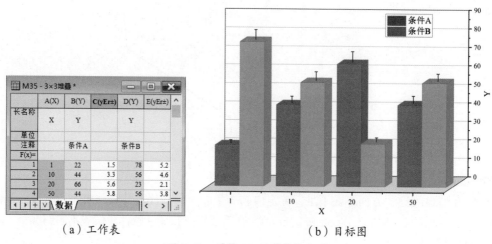

（a）工作表 （b）目标图

图 5-49 并排 3D 误差棒柱状图

1. XYY 3D并排条状图的绘制

按图 5-50 所示的步骤，单击工作表①处全选数据，单击②处的"绘图"菜单和③处的"3D"，选择④处的"XYY 3D 并排条状图"，可得⑤处所示的效果图。

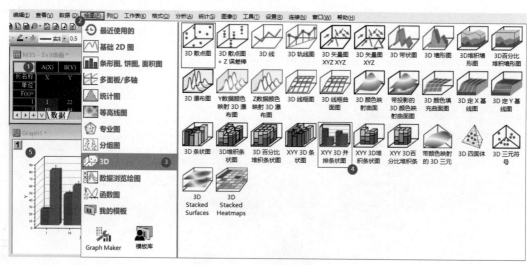

图 5-50 并排条状图的绘制

2. 光照效果的设置

利用动态光影光照效果可以提升柱状图颜色的亮度，按图 5-51 所示的步骤，双击①处的图层空白处打开"绘图细节 - 图层属性"对话框，选择②处的图层 Layer1，进入③处的"光照"选项卡，选择④处的"定向光"，修改⑤处的光照方向，选择"动态光影"，单击"确定"按钮。

图 5-51　光照的设置

3. 平面的设置

底部平面填充颜色可以增强立体效果，按图 5-52 所示的步骤，在"绘图细节 - 图层属性"对话框，单击①处的"平面"选项卡，取消②处的"YZ"平面复选框（不显示该平面），修改③处的颜色为浅蓝色，使底部平面填充颜色。单击"应用"按钮，可得④处所示的效果。

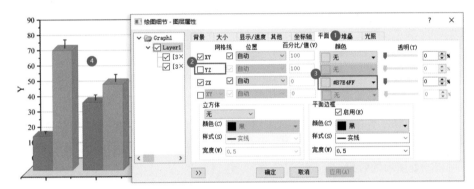

图 5-52　平面的设置

4. 坐标轴的换位

3D 图具有前、后、左、右、上、下共 6 个方位的刻度轴，但默认只显示 3 条：前 X 轴、左 Y（或 Z）轴、右 Z（或 Y）轴，在"Y 坐标轴 - 图层 1"对话框中的"轴线和刻度线"选项卡可以为每个方向配置一条轴。图 5-52 中左 Y 轴被柱条遮挡，因此需要将左 Y 轴隐藏，而将右 Y 轴显示出来。

双击左 Y 轴刻度打开"Y 坐标轴 - 图层 1"对话框，按图 5-53 所示的步骤，单击①处的"轴线和刻度线"选项卡，取消②处的"每个方向使用一条轴"复选框，对③和④处框选的 4 个方向分别选中后，取消⑤处的"显示轴线和刻度线"（不显示这些方向的轴线）。选

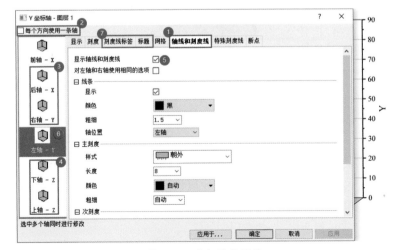

图 5-53　坐标轴的换位

中⑥处的"左轴 -Y"（有时候左右方向是相反的，可以单击"应用"按钮检查是否符合要求），选择⑤处的"显示轴线和刻度线"复选框。分别进入⑦处的"刻度线标签"和"标题"选项卡，分别选择"显示"复选框，将右侧的 Y 轴标题、轴刻度显示出来。最终得到目标图。

5. 并列3D柱状图的设置

前面绘制的 3D 柱状图中，柱条处于横向并排位置，根据用户喜好可以将其安排为纵向并列位置。双击图层空白处打开"绘图细节 - 图层属性"对话框，按图 5-54 所示的步骤，选择①处的图层 Layer1，进入②处的"其他"选项卡，取消③处的"并排条状样式"复选框，单击"应用"按钮，可得④处所示的效果。

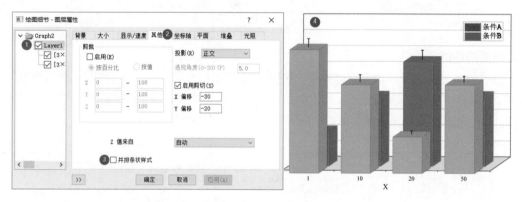

图 5-54　改变并排样式

柱状图中柱条相互遮挡，可以改为圆柱避免遮挡。按图 5-55 所示的步骤，在"绘图细节 - 绘图属性"对话框中，选择①处的柱条数据，在"组"选项卡中，单击②处的下拉框选择"柱状形状"增量为"逐个"，单击③处的下拉框修改第一组的方柱为圆柱，即可得到④处所示的序列。单击"确定"按钮，可得⑤处所示的效果。

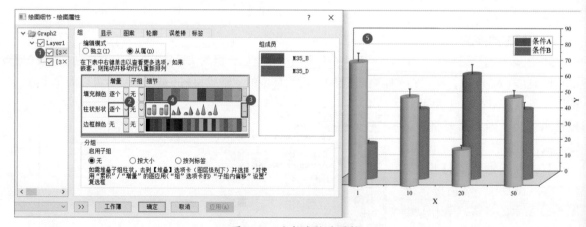

图 5-55　方柱变换为圆柱

对于任何超出坐标系的图形，可以按图 5-56 中类似操作解决。单击右边工具栏①处的"调整刻度"按钮或按"Ctrl+R"组合键，可得到②处所示的效果。更多并排柱图的绘制模板可以通过单击菜单"帮助"→"Learning Center"获得。

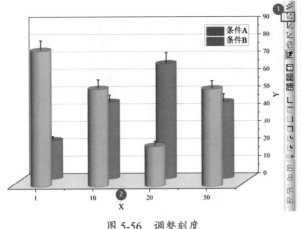

图 5-56　调整刻度

5.2.3 多因子3D柱状图

在实验上经常会研究多种因子对某项指标的影响。例如，在污水处理领域，假设某种工艺采用向进水污水中添加不同质量浓度的 Zn^{2+}，研究不同程度 Cd^{3+} 污染的污水经不同时间处理后，其出水中 Cd^{3+} 质量浓度的降低情况。该研究既要考察添加剂 Zn^{2+} 的质量浓度，又要考察进水中 Cd^{3+} 的质量浓度及处理时间，以研究最佳的添加量和处理时间。那么，需要通过绘图研究 3 因子（添加剂 Zn^{2+} 质量浓度、进水 Cd^{3+} 质量浓度、处理时间）对 1 项指标（出水 Cd^{3+} 质量浓度）去除效率的影响。

例 9：准备一张 XYY 型工作表，如图 5-57（a）所示，A 列为时间，在列标签上通过右击插入 2 个"用户参数"，在列标签中填入进水 Zn^{2+} 和 Cd^{3+} 质量浓度。绘制多因子 3D 柱状图，如图 5-57（b）所示。

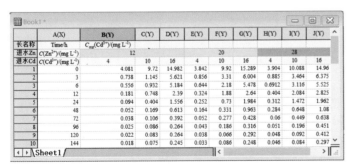

（a）工作表　　　　　　　　　　　（b）目标图

图 5-57　多因子 3D 柱状图

1. XYY 3D条状图的绘制

按图 5-58 所示的步骤，单击①处全选数据，单击下方工具栏②处的按钮，选择③处的"XYY 3D 条状图"按钮，可得④处所示的效果。

图 5-58　XYY 3D 条状图的绘制

所得条状图因采用了自定义用户参数而出现严重堆叠。按图 5-59 所示的步骤，双击①处的图层空白处打开"绘图细节 - 图层属性"对话框，选择②处的图层 Layer1，进入③处的"其他"选项卡，修改④处的"Z 值来自"为"自动"，单击"应用"按钮。

图 5-59　选择 Z 值来源

2. 分组颜色和形状的设置

按图 5-60 所示的步骤，在"绘图细节 - 绘图属性"对话框中，选择①处的对象，进入②处的"组"选项卡，选择③处的分组"按列标签"、"子组大小"为"进水 Zn"，修改④处的"柱状形状"增量为"逐个"、"子组"为"子组之间"，对⑤处作相同设置，选择一个颜色列表。单击"确定"按钮，可得⑥处所示的效果。

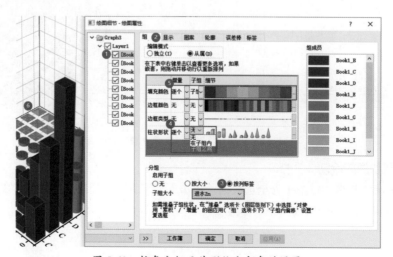

图 5-60　柱条分组及其形状和颜色的设置

3. 3D绘图姿态的调整

所得绘图中柱条相互遮挡，需要对 3D 绘图的姿态进行调整。调整方法有 3 种：一是 3D 旋转工具，二是翻转坐标轴，三是颠倒刻度范围。旋转和翻转通常会导致左右轴颠倒，有可能给后续坐标轴的设置带来麻烦，因此建议采用颠倒刻度范围的方法（见图 5-61）。

图 5-61　坐标轴刻度的设置

右轴表示进水 Cd^{3+} 质量浓度，按图 5-62 所示的步骤，双击①处的刻度轴打开对话框，进入②处的"刻度线标签"选项卡，单击③处的"显示"下拉框，选择④处的"进水 Cd"。进入⑤处的"标题"选项卡，修改"文本"为：

$$\text{\\i(C)\\-(in)(Cd\\+(3+))/(mg L\\+(-1))}$$

单击"应用"按钮，可得⑥处所示的效果。

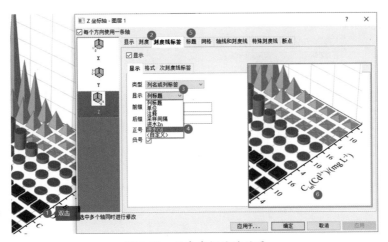

图 5-62　刻度线标签的设置

4. 图例的设置

图中设置了 3 种颜色表示按用户参数"进水 Zn"进行了分组，需要重构图例对颜色进行说明。按图 5-63 所示的步骤，右击①处的图例，在快捷菜单中选择"属性"打开对话框，进入②处的"文本"选项卡，修改③处的"大小"为 16，④处的"旋转"为 −20（将图例旋转至与右上轴平行），在⑤处的图例代码文本框中输入量与单位代码及图例文本标签。进入⑥处的"符号"选项卡，修改"图案块宽度"为 50。进入⑦处的"边框"选项卡，修改"边框"为"无"。单击"确定"按钮，拖动图例到合适位置，右击页面外灰色区域，选择"调整页面至图层大小"。最终得到⑧处所示的目标图。

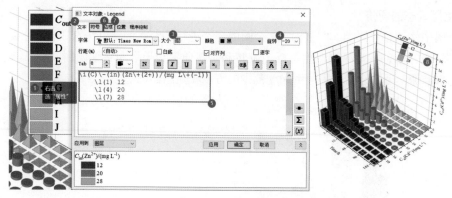

图 5-63　图例的修改

5.2.4　3D双Y影子图

在实验上经常会遇到需要对比研究相同X变化对 2 个Y的影响，而且这 2 个Y的数量级相差较大，在同一个坐标系中无法显示两者的变化规律。这就需要绘制双Y轴图，在第 4 章介绍了二维的双Y轴图，本小节介绍一种新颖的立体双Y轴图，因其特征像柱子与影子的关系，笔者将其命名为"影子图"。

例10：准备一个 X2(YyEr±) 型工作表，如图 5-64（a）所示，A 列为文本型刻度标签，用于标注共用的X轴刻度。绘制 3D 双Y影子图，如图 5-64（b）所示。

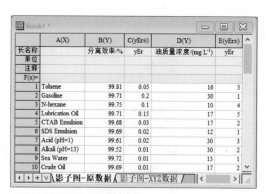

（a）工作表

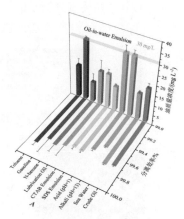

（b）目标图

图 5-64　3D 双Y影子图

1. XYZ型工作表的设置

在工作簿下方"影子图 – 原数据"标签上右击，选择"创建副本"，双击新建的副本工作表标签，修改为"影子图 –XYZ 数据"（见图 5-65）。在第一组"分离效率"所在列上右击"插入"一列，在 F(x) 单元格输入"98.97"，并设置为Y属性，而将"油质量浓度"所在列设置为Z属性。利用 A~C 三列数据绘制 3D 柱状图样品，将绘制

图 5-65　XYZ 型工作表

出站立的柱状图。在 F 列右边追加一列，在 F(x) 单元格输入"0"，并设置为 Z 属性，可以绘制出贴在底部平面的"影子"。

这里需注意四个细节：一是在立柱的 (X,Y,Z) 数据中 Y=98.97，而非 Y=0，是因为影子的数据范围为 99~100，底部坐标系 Y 轴刻度将设置为 99~100，立柱的位置将坐落于 98.97 处，这样可以将柱条推向坐标轴之外，又能贴近坐标轴；二是在影子的 (X,Y,Z) 数据中 Z=0，其目的在于将影子柱条图形紧贴在底部坐标系平面；三是在这两种形态（立柱和影子）中，立柱的实验数据安排在 Z 列，而影子的实验数据安排在 Y 列；四是立柱和影子的误差数据列均为"yEr ±"属性，需要注意误差数据列紧跟相应实验数据后。

2. 3D 条状图的绘制

立柱和影子需要分别绘制，首先绘制立柱，然后向立柱的绘图中拖入影子的数据，或在"图层内容"对话框中添加。按图 5-66 所示的步骤，拖选①处列标签选择 A~C 列数据，单击下方工具栏②处的 3D 绘图工具，选择③处的"3D 条状图"，可得④处所示的效果。

图 5-66　3D 条状图的绘制

> **注意** ⚠ 在绘制带误差棒的 3D 绘图时，请勿选择误差数据列，否则会报错。误差棒可在绘制好 3D 图后添加。

接下来向 3D 条状图中拖入影子的数据（E 列和 G 列）。按图 5-67 所示的步骤，第①步按"Ctrl"键的同时单击 E 列和 G 列，即跳过误差数据列，仅选择 YZ 数据。移动鼠标到②处所选列的右边缘，待鼠标指针变为叠加图标时按下鼠标，向 3D 条状图中拖放。

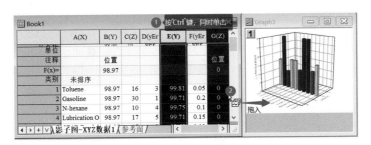

图 5-67　拖入法添加数据

3. 坐标轴刻度范围的反序调整

在前述步骤所得的绘图中，影子的数据以散点形式分布在立柱的后方，需要调整 Y 轴刻度范围反序，让影子在读者的左后方，而立柱在右前方。按图 5-68 所示的步骤，双击①处的坐标轴打开"Y 坐标轴 - 图层 1"对话框，进入②处的"刻度"选项卡，修改③处的"起始"和"结束"刻度值为反序，即分别为 100 和 99。

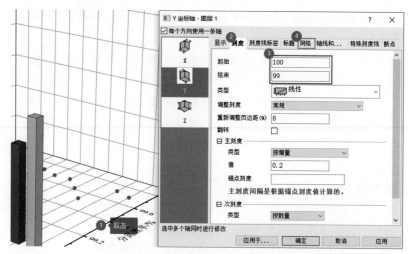

图 5-68　坐标轴刻度范围的反序设置

坐标系平面的网格线略显繁杂，在无须精确定位和读数的情况下，可以隐藏网格线。进入④处的"网格"选项卡，按"Shift"键单击选择 X、Y、Z，同时取消网格线的"显示"复选框，单击"确定"按钮，即可消除所有网格线。

4. 立柱颜色的设置

按图 5-69 所示的步骤，双击①处的柱条打开"绘图细节 - 绘图属性"对话框，修改②处的边框颜色为"无"，单击③处的填充颜色下拉框，选择④处的"按点"，单击⑤处的下拉框，选择一个颜色列表，单击⑥处的索引下拉框，选择依据 Col(A)（A 列为文本标签，则默认按行号索引）。单击"应用"按钮，可得①处所示的效果。

图 5-69　按点索引填充颜色

5. 影子的设置

按图 5-70 所示的步骤，在"绘图细节 - 绘图属性"对话框中，单击①处打开该节树形目录，取消②处的"原始数据"复选框（即不显示散点），选择③处的"XY 投影"（显示散点在 XY 坐标系平面上的投影）。进入④处的"符号"选项卡，修改⑤处的符号"大小"为 0，单击⑥处的颜色下拉框，选择⑦处的"按点"，单击⑧处的下拉框，选择与立柱填充色相同的颜色列表，单击⑨处的下拉框，选择"索引"来自 Col(A) 列数据。进入⑩处的"垂直线"选项卡，选择"平行于 Y 轴"复选框，设置垂线宽度为 18（可单击"应用"按钮，查看效果，使影子与立柱同宽），颜色选择"自动"，单击"确定"按钮，可得影子效果。

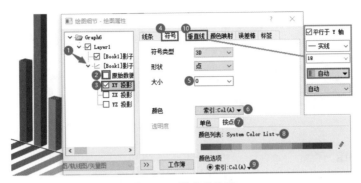

图 5-70　影子的设置

默认情况下绘制的投影末端为圆头，这在其他图形中也会出现，特别是当线条宽度较粗时，线条末端均为圆头。这与 Origin 的"系统变量"初始化值有关，系统变量的取值及其效果如图 5-71 所示。

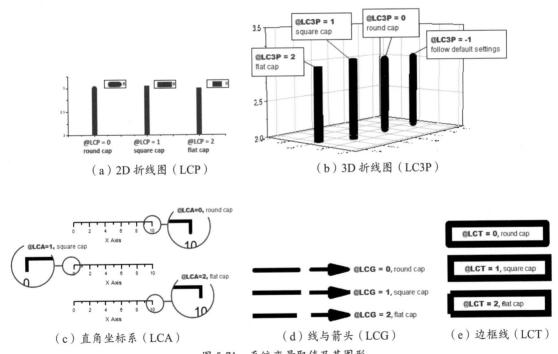

（a）2D 折线图（LCP）　　　（b）3D 折线图（LC3P）

（c）直角坐标系（LCA）　　（d）线与箭头（LCG）　　（e）边框线（LCT）

图 5-71　系统变量取值及其图形

按图 5-72 所示的步骤设置 3D 图的"平头"效果，单击①处的"设置"菜单，选择"系统变量"打开"设置系统变量"对话框，修改"LC3P"的"值"为 3。如果列表中缺少"LC3P"，可以右击该列表，选择"新建"即可创建这个变量。单击"确定"按钮后，图中并未发生变化，这需要关闭 Origin 软件，再次打开 Origin 软件后，影子末端的圆头即可显示为"平头"。

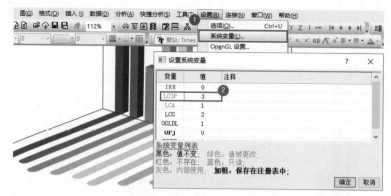

图 5-72　3D 图系统变量 LC3P 的设置

6. 坐标平面的隐藏

左 Y 轴与立柱相隔太远，需要隐藏左面并将左 Y 轴移到右侧。按图 5-73 所示的步骤，双击①处的图层空白处打开"绘图细节 - 图层属性"对话框，进入②处的"平面"选项卡，取消③处的"YZ"平面复选框，单击"确定"按钮。

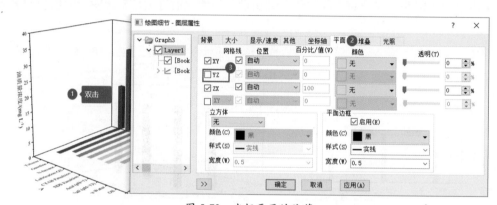

图 5-73　坐标平面的隐藏

7. 3D图姿态调整

按图 5-74 所示的步骤，在"绘图细节 - 图层属性"对话框中，进入①处的"坐标轴"选项卡，修改②处的方位角、倾斜角和滚动角分别为 300、400 和 0，单击"应用"按钮，可得③处所示的效果。

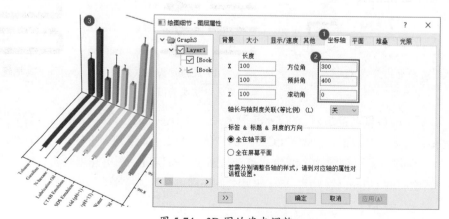

图 5-74　3D 图的姿态调整

8. 误差棒的显示

按图 5-75 所示的步骤，选择①处的立柱数据，进入②处的"误差棒"选项卡，修改③处的"颜色"为黑色，修改④处的"误差数据"来源于 Col(D) 列数据。修改⑤处的"线帽"为 X 线。选择⑥处的影子数据，重复第③~⑤步的操作。

图 5-75　误差棒的显示

9. 参考平面的添加

在油质量浓度为 30 mg/L 处添加一条辅助线或一个参考平面。按图 5-76 所示的步骤，单击上方工具栏①处的"函数绘图"，选择②处的"新建 3D 参数函数图"打开对话框，在③处修改"列"和"行"的范围，我们指定参数 u 对应 X 轴的刻度范围（0~11），参数 v 对应立柱底部的宽度（98.95~99），设置④处的 $X(u, v) = u$，$Y(u, v) = v$，$Z(u, v) = 30$，单击⑤处选择"加入当前图"。单击"确定"按钮，即可得到⑥处所示的参考平面。

此时参考平面为灰色，无论怎样修改填充色，它仍然为灰色，这是因为它包含网格线。双击灰色参考平面打开"绘图细节 - 绘图属性"对话框，进入"网格"选项卡，取消"启用"复选框，即可得到蓝绿色参考面。但该参考面由于不透明遮挡了其下方的柱条，因此需要设置半透明。进入"填充"选项卡，取消"透明"的"自动"复选框，设置 60% 的透明度，单击"确定"按钮。

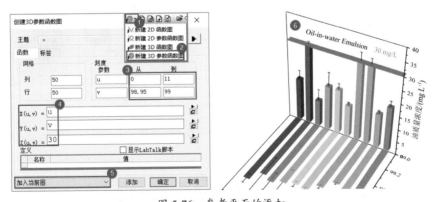

图 5-76　参考平面的添加

10. 重叠刻度值的隐藏

在多数 3D 绘图中，经常会遇到两条坐标轴相交处刻度值重叠的现象，可以通过设置特殊刻度线的方式将其隐藏。按图 5-77 所示的步骤，双击①处有重叠刻度值的轴线打开对话框，进入②处的"特殊刻度线"选项卡，选择③处的 Z 方向，双击④处的单元格，然后输入 0，取消⑤处的"显示"复选框。单击"确定"按钮，即可得到目标图。

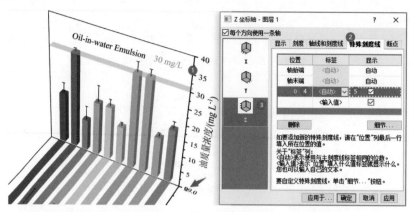

图 5-77　特殊刻度线的设置

5.2.5　堆积百分比电池柱状图

在 3D 条状图中，可以通过设置圆柱和填充色绘制出各种创意的柱状图。本小节以赝电容贡献率堆积百分比柱状图为例，演示如何巧妙地利用 3D 坐标系构造立体图形。

例 11：准备一张 X(YZ)$_2$ 型工作表，如图 5-78（a）所示。A 列为共用的 X 列，填入扫描速率；B 列和 D 列为 Y 属性，填入两种样品的合成温度（300 ℃、400 ℃）；C 列和 D 列为 Z 属性，在 C 列填入赝电容贡献率，在 E 列设置 F(x)=100–C，即计算扩散贡献率。绘制出堆积百分比电池柱状图，如图 5-78（b）所示。

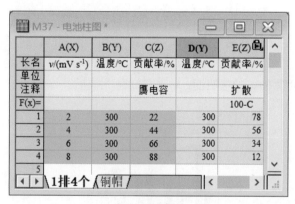

（a）工作表　　　　　　　　　　　　　　（b）目标图

图 5-78　堆积百分比电池柱状图

1. 百分比堆积条状图的绘制

按图 5-79 所示的步骤，单击①处全选数据，单击下方工具栏②处的按钮，选择"3D 百分比堆积条状图"，可得③处所示的效果。

将方柱改为圆柱，同时修改颜色。按图 5-80 所示的步骤，双击①处的柱条打开"绘图细节 - 绘图属性"对话框，进入②处

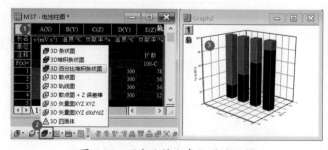

图 5-79　百分比堆积条状图的绘制

的"图案"选项卡，修改③处的边框"颜色"为"无"，修改④处的"形状"为"圆柱"。单击⑤处的填充"颜色"下拉框，选择⑥处的"按曲线"，单击⑦处的下拉框选择"Pumpkin Patch"颜色列表，单击"应用"按钮。

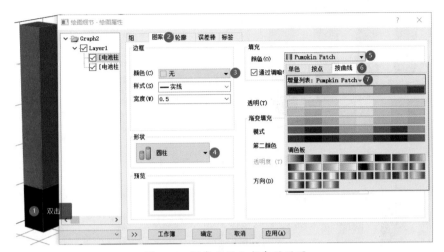

图 5-80　柱条形状和颜色的设置

在电池柱的外侧显示贡献率。按图 5-81 所示的步骤，在"绘图细节 - 绘图属性"对话框，进入①处的"标签"选项卡，选择②处的"启用"复选框，单击③处下拉框，修改字体。修改④处的"标签形式"来源于"Z"数据。由于工作表中贡献率数据不含"%"，所以需要在⑤处输入代码：*""%"。按⑥处所示设置标签的位置，必要时调整"偏移"。选择⑦处的柱条，重复第②～⑥的步骤。单击"应用"按钮，即可得到⑧处所示的效果。

图 5-81　标签的设置

绘制一排四芯的电池柱图，需要调整坐标系的姿态。按图 5-82 所示的步骤，在"绘图细节 - 图层属性"对话框中，选择①处的图层 Layer1，进入②处的"坐标轴"选项卡，按③处的数据设置 X、Y、Z 轴长度及角度。单击"应用"按钮，即可得到④处所示的效果。

将左侧、后面两处坐标系平面隐藏，并为底部平面填充颜色，将使绘图简化，同时增加 3D 效果。按图 5-83 所示的步骤，在"绘图细节 - 图层属性"对话框中，进入①处的"平面"选项卡，设置②处的 XY 平面填充色，取消③处 YZ 和 ZX 两个平面的"网格线"复选框，取消④处"平面边框"的"启用"复选框。单击"应用"按钮，即可得到⑤处所示的效果。

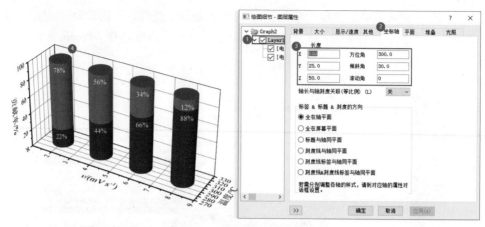

图 5-82　3D 坐标系姿态的设置

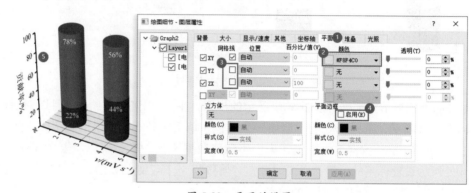

图 5-83　平面的设置

网格线与刻度线数目有关，底部网格线太密，可以双击 Y 轴，修改相应的刻度"起始"与"结束"范围，根据需要设置主刻度数，必要时将次刻度数设置为 0（不显示次网格线）。当遇到双击轴线无法打开坐标轴对话框时，可以在绘图窗口左上角图层序号 1 上右击，选择"坐标轴"，即可打开坐标轴对话框，选择需要修改的坐标轴进行相关设置。

2. 电池铜帽的设置

新建一个 XYZ 型表格（见图 5-84），设置 C 列为 Z 属性。A 列和 B 列为 (x,y) 坐标，坐标与前述条状图的一致，从赝电容工作表中拷贝 A 列和 B 列数据填入这两列。C 列为将要绘制的铜帽数据，铜帽比电池略高，因此在 C 列设置 F(x)=102。

采用拖入法加入铜帽柱，按图 5-84 所示的步骤，选择①处的"铜帽"工作表，在②处拖选 A~C 列数据，移动鼠标到③处边缘，待鼠标指针变为叠加图标时，按下鼠标，向条状图中拖放，可在柱条顶部绘出散点。

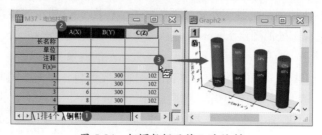

图 5-84　铜帽数据及拖入法绘制

将散点修改为柱条，按图 5-85 所示的步骤，双击①处的散点打开"绘图细节 - 绘图属性"对话框，单击②处"铜帽"，修改③处的绘图类型为"3D - 条状图"，修改④处的边框"颜色"为"无"，修改⑤处的"形状"为"圆柱"，修改⑥处的填充"颜色"为黄铜色。进入⑦处的"轮廓"选项卡，修改"宽度"为 20%。单击"确定"按钮。

图 5-85　散点图改为柱条图

在铜帽中心增加一个球形触点，以增加逼真程度。再次拖入铜帽数据，将散点改为球体即可。按图 5-86 所示的步骤，双击①处的散点打开"绘图细节 - 绘图属性"对话框，进入②处的"符号"选项卡，修改③处的"形状"为"球体"，修改④处的"大小"为 3（视具体情况调节大小，协调为宜），修改⑤处的"颜色"为与铜帽一致的颜色。单击"确定"按钮，即可得目标图。

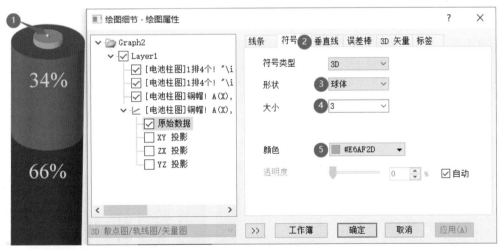

图 5-86　铜帽触点的设置

3. 光照效果的设置

普通填充颜色较深且无光彩，按图 5-87 所示的步骤，双击①处的图层空白处打开"绘图细节 - 图层属性"对话框，进入②处的"光照"选项卡，选择③处的"定向光"，修改④处的"水平"和"垂直"方向均为 45°，修改⑤处的"散射光"和"镜面反射光"均为"浅灰"，单击"确定"按钮，即可得①处所示的效果。

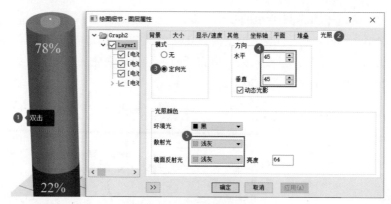

图 5-87　光照的设置

4. 图例的设置

单击左边工具栏的"重构图例",按图 5-88 所示的步骤,右击①处图例选择"属性",修改②处的"大小"为 12(或其他合适大小),修改③处的图例代码,注意修改括号中的数字,可以调整图例的显示顺序,并与堆积柱图的颜色顺序保持一致。删除不需要的图例,单击"确定"按钮。

5. 电池柱图的扩展

前面绘制了 1 排 4 芯的电池柱图,可以根据需要绘制更多排

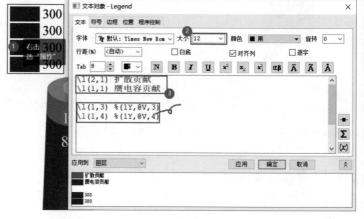

图 5-88　图例的设置

(芯)的电池图。在工作表上增加行数,填入不同条件的数据。前面讨论了 300 ℃样品电池在 4 个扫描速率下的赝电容和扩散贡献率,如图 5-89(a)所示,从表格第 5 行开始,补充 5 个 400 ℃的样品数据。另外,调整"铜帽"表中的相应数据,使工作表与"铜帽"表中 A、B 两列数据一致。最终绘制出 2 排 5 芯电池柱图,如图 5-89(b)所示。

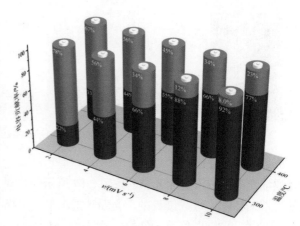

（a）工作表　　　　　　　　　　　　　（b）目标图

图 5-89　多组电池柱图

按图 5-90 所示的步骤，选择"2 排 5 芯"工作表，单击①处全选数据，单击下方工具栏②处，选择"3D 百分比堆积条状图"按钮，得到③处所示的效果。

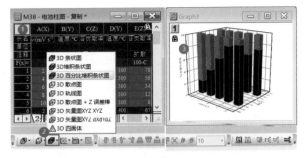

图 5-90　绘制多组百分比堆积条状图

操作两次拖入法，加入铜帽和触点。按图 5-91 所示的步骤，选择①处的"铜帽"表格标签，从②处拖选 A~C 列数据，移动鼠标到③处边缘，待鼠标指针变为叠加图标时，按下并向柱条图中拖放，拖动操作执行 2 次。

对于一个复杂的绘图，Origin 软件可以通过"复制格式"和"粘贴格式"的方式，快速绘制新的相似的图。该功能类似 Office 软件中的"格式刷"功能。按图 5-92 所示的步骤，在设计完美的绘图上，右击①处的图层空白，选择②处的"复制格式"和③处的"所有"。在新绘制的草图上，右击④处的图层空白，选择⑤处的"粘贴格式"，即可快速得到电池柱图。

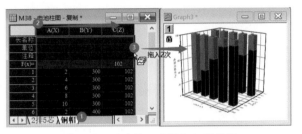

图 5-91　二次拖入法添加铜帽数据

很显然所得电池柱图超出了坐标系，因为复制格式的源图是单排电池图，新图是双排电池图，而且电池数量也增加了，需要调整刻度。单击右边工具栏的"调整刻度"（或按"Ctrl+R"组合键调整）。必要时按图 5-85 所示的步骤，修改铜帽柱的"轮廓"尺寸。

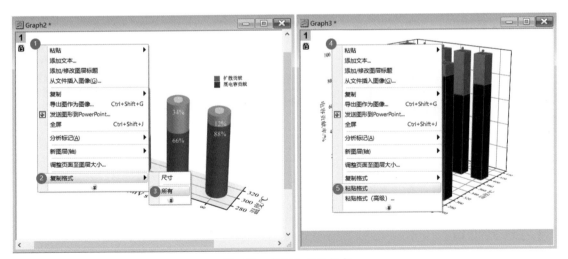

图 5-92　复制和粘贴格式

所得双排电池图的比例不合适，按图 5-93 所示的步骤，双击①处图层空白处打开"绘图细节 -图层属性"对话框，进入②处的"坐标轴"选项卡，修改 Y 为 50、Z 为 40（或其他合适值），单击"确定"按钮，即可得到目标图。

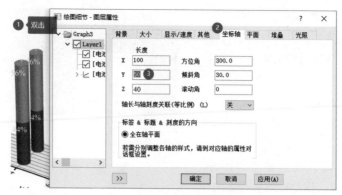

图 5-93　坐标轴的长度设置

5.2.6　元素周期表3D柱状图

在 4.8.13 小节中，例 60 介绍了 2D 元素周期表热图的绘制方法。本小节在例 60 工作表的基础上增加了 2 行镧系和锕系元素数据，绘制立体元素周期表柱图。本小节一方面介绍元素周期表 3D 柱状图的绘制过程；另一方面提供一种灵活的绘图思路，方便在其他绘图中灵活应用。当然，初学者不一定能迅速掌握绘图技巧，也不一定能绘出本例的效果，可以下载随本书赠送的案例 Origin 文件，只需要修改 Value 表中的数据为具体的实验数据，即可得到完美绘图。

例 12：构建含 4 张工作表的工作簿，如图 5-94（a）所示，绘制元素周期表 3D 柱状图，如图 5-94（b）所示。

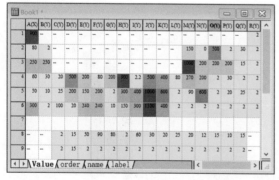

（a）工作表

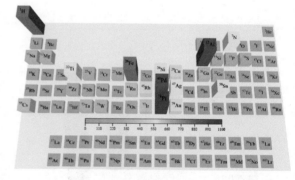

（b）目标图

图 5-94　元素周期表 3D 柱状图

1. 工作表的处理

4.8.13 小节已详细介绍了元素周期表的创建过程，本小节不再赘述。Label 表中的文本用于显示图中标签，该表是根据 order 表（原子序数）和 name 表（元素符号）利用公式自动生成的。公式语法与 Excel 相似，可以对其中一个单元格定义公式，然后拖动单元格右下角的"＋"，自动填充其他元素的单元格。

2. 3D条状图的绘制

按图 5-95 所示的步骤，单击 Value 表①处全选数据，单击下方工具栏②处，选择③处的"3D 条状图"，即可得到④处所示的 3D 条状图。

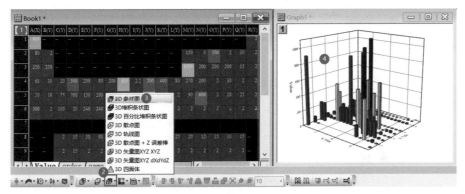

图 5-95　3D 条状图的绘制

调整 3D 图的形态，需要延长 X 轴，缩短 Z 轴，适当延长 Y 轴，使 3D 图接近元素周期表的长宽比例。按图 5-96 所示的步骤，双击①处图层空白处打开"绘图细节 - 图层属性"对话框，进入②处的"坐标轴"选项卡，修改③处的 $X=300$、$Y=160$、$Z=50$，方位角为 90°，倾斜角为 75°，滚动角为 0°。

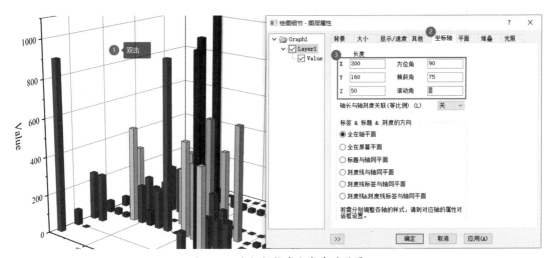

图 5-96　坐标轴长度和角度的设置

所得 3D 条状图需要左右翻转，双击 X 轴打开对话框，进入"刻度"选项卡，选择"翻转"复选框。目标图不需要显示轴线和刻度线、网格线、标题、刻度线标签，进入"轴线和刻度线"选项卡，选择 X、Y、Z 三个方向，取消"显示轴线和刻度线"复选框，分别进入"网格""标题"和"轴线和刻度线"选项卡，取消"显示"复选框，单击"确定"按钮。

侧面坐标平面需要隐藏，底部坐标平面需要半透明填充浅色。按图 5-97 所示的步骤，双击①处的图层空白处打开"绘图细节 - 图层属性"对话框，选择②处的图层"Layer1"，进入③处的"平面"选项卡，修改④处的颜色和透明度，取消⑤处的 YZ 和 ZX 平面复选框，取消⑥处"平面边框"的"启用"复选框。单击"应用"按钮。

调整柱条轮廓和填充颜色，按图 5-98 所示的步骤，在"绘图细节 - 绘图属性"对话框中，选择①处的"Value"，进入②处的"轮廓"选项卡，拖动滑块设置"宽度"为 80%。进入③处的"图案"选项卡，修改④处的边框"颜色"为"无"，⑤处的"形状"为"棱柱"。单击⑥处的填充"颜色"下拉框，选择⑦处的"按点"，单击⑧处的"颜色列表"下拉框选择一个颜色列表，选择⑨处的"颜色映射"，设置⑩处的"增量开始于"第一个色块。单击"应用"按钮。

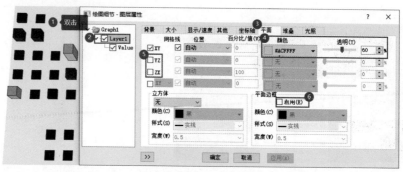

图 5-97　坐标平面的设置

图 5-98　柱条轮廓与图案的设置

3. 标签的设置

按图 5-99 所示的步骤，在"绘图细节 - 绘图属性"对话框中，进入①处的"标签"选项卡，选择②处的"启用"复选框，修改③处的"字体"，单击④处的"标签形式"下拉框选择"自定义"，修改⑤处"字符串格式"如下。

```
%(4!,ix,iy)
```

其中，"4!"表示第 4 张工作表，ix 和 iy 表示单元格坐标。单击"应用"按钮，即可得到⑥处所示的效果。

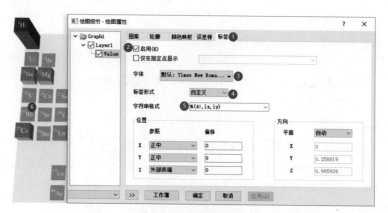

图 5-99　标签的设置

4. 图例的添加

单击左边工具栏的"添加颜色标尺"按钮可创建一个颜色标尺。单击图例，在浮动工具栏中选择"水平"分布，修改图例标签保留整数等。右击页面外灰色区域，选择"调整页面至图层大小"，最终得到目标图。

5.3 三维曲线图

对于多组样品测试的曲线，可以绘制成 3D 瀑布图，显示一种整体的变化趋势，既能分辨单条曲线的特征，又能显示由于某种条件或参数的变化引起的某种峰位置的偏移或峰强度的变化。

5.3.1 XRD瀑布图

XRD 是材料学研究领域最常用的表征手段，而 XRD 瀑布图也是最常见的 XRD 绘图。在比较多个样品的 XRD 图谱时，绘制 XRD 瀑布图可以形成斜方排列的 XRD 谱线，避免谱峰重叠，便于分辨峰型的演变特征。

例 13：创建一张 XYYY 型工作表，如图 5-100（a）所示，A 列为共用的衍射角数据，B 列以后各列为各样品的衍射强度数据，绘制出 XRD 瀑布图，如图 5-100（b）所示。

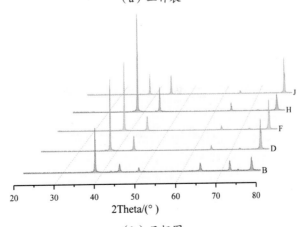

（a）工作表

（b）目标图

图 5-100　XRD 瀑布图

> 注意 ⚠ 一般情况下，当 XRD 测试参数相同时，测得的数据中 X 列数据完全相同，可以删除其他样品的 X 列，而共用 X 列。但是，在实际测试过程中，常因不同批次测试未注意统一测试参数，导致各样品 XRD 数据中的 X 列不一定完全相同，此时不能共用 X 列，请保证各样品具有单独的、完整的 X 和 Y 两列数据。

1. 瀑布图的绘制

瀑布图有 3 个工具：黑白瀑布图、Y 映射瀑布图、Z 映射瀑布图。后 2 个工具绘制彩色曲线，其中，Y 映射瀑布图按照曲线信号强弱渐变，Z 映射瀑布图为每条曲线设置不同的颜色。

按图 5-101 所示的步骤，单击①处全选数据，单击下方工具栏②处的按钮，选择"Z 数据颜色映射 3D 瀑布图"，可得③处所示的效果。

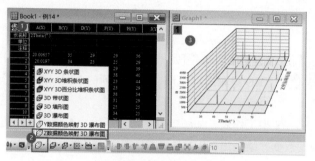

图 5-101　瀑布图的绘制

瀑布图与 XYZ 型 3D 图有区别，瀑布图将右侧的轴线设为 Z 轴，其目的是保留原 XYYY 数据的 Y 轴属性。图中 Z 轴略长，可以双击图层空白区域打开"绘图细节 - 绘图属性"对话框，进入"坐标轴"选项卡，修改 Z=50。

2. 隐藏平面和边框

按图 5-102 所示的步骤，双击①处图层空白处打开"绘图细节 - 图层属性"对话框，进入②处的"平面"选项卡，取消③处的 XY 和 YZ 复选框，调整④处的 ZX 平面透明度，取消⑤处"平面边框"的"启用"复选框。

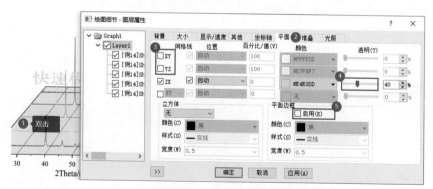

图 5-102　隐藏平面和边框

3. 网格线与轴线的设置

Z 轴表示样品编号或名称，可以分别单击 Z 轴及其标题，按"Delete"键删除。另外，需要调整 X 轴刻度范围及其网格线（变为浅色虚线）。按图 5-103 所示的步骤，双击①处的 X 轴，进入②处的

"刻度"选项卡，调整"起始"和"结束"为整数（分别为 20 和 80），以保证轴线两端均有刻度线。进入③处的"网格"选项卡，修改④处的"颜色"为"浅灰"，修改⑤处的"样式"为"划线"，单击⑥处的"确定"按钮。单击图层出现 8 个句柄，拖动⑦处的句柄对图进行缩放，拖动绘图到合适位置。

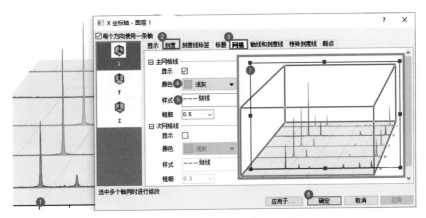

图 5-103　网格线与轴线的设置

4. 线下填充颜色的设置

按图 5-104 所示的步骤，双击①处的曲线，进入②处的"组"选项卡，将③处的"区域填充颜色"和"边框颜色"的"增量"均设置为"逐个"，并设置相同的颜色列表，单击"确定"按钮。经过其他细节调整后，最终得到目标图。

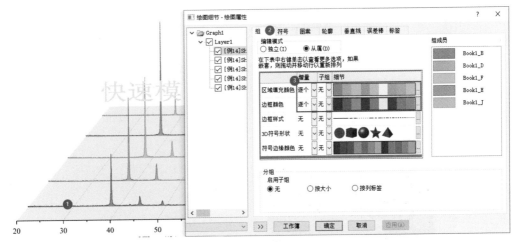

图 5-104　填充颜色的设置

5.3.2　XPS 瀑布图

　　XPS 包含多条分峰的曲线，一方面对比研究拟合的效果，另一方面考察各分峰位置（结合能）和峰面积的变化。通常绘制共用 X 轴的 2D 堆积曲线图，本小节介绍一种 3D 的 XPS 瀑布图绘制方法。

　　例 14：准备一张 n(XY) 型工作表，如图 5-105（a）所示，按原始数据、分峰数据、拟合曲线数据、基线数据的顺序，从左至右填入工作表，并设置各部分的两列为 X 和 Y 属性。另外，新增两列（设为 X 和 Y）存入 4 个单峰的峰值坐标。绘制 XPS 瀑布图，如图 5-105（b）所示。

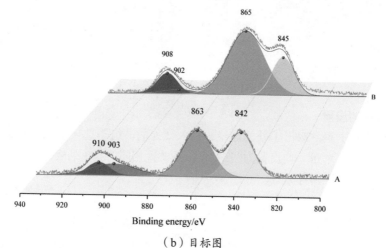

（a）工作表

（b）目标图

图 5-105　XPS 瀑布图

1. 瀑布图的绘制

按图 5-106 所示的步骤，单击①处全选数据，单击下方工具栏②处的按钮，选择"Z 数据颜色映射 3D 瀑布图"，可得③处所示的效果。

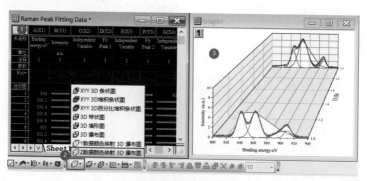

图 5-106　瀑布图的绘制

> 注意 ⚠ 在 XYYY 型工作表中，如果在"注释"行标记曲线分组编号（1、2）或字母（A、B），则可将相同分组编号的曲线绘制在相同平面上。如图 5-106 中③处所示。

XPS 图的横轴为结合能，X 刻度范围需要从高到低。另外，右侧的 Z 轴表示样品名称 A 和 B，Z 轴这两组样品贴近轴刻度最小值和最大值，需要适当修改 Z 轴刻度范围，使两组样品平面位于底部平面中间位置。按图 5-107 所示的步骤，双击①处的 X 轴打开对话框，修改 X 轴的"起始"和"结束"为降序。选择②处的"Z"，修改③处的刻度"起始"和"结束"分别为 0.8 和 2.2，修改④处的主刻度增量"值"为 1，⑤处的次刻度"计数"为 0。单击"应用"按钮。

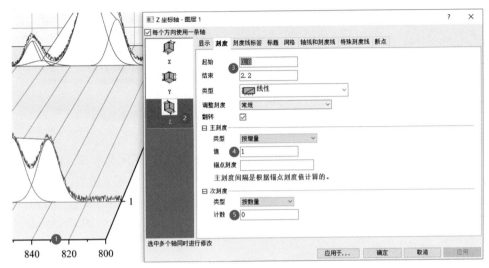

图 5-107　刻度范围的修改

将右侧 Z 轴刻度线标签设置为"A"和"B"文本标签。按图 5-108 所示的步骤，进入①处的"刻度线标签"，单击②处的"类型"下拉框，选择"刻度索引字符串"，在③处输入"A B"，单击"应用"按钮，可得④处所示的效果。

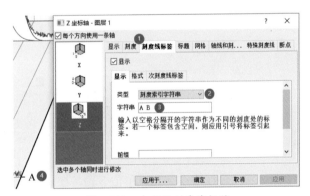

图 5-108　自定义刻度线标签

底部平面的主刻度网格线需要修改为浅灰色虚线，弱化网格线，突出曲线。按图 5-109 所示的步骤，进入①处的"网格"选项卡，设置②处的"颜色"为"浅灰"、③处的"样式"为"划线"，单击"确定"按钮，可得④处所示的效果。

所得绘图右侧 Z 轴略长，两组 XPS 曲线相隔太远，需要缩短 Z 轴。按图 5-110 所示的步骤，双击①处图层空白处打开"绘图细节 - 图层属性"对话框，进入②处的"坐标轴"选项卡，设置③处的 $Y=30$（在两组 XPS 缩短间隔后，不至于相互遮挡）、$Z=50$。单击"应用"按钮，可得①处所示的效果。

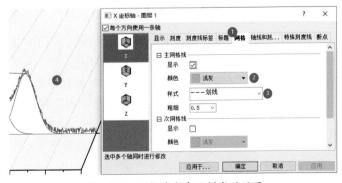

图 5-109　网格线颜色及样式的设置

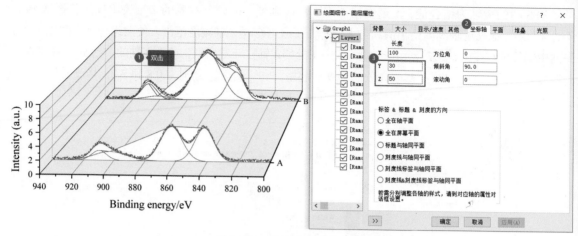

图 5-110　坐标轴长度的调整

除了底部平面需要保留，其余坐标系平面需要隐藏。按图 5-111 所示的步骤，在"绘图细节 - 图层属性"对话框中进入①处的"平面"选项卡，取消②处的 XY 和 YZ 平面复选框，设置③处的 ZX 平面的"透明"度为 40%，取消④处"平面边框"的"启用"复选框。单击"确定"按钮，可得⑤处所示的效果。

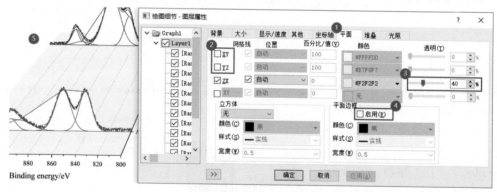

图 5-111　坐标平面的隐藏

右侧 Z 轴的轴线略显突兀，单击 Z 轴，按"Delete"键删除。所得图相对于整个页面偏小，需要调整至合适大小。单击绘图待出现 8 个句柄后，拖动句柄调节到合适大小，然后拖动绘图到合适位置。

2. 峰值标签的设置

在工作表中有两列记录了峰值的坐标数据，在图中显示为点线图，需要修改为散点，用于标记峰值。但该点线图已被包含在 XPS 曲线的"组"中，需要将点线图的数据"移出组"。按图 5-112 所示的步骤，移动鼠标到右边栏①处弹出"对象管理器"，在②处的峰值数据点上右击，选择③处的"移出组"，在另一组 XPS 数据④处的峰值数据点上右击，选择"移出组"。

将峰值点线图修改为散点。按图 5-113 所示的步骤，双击①处的点线图打开"绘图细节 - 绘图属性"对话框，进入②处的"符号"选项卡，设置"大小"为 8。进入③处的"图案"选项卡，修改④处的"宽度"为 0，修改⑤处的填充"颜色"为"无"。选择⑥处另外一组 XPS 的峰值数据，重复步骤②～⑤，进行相同设置。单击"确定"按钮。

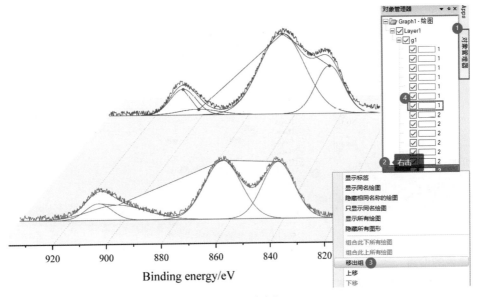

图 5-112　移出组

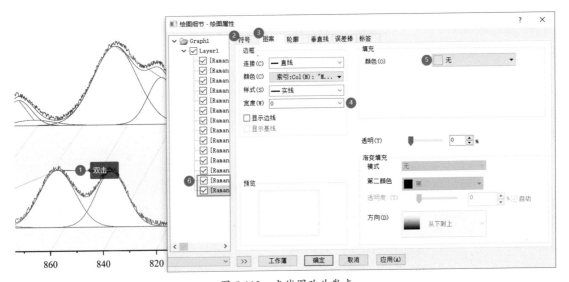

图 5-113　点线图改为散点

注意 ⚠ 在 3D 图中，没有"连接线"和散点的"隐藏"或"启用"复选框，当我们需要隐藏它们时，可以通过设置"宽度"为 0 的方法将其隐藏。

　　为球形散点设置标签。按图 5-114 所示的步骤，在"绘图细节 - 绘图属性"对话框中进入①处的"标签"选项卡，选择②处的"启用"复选框，设置③处的"数值显示格式"为".0"（保留整数），单击"应用"按钮，预览标签的位置，根据需要设置④处的 Y=180（避免压线）。选择⑤处的另一组峰值数据，重复步骤②～④，单击"确定"按钮，可得⑥处所示的效果。

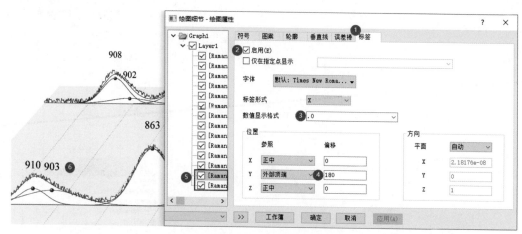

图 5-114 标签的启用与设置

3. 填充色的设置

两组 XPS 曲线为"组"状态，在设置曲线颜色及其填充色时，修改一处往往会牵动其他曲线的设置。本例两组 XPS 各分峰曲线颜色及其填充色应该一致，因此，需要将"组"改为"独立"。噪声较大的曲线是原始 XPS 曲线，可以设置为浅灰色。原始曲线与拟合曲线的吻合程度，可以反映多峰拟合的优劣，这两条曲线无须填充颜色。各分峰为单峰，需要填充不同的颜色，以增强它们之间的区分度。

按图 5-115 所示的步骤，双击①处曲线打开"绘图细节 - 绘图属性"对话框，进入②处的"组"选项卡，选择"独立"。进入③处的"图案"选项卡，修改④处的"颜色"为"灰"（拟合曲线需要设置为"蓝"），修改⑤处的"宽度"为 1，修改⑥处的填充"颜色"为"无"。选择⑦处所示的相应曲线，重复步骤④~⑥。

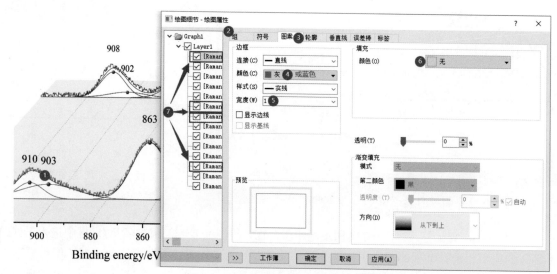

图 5-115 原始曲线及拟合曲线的设置

每组 XPS 曲线包含 4 条分峰曲线，需要设置相同的曲线颜色和填充色。按图 5-116 中的步骤，分别选择①处的分峰曲线，进入②处的"图案"选项卡，修改③处的边框"颜色"和④处的填充"颜色"为同一种颜色，修改⑤处的边框"宽度"为 2，修改⑥处的"透明"为 60%。单击"确定"按钮，可得目标图。

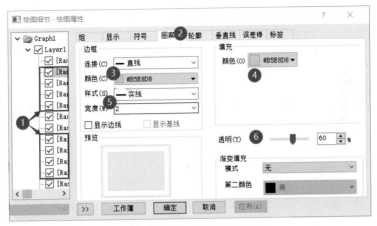

图 5-116　分峰曲线的半透明填充

5.4 三维曲面图

采用 XYYY 型工作表和矩阵均可绘制三维曲面图。对于数据量大、数据变化均匀的多条曲线，可以绘制出三维曲面图。通过三维曲面图揭示一种整体轮廓和变化趋势。

5.4.1 红外光谱3D曲面图

在讨论某种因素引起某种性质的变化时，如果采用了少数几个样品或测试了少数几条曲线，通常可以绘制出 2 种二维曲线图，如普通曲线图和堆积曲线图，如图 5-117 所示。二维曲线图虽然能精确对比出峰位置，但所描述的变化趋势不够清楚。

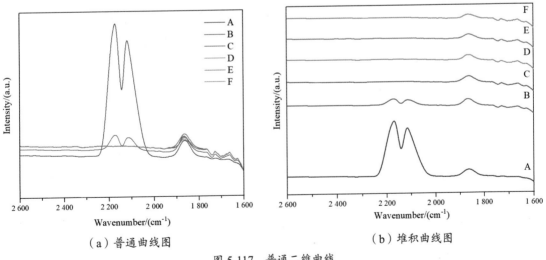

（a）普通曲线图　　　　　　　　　（b）堆积曲线图

图 5-117　普通二维曲线

例 15：准备一张 XYYY 型工作表，如图 5-118（a）所示，A 列为波数，B 列及其后各列为样品 A~F 的红外光谱数据。注意这里的红外光谱数据记录的是吸收率，而非透过率。绘制红外光谱 3D 曲面图，如图 5-118（b）所示。

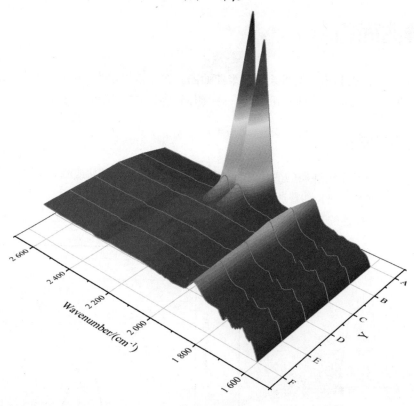

	A(X)	B(Y)	C(Y)	**D(Y)**	E(Y)	F(Y)	G(Y)
长名称	Wavenumber	Intensity					
单位	cm⁻¹	a.u.					
注释		A	B	C	D	E	F
F(x)=							
1	1600.628	-95.46775	-95.48474	-95.42408	-95.48063	-95.44531	-95.45726
2	1602.556	-95.32775	-95.30133	-95.20948	-95.26604	-95.23071	-95.19786
3	1604.484	-95.18205	-95.11151	-94.98624	-95.0428	-95.00747	-94.98146
4	1606.413	-95.03725	-94.92161	-94.76293	-94.81949	-94.78416	-94.76306
5	1608.341	-94.89395	-94.73681	-94.54989	-94.60645	-94.57112	-94.54336
6	1610.27	-94.75405	-94.56624	-94.35909	-94.41564	-94.38032	-94.37506
7	1612.198	-94.61875	-94.40351	-94.18067	-94.23723	-94.2019	-94.18976
8	1614.127	-94.49105	-94.24372	-94.0089	-94.06546	-94.03013	-94.02456
9	1616.055	-94.37205	-94.09486	-93.85012	-93.90668	-93.87135	-93.86076
10	1617.984	-94.27055	-93.95618	-93.70247	-93.75903	-93.7237	-93.71346

Sheet4 / Sheet5

（a）工作表

（b）目标图

图 5-118 红外光谱 3D 曲面图

1. 3D颜色映射曲面图的绘制

按图 5-119 所示的步骤，单击①处全选数据，单击下方工具栏②处的按钮，选择③处的"3D 颜色映射曲面"，在打开的对话框中，选择④处的"Y 数据跨列"，修改⑤处的"Y 值在"为"列标签"，⑥处的"列标签"为"注释"，⑦处的"X 值在"为"选中区域的第一列"，必要时修改⑧处的 X、Y 或 Z 标题，单击"确定"按钮，可得⑨处所示的效果。

为了避免曲面遮挡，需要颠倒坐标轴刻度范围，使曲面以最佳视角呈现。按图 5-120 所示的步骤，双击①处的 Y 轴打开对话框，进入②处的"刻度"选项卡，修改③处的"起始"和"结束"为倒序，修改④处的次刻度"计数"为 0（隐藏次刻度）。选择⑤处的 X 轴，设置刻度的"起始"和"结束"为倒序（红外光谱 X 轴波数通常采用倒序），即设置为 2600~1600，单击"确定"按钮。

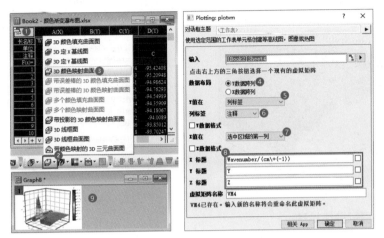

图 5-119　3D 颜色映射曲面的绘制

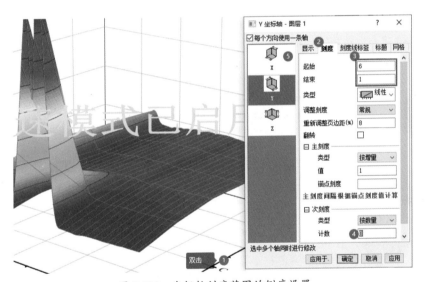

图 5-120　坐标轴刻度范围的倒序设置

通常 Z 轴所表达的数量无意义时，可以删除 Z 轴及颜色标尺图例，单击颜色标尺，按"Delete"键删除。如果不需要在曲面上显示网格线，可以双击曲面打开"绘图细节 - 绘图属性"对话框，进入"网格"选项卡，取消"启用"复选框。如果图中出现"快速模式已启用"水印，可以单击右边工具栏的"跑人"按钮关闭该水印。

2. 3D 坐标系姿态的调整

调整坐标系姿态可以使曲面特征更好地展示出来。按图 5-121 所示的步骤，双击①处的曲面打开"绘图细节 - 图层属性"对话框，进入②处的"坐标轴"选项卡，设置③处的 X=150，修改④处的方位角、倾斜角和滚动角分别为 300、30 和 0。进入⑤处的"平面"选项卡，取消 YZ 和 ZX 平面的复选框，单击"确定"按钮，即可隐藏侧面的坐标平面。

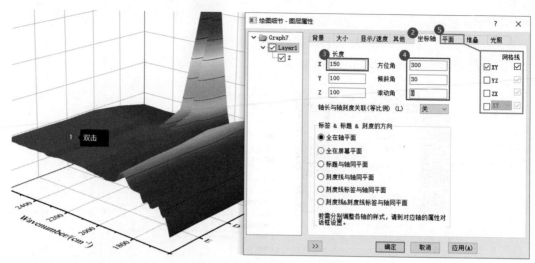

图 5-121 坐标系姿态的调整

3. 在曲面图中显示曲线轮廓

绘制出曲面图之后，将原始曲线显示出来，可以保留原始曲线的轮廓特征。按图 5-122 所示的步骤，双击①处的曲面图打开"绘图细节 - 绘图属性"对话框，进入②处的"颜色映射 / 等高线"选项卡，单击"线"打开"等高线"对话框，选择"颜色"前的复选框，修改其颜色为"白"。进入③处的"网格"选项卡，选择④处的"启用"复选框，设置⑤处的"网格线"为"仅 Y 网格线"，修改⑥处的"主要线条颜色"为"橙"，单击"确定"按钮，可得目标图。

图 5-122 曲线轮廓的设置

5.4.2 山地湖泊地貌3D曲面图

地貌图是 3D 曲面图的一种，Origin 可以从高程数据矩阵绘制出 3D 颜色映射曲面图，利用动态光影增加曲面的质感，可以逼真地还原地貌特征。

例 16：创建一张矩阵表并填入地形高程数据，如图 5-123（a）所示，添加湖面矩阵（水位 75 m），绘制山地湖泊地貌 3D 曲面图，如图 5-123（b）所示。

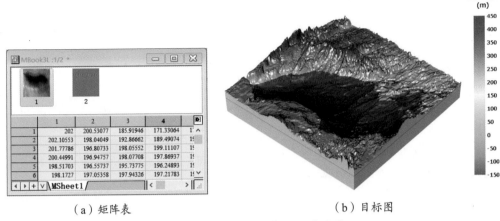

（a）矩阵表　　　　　　　　　　　　（b）目标图

图 5-123　山地湖泊地貌 3D 曲面图

1. 矩阵的构造

湖泊水平面是一个具有相同高程（水位）数据的平面。尽管湖面形状不规则，但是通过创建一个与地形高程矩阵规格一样的湖面水位矩阵，在湖面矩阵单元格中填入常数（水位 75 m），在地形曲面图中添加湖面水位矩阵数据，即可构造湖泊形貌。

按图 5-124 所示的步骤构造地形高程矩阵，单击①处菜单"文件"→"新建"→"矩阵"→"构造"打开对话框，设置②处的行、列数，单击"确定"按钮，可得③处所示的空白矩阵，填入地形高程数据。

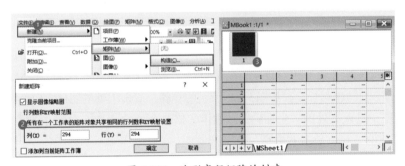

图 5-124　地形高程矩阵的创建

按图 5-125 所示的步骤创建湖面矩阵。右击①处的矩阵 1 选择②处的"添加"，即可得到③处所示的空白矩阵。选择③处的矩阵 2，单击④处全选单元格，右击单元格，在快捷菜单中选择⑤处的"设置矩阵值"菜单，打开"设置值"对话框，在⑥处输入 75，单击"确定"按钮。

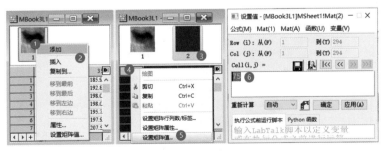

图 5-125　湖面矩阵的设置

2. 3D颜色映射曲面的绘制

按图 5-126 所示的步骤，选择①处的矩阵 1，单击②处全选数据，单击下方工具栏③处，在弹出的菜单中选择④处的"3D 颜色映射曲面"工具，可得到⑤处所示的效果。

3. 向绘图中添加湖面数据

按图 5-127 所示的步骤，双击绘图左上角①处的图层序号 1，打开"图层内容：绘图的添加、删除、成组、排序 -Layer1"对话框，选择②处的矩阵 2（湖面数据），单

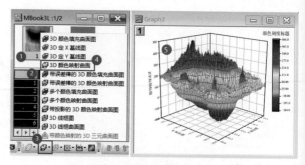

图 5-126　3D 颜色映射曲面的绘制

击③处的"→"箭头按钮，即可将湖面数据添加到当前图的数据列表（如④处所示），单击"确定"按钮。

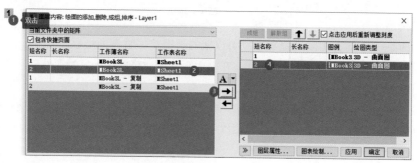

图 5-127　添加湖面数据

4. 3D坐标系姿态的设置

默认 3D 曲面图的 X、Y、Z 轴长均相等，需要压缩 Z 轴的长度。默认设置中轴长最小可压缩至 25%，如果需要继续压缩 Z 轴的相对长度，则可以将 X 轴和 Y 轴延长（例如，设置为 150%），这样可以实现继续压缩 Z 轴的相对长度。按图 5-128 所示的步骤，双击①处的图层空白处打开"绘图细节 - 图层属性"对话框，进入②处的"坐标轴"选项卡，修改③处的 $Z=25$，④处的方位角、倾斜角、滚动角分别为 300°、30°、0°。单击"确定"按钮。

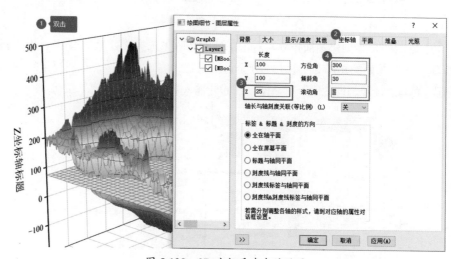

图 5-128　3D 坐标系姿态的设置

5. 取消网格线和等高线

按图 5-129 所示的步骤，分别选择①处的地形数据和湖面数据，进入②处的"网格"选项卡，取消"启用"复选框。选择①处的地形数据，进入③处的"颜色映射 / 等高线"选项卡，单击④处的"线"打开"等高线"对话框，取消⑤处的"只显示主要级别"复选框，选择"隐藏所有"，单击⑥处的"确定"按钮返回"绘图细节 - 绘图属性"对话框。单击"应用"按钮，可得⑦处所示的效果。

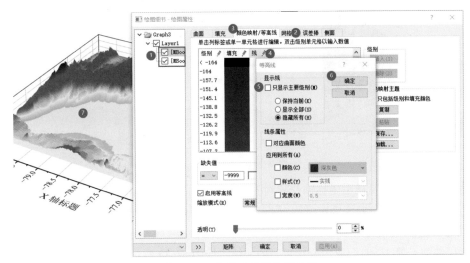

图 5-129　取消网格线和等高线

6. 颜色的设置

按图 5-130 所示的步骤，在"绘图细节 - 绘图属性"对话框中进入"颜色映射 / 等高线"选项卡，单击①处的"填充"打开对话框，选择②处的"加载调色板"，选择"Watermelon"调色板，单击③处的"确定"按钮返回"绘图细节 - 绘图属性"对话框，单击④处的"应用"按钮，可得⑤处所示的效果。

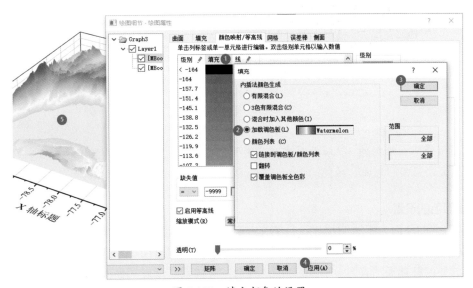

图 5-130　填充颜色的设置

这种普通的颜色填充曲面缺少光泽，按图 5-131 所示的步骤，选择①处的图层 Layer1，进入②处的"光照"选项卡，选择③处的"定向光"，修改④处的"垂直"方向角为90°（90°为正午的阳光照射，如果要营造早晨或傍晚的光照效果，可以设置30°左右）。选择⑤处的"动态光影"复选框。修改⑥处的"漫反射光"为"浅灰"色（降低亮度），修改⑦处的"镜面反射光"为"白"（增加光泽），单击"应用"按钮，可得⑧处所示的效果。

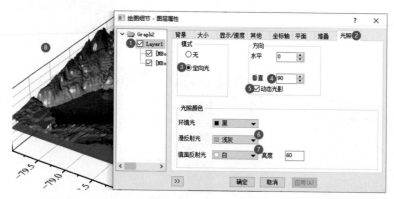

图 5-131 光照设置

如果地形地貌图不需要显示坐标轴及其刻度标签，则可以隐藏。在"绘图细节-图层属性"对话框中进入"平面"选项卡，取消 *XY*、*YZ*、*ZX* 等所有坐标平面的复选框，单击"应用"按钮。

7. 侧面的设置

可以启用侧面，使3D曲面成为四周封闭的块体。按图5-132所示的步骤，选择①处的曲面数据，进入②处的"侧面"选项卡，选择③处的"启用"复选框，修改④处的 *X* 和 *Y* 方向平面的颜色，单击"确定"按钮，可得⑤处所示的效果。

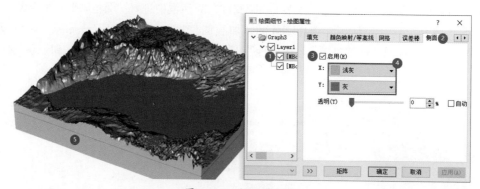

图 5-132 侧面的设置

> **注意** ⚠ 利用矩阵表绘制的 3D 曲面图才有"侧面"选项卡，利用 XYY 型工作表绘制的 3D 曲面图无法启用"侧面"功能。

8. 湖面颜色的设置

所得绘图中的湖面为不透明填充，且填充颜色不符合水面效果，按图5-133所示的步骤，选择①处的湖面数据，进入②处的"填充"选项卡，选择③处的"启用"复选框，选择④处的"逐块填充"，选择⑤处的颜色为"青"，选择⑥处的"自动"复选框，设置⑦处的透明度为40%。单击"确定"按钮，经其他细节微调，可得目标图。

图 5-133　湖面的设置

5.4.3　3D曲面剖面轮廓曲线图

在 Contour 图或 3D 曲面图中，有时候需要沿着某个平面截取轮廓曲线，从而获得某个方向的变化规律或曲面的峰值。本小节介绍 3D Wall Profile.opx 这个 Origin App 的使用方法，对于需要获取截面轮廓曲线的任何绘图，均可参考本小节内容获得轮廓曲线数据。

例 17：构造一张 XYZ 型工作表，如图 5-134（a）所示，绘制 3D 颜色映射曲面图，利用 3D Wall Profile 插件获取经过曲面顶点沿 X、Y 方向的轮廓曲线，目标图如图 5-134（b）所示。

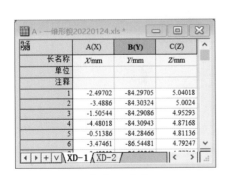

（a）工作表

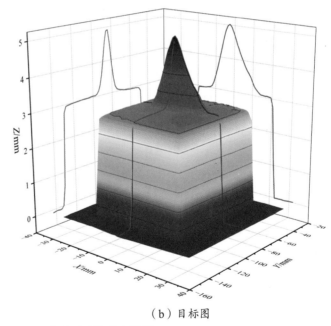

（b）目标图

图 5-134　3D 曲面剖面轮廓曲线图

1. 插件的下载及安装

可通过网址 https://www.originlab.com/fileExchange/details.aspx?fid=318 下载 3D Wall Profile 插件，将该插件拖入 Origin 界面即可完成安装。该插件最低版本为 Origin2016(9.3)SR2，对激活的 3D 曲面图有效。

2. 3D 颜色映射曲面图的绘制

按图 5-135 所示的步骤，单击①处全选数据，单击下方工具栏②处的按钮，选择③处的 "3D 颜色映射曲面" 工具，可得④处所示的效果。

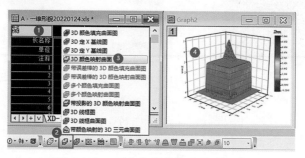

图 5-135 3D 颜色映射曲面图的绘制

所得绘图布满了网格线，可双击曲面打开 "绘图细节 - 绘图属性" 对话框，进入 "网格" 选项卡，取消 "启用" 复选框，单击 "确定" 按钮。图例与 Z 轴刻度标签一致，因此可删除图例，单击图例，按 "Delete" 键删除。

3. 剖面轮廓线的创建

按图 5-136 所示的步骤，单击①处的标题栏激活绘图窗口，单击②处的 "Apps" 选项卡，选择③处的 "3D Wall Profile" 插件可打开对话框，单击④处的 "Style" 按钮，修改轮廓线的粗细和颜色。如果需要修改轮廓线截取的方向，可以单击⑤处进行修改。如果需要按设定值或范围创建剖面，可修改⑥处的文本框。拖动⑦处的滑块，观察⑧处的截面是否通过感兴趣的区域或峰值数据点，单击⑨处的 "Output" 按钮可以创建轮廓曲线的工作表。如果不需要创建更多的轮廓线，则可以单击 "Close" 按钮关闭该插件。

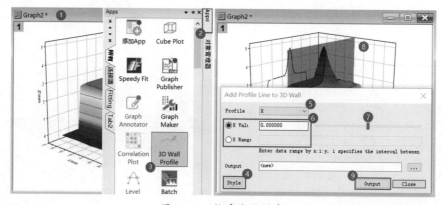

图 5-136 轮廓线的创建

5.4.4 三元曲面投影图

在前面介绍了 2D 三元相图、3D 三元相图、四面体三元图等，本小节介绍三元曲面投影图。

例 18：准备一张 XYZZ 型工作表，如图 5-137（a）所示，A~C 列为三元组分的摩尔分数，D 列由公式依据 A~C 列数据计算得到。绘制三元曲面投影图，如图 5-137（b）所示。

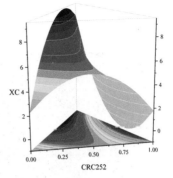

（a）工作表　　　　　　　　　　（b）目标图

图 5-137　三元曲面投影图

1. D 列的计算

按图 5-138 所示的步骤，右击①处的 D 列标签，选择②处的"设置列值"，可打开③处所示的"设置值"对话框。在编辑公式前，可以为公式中相关参数或变量数据集进行赋值，在④处的"执行公式前运行脚本"文本框中输入相关赋值程序代码。例如，变量 xx、yy、zz 的值分别来源于工作表的第 1、2、3 列数据。在⑤处输入相关公式，单击"确定"按钮。

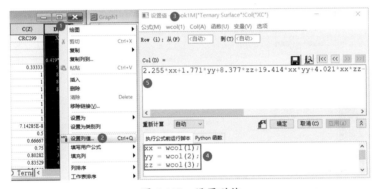

图 5-138　设置列值

> **注意** ⚠ x、y、z、i、j 是 Origin 程序的默认变量，脚本代码中通常用 xx、yy、zz、ii、jj 等变量，避免冲突。

2. 三元曲面图的绘制

全选 XYZZ 数据，单击菜单"绘图"→"3D"→"带颜色映射的 3D 三元曲面图"，根据需要与否，可以选择是否删除颜色标尺图例。单击下方 3D 旋转工具，调整到合适的视图。

根据需要决定是否隐藏或显示 3 个坐标平面的网格线。双击图层空白处打开"绘图细节 - 图层属性"对话框，进入"平面"选项卡，取消所有平面的"网格线"复选框，单击"确定"按钮。

所有坐标轴刻度线标签及轴标题均在所在的坐标平面内，文本易读性较差。可以在"绘图细节 - 图层属性"对话框中的"坐标轴"页面，选择"标签 & 标题 & 刻度的方向"为"全在屏幕平面"，单击"确定"按钮。

3. 底部投影的绘制

在曲面下方的底部坐标平面添加投影 Contour 图，可以更清楚地显示曲面的轮廓。按图 5-139 所示的步骤，单击①处全选数据，移动鼠标到所选列②处的右边缘，待鼠标指针变为叠加图标时，按下鼠标向绘图中拖放，即可得到③处所示的散点图。

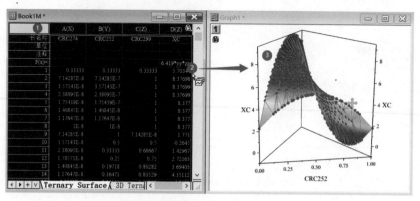

图 5-139 "重绘法"再次拖入数据

采用"重绘法"在同一个坐标系中添加 2 次原数据，设置 2 次绘图的类型不同。采用拖入法添加数据后，曲面表面添加了一层散点。本例需要在底部坐标平面添加一个投影面，将散点修改为曲面，然后"展平"并置于底部平面。

按图 5-140 所示的步骤，双击①处的散点图，选择②处的散点，单击③处的下拉框选择"3D-曲面图"，选择④处的"展平"复选框，单击"确定"按钮。

图 5-140 散点图改为投影图

展平后，底部出现了残缺的投影 Contour 图，说明颜色映射的极值需要更新。按图 5-141 所示的步骤，在"绘图细节 - 绘图属性"对话框中进入①处的"颜色映射 / 等高线"选项卡，单击②处的"级别"打开对话框，单击③处的"查找最小值 / 最大值"，单击"确定"按钮。按相同的步骤对④处的另一图层进行基本设置。

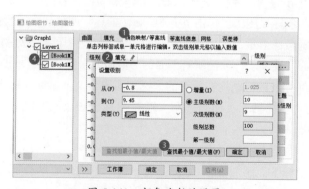

图 5-141 颜色映射的设置

如果不需要显示网格，则可以进入"网格"选项卡，取消"启用"复选框。修改其他细节可得到目标图。

5.4.5 立方体Contour图

在某些科研领域需要在立方体几个面上显示 Contour 云图，用于可视化显示试件表面某项指标强弱的分布情况。

例 19：利用 Origin 软件的"3D 参数函数图"工具分别创建立方体的前、脊、后、左、右等平面的矩阵及立方体 Contour 图（见图 5-142），①处矩阵 1~3 个单元分别为 X、Y、Z 矩阵数据，添加矩阵 4 填充实验数据，用于绘制②处的面分布 Contour 图。

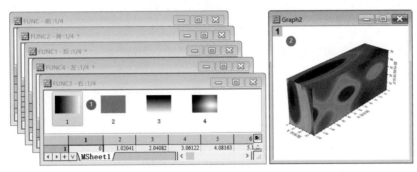

图 5-142　矩阵簿与效果图

1. 平面矩阵的创建

虽然 Origin 软件有 CubePlot App 插件可以构造立方体，但通过该插件构造的 6 个平面矩阵仅包含平面的 4 个顶点的坐标数据，不能够在面内映射 Contour 云图数据。因此，本例通过"3D 参数函数图"创建 6 个平面矩阵数据。

在创建立方体 6 个平面前，我们需要确定立方体的尺寸。如图 5-143（a）所示，本例需要构造 Δx=130、Δy=35、Δz=50。以如图 5-143（b）所示的左、右两个平面为例：在构造左平面时，y=0、$x \in (0,130)$、$z \in (0,50)$；而在构造右平面时，y=35，x 和 z 的取值范围与左平面相同。

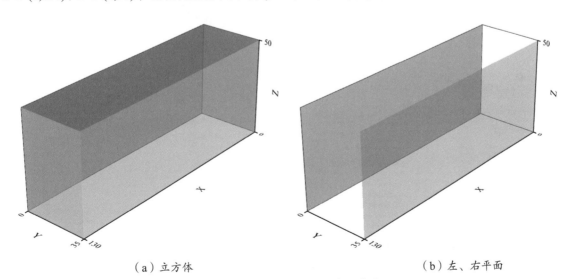

（a）立方体　　　　　　　　　　　　　　　（b）左、右平面

图 5-143　立方体及平面组成示意图

构造各平面的方法相同，这里仅以左平面为例。在构造平面前，需要明确将要绘制在左平面的 Contour 云图规格，本例左平面 Contour 数据为 50 列 ×130 行。前述分析了左平面的 x、y、z 取值范围：$y=0$、$x \in (0,130)$、$z \in (0,50)$。按图 5-144 所示的步骤，单击上方工具栏①处的按钮，选择②处的"新建 3D 参数函数图"打开对话框，设置③处的网格"列"和"行"数目分别为 50 和 130，设置④处 u 和 v 的范围（代表 y 和 x 的范围），设置⑤处的 $X(u,v)=v$、$Y(u,v)=0$、$Z(u,v)=u$。在首次创建平面时，需要设置⑥处为"创建新图"；在创建其他平面时，需要将⑥处改为"加入当前图"。单击⑦处的"添加"按钮。待所有平面添加完毕，单击"确定"按钮关闭对话框，可得⑧处的矩阵和⑨处的平面。

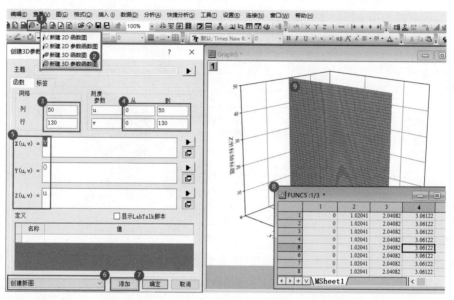

图 5-144　利用"新建 3D 参数函数图"构造平面

所得立方体看似正方体，需要调整 X、Y、Z 平面的尺寸，构造接近实物的立方体。按图 5-145 所示的步骤，双击①处的图层空白处打开"绘图细节-图层属性"对话框，选择②处的图层"Layer"，进入③处的"坐标轴"选项卡，修改④处的 X、Y、Z 轴长度分别为 130、35、50。单击"应用"按钮，可得⑤处所示的效果。图中各平面存在密集的网格线，分别选择⑥处的各个平面，进入"网格"选项卡，取消"启用"复选框可隐藏所有网格线，最终得到⑦处所示的立方体。

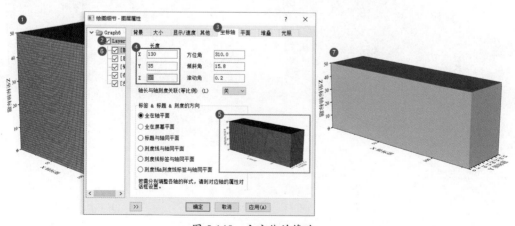

图 5-145　立方体的修改

2. 添加面分布矩阵数据

在前面创建各平面的过程中，会产生 6 个矩阵簿，每个矩阵簿包含 X、Y 和 Z 这 3 个矩阵对象，用于构造立体平面。为了在每个平面绘制 Contour 云图，需要在每个矩阵簿中添加一个矩阵对象，用于填入 Contour 数据。下面以左平面矩阵簿为例进行讲解。

按图 5-146 所示的步骤，在左平面矩阵簿窗口标题栏①处右击，选择②处的"显示图像缩略图"，可得③处所示的效果，右击矩阵 3 选择④处的"添加"，即可创建一个与矩阵 3 大小相同的空白矩阵。从 Excel 中复制左平面的实验数据（注意：行数、列数需要跟该矩阵大小一致），单击新增的矩阵 4，在其单元格上右击，选择"粘贴"即可填入该平面的 Contour 数据。

图 5-146　添加矩阵对象

3. 各平面Contour图的绘制

按图 5-147 所示的步骤，双击①处的立方体的"前"平面打开"绘图细节 - 绘图属性"对话框，进入②处的"填充"选项卡，单击③处下拉框，选择④处的"MSheet1!4"（矩阵 4）。分别选择⑤处的各平面，按相同的步骤设置。单击"确定"按钮。

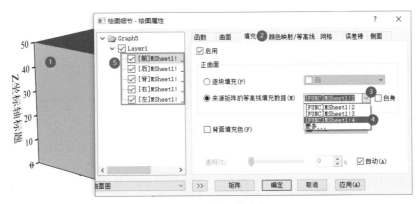

图 5-147　平面的填充

此时立方体各平面并未填充 Contour 效果，这需要重新修改"颜色映射"级别范围，单击右边工具栏第二个按钮"调整刻度"（或按快捷键"Ctrl+R"），即可显示各平面的 Contour 图（见图 5-148）。

由于本例采用 Contour 数据并非来源于准确的实验，因此图中各平面交界处并不吻合。读者可以结合自己的具体实验数据，尝试绘制"界面"吻合的立方体 Contour 图。另外，可以尝试翻转矩阵解决交界处不吻合的问题。按图 5-149 所示的步骤，选择需要翻转的平面矩阵簿中①处的矩阵 4，单击②处的菜单"矩阵"，选择③处的"翻转"和④处的"水平"或"垂直"。

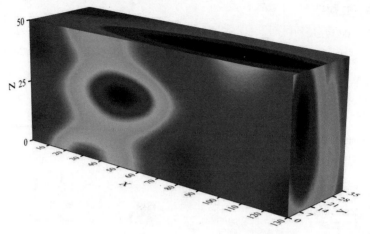

图 5-148 立方体 Contour 图

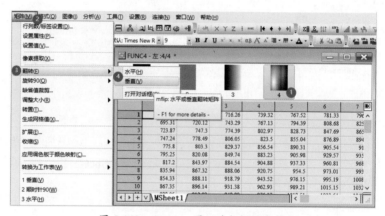

图 5-149 Contour 图矩阵数据的翻转

5.4.6 圆柱面Contour等高图

在研究隧道、管道内壁或建筑物柱体表面的某项指标（如腐蚀程度、应力强度等）的面分布时，往往需要在柱面（体）上绘制 Contour 图。

例 20：根据柱面参数方程创建一个圆柱面，绘制圆柱面 Contour 图（见图 5-150）。

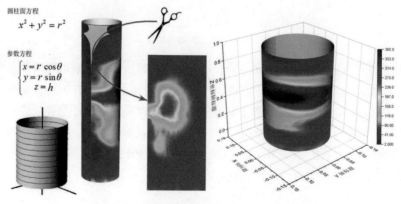

图 5-150 圆柱面方程及圆柱面 Contour 图

解析：在实验过程中可能会在圆柱面上布设采集阵列，所得数据是 m 列 $\times n$ 行的工作表，可以直接绘制 2D 的 Contour 图。如果将这张二维的 Contour 图"贴"在研究对象圆柱面上，可视化效果将更好。但是立体柱面 Contour 图只能显示柱面可视角范围的分布，解决办法为将该圆柱面 Contour 图复制出 2 个副本，每个副本旋转一定角度，一般构造 3 个圆柱面 Contour 图即可解决显示不全的问题。

圆柱面的方程：

$$x^2 + y^2 = r^2 \tag{5-1}$$

分解可得参数方程：

$$\begin{cases} x = r\cos\theta \\ y = r\sin\theta \\ z = h \end{cases} \tag{5-2}$$

根据参数方程可以创建"3D 参数函数图"。

1. 圆柱面的创建

在创建圆柱面前，需要明确圆柱底面半径 r 和圆柱高度 h，以及 Contour 数据的列数、行数。假设 $r=0.1$，$h=1$，采集的 Contour 点阵工作表为 40 列 $\times25$ 行。按图 5-151 所示的步骤，单击上方工具栏①处的按钮，选择②处的"新建 3D 参数函数图"打开对话框，设置③处的网格"列"为 40、"行"为 25，设置④处的参数"u"从"0"到"2*pi"、"h"从"0"到"1"，编写⑤处的公式：$X(u,h)=0.1*\cos(u)$；$Y(u,h)=0.1*\sin(u)$；$Z(u,h)=h$。单击⑥处的"确定"按钮，可得⑦处所示的圆柱面和⑧处所示的柱面矩阵。

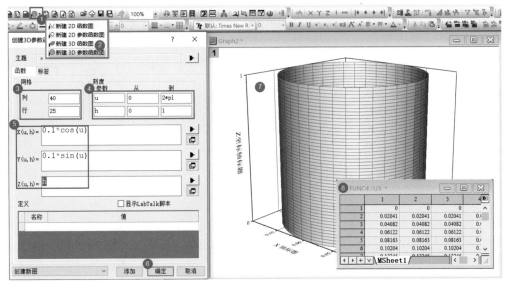

图 5-151　创建圆柱面

所得圆柱面图中含有网格线，如果不需要显示网格线，可以双击圆柱面打开"绘图细节 - 绘图属性"对话框，进入"网格"选项卡，取消"启用"复选框即可隐藏网格线。

2. 添加 Contour 数据矩阵

柱面矩阵中包含 3 个矩阵对象（X、Y、Z 参数数据），需要添加一个矩阵，用于填入 Contour 数据。右击柱面矩阵簿窗口的标题栏，选择"显示图像缩略图"，可显示出 3 个矩阵对象，右击矩阵 3，选择"添加"菜单,即可新增矩阵 4。从 Excel 中复制 Contour 数据(列数、行数应该与矩阵 4 的一致),在矩阵 4 的单元格上右击,选择"粘贴"即可填入 Contour 数据。

3. 绘制Contour图

修改圆柱面的颜色映射数据的来源矩阵。按图 5-152 所示的步骤,双击①处的圆柱面打开"绘图细节 - 绘图属性"对话框,进入②处的"填充"选项卡,选择③处的"来源矩阵的等高线填充数据",单击④处的下拉框选择矩阵 4。单击"确定"按钮。

图 5-152　圆柱面填充数据的设置

此时立方体各平面并未填充 Contour 效果,这需要重新修改"颜色映射"级别范围,单击右边工具栏第二个按钮"调整刻度"(或按快捷键"Ctrl+R"),即可解决 Contour 图显示不全的问题。

5.4.7 全球气温Contour图

在全球气候变化研究领域,经常需要在球面上绘制 Contour 图,将实验结果显示在地球表面,实现对数据结果的可视化。

例 21:通过 3D 参数函数绘图创建一个球面,绘制全球气温 Contour 图。

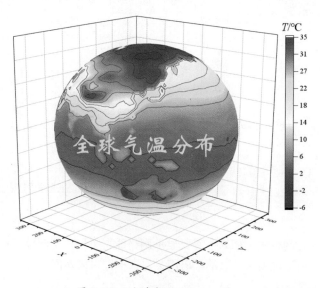

图 5-153　全球气温 Contour 图

1. 球面的参数方程

在解析几何中,球面是球心在 (x_0, y_0, z_0)、半径为 R 的点 (x, y, z) 的集合。

$$(x-x_0)^2+(y-y_0)^2+(z-z_0)^2=R^2 \tag{5-3}$$

假设球心位于 $(0,0,0)$，则球面的参数方程为

$$\begin{cases} x=R\sin\theta\cos\varphi \\ y=R\cos\theta\cos\varphi \qquad 0\leqslant\theta\leqslant 2\pi,-\pi/2\leqslant\varphi\leqslant\pi/2 \\ z=R\sin\varphi \end{cases} \tag{5-4}$$

在 Origin 软件中，利用"新建 3D 参数函数图"工具输入公式时，用 u 代替 φ，用 t 表示 θ。

2. 利用3D参数函数工具创建球面矩阵

在绘制球面前，需要明确将在球面上"贴"的全球气温 Contour 图的数据列数、行数，本例的气温按经度、纬度分布的数据为 64 列、128 行。按图 5-154 所示的步骤，单击上方工具栏①处的按钮选择②处的"新建 3D 参数函数图"工具打开对话框，设置③处的网格"列"为 64、"行"为 128，设置④处的参数 u 从 "-pi/2" 到 "pi/2"、设置 t 从 "2*pi" 到 "0"。编辑⑤处的公式：$X(u,t)=360*\sin(t)\cos(u)$；$Y(u,t)=360*\cos(t)*\cos(u)$；$Z(u,t)=360*\sin(u)$。单击⑥处的"确定"按钮，可得⑦处所示的球面图和⑧处所示的球面矩阵。

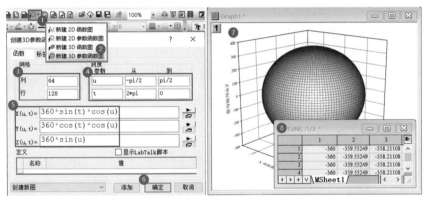

图 5-154　利用 3D 参数函数工具创建球面

向所得球面矩阵中添加矩阵 4，用于填入 Contour 数据，并作为球面填充 Contour 图的数据矩阵。按图 5-155 所示的步骤，右击①处的矩阵簿标题栏，选择②处的"显示图像缩略图"，即可得到③处所示的效果。右击③处的矩阵 3，选择"添加"即可新增④处所示的空白矩阵。从 Excel 或其他数据文件中复制 Contour 数据，单击矩阵 4，在其单元格上右击并选择"粘贴"，即可向矩阵 4 中填入 Contour 数据。

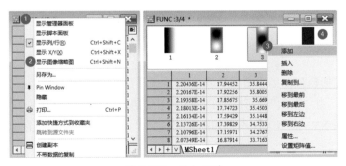

图 5-155　添加矩阵

3. 球面Contour图的绘制

按图 5-156 所示的步骤，双击①处的球面打开"绘图细节 - 绘图属性"对话框，进入"网格"选

项卡，取消"启用"复选框。进入②处的"填充"选项卡，选择③处的"来源矩阵的等高线填充数据"，并选择④处的填充数据来源于矩阵4，单击⑤处的"应用"按钮。

图 5-156　球面填充

所得绘图的映射颜色需采用温度专用调色板"Temperature"，还需要显示等高线。按图 5-157 所示的步骤，在"绘图细节 - 绘图属性"对话框中进入①处的"颜色映射 / 等高线"选项卡，单击②处的"级别"标签打开"设置级别"对话框，单击③处的"查找最小值 / 最大值"按钮，单击④处的"确定"按钮返回"绘图细节 - 绘图属性"对话框。选择⑤处的"启用等高线"复选框。单击⑥处的"填充"打开对话框，选择⑦处的"加载调色板"为"Temperature"，单击"确定"按钮返回"绘图细节 - 绘图属性"对话框，单击⑧处的"确定"按钮，可得⑨处所示的效果。

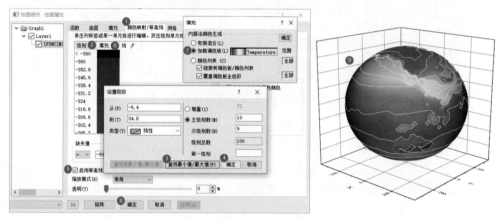

图 5-157　颜色映射及等高线设置

5.4.8　3D曲面投影图

3D 曲面投影图包括数据曲面本身及其在底部（或顶部）投影的平面 Contour 轮廓两部分。曲面将数据变化"可视化"为"形貌"，而投影 Contour 图则精确描绘曲面投射在 2D 平面上的出峰位置。

例 22：准备一张 XYYY 型工作表，如图 5-158（a）所示，绘制出 3D 散点拟合曲面投影图，如图 5-158（b）所示。

1. 带投影的3D颜色映射曲面

按图 5-159 所示的步骤，单击①处全选数据，单击下方工具栏②处的按钮，选择③处的"带投影的 3D 颜色映射曲面图"打开对话框，选择④处的"Y 数据跨列"，单击⑤处的下拉框选择"Y 值在"

为"列标签",修改⑥处的"列标签"为"注释",单击⑦处的下拉框选择"X 值在"为"选中区域的第一列",单击⑧处的"确定"按钮,可得⑨处所示的效果。

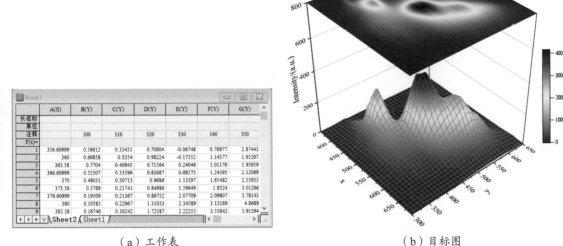

（a）工作表　　　　　　　　　　　　　（b）目标图

图 5-158　3D 曲面投影图

图 5-159　3D 曲面投影图的绘制

2. 3D 图姿态的调整

默认 3D 坐标系的视角不利于投影面的观察,需要按图 5-160 所示的步骤调整 3D 图的姿态。

图 5-160　3D 图姿态的调整

双击①处的图层空白区域打开"绘图细节 - 图层属性"对话框，选择②处的图层 Layer1，进入③处的"坐标轴"选项卡，修改④处的"方位角"为 315°、倾斜角为 35°、滚动角为 0°，单击"确定"按钮。

3. 颜色映射的设置

如果对默认填充色不满意，可以对曲面、投影面的填充颜色进行设置，但一般情况下要保持两者的填充颜色一致。按图 5-161 所示的步骤，在"绘图细节 - 绘图属性"对话框中选择①处的数据对象，进入②处的"颜色映射 / 等高线"选项卡，单击③处的"填充"打开对话框，修改④处的"加载调色板"为"Warming"，单击⑤处的"确定"按钮返回"绘图细节 - 绘图属性"对话框，单击"确定"按钮，可得⑥处所示的效果。

图 5-161 填充颜色的设置

4. 刻度范围的调整

所得绘图的 Z 轴刻度不合适，一是底部刻度未从 0 开始，二是顶部刻度空间不够，导致曲面部分遮挡了底部曲面。按图 5-162 所示的步骤，避免遮挡。

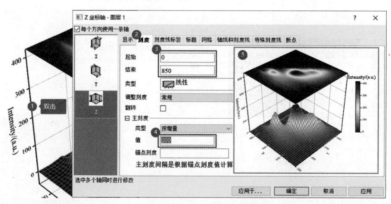

图 5-162 刻度范围的调整

双击①处的 Z 轴打开对话框，进入②处的"刻度"选项卡，修改③处的"起始"为 0、"结束"为 850，修改④处的"主刻度"的按增量"值"为 200，单击"确定"按钮，可得⑤处所示的目标图。

5.4.9 AFM曲面投影图

原子力显微镜（Atomic Force Microscope，AFM）图是较常用的一种材料表征图，通常可以绘制带投影的 3D 颜色映射曲面图，既能显示表面形貌，又能显示等高图，可将表征结果"可视化"。

例 23：准备一张 AFM 数据矩阵，如图 5-163（a）所示，绘制 AFM 曲面投影图，如图 5-163（b）所示。

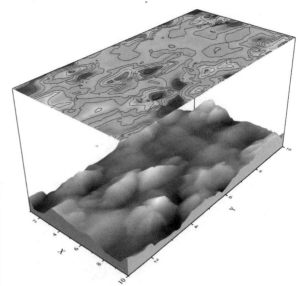

	1	2	3	4	5
1	1.87E-7	1.85E-7	1.83E-7	1.81E-7	1.78
2	1.87E-7	1.85E-7	1.82E-7	1.8E-7	1.77
3	1.89E-7	1.86E-7	1.83E-7	1.81E-7	1.78
4	1.9E-7	1.87E-7	1.84E-7	1.81E-7	1.77
5	1.89E-7	1.86E-7	1.84E-7	1.8E-7	1.76
6	1.89E-7	1.87E-7	1.84E-7	1.8E-7	1.77
7	1.9E-7	1.87E-7	1.84E-7	1.81E-7	1.77
8	1.89E-7	1.86E-7	1.83E-7	1.8E-7	1.76
9	1.88E-7	1.85E-7	1.82E-7	1.78E-7	1.75
10	1.88E-7	1.85E-7	1.81E-7	1.78E-7	1.75

（a）矩阵表　　　　　　　　　　　　　　　　　　（b）目标图

图 5-163　AFM 曲面投影图

1. 带投影的3D颜色映射曲面图

按图 5-164 所示的步骤，单击
①处激活矩阵窗口，单击下方工具栏
②处的按钮，选择③处的"带投影
的 3D 颜色映射曲面图"工具，可得
④处所示的投影曲面图。

2. 3D图的姿态调整

通常 3D 图需要调整好坐标系的
姿态，才能以最好的视角面向读者，
更直观地展示数据结果。按图 5-165

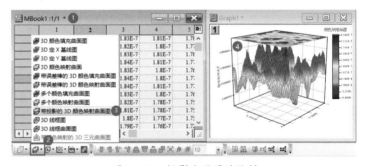

图 5-164　投影曲面图的绘制

所示的步骤，双击①处图层空白处打开"绘图细节 - 图层属性"对话框，选择②处的图层"Layer1"，
进入③处的"坐标轴"选项卡，修改④处的 Y=200、倾斜角为 30，单击⑤处的"确定"按钮。

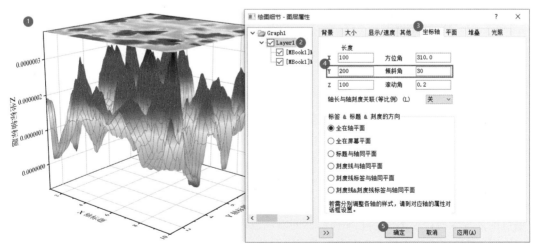

图 5-165　3D 绘图的姿态调整

所得绘图中，上部投影曲面对下方曲面图存在遮挡，需要通过增大 Z 轴刻度范围，拉开两者间距，避免遮挡。按图 5-166 所示的步骤，双击①处的 Z 轴打开对话框，在"刻度"选项卡中将②处的"结束"增大一个数量级，单击③处的"确定"按钮。删除 Z 轴标题、刻度线标签、轴线和刻度线，修改其他绘图细节。

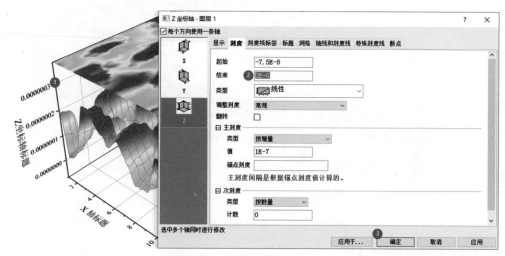

图 5-166　增大 Z 轴刻度范围上限

3. 颜色映射的修改

修改下方曲面为灰色渐变，上部投影为彩色映射。按图 5-167 所示的步骤，双击①处的底部曲面打开"绘图细节 - 绘图属性"对话框，进入②处的"网格"选项卡，取消"启用"复选框。进入③处的"颜色映射 / 等高线"选项卡，单击④处的"填充"标签打开"填充"对话框，单击⑤处选择"加载调色板"为"GrayScale"，单击⑥处的"确定"按钮返回"绘图细节 - 绘图属性"对话框，单击⑦处的"确定"按钮。

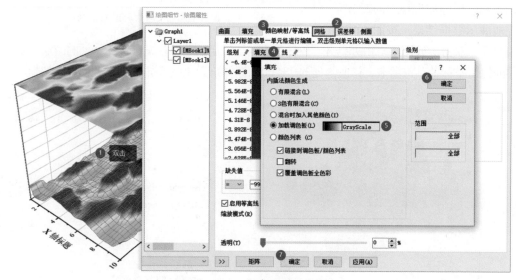

图 5-167　颜色映射的设置

通过前述步骤所得绘图中，上部投影面的颜色也跟随发生一致变化，需要解除"共同"后单独设置。按图 5-168 所示的步骤，双击①处图层空白处打开"绘图细节 - 页面属性"对话框，选择②处的页面"Graph1"，进入③处的"图层"选项卡，取消"共同的显示"设置中④处的"颜色映射"复选框，单击"确定"按钮。按照前面图 5-167 中的步骤设置上部投影面的"颜色映射 / 等高线"为彩色渐变的调色板，同时设置显示主要等高线。

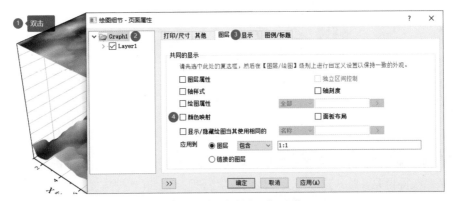

图 5-168　取消"共同"设置

4. 曲面的侧面填充

材料样品的 AFM 图在表征表面形貌的同时，还可以表征颗粒高度或材料的厚度，因此，底部曲面需要利用添加"侧面"构造材料的立体形貌。按图 5-169 所示的步骤，双击①处的底部曲面打开"绘图细节 - 绘图属性"对话框，进入②处的"侧面"选项卡，选择③处的"启用"复选框。根据图中曲面的光照方向分别设置 X 和 Y 方向的颜色为 2 种明暗不同的灰色。单击"确定"按钮，可得⑤处所示的效果。

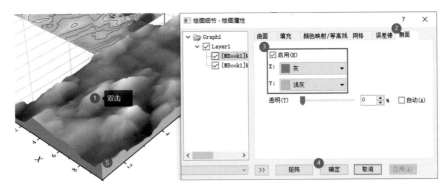

图 5-169　侧面的设置

06

第6章
拟合与分析

在科研数据处理与绘图中，经常需要对数据进行拟合分析与处理，用来分析不同因子之间的变化和影响关系，获得相关参数，建立经验公式或数学模型。Origin 软件集成了强大的线性回归和函数拟合功能，包括对点、线、面、体的拟合，可以满足绝大多数各类科研数据拟合的需求。

6.1 菜单拟合工具

Origin 2023 软件菜单会根据激活对象（数据窗口或绘图窗口）的不同而变化。当激活工作簿或矩阵簿窗口时，菜单栏包含"分析"菜单；当激活绘图窗口时，菜单栏包含"分析"和"快捷分析"菜单。在实际应用中，多数采用先绘制出图再选择菜单拟合的方式。图 6-1 分别列出了激活工作簿窗口和激活绘图窗口时可采用的拟合菜单，限于篇幅，图中仅列出二级菜单，其余级别菜单略。

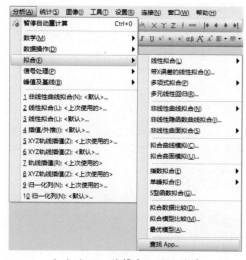

（a）激活工作簿窗口时的菜单　　　　　　（b）激活绘图窗口时的菜单

图 6-1　拟合与分析菜单

6.1.1　线性拟合

当一组散点整体上呈线性变化时，满足以下线性方程。

$$y = kx + b \qquad (6\text{-}1)$$

为了增强实验的可信度，需要对 5 个以上的数据点进行线性拟合。

例 1：创建一张 XY 型工作表，如图 6-2（a）所示，A 列为 X，B 列为 Y，C 列为标签文本，用于标注每个样品名称或编号。进行线性拟合，得到具有 95% 置信带和预测带的线性拟合图，如图 6-2（b）所示。

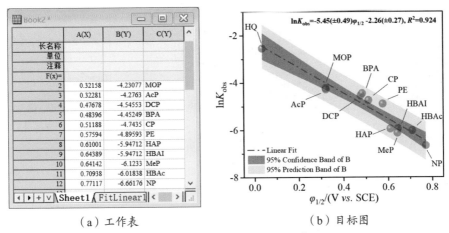

（a）工作表 　　　　　　　　（b）目标图

图 6-2　线性拟合置信带、预测带图

1. 数据格式的修改

默认情况下，Origin 工作表单元格的数据格式为"文本 & 数值"型，而在大多数拟合分析、数据处理前，均需要确保工作表中的数据为"数值"型。按图 6-3 所示的步骤，从①处拖选 A、B 两列，在②处右击，选择③处的"属性"菜单打开"列属性"对话框，修改④处的"格式"为"数值"，单击"确定"按钮。

图 6-3　数据格式的修改

2. 线性拟合

选择 A、B 两列数据，绘制散点图，单击菜单"分析"→"拟合"→"线性拟合"→"打开对话框"。按图 6-4（a）所示的步骤，单击①处的"拟合曲线图"选项卡，选择②处的"置信带"和"预测带"复选框，单击"确定"按钮，可得③处所示的带状图。

通过线性拟合得到方程参数如④处所示，截距为 a，斜率为 b，R 为相关系数。更多专业报告将自动添加在原工作表中。经过其他细节的设置，可得如图 6-4（b）所示的目标图。

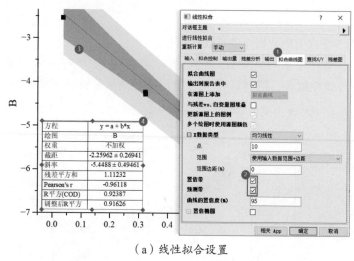

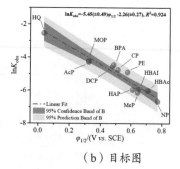

（a）线性拟合设置　　　　　　　　　　　（b）目标图

图 6-4　线性拟合设置

6.1.2 多元线性回归

在考察多个自变量与一个因变量之间的线性关系时，通常采用多元线性回归方法分析各种因素对某项指标的贡献权重。

例 2：某湖泊八年来湖水中 COD 浓度实测值（y）与 4 种影响因素（湖区工业产值 x_1、总人口数 x_2、捕鱼量 x_3、降水量 x_4）的相关数据见表 6-1，根据这些数据建立 COD 浓度的水质分析模型。

表6-1　八年来湖水中COD浓度实测值与影响因素统计表

测量次数	1	2	3	4	5	6	7	8
x_1	1.376	1.375	1.387	1.401	1.412	1.428	1.445	1.477
x_2	0.450	0.475	0.485	0.500	0.535	0.545	0.550	0.575
x_3	2.170	2.554	2.676	2.713	2.823	3.088	3.122	3.262
x_4	0.892	1.161	0.535	0.959	1.024	1.050	1.101	1.139
y	5.19	5.30	5.60	5.82	6.00	6.06	6.45	6.95

1. 建立工作表及模型

根据表 6-1 中的数据，在 Origin 软件中创建工作表（见图 6-5），第一列为因变量 y，第二列及以后各列为各影响因素数据。

Book1 *	A(Y)	B(X1)	C(X2)	D(X3)	E(X4)
长名称	y	x1	x2	x3	x4
单位					
注释	COD浓度	工业产值	总人口数	捕鱼量	降水量
F(x)=					
1					
2	5.19	1.376	0.45	2.17	0.892
3	5.3	1.375	0.475	2.554	1.161
4	5.6	1.387	0.485	2.676	0.535
5	5.82	1.401	0.5	2.713	0.959
6	6	1.412	0.535	2.823	1.024
7	6.06	1.428	0.545	3.088	1.05
8	6.45	1.445	0.55	3.122	1.101
9	6.95	1.477	0.575	3.262	1.139

图 6-5　多元回归工作表

建立模型方程：

$$y = A + B_1x_1 + B_2x_2 + B_3x_3 + B_4x_4 \tag{6-2}$$

2. 多元线性回归报表的绘制

单击菜单"分析"→"拟合"→"多元线性回归"，可打开"多元回归"对话框，按图 6-6 所示的步骤，检查因变量是否来源于 A 列，单击①处按钮，在②处拖选 B~E 列，单击③处按钮返回对话框，单击④处的"确定"按钮，可在原工作簿中新建 2 张分析报表（如⑤处所示）。

图 6-6　选择自变量

单击进入 MR1 表（见图 6-7）可查阅所有参数的拟合值，其中"截距"为 A，x_1~x_4 的参数值分别对应 B_1~B_4。最终整理出多元线性回归方程：

$$y = -13.98 + 13.192x_1 + 2.422x_2 + 0.075\ 4x_3 - 0.189\ 7x_4$$

$$R^2 = 0.984\ 6，F = 47.99，P = 0.0047\ 3。$$

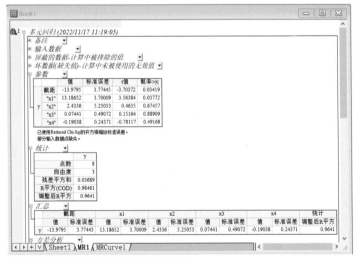

图 6-7　多元线性回归报表

6.1.3 指数拟合

在描述某项指标呈指数衰减（或增长）时，通常需要对数据点进行指数拟合。对于一个指数函数：

$$y = ae^{bx} \qquad (6-3)$$

等号两边同时取自然对数，可得：

$$\ln y = \ln a + bx \qquad (6-4)$$

可知，指数函数可以转换为线性方程。因此，通常有两种拟合方法，一是直接利用指数拟合，二是对 $\ln y$ 和 x 进行线性拟合。这两种方法在实际的科研数据处理中均为常用方法。

例 3：准备一张 XY 型工作表，如图 6-8（a）所示，采用指数拟合得到图 6-8（b）。

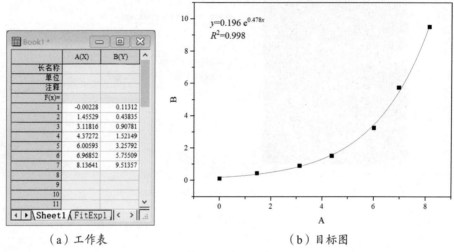

（a）工作表 　　　　　　　（b）目标图

图 6-8　指数拟合

1. 操作菜单

全选数据绘制散点图。按图 6-9 所示的步骤，单击①处标题栏激活图形窗口，选择②处的菜单"分析"→"拟合"→"指数拟合"→"打开对话框"。

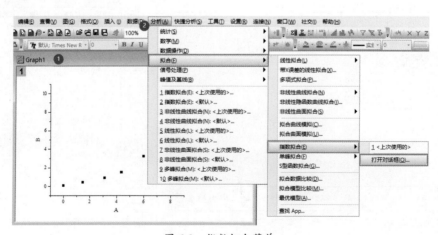

图 6-9　指数拟合菜单

2. 选择函数拟合

按图 6-10 所示的步骤，在非线性拟合（NLFit）对话框中单击①处下拉框，选择"Exp2PMod1"

函数，单击②处的"公式"选项卡浏览公式，如果公式不合适，则单击①处继续选择。单击③处的"消息"选项卡，单击④处的"一次迭代"按钮，查看消息框中的"COD(R^2)"的数据，多次单击④处的"一次迭代"按钮，直到 R^2 达到 0.9 以上。单击⑤处的"拟合直至收敛"按钮，查看⑥处绘图的拟合效果，单击⑦处的"完成"按钮。图中将产生拟合结果表格，原工作簿中将产生 2 张拟合报表。根据结果表格中的 a、b 参数拟合值，编写拟合方程，填写相关系数 R^2（拟合优度）的数值。

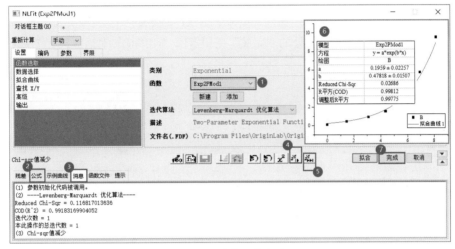

图 6-10　选择函数拟合

6.1.4 自定义函数拟合

Origin 提供了丰富的函数库，一般情况下，在函数库中均能找到相关的模型方程。当我们找不到相关的函数时，可以自定义函数并进行拟合。参考本小节的方法，可以解决其他模型方程的自定义拟合问题。

例 4：准备一张 XY 型工作表，如图 6-11（a）所示，自定义函数 $y=Ax/(1+Bx)$，拟合结果如图 6-11（b）所示。

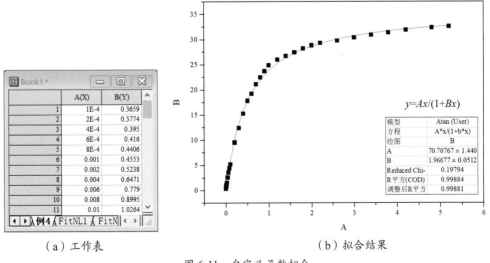

（a）工作表　　　　　　　　　　　（b）拟合结果

图 6-11　自定义函数拟合

1. 自定义函数

单击菜单"分析"→"拟合"→"非线性曲线拟合"→"打开对话框",打开"NLFit()"对话框。按图 6-12 所示的步骤,单击①处的"类别"下拉框,选择"User Defined"(用户定义),单击②处的"新建"按钮,可打开"拟合函数生成器 - 名称和类型"对话框,修改③处的"函数名称"为"yAxBx"(或其他容易记住的名称),选择④处的"函数类型"为"LabTalk 表达式",单击⑤处的"下一步"按钮进入下一页面,在⑥处的"参数"中输入"A,B"(英文逗号),单击"下一步"按钮进入下一页面,在⑦处的"函数主体"中输入"A*x/(1+B*x)"(英文括号),单击⑧处的"跑人"按钮试运行一下,如果不报错,则单击⑨处的"完成"按钮返回"NLFit()"对话框,直接关闭该对话框,此时函数已定义完成。

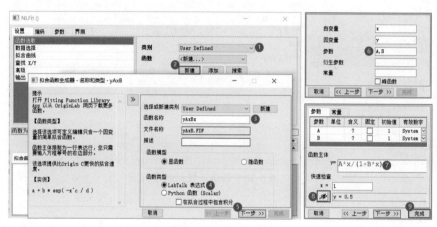

图 6-12　自定义函数

2. 自定义函数拟合

全选数据绘制散点图,单击菜单"分析"→"拟合"→"非线性曲线拟合"→"打开对话框",打开"NLFit(yAxBx(User))"对话框。按图 6-13 所示的步骤,单击①处选择"类别"为"User Defined",单击②处选择自定义的函数 yAxBx(User),观察"消息"框中的"COD(R^2)",多次单击③处的"一次迭代"按钮,直到该值达到 0.9 以上,单击④处的"拟合至收敛",单击⑤处的"确定"按钮,可得⑥处所示的拟合结果。

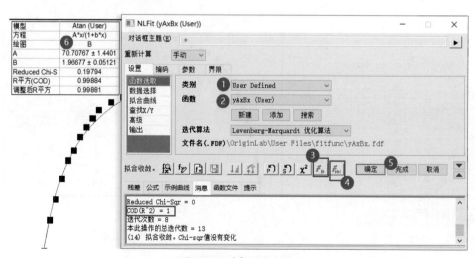

图 6-13　选择函数拟合

6.1.5 荧光寿命拟合

在发光材料研究的相关绘图中，荧光寿命图较为常见。荧光寿命计算公式如下。

$$I(t) = A_1 e^{-t/t_1} + A_2 e^{-t/t_2} + A_3 e^{-t/t_3} + \cdots \qquad (6\text{-}5)$$

$$\tau_{avg} = \frac{A_1 t_1^2 + A_2 t_2^2 + A_3 t_3^2}{A_1 t_1 + A_2 t_2 + A_3 t_3} \qquad (6\text{-}6)$$

根据式（6-5）拟合出 $A_1 \sim A_3$、$t_1 \sim t_3$，代入式（6-6）即可求出平均荧光寿命。

Origin 软件提供了 3 个指数衰减函数。

单指数衰减函数（ExpDec1）：

$$y = y_0 + A_1 e^{-x/t_1} \qquad (6\text{-}7)$$

双指数衰减函数（ExpDec2）：

$$y = y_0 + A_1 e^{-x/t_1} + A_2 e^{-x/t_2} \qquad (6\text{-}8)$$

三指数衰减函数（ExpDec3）：

$$y = y_0 + A_1 e^{-x/t_1} + A_2 e^{-x/t_2} + A_3 e^{-x/t_3} \qquad (6\text{-}9)$$

令式（6-5）中的 $I(t)=y$、$t=x$，则可以将式（6-5）转换为式（6-9），因此，可以利用 Origin 的三指数衰减函数进行荧光寿命拟合。

例5：准备一张 XY 型工作表，如图 6-14（a）所示，删除原工作表中头部无用数据，将第一列的数据单位 ns 换算为 μs。利用三指数衰减函数拟合并计算荧光寿命 τ，如图 6-14（b）所示。

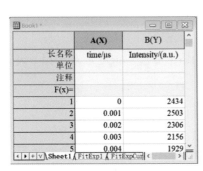

（a）工作表

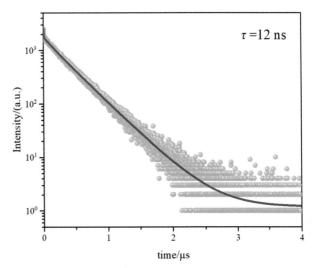

（b）目标图

图 6-14　荧光寿命拟合曲线

1. 荧光寿命散点图的绘制

全选数据绘制散点图，双击 Y 轴打开对话框，在"刻度"选项卡修改"类型"为"Log10"，单击"确定"按钮，单击右边工具栏上方的"调整刻度"按钮。

双击散点打开"绘图细节 - 绘图属性"对话框，修改散点为球形、颜色为浅橙色、透明度为40%。单击"确定"按钮，右击图层外灰色区域，选择"调整页面至图层大小"。

2. 三指数衰减函数拟合

单击菜单"分析"→"拟合"→"非线性曲线拟合"→"打开对话框"。按图 6-15 所示的步骤，单击①处的下拉框，选择三指数衰减函数 ExpDec3，单击②处的"一次迭代"和"拟合至收敛"按钮，查看③处的消息框，COD(R^2) 达到 0.99 以上，单击④处的"完成"按钮，可得⑤处所示的拟合曲线及拟合结果列表。将拟合结果表中的 t_1~t_3 和 A_1~A_3 代入式（6-6）中，即可计算出平均荧光寿命。

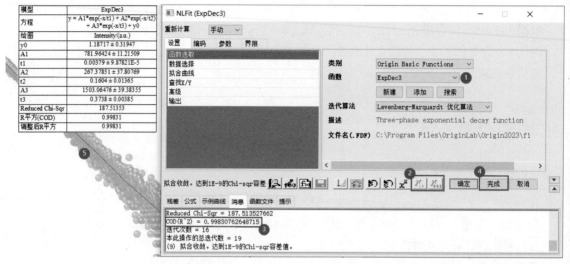

图 6-15　三指数衰减函数拟合

6.1.6　拟一级动力学拟合

在环境科学研究领域，经常需要对降解率、去除率或吸附率随时间的变化数据进行拟一级动力学、拟二级动力学、Elovich 动力学、Langmuir 模型、Weber-Morris 模型等拟合操作。Weber-Morris 模型需要采用分段拟合，将在 6.2 节"App 拟合工具"中介绍。

拟一级动力学模型：

$$q_t = q_e(1 - e^{-k_1 t}) \tag{6-10}$$

其中，q_e 为平衡时的质量分数（mg/g），q_t 为 t/min 时刻的质量分数（mg/g），k_1 为拟一级动力学常数。

令 $a=q_e$、$b=k_1$、$y=q_t$、$x=t$，则式（6-10）可变形为：

$$y = a(1 - e^{-bx}) \tag{6-11}$$

可在 Origin 的"Exponential"函数库中找到 BoxLucas1 函数，拟合出 a 和 b 两个参数后，将获得 $q_e=a$、$k_1=b$ 及 R^2。

如果需要绘制 $\lg(q_e-q_t)$-t 散点图，可构造 $\lg(q_e-q_t)$ 和 t 的工作表，采用线性拟合出直线并作图。注意，此时拟合的 k_1' 与 k_1 之间存在 -2.303 倍的关系。

$$\lg(q_e - q_t) = \lg q_e - (k_1 / 2.303)t \tag{6-12}$$

例 6：准备一张 X2(YE) 型工作表，如图 6-16（a）所示，即 2 组样品数据。利用拟一级动力学拟合出图 6-16（b）。

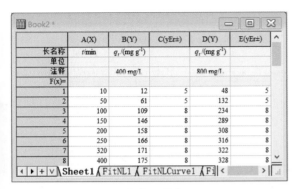

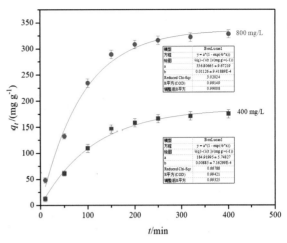

（a）工作表　　　　　　　　　　　　（b）拟合结果

图 6-16　拟一级动力学拟合

1. 绘制误差棒散点图

全选数据绘制散点图，调整刻度范围，显示边框线，调整页面至图层大小。

2. 指数拟合

单击激活绘图，单击菜单"分析"→"拟合"→"指数拟合"，打开"NLFit"对话框。按图 6-17

所示的步骤，单击①处下拉框，选择"BoxLucas1"函数，单击②处的"一次迭代"和"拟合至收敛"按钮。单击③处的"确定"按钮，即可得到④处所示的拟合曲线。

当需要拟合的曲线较多时，可以重复操作。按图 6-18 所示的步骤，右击①处的"绿锁"，选择②处的"对所有绘图重复此操作"，即可拟合其他样品的数据。

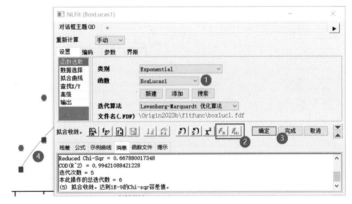

图 6-17　指数拟合

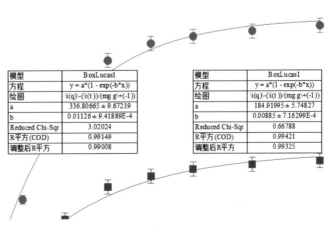

图 6-18　对所有绘图重复操作

3. 提取数据绘图

从拟合结果表中提取 a 的数据作为 q_e，提取 b 作为 k_1，同时提取 R^2 等数据，列入所需的表格中。

表6-2　拟一级动力学拟合结果

$C_0/(\text{mg L}^{-1})$	$k_1/(\text{min}^{-1})$	$q_e/(\text{mg g}^{-1})$	R^2
400	0.008 8	184.9	0.994 2
800	0.011 3	336.8	0.991 5

新建一张工作表，如图 6-19（a）所示，A 列为时间，B 列和 C 列为两组样品的 q_t。在 D 列和 E 列的 F(x) 中输入公式：

$$\log(q_e - q_t)$$

其中，q_e 为各组样品的 q_e 拟合值，q_t 来源于 B 列或 C 列，"log"为 Origin 软件中的 log 函数名（注意：绘图时 Y 轴标题用"$\lg(q_e - q_t)$"）。选择 D 列和 E 列数据绘制散点图，采用线性拟合得到图 6-19（b）。

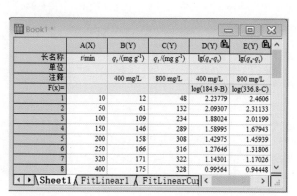

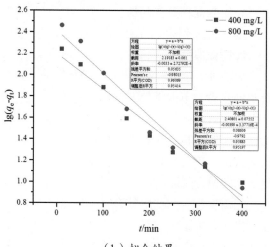

（a）工作表　　　　　　　　　　　（b）拟合结果

图 6-19　拟一级线性拟合

6.1.7　拟二级动力学拟合

拟二级动力学模型：

$$q_t = \frac{q_e^2 k_2 t}{1 + q_e k_2 t} \tag{6-13}$$

式（6-13）变形可得：

$$\frac{t}{q_t} = \frac{1}{k_2 q_e^2} + \frac{t}{q_e} \tag{6-14}$$

采用 t/q_t 对 t 的线性拟合可获得斜率（t/q_e）和截距（$1/(k_2 q_e^2)$）。

例 7：准备一张 XYY 型工作表，如图 6-20（a）所示，A 列为 t，B 列和 C 列为两组样品的 q_t，D 列和 E 列分别计算这两组样品的 t/q_t，即在 F(x) 单元格分别输入"A/B"（表示 A 列与 B 列数据之比，下同）和"A/C"。绘制 t/q_t 对 t 的散点图并进行线性拟合，如图 6-20（b）所示。

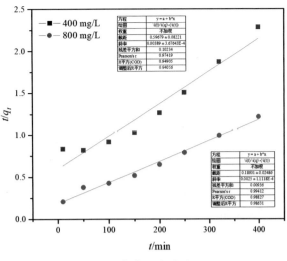

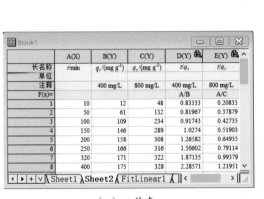

（a）工作表　　　　　　　　　　　　　　　（b）拟合结果

图 6-20　拟二级动力学

1. 绘制散点图

选择 D 列和 E 列数据，单击下方工具栏的散点图工具绘制散点图，显示边框，调整图例位置，右击图层外灰色区域，选择"调整页面至图层大小"。

2. 线性拟合

单击激活散点图，单击菜单"分析"→"拟合"→"线性拟合"→"打开对话框"，直接单击"确定"按钮，即可完成线性拟合。按图 6-21 所示的步骤完成对其他样品数据的线性拟合。单击绘图左上方①处的绿锁按钮，选择②处的"对所有绘图重复此操作"，可得③处所示的结果。

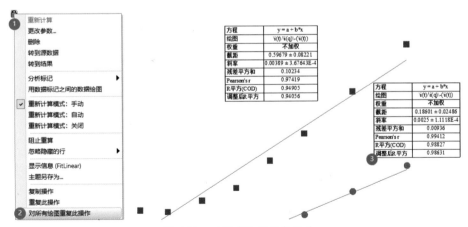

图 6-21　对所有绘图重复操作

从拟合结果报表中读取拟合的参数值，根据式（6-14）求 q_e 和 k_2，最终得到拟二级动力学拟合结果（见表 6-3）。

表6-3　拟二级动力学拟合结果

C_0/(mg L^{-1})	k_2/(g mg^{-1} min^{-1})	q_e/(mg g^{-1})	R^2
400	2.535×10^{-5}	257.1	0.949 0
800	3.360×10^{-5}	400.0	0.988 3

6.1.8 ▶ Elovich动力学拟合

Elovich 动力学模型考察吸附时间对吸附速率的影响，它反映吸附平衡所需的时间长短，常被用于描述以化学吸附为主导的非均相扩散吸附过程。

Elovich 动力学模型：

$$q_t = \frac{1}{\beta}\ln(\alpha\beta) + \frac{1}{\beta}\ln t \tag{6-15}$$

其中，α 为初始吸附速率常数，β 为与吸附剂表面覆盖程度及化学吸附活化能有关的参数。显然，q_t 与 $\ln t$ 呈线性关系，需要采用线性拟合。

例8：准备一张工作表，如图 6-22（a）所示，A 列为时间 t/min，B 列设置为 X 属性，并将 F(x) 设置为 $\ln t$，C 列和 D 列为两组样品的 q_t 数据。采用 Elovich 模型拟合出初始吸附速率常数 α 和 β，绘制出图 6-22（b）。

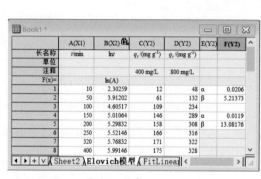

（a）工作表

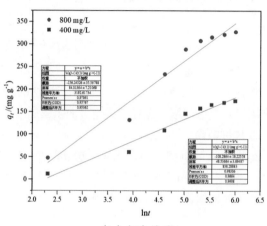

（b）拟合结果

图 6-22　Elovich 模型拟合

1. 线性拟合

选择 B~D 列数据，绘制出散点图。单击菜单"分析"→"拟合"→"线性拟合"→"打开对话框"，直接单击"确定"按钮，即可完成对一组样品的拟合。按图 6-21 所示的步骤对第二组样品进行线性拟合。

2. 拟合结果

从拟合的结果报表中，记录各组样品的 Elovich 拟合斜率 k 与截距 B。根据以下公式计算 α 和 β：

$$\alpha = k\mathrm{e}^{B/k}, \quad \beta = 1/k$$

计算结果列入表 6-4。

表6-4　Elovich模型拟合结果

C_0/(mg L^{-1})	α/(mg g^{-1} min)	β/(g mg^{-1})	R^2
400	0.020 6	5.214	0.966 4
800	0.011 9	13.08	0.957 7

6.1.9 ▶ Langmuir模型拟合

假设在单层表面吸附、所有的吸附位均相同、被吸附的粒子完全独立等条件下，则吸附满足

Langmuir 模型：

$$q_e = \frac{k_L q_m C_e}{1 + k_L C_e} \tag{6-16}$$

其中，q_m 为最大吸附容量，q_e 为平衡吸附容量，C_e 为溶质的质量浓度 (mg/L)，k_L 为 Langmuir 平衡常数。Langmuir 模型可以应用于化学吸附和物理吸附。

在 Origin 软件的 Power 函数库中，LangmuirEXT1 函数如下。

$$y = \frac{abx^{1-c}}{1 + bx^{1-c}} \tag{6-17}$$

在具体拟合时，需要注意对应关系，即 $y=q_e$，$b=k_L$，$a=q_m$，$x=C_e$，$c=0$。

例 9：准备一张工作表，如图 6-23（a）所示，A 列为 C_e，B 列为 q_e。拟合得到如图 6-23（b）所示的结果。

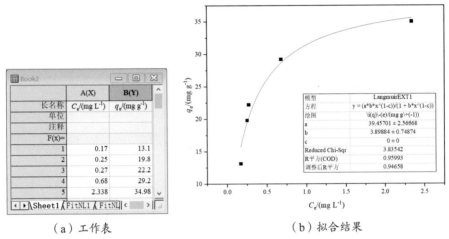

（a）工作表　　　　　　　　　　　　（b）拟合结果

图 6-23　Langmuir 模型拟合

1. Langmuir 拟合

全选数据绘制散点图，稍加修改绘图格式样式，调整页面至图层大小。

单击菜单"分析"→"拟合"→"非线性曲线拟合"→"打开对话框"，按图 6-24 所示的步骤，单击①处的"类别"下拉框选择"Power"，单击②处的下拉框选择"LangmuirEXT1"函数。单击③处的"一次迭代"按钮，进行 1 次拟合。

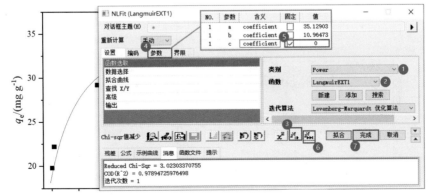

图 6-24　Langmuir 拟合设置

注意 ⚠ 需要拟合至少 1 次，才能修改参数 $c=0$，否则将导致拟合不收敛。如果"消息"框中显示 COD(R^2) 已达到 0.9 以上，则可进行第④步。如果未达到，请继续单击③处按钮直到达到 0.9 以上为止。单击④处的"参数"选项卡，修改页面中⑤处的参数值 $c=0$，并选择"固定"复选框。单击⑥处的"拟合至收敛"按钮，单击⑦处的"完成"按钮，即可完成 Langmuir 拟合。

2. 拟合结果

从拟合结果报表中，读取 a、b 分别作为 q_m 和 k_L 填入表 6-5 中。

表6-5 Langmuir模型拟合结果

q_m /(mg kg^{-1})	k_L	R^2
39.46	3.899	0.959 9
...	...	...

6.1.10 Freundlich Isotherm模型拟合

Freundlich Isotherm 模型表征不均匀表面的吸附特性，可应用于化学吸附和物理吸附，其方程为

$$q = kc^{\frac{1}{n}} \tag{6-18}$$

其中，k 为吸附常数，n 为常数。通常 $n>1$，温度升高，$1/n$ 趋近于 1，一般认为 $1/n$ 介于 0.1~0.5 时，物质容易吸附；而当 $1/n>2$ 时，物质难以吸附。

对式 6-18 等号两端取对数，可得：

$$\lg q = \frac{1}{n}\lg c + \lg k \tag{6-19}$$

以 $\lg q$ 对 $\lg c$ 作图可得一条直线，斜率为 $1/n$，截距为 $\lg k$。

例 10：准备一张 XY 型工作表，如图 6-25（a）所示，新建两列作为 X2 和 Y2，分别对 A 列和 B 列数据取对数，采用 C 列和 D 列数据绘制散点图并进行线性拟合，如图 6-25（b）所示。

选择 C 列和 D 列数据绘制散点图，单击菜单"分析"→"拟合"→"线性拟合"→"打开对话框"，直接单击"确定"按钮，即可完成拟合。从拟合结果报表中读出斜率和截距，即可获得 Freundlich Isotherm 拟合参数 n 和 k。具体步骤略。

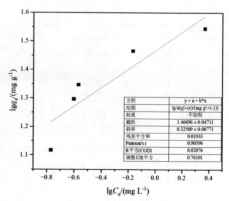

（a）工作表 （b）拟合结果

图 6-25 Freundlich Isotherm 模型拟合

6.1.11 Temkin Isotherm模型拟合

考虑温度对等温线的影响，假设吸附热与温度呈线性关系，则满足 Temkin Isotherm 模型，可应用于化学吸附。Temkin Isotherm 模型方程如下：

$$q_e = \frac{RT}{b}\ln(aC_e) \tag{6-20}$$

例 11：准备 XY 型工作表，如图 6-26（a）所示，X 列为 C_e，Y 列为 q_e。采用自定义函数拟合得到图 6-26（b）。

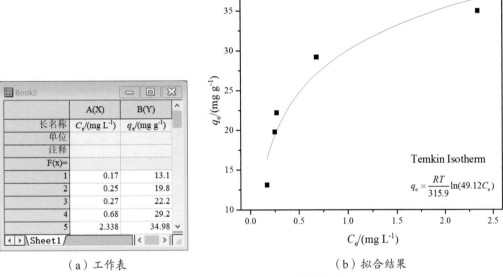

|（a）工作表 |（b）拟合结果 |

图 6-26　Temkin Isotherm 模型拟合

参考 6.1.4 节"自定义函数拟合"相关步骤建立自定义函数。函数命名为"Temkin Isotherm"，自变量 x 为 C_e，因变量 y 为 q_e，参数为"a,b"，常量为"R,T"。按图 6-27 所示的步骤，设置①处的"常量" R=8.314、T=293。在②处的"函数主体"文本框中输入 (R*T)/b*ln(a*x)，单击③处的"跑人"按钮试运行判断公式是否报错。单击"完成"按钮可返回对话框，单击"拟合至收敛"按钮，单击"完成"按钮即可完成拟合。

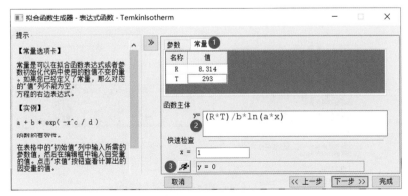

图 6-27　建立 Temkin Isotherm 函数

6.1.12 Sips模型拟合

Sips 模型方程如下：

$$q_e = \frac{q_s (K_s C_e)^m}{1 + (K_s C_e)^m} \qquad (6\text{-}21)$$

其中，q_e 为平衡时的吸附容量（mg/g），q_s 为饱和吸附比容量（mg/g），K_s 为 Sips 吸附常数（L/mg），C_e 为平衡浓度（mg/L），m 为特异性因子。

例 12：准备 XY 型工作表，如图 6-28（a）所示，X 列为 C_e，Y 列为 q_e，采用自定义 Sips 函数拟合出饱和吸附比容量（q_s,mg/g）、Sips 吸附常数（K_s,L/mg）和特异性因子 m，拟合结果见图 6-28（b）。

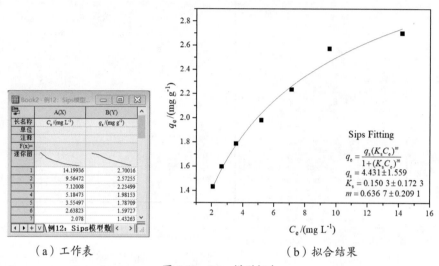

（a）工作表　　　　　　　　　　　　（b）拟合结果

图 6-28　Sips 模型拟合

参考 6.1.4 节 "自定义函数拟合" 相关步骤建立自定义函数。函数命名为 "Sips"，自变量 x 为 C_e，因变量 y 为 q_e，参数为 "qs、ks、m"。按图 6-29 所示的步骤，设置 3 个参数如①处所示，在②处的 "函数主体" 文本框中输入：

qs*(ks*x)^m/(1+(ks*x)^m)

单击③处的 "跑人" 按钮试运行判断公式是否正确，单击④处的 "完成" 按钮返回拟合对话框，单击 "拟合至收敛" 按钮，单击 "确定" 按钮即可完成拟合。读取参数值，编写公式及其拟合结果，最终得到图 6-28（b）。

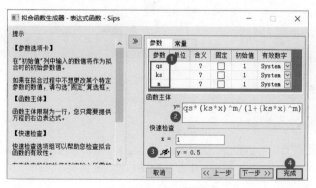

图 6-29　自定义函数

6.1.13 Michaelis-Menten方程全局拟合

在某些科学研究领域，对两组或以上数据进行非线性回归拟合时，需要共用某个参数，即共享参数进行全局拟合。例如，单底物不可逆酶促进反应的动力学方程，即著名的 Michaelis-Menten 方程（米氏方程）。

$$v = \frac{V_{\max}[S]}{K_m + [S]} \tag{6-22}$$

其中，$V_{\max}$ 为酶促进反应的最大速度，$[S]$ 为底物浓度。需要在共享 $V_{\max}$ 条件下，拟合出 2 个反应过程的解离常数 K_m。

在 Origin 软件的 "Growth/Sigmoidal" 函数库中存在一个相近的 Hill 函数。

$$y = \frac{V_{\max} x^n}{K^n + x^n} \tag{6-23}$$

需要注意在拟合中固定 $n=1$，设置 $V_{\max}$ 为共享参数进行全局非线性拟合。

例 13：准备一张 2(XY) 型工作表，如图 6-30（a）所示，利用 Hill 函数共享 $V_{\max}$ 进行全局拟合，如图 6-30（b）所示。

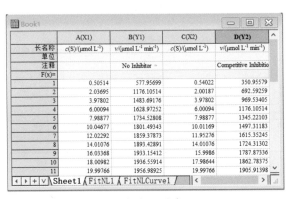

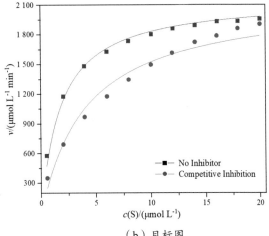

（a）工作表　　　　　　　　　　　　　　（b）目标图

图 6-30　Michaelis-Menten 方程共享参数拟合

1. 绘制散点图

全选数据绘制散点图，稍加修改绘图格式样式，调整页面至图层大小。

2. 全局拟合

单击菜单 "分析" → "拟合" → "非线性曲线拟合" → "打开对话框"，按图 6-31 所示的步骤，选择①处的函数 "类别" 为 "Growth/Sigmoidal"，将②处的 "函数" 改为 "Hill"。单击③处的 "函数选取" 打开对话框，选择④处为 "全局拟合"。单击⑤处的按钮打开对话框，加入其他数据。单击⑥处的 "参数" 选项卡打开对话框，选择⑦处 $V_{\max}$ 的 "共享" 复选框，将 n 和 n_2 固定 "值" 设为 1。单击⑧处的 "一次迭代" 按钮，检查 "消息" 对话框中的 R^2 是否达到要求。单击 "确定" 按钮，即可拟合出共享的 $V_{\max}$ 和各组的 K_m。

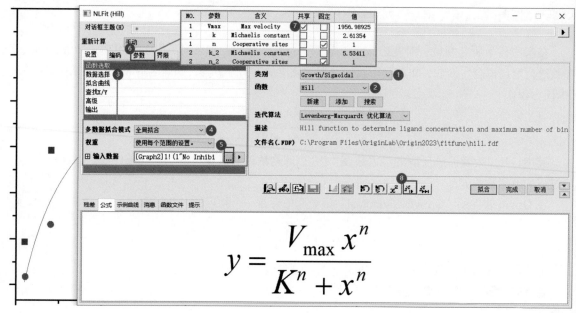

图 6-31　全局拟合

6.1.14 非线性曲线模拟

　　在已知模型方程的情况下，可以绘制出模拟曲线。例如，在描绘反应过程时，通常需要绘制模拟曲线。本小节根据一张文献图介绍非线性曲线的模拟过程。

　　例 14：已知文献图，如图 6-32（a）所示需要描述一个过渡态的反应过程。本例演示非线性曲线模拟绘图，如图 6-32（b）所示。

　　解析：有两个思路绘制模拟曲线，一是采用非线性曲线模拟工具绘制出曲线，二是对 3 个数据点拟合出曲线。在不需要精确固定峰值高度时，可以使用第一种方法；在需要经过指定数据点拟合时，通常使用第二种方法。本例演示这两种方法。

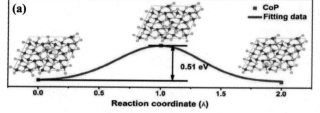

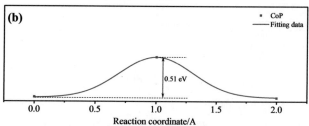

图 6-32　非线性曲线模拟

1. 非线性曲线模拟

　　单击菜单"分析"→"拟合"→"非线性曲线模拟"→"打开对话框"，按图 6-33 所示的步骤，选择①处的"自动预览"复选框，单击②处选择拟合函数（如 Gauss），修改③处的截距 y0=0，修改④处的峰位置 xc=1，修改⑤处的半峰宽 w=0.6，修改⑥处的峰面积 A=0.4，设置⑦处的"X 最小值"和"X 最大值为"0 和 2。边修改这些参数，边查看⑧处的预览效果，当曲线符合预期时，单击"确定"按钮，即可生成绘图。

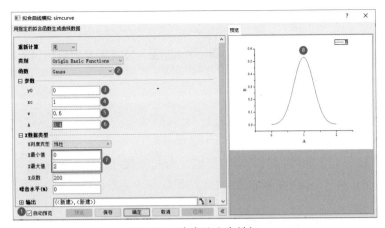

图 6-33 非线性曲线模拟

2. 经过指定数据点拟合

如图 6-34 所示，构造一张工作表，包含 3 个点的数据，绘制出散点图。

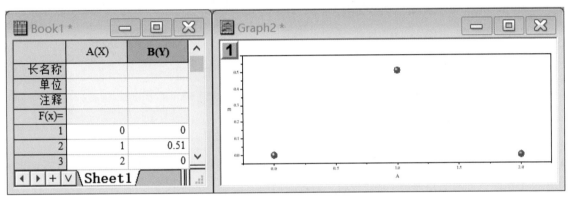

图 6-34 绘制指定数据点的散点图

单击菜单"分析"→"拟合"→"非线性曲线拟合"→"打开对话框"，按图 6-35 所示的步骤，单击①处下拉框选择"GaussAmp"函数，进入②处的"参数"选项卡，修改③处所示的 w=0.3、A=0.51（选择"固定"复选框），单击④处的"拟合至收敛"按钮，单击⑤处的"完成"按钮，可得⑥处所示的效果。通过该方法可以模拟出能量为 0.51 eV 的过渡态曲线。

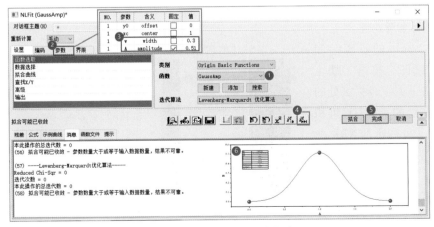

图 6-35 经过指定数据点拟合

6.1.15 Debye-Scherrer计算

在材料学研究领域，常用德拜 - 谢乐（Debye-Scherrer）公式从 X 射线衍射（XRD）图谱数据计算晶粒粒径。

德拜 - 谢乐公式：

$$D = \frac{K\lambda}{\beta \cos\theta} \tag{6-24}$$

其中，D 为晶粒垂直于晶面方向的平均厚度，即晶粒尺寸；K 为 Scherrer 常数（球形粒子取 0.89，立方体粒子取 0.943）；β 为半峰宽 FWHM（弧度）；θ 为布拉格衍射角；λ 为 X 射线波长（一般取 0.154 056 nm）。

例 15：准备 3 组样品的 XRD 数据和 Scherrer 计算表，分别如图 6-36（a）所示和如图 6-36（b）所示。

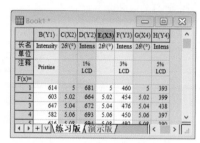

（a）XRD 数据　　　　　　　　　　　（b）计算表

图 6-36　XRD 数据与 Scherrer 计算表

解析：本例演示两种需求的计算方法，一是计算 1 个样品 XRD 曲线上所有谱峰，二是计算多个样品某个单峰。前者采用峰值 - 基线分析，后者采用快速拟合（单峰拟合）。如果需要精确拟合，需要采用 Jade 软件拟合计算半峰宽。

> **注意** ⚠ 在计算表中，注意 B 列数据（λ）及其单位由"Å"换算为"nm"；E 列"F(x)="输入"(A*B)/radians(D)/cos(radians(C/2))"，其中的"radians()"函数是将角度单位换算为弧度。

1. XRD曲线的平滑

由于平滑处理会在一定程度上影响原始数据，因此需要根据原始 XRD 曲线的信噪比程度，选择是否有必要进行平滑处理。

按图 6-37 所示的步骤绘制 XRD 堆积曲线图，单击①处全选数据，单击下方工具栏②处的按钮，选择③处的"Y 偏移堆积线图"，可得④处所示的 XRD 曲线图。

单击菜单"分析"→"信号处理"→"平滑"→"打开对话框"，按图 6-38 所示的步骤，修

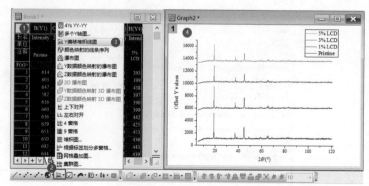

图 6-37　绘制 XRD 堆积曲线图

改①处的"窗口点数"为 10（注意不要太多，以避免平滑过度），选择②处的"自动预览"复选框，即可预览③处的效果。单击"确定"按钮。

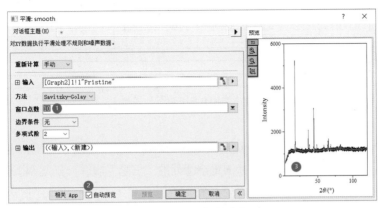

图 6-38　曲线的平滑

此时已对其中一条曲线进行了平滑处理，单击绘图窗口左上角的绿锁，选择"对所有数据重复此操作"，即可完成对其余曲线的平滑处理。Origin 软件会在原工作表中右方追加所有曲线的平滑数据。按下"Ctrl"键，从右方带绿锁的第一列标签按下鼠标拖选至最后一列，选择所有平滑数据，按快捷键"Ctrl+C"复制，在新建工作表中按快捷键"Ctrl+V"粘贴，即采用平滑数据单独创建一个新工作表。

如果所有样品的 X 列数据相同，可以共用第一列 X 而删除其余各列 X。如果小角度附近基线上扬或下降，这些特征将会影响多峰拟合的效果，建议删除。例如，本例中小角度附近基线下降，需要删除 $2\theta<12°$ 的数据。

选择新表中第一组样品的 X 列和 Y 列绘制 XRD 曲线，用作方法一的操作图；全选新表中的平滑数据，按图 6-37 所示的步骤绘制 XRD 堆积曲线，用作方法二的操作图。

2. 方法一：单曲线多峰晶粒尺寸

（1）多峰拟合

单击激活单曲线的绘图窗口，单击菜单"分析"→"峰值及基线"→"多峰拟合"→"打开对话框"，选择"峰函数"为"Lorentz"（洛伦兹），单击"确定"按钮。按图 6-39 所示的步骤，在①处需要计算半峰宽的峰上双击鼠标进行标峰，标峰结束后，单击②处的"打开 NLFit"按钮，直接单击"拟合至收敛"按钮，单击"完成"按钮。

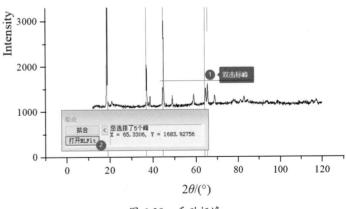

图 6-39　手动标峰

此时在 XRD 曲线图中出现拟合结果报表，如图 6-40 所示，其中 xc 为所求峰的中心位置（2θ），w 为半峰宽，A 为峰面积。值得注意的是，R^2 只列出一个数据，是整体曲线拟合效果的表现，因此，方法一作为求半峰宽的方法计算精度不高。

模型	Lorentz				
方程	$y = y0 + (2*A/pi)*(w/(4*(x-xc)^2 + w^2))$				
绘图	Peak1(Intensity)	Peak2(Intensity)	Peak3(Intensity)	Peak4(Intensity)	Peak5(Intensity)
y0	1164.66151 ± 0.66335	1164.66151 ± 0.66335	1164.66151 ± 0.66335	1164.66151 ± 0.66335	1164.66151 ± 0.66335
xc	18.70561 ± 5.39942E-4	36.96969 ± 0.00261	44.68584 ± 0.00139	64.55776 ± 0.00893	65.4759 ± 0.00694
w	0.17213 ± 0.00153	0.20476 ± 0.00739	0.26927 ± 0.00394	0.37709 ± 0.0268	0.31924 ± 0.02078
A	1104.48437 ± 6.96536	296.90812 ± 7.60442	840.25402 ± 8.7374	218.39537 ± 11.34535	218.62724 ± 10.44524
Reduced Chi-Sqr	2219.56585				
R平方(COD)	0.93171				
调整后R平方	0.93152				

图 6-40　XRD 多峰拟合结果报表

（2）晶粒尺寸的计算

经过多峰拟合后，从 XRD 工作表中提取数据进行后续计算。按图 6-41（a）所示的步骤，单击①处的"nlfitpeaks1"表格标签，滚动鼠标浏览至②处的"汇总"表，分别复制③处的"xc"列数据（拟合的 2θ）和④处的"w"列数据（半峰宽）粘贴到图 6-41（b）中①处的两列中，并单击②处的黄锁，选择"重新计算"，即可得到单曲线多峰对应的晶粒尺寸。

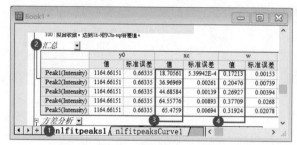

（a）复制拟合结果　　　　　　　　　　　（b）粘贴结果

图 6-41　晶粒尺寸的计算

3. 方法二：多曲线单峰晶粒尺寸

（1）单峰拟合

以 2θ=44.7° 的单峰为例，计算多曲线某个单峰对应的晶粒尺寸。单击激活 XRD 堆积曲线图，按图 6-42 所示的步骤，单击①处的菜单"快捷分析"→"快速拟合"，选择②处的"Peak-Lorentz (System)"进行单峰洛伦兹拟合。在绘图中会出现拟合区间编辑工具，拖动③处的左右两个句柄，设置单峰的拟合区间。单击④处的"▶"按钮，选择"为所有曲线新建输出"，即可在原平滑数据工作表中新增拟合结果数据，同时在绘图中产生多个报表文本框。

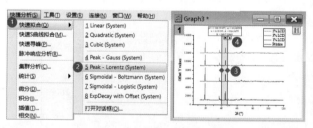

图 6-42　单峰洛伦兹拟合

（2）晶粒尺寸的计算

从拟合结果中抄写或提取出 xc 和 w 数据，填入计算表中，按图 6-41 所示的步骤，即可计算出多条曲线上 2θ=44.7° 处单峰对应的晶粒尺寸（见图 6-43）。

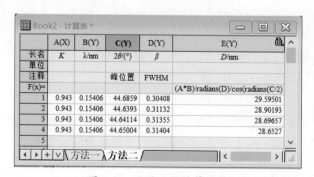

图 6-43　方法二的计算结果

6.1.16 洛伦兹与高斯拟合

在实测的实验数据散点图中,往往存在异常点,这些异常点可能因实验仪器所处环境(电涌扰动、电磁干扰、物理震动等)因素造成。异常点对拟合优度和可信度的影响较大,在拟合绘图时,往往需要屏蔽异常点,让拟合操作忽略这些异常点,从而实现更优的拟合效果。注意异常点仅做标记,切勿删除,在论文中图下注明"该拟合已排除因测试环境干扰引起的异常点(图中红色球为异常点)"。

例 16:准备一张 XY 型工作表,如图 6-44(a)所示,屏蔽异常点,分别采用洛伦兹拟合、高斯拟合,如图 6-44(b)和图 6-44(c)所示。

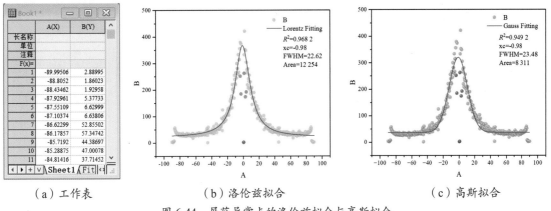

| (a)工作表 | (b)洛伦兹拟合 | (c)高斯拟合 |

图 6-44　屏蔽异常点的洛伦兹拟合与高斯拟合

1. 绘制散点图并标记异常点

选择 X、Y 两列数据,绘制散点图,稍加修改绘图格式和样式。按图 6-45 所示的步骤屏蔽异常点。在①处需要屏蔽的散点上多次单击,直至单独选中该点,然后在②处该点上右击,选择③处的"屏蔽"。按相同方法标记其余异常点。右击绘图标题栏,选择"创建副本",分别作为洛伦兹拟合、高斯拟合的操作对象窗口。

图 6-45　异常点的标记

2. 洛伦兹拟合

单击激活散点图,选择菜单"分析"→"拟合"→"非线性曲线拟合"→"打开对话框",按图 6-46 所示的步骤,选择①处的"函数"为"Lorentz",单击②处的"拟合至收敛"按钮,查看③处 $R^2=0.968$,拟合优度尚可。单击"完成"按钮。

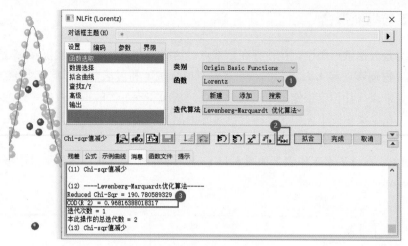

图 6-46　洛伦兹拟合

如果还存在异常点，并且希望能进一步优化拟合结果，则可以补充标记屏蔽点后"重新计算"。按图 6-47 所示的步骤，标记①处的异常点，单击左上角的黄锁，选择"重新计算"，可得③处新的拟合结果，R^2 提高至 0.969。

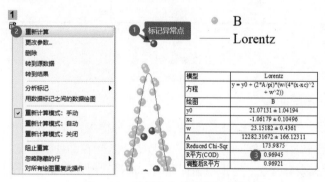

图 6-47　补充屏蔽点并重新计算

3. 高斯拟合

单击激活散点图，选择菜单"分析"→"拟合"→"非线性曲线拟合"→"打开对话框"，按图 6-46 所示的步骤，选择①处的"函数"为"Gauss"，单击②处的"拟合至收敛"按钮。拟合结果 R^2=0.952，拟合优度尚可。单击"完成"按钮。

`6.1.17` 批量分峰拟合

在多数情况下，实测谱线往往是由多种成分的单峰叠加而形成的曲线。当我们需要定量分析各种成分的贡献，或需要精确定位各种成分特征峰的中心位置时，通常采用专业的多峰拟合工具或 Origin 的多峰拟合工具将各种成分峰分离出来。Origin 软件的多峰拟合包含 XPS 基线数据，可以完成 XPS 的背景扣除与分峰拟合，当然 XPS 的分峰拟合可通过 XPSpeak 或 Avantage 等专业软件完成。

Origin 软件的多峰拟合方法相对较为简单，本小节以 Raman 分峰拟合为例演示"多峰拟合"的方法，任何谱线或曲线（如 Raman、FTIR、FL、CV 等）的分峰拟合均可参考本小节方法快速完成。

例 17：准备一张 n(XY) 型工作表，如图 6-48（a）所示，填入多组样品的 Raman 光谱数据，采用多峰拟合将 D、G 峰分离出来，记录峰位置、半峰宽、峰面积等数据。

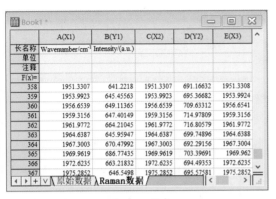

（a）工作表

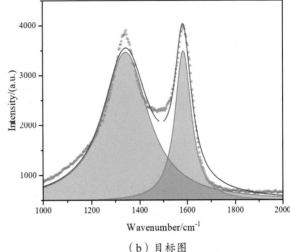

（b）目标图

图 6-48　Raman 光谱的分峰拟合

1. 绘制Raman曲线

当只需要研究 D 峰和 G 峰时，Raman 曲线首尾的数据为无用数据，如图 6-49（a）所示。在拟合时，这些首尾数据的存在会影响拟合效果，因此需要删除首尾的无用数据行。在 Raman 数据工作表中选中这些相应的数据行，右击"删除行"。全选处理后的数据，单击下方工具栏的折线图工具绘制 Raman 曲线图，如图 6-49（b）所示。

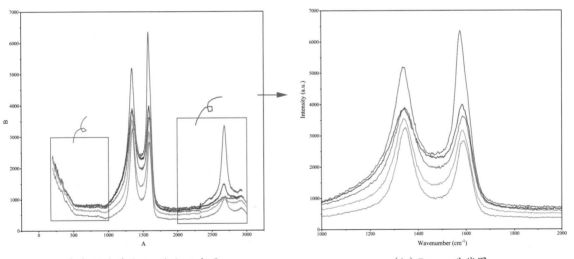

（a）删除首尾无用数据示意图　　　　　　　　（b）Raman 曲线图

图 6-49　删除首尾无用数据示意图及 Raman 曲线图

2. 多峰拟合

单击 Raman 曲线图，选择菜单"分析"→"拟合"→"峰值及基线"→"多峰拟合"→"打开对话框"，在对话框中选择"Lorentz"函数，单击"确定"按钮。按图 6-50 所示的步骤，在峰位置（如①处）双击选择峰，完成后单击②处的"打开 NLFit"按钮，单击"拟合至收敛"按钮。单击"完成"按钮，即可在图中添加拟合结果报表。单击绘图左上角③处的绿锁，选择④处的"对所有绘图重复此操作"，即可完成对其余曲线的多峰拟合。

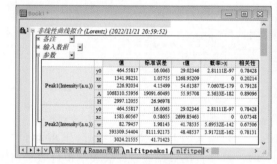

图 6-50　选择峰与批量重复操作

提取拟合报表中的参数进行相关量化分析计算。图 6-51 所示是第一条曲线的拟合报表"nlfitpeaks1"，其中 xc 为峰位置、w 为半峰宽、A 为峰面积、H 为峰高（峰强度）。对于目标图的绘制，可以参考前面关于线下填充的基础 2D 绘图方法。

图 6-51　拟合结果报表

6.1.18　非线性隐函数椭球拟合

在三维空间采集少量数据点，这些点或许分布在某个球面上，这就需要获得它们所围成的椭球中心坐标（x_0,y_0,z_0）及椭球的半径（a,b,c），本小节介绍采用非线性隐函数椭球（或曲面）拟合。

例 18：准备一张 XYZ 型工作表，如图 6-52（a）所示，绘制 3D 散点图，采用非线性隐函数椭球拟合得到图 6-52（b）。

（a）工作表

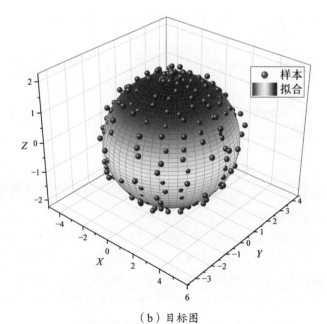

（b）目标图

图 6-52　非线性隐函数椭球拟合

1. 3D散点图的绘制

按图 6-53 所示的步骤，单击①处全选 X、Y、Z 列数据，单击下方工具栏②处的按钮，选择"3D 散点图"工具，可得③处所示的效果图。

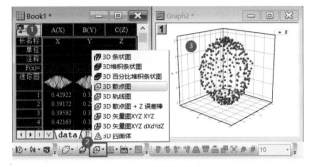

图 6-53 3D 散点图的绘制

2. 自定义隐函数拟合

很明显绘制的 3D 散点图呈椭球形状分布，可以采用椭球方程拟合。椭球方程：

$$\frac{(x-x_0)^2}{a^2}+\frac{(y-y_0)^2}{b^2}+\frac{(z-z_0)^2}{c^2}=1 \tag{6-25}$$

其中，x_0、y_0、z_0 为椭球中心坐标，a、b、c 为沿着 X、Y、Z 轴方向的半轴长，x、y、z 为待拟合的散点数据。隐函数的构造方法：将式（6-25）两端同时减 1，使公式右端为 0，可得隐函数（$f=0$）。

$$f=\frac{(x-x_0)^2}{a^2}+\frac{(y-y_0)^2}{b^2}+\frac{(z-z_0)^2}{c^2}-1 \tag{6-26}$$

自定义函数的菜单有两种：菜单"工具"→"拟合函数生成器"和菜单"分析"→"拟合"→…前者是建立函数，需要采用后者进行拟合。我们可能习惯用后者创建函数并立即拟合，前面章节均采用后者。

全选 X、Y、Z 三列数据（注意不是选择绘图窗口），单击菜单"分析"→"拟合"→"非线性隐函数曲线拟合"打开"NLFit"对话框，单击"新建"按钮，修改"函数名称"为"Ellipsoid"，选择"函数模型"为"隐函数""函数类型"为"LabTalk 表达式"，单击"下一步"按钮。按图 6-54 所示的步骤，设置①处的"变量"为"x,y,z"，②处的"参数"为"x0,y0,z0,a,b,c"。单击"下一步"按钮，在③处"函数主体"输入：

$$(x-x0)^2/a^2+(y-y0)^2/b^2+(z-z0)^2/c^2-1$$

为了验证输入的公式是否正确，单击④处的"跑人"按钮试运行，如果未报错，则单击"完成"按钮返回"NLFit"对话框。

图 6-54 隐函数的定义

对话框中有红色警示：在正交回归分析中，对于包含两个以上变量的隐函数，数据类型（"设置"→"拟合曲线"→"拟合曲线图"）必须设置为"输入数据的拟合点"。按图 6-55 所示的步骤，选择①处的"拟合曲线"，单击②处的"x 的数据类型"下拉框为"输入数据的拟合点"。单击"拟合至收敛"按钮，可得 R^2=0.998，拟合效果很好。

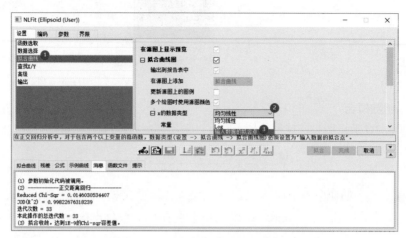

图 6-55　选择"输入数据的拟合点"

在原工作簿新增的拟合结果报表"FitODR1"中（见图 6-56），记录了拟合的 6 个参数值。后续将依据这些参数值创建椭球曲面。

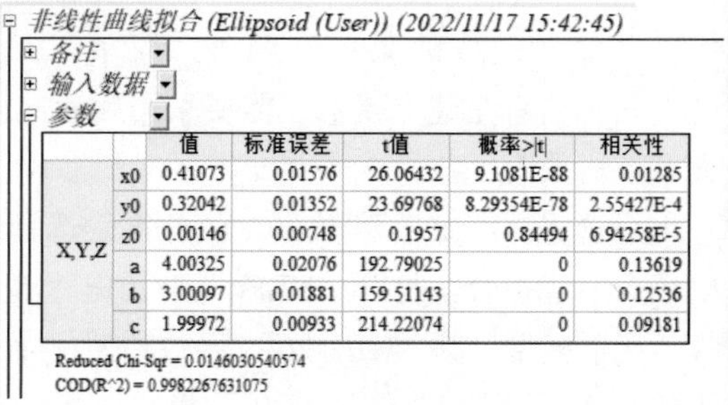

3. 椭球函数绘图

按图 6-57 所示的步骤，单击激活 3D 散点图窗口，单击左上方工具栏①处的按钮，选择②处的"新建 3D 参数函数图"工具打开对话框。修改③处 u 和 v 的取值范围，在④处分别填入椭球的参数方程：

图 6-56　拟合结果报表

$$X(u,v)=x0+a*sin(u)*cos(v)$$
$$Y(u,v)=y0+b*sin(u)*sin(v)$$
$$Z(u,v)=z0+c*cos(u)$$

在⑤处分别右击，选择"新建"创建参数 x0、y0、z0、a、b、c，双击单元格设置各参数的拟合值。单击⑥处的"加入当前图"。单击"确定"按钮，可得⑦处所示的效果图。

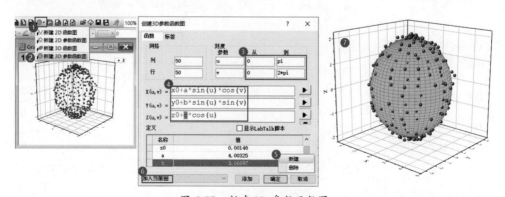

图 6-57　新建 3D 参数函数图

4. 绘图细节的修改

按图 6-58 所示的步骤,双击①处的球面打开"绘图细节 - 绘图属性"对话框,进入②处的"填充"选项卡,选择"启用"复选框,单击③处的下拉框选择"映射:Mat(1)"(沿 Z 轴方向)。单击④处的"应用"按钮,可得①处所示的填充效果。

所得球面填充颜色级别较少,颜色过渡不平滑。进入⑤处的"颜色映射 / 等高线"选项卡,单击"级别"打开对话框,将"主级别数"和"次级别数"均设置为 10,单击"确定"按钮返回"绘图细节 - 绘图属性"对话框。单击"填充"选项卡打开对话框,选择"加载调色板"并设置为"Maple"调色板,单击④处的"应用"按钮,可得⑥处所示的效果。经过其他细节修改,最终可得目标图。

图 6-58　球面填充颜色的设置

6.1.19 非线性曲面拟合

通过对少量实验数据的 3D 散点图进行曲面拟合可得到 3D 曲面图,从而显示一种总体上的变化趋势曲面。

例 19:准备一张 XYZ 型工作表,如图 6-59(a)所示,绘制 3D 散点图并拟合出曲面图,如图 6-59(b)所示。

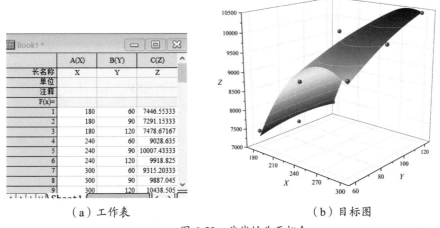

（a）工作表　　　　　　　　　　　（b）目标图

图 6-59　非线性曲面拟合

1. 3D 散点图的绘制

按图 6-60 所示的步骤,单击①处全选数据,单击②处的按钮选择③处的"3D 散点图"工具,可得④处所示的效果。

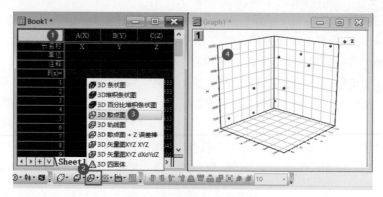

图 6-60　3D 散点图的绘制

2. 选择Poly2D函数拟合

单击激活 3D 散点图，单击菜单"分析"→"拟合"→"非线性曲面拟合"→"打开对话框"，按图 6-61 所示的步骤，单击①处下拉框选择"Poly2D"函数，单击②处的"拟合至收敛"按钮，可查看③处的"消息"框中 R^2 已达到拟合要求。单击④处的"确定"按钮。

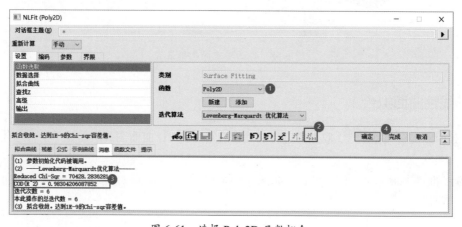

图 6-61　选择 Poly2D 函数拟合

3. 曲面颜色映射的设置

按图 6-62 所示的步骤，双击①处的曲面打开"绘图细节 - 绘图属性"对话框，进入②处的"网格"选项卡，取消"启用"复选框。进入③处的"填充"选项卡，单击④处的下拉框，选择⑤处的"按点"，单击⑥处的"颜色映射"下拉框，选择⑦处的"Col（C）：'FitZ'"，单击"确定"按钮。

图 6-62　曲面颜色映射的设置

所得曲面因映射数据源发生改变而显示为黑色，这需要重新调整颜色映射的级别范围。按图 6-63 所示的步骤，双击①处的曲面打开"绘图细节 - 绘图属性"对话框，进入②处的"颜色映射 / 等高线"选项卡，单击③处的"级别"打开对话框，单击④处的"查找最小值 / 最大值"按钮，修改⑤处的"主级别数"和"次级别数"，单击⑥处的"确定"按钮返回"绘图细节 - 绘图属性"对话框，单击⑦处的"确定"按钮，即可得到目标图。

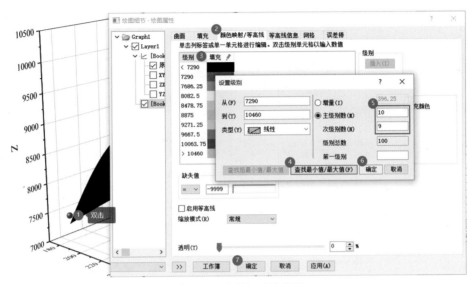

图 6-63　映射级别的设置

6.2 App 拟合工具

Origin 软件提供了大量扩展功能 App 插件，可以满足各类个性化、专业化、复杂化的拟合、分析与计算需求。App 应用插件可以从 Origin 软件右边栏"Apps"中查找并下载，也可以从 Originlab.org 官网下载。将下载的 App 插件文件拖入 Origin 软件界面进行安装备用。本节列举 5 个 App 的应用实例。

6.2.1 Weber-Morris Model（内扩散模型）分段拟合

在等温吸附动力学研究体系中，Weber-Morris Model（内扩散模型）较为常用。

假设条件：

①液膜扩散阻力可以忽略，或液膜扩散阻力只在吸附初始阶段很短时间内起作用。

②扩散方向是随机的，吸附质浓度不随颗粒位置的改变而变化。

③内扩散系数为常数，且不随吸附时间和吸附位置的改变而变化。

则该体系满足内扩散模型（Weber-Morris Model）：

$$q_t = K_{ip}t^{1/2} + C \tag{6-27}$$

其中，C 为与厚度、边界层有关的常数，K_{ip} 为内扩散速率常数。采用 q_t 对 $t^{1/2}$ 作图并对散点过原点拟合。如果拟合直线经过原点，则说明该体系内扩散受单一速率控制。材料的吸附过程分为吸附剂表面吸附和孔道缓慢扩散两个吸附过程；如果拟合直线不经过原点，则说明内扩散不是控制吸附过程的唯一步骤。

例20：准备 A、B 两列 XY 型工作表，如图 6-64（a）所示。A 列是对 t 开方的数据，即在 Excel 或 Origin 的 F(x) 中输入公式"sqrt(A)"，B 列输入 q_t 数据。利用 Piecewise Fit（分段拟合）App 拟合得到图 6-64（b）。

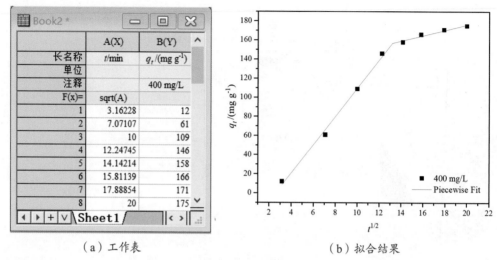

（a）工作表 （b）拟合结果

图 6-64　内扩散模型拟合

1. 绘制散点图

全选数据绘制散点图，稍加修改绘图的格式和样式，所得绘图明显能看出 2 段线性良好的散点。

2. 分段拟合

按图 6-65 所示的步骤，单击①处激活绘图窗口，单击右边栏②处的"Apps"选项卡，选择③处打开 Piecewise Fit 工具。

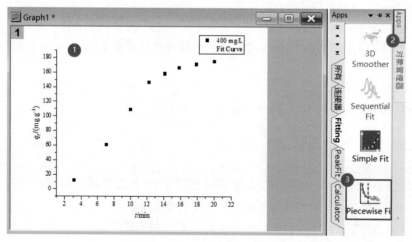

图 6-65　Piecewise Fit 工具的选择

按图 6-66 所示的步骤，修改①处的分段数为 2，根据散点图两段交点对应的 X 设置界线为 13，若需要固定该界线，则需选择"Fixed"复选框。修改③处和④处设置两分段的线性函数，Offset 截距分别为 b1 和 b2, "y(x)-offset=" 分别设置为 "k1*x" 和 "k2*x"。此时红色文本提示需要初始化设置参数值,单击⑤处的 "Parameters" 按钮,双击弹窗中⑥处的参数 Value 单元格,均设置为 1,单击⑦处的 "OK" 按钮返回对话框,可以单击 "1 Iter."(一次迭代)观察散点图中的拟合效果,单击⑧处的 "OK" 按钮,即可实现分段线性拟合。

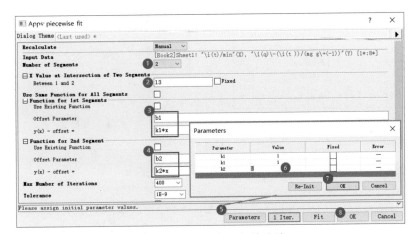

图 6-66　Piecewise Fit 的设置

所得分段线性拟合图如图 6-67(a)所示,拟合结果报表如图 6-67(b)所示,拟合较优(R^2=0.998),b1 为第一段线性方程的截距,b1 ≠ 0。很明显该拟合线并不通过原点,则说明该体系的内扩散不是控制吸附过程的唯一步骤。

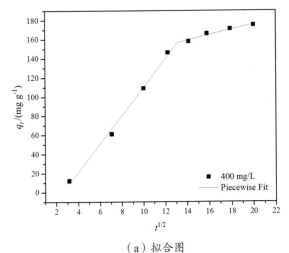

（a）拟合图

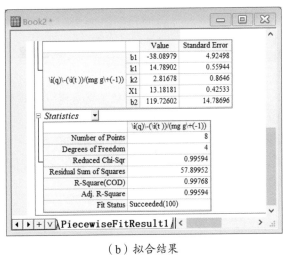

（b）拟合结果

图 6-67　分段线性拟合图及其拟合结果

6.2.2　2D置信椭圆拟合

在统计 2 组数据的分布情况时,通常采用 95% 置信椭圆来描述。

例 21:准备一张 XYY 型工作表,如图 6-68(a)所示,A、B 列为散点数据,C 列为分类标签。采用 2D Confidence Ellipse 工具拟合 95% 置信椭圆,如图 6-68(b)所示。

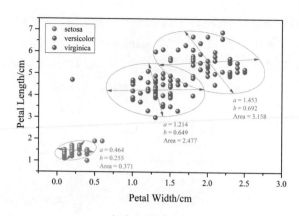

（a）工作表　　　　　　　　　　　　　（b）目标图

图 6-68　2D 置信椭圆拟合

1. 绘制散点图

选择 A、B 两列数据，绘制散点图，设置散点符号为球形，并按 C 列分组索引设置散点的颜色。按图 6-69所示的步骤，双击①处的散点，进入②处的"符号"选项卡。单击③处的"边缘颜色"下拉框，选择④处的"按点"。单击⑤处的下拉框选择颜色列表"Bold2"。单击⑥处的"索引"下拉框，选择依据⑦处的 C 列分类标签。单击⑧处的"确定"按钮。

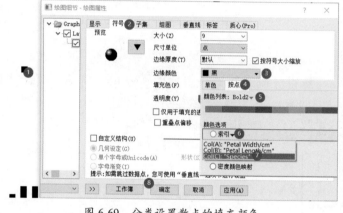

图 6-69　分类设置散点的填充颜色

2. 置信椭圆的拟合

按图 6-70 所示的步骤，单击①处激活散点图，单击右边工具栏②处的"Apps"选项卡，选择③处的打开"2D Confidence Ellipse"工具。注意一定要取消④处关联 X:Y 的复选框，否则会改变原绘图的纵横比。如果需要在图中显示拟合参数（椭圆长轴半径、短轴半径、面积等），则选择⑤处的复选框，单击⑥处的"OK"按钮，即可完成置信椭圆的拟合。经过其他细节（椭圆半透明填充颜色等）的修改后，可得目标图。

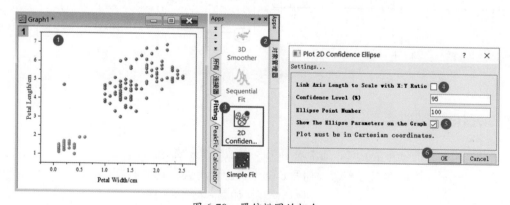

图 6-70　置信椭圆的拟合

3. 编辑模式

绘图中出现了椭圆、长轴、短轴及圆圈等标记符号，根据具体绘图的需要，可以启用"编辑模式"删除某些符号。以删除椭圆上圆圈为例，单击菜单"编辑"→"编辑模式"，单击圆圈后，按"Delete"键逐一删除。

6.2.3 ▶ 3D置信椭球拟合

前面 2D 置信椭圆是分析 2 个因素的分布情况，对于 3 个因素的分布情况，则需要用 3D 置信椭球描述。

例 22：准备一张 XYZZ 型工作表，如图 6-71（a）所示，E 列为分类标签。采用"3D Confidence Ellipse"工具拟合 95% 置信椭球，如图 6-71（b）所示。

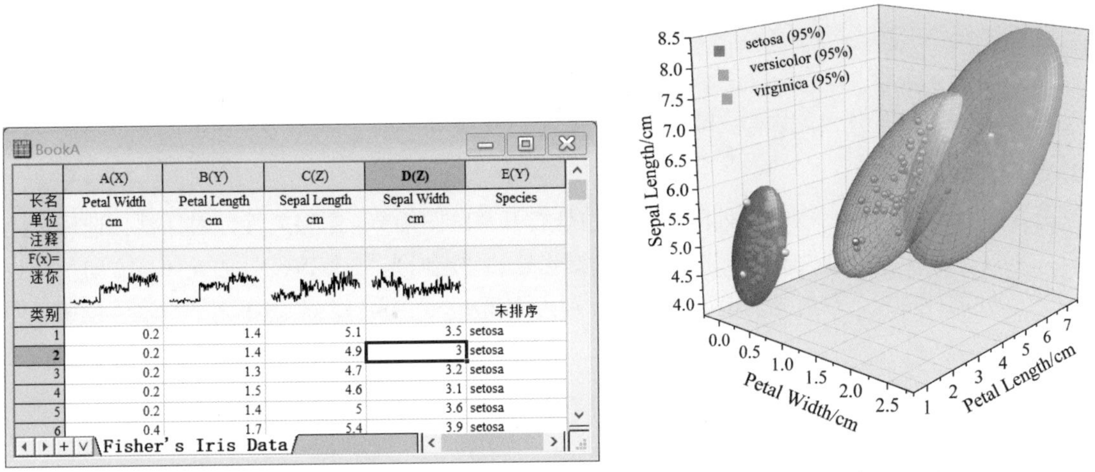

（a）工作表　　　　　　　　　　（b）目标图

图 6-71　3D 置信椭球

1. 绘制3D散点图

选择 A~C 列数据绘制 3D 散点图，按图 6-72 所示的步骤设置分组颜色。双击①处的散点打开"绘图细节 - 绘图属性"对话框，单击②处的"颜色"下拉框，选择③处的"按点"，选择颜色列表为"Bold1"，单击④处的"索引"，选择⑤处的 E 列分类标签。单击"确定"按钮。

图 6-72　分组颜色的设置

2. 3D置信椭球的拟合

按图 6-73 所示的步骤，单击①处激活 3D 散点图，单击右边工具栏②处的 "Apps" 选项卡，选择③处打开 "3D Confidence Ellipse" 工具。如果需要在图中显示公式，则选择④处的复选框，单击 "OK" 按钮，即可得到置信椭球的拟合报表 Notes1 和添加椭球的 3D 散点图。

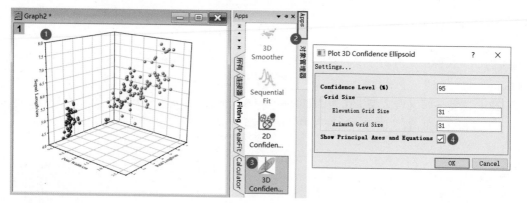

图 6-73 3D 置信椭球的拟合

3. 光照效果的设置

按图 6-74 所示的步骤，双击①处的图层空白处打开 "绘图细节 - 图层属性" 对话框，选择②处的图层 Layer1，进入③处的 "光照" 选项卡，选择④处的 "定向光"，修改⑤处的光照 "方向" 均为 45°，修改⑥处的环境光、散射光、镜面反射光分别为 "浅灰" "白" "浅灰"，单击 "确定" 按钮，即可得到目标图。

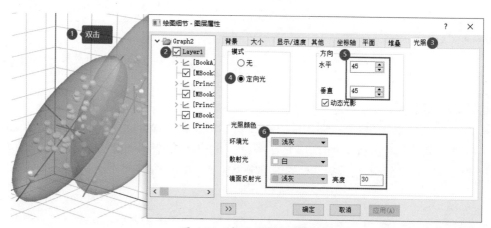

图 6-74 光照效果的设置

6.2.4 趋势线2D Smoother

在监测不同时间大气污染物浓度或水中污染物浓度的变化时，得到的实验数据往往杂乱无章，采用 2D Smoother 工具拟合出趋势线，可以更清晰地描述变化规律。

例 23：准备一张 XYYY 型工作表，如图 6-75（a）所示，绘制阶梯图并拟合趋势线，如图 6-75（b）所示。

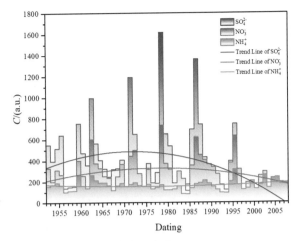

（a）工作表 　　　　　　　　　　（b）目标图

图 6-75　趋势线拟合

1. 绘制阶梯图

按图 6-76 所示的步骤，单击①处全选数据，单击下方工具栏②处的按钮选择"垂直阶梯图"，可得③处的效果。

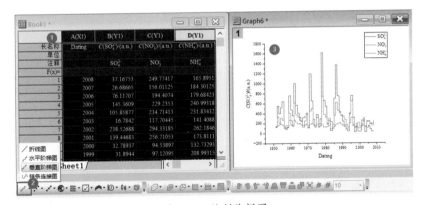

图 6-76　绘制阶梯图

按图 6-77 所示的步骤填充颜色，双击①处的阶梯图打开"绘图细节-绘图属性"对话框，进入②处的"线条"选项卡，修改③处的"宽度"为 2，选择"颜色"为"Bold1"，选择④处的"启用"复选框，单击下拉框选择"填充至底部"。进入⑤处的"图案"选项卡，修改⑥处的填充"颜色"为"自动"（跟随线条颜色），修改⑦处的"渐变填充"为"双色"，修改⑧处的"第二颜色"为

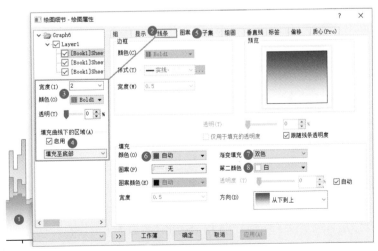

图 6-77　填充颜色的设置

"白"。单击"确定"按钮，可得①处所示的效果。

2. 趋势线的拟合

按图 6-78 所示的步骤，单击①处的阶梯图，单击右边工具栏②处的"Apps"选项卡，选择③处打开"2D Smoother"工具。

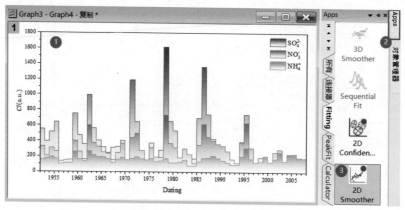

图 6-78　2D Smoother 的选择

按图 6-79 所示的步骤，进入①处的"Trendline"选项卡，分别单击②处的每组数据，选择③处的"Trend Type"为"Polynomial"，注意④处的阶数不能太大以免过度拟合。单击⑤处的"Add"按钮，待其他数据也已标注完成，单击⑥处的"Close"按钮关闭窗口，可得⑦处所示的效果图。

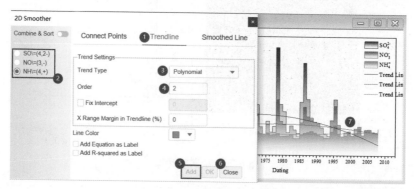

图 6-79　2D Smoother 的设置

6.2.5 　趋势面 3D Smoother

在需要综合考虑两种因子对某一指标的影响时，如果绘制 2 张单独的 2D 点线图，则割裂了 2 个因素，只能讨论单一因素对该指标的影响，很难融合在一个图中考察 2 个因素对 Z 的共同影响趋势。

当考察 X 和 Y 两个因子对 Z 的影响时，我们只需要测试少量的数据点，利用 Origin 软件的 App 插件 3D Smoother 对 3D 散点拟合出一个趋势面，就可以得到一种整体变化趋势，寻找最优的合成条件，绘制 3D 散点拟合曲面投影图可以提升数据的"可视化"效果。

例 24：准备一张 XYYY 型工作表，如图 6-80（a）所示，第一列 X 从 0~40 均匀变化，第二列及以后各列 Y 从 157.5~219.5 均匀变化（参数填入"注释"行），共 11 列 5 行数据。新建一个 11×5 的矩阵，复制工作表中各列 Y 数据，在新建的矩阵中粘贴（如图中 MBook1 矩阵表）。绘制出 3D 散点拟合曲面投影图，如图 6-80（b）所示。

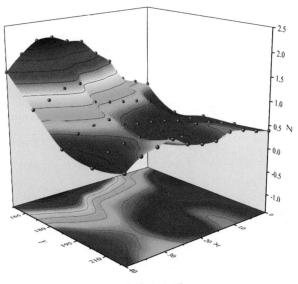

	A(X)	B(Y)	C(Y)	D(Y)	E(Y)	F(Y)	G(Y)
长名称							
单位							
注释		157.5	163.5	168.5	174.5	180.5	186.5
F(x)=							
1	0	0.68	0.8	0.93	1.39	1.63	1
2	10	0.19	0.25	0.57	0.65	0.7	0
3	20	0.29	0.31	0.33	0.4	0.45	0
4	30	0.32	0.41	0.5	0.54	0.34	0
5	40	0.38	0.45	0.55	0.59	0.48	

（a）工作表与矩阵表　　　　　　　　　　　（b）目标图

图 6-80　3D 散点拟合曲面投影图

1. 矩阵表的3D曲面拟合

从 OriginLab 官网下载 3D Smoother 插件，将该插件拖入 Origin 程序界面即可安装。

3D Smoother 仅对矩阵表操作，如果当前激活窗口为绘图窗口，则右边栏 Apps 库中的 3D Smoother 插件为灰色（不可用）。另外，该插件需要在 Origin 2018b 版以上才可用。

按图 6-81 所示的步骤，单击①处激活矩阵窗口，单击右边②处的"Apps"选项卡弹出 Apps 库，选择③处的"3D Smoother"插件，弹出对话框，单击④处的下拉框选择"Smoother"平滑方法为"Adjacent-Averaging"（近邻平均），单击"OK"按钮。

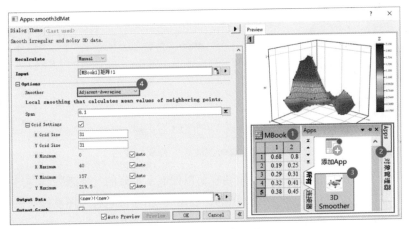

图 6-81　Apps 的调用

2. 投影面的绘制

3D Smoother 插件将自动创建一个拟合曲面的矩阵表，同时绘制包含原始散点数据的拟合曲面图，但图中并没有生成投影平面（Contour 图），这就需要利用笔者提出的"重绘法"（二次绘图法）。

"重绘法"是在已经绘制的图中添加一次相同的数据，即把相同的工作表绘制两次。这里我们将添加拟合曲面矩阵数据，并将其改为"扁平"的 Contour 图，构造底部投影。

按图 6-82 所示的步骤，双击绘图左上角①处的图层序号"1"，打开"图层内容：绘图的添加、删除、成组、排序 -Layer1"对话框，选择②处的拟合曲面矩阵，单击③处的"→"箭头按钮，即可添加数据（如④处所示），单击⑤处可修改新增数据绘图类型为"3D 曲面图"，单击"确定"按钮。

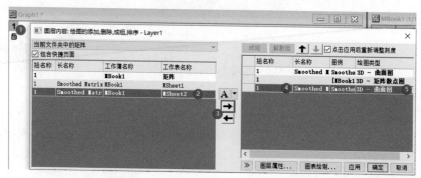

图 6-82　"重绘法"向绘图中添加矩阵表

向绘图中添加数据后，似乎并没有发生变化，是因为新增的曲面图与原图中的曲面数据相同，两者的曲面是吻合的。现在需要将新增的曲面"压扁"为 Contour 图，并置于底部平面作为原曲面的"投影"。

按图 6-83 所示的步骤，双击①处的曲面打开"绘图细节 - 绘图属性"对话框，选择②处的新增曲面，选择③处的"展平"和"按刻度范围的比例在 Z 轴移动，0= 底部，100= 顶部"复选框，单击"应用"按钮即可实现底部投影效果。图中网格线略显繁杂，可以单击④处的"网格"选项卡，取消"启用"复选框，选择⑤处的原曲面，取消网格的启用，单击"确定"按钮。

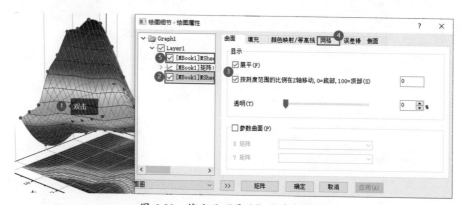

图 6-83　将曲面"展平"为底部投影

根据 3D 曲面投影图的变化趋势，需要旋转视角以便展示最好的"姿态"。单击激活 3D 绘图，单击下方工具栏的"3D 旋转"工具，调整 3D 图的"姿态"。由于颜色标尺图例跟 Z 轴刻度变化是一致的，因此标尺图例略显多余，可以单击图例，按"Delete"键删除。

3. 刻度范围的设置

曲面与底部投影贴合太近，遮挡了底部的投影，因此需要设置 Z 轴刻度范围下限，"抬高"曲面，露出底部投影面。双击 Z 轴刻度线打开对话框，把"刻度"的"起始"值从 0 改为 −1，主刻度的增量值设置为 0.5，单击"确定"按钮。

底部投影平面并没有填满整个 XY 坐标系平面，需要修改 X 轴和 Y 轴的"刻度"范围到实际的数据范围。

4. 半透明侧面的设置

在 3D 曲面图中添加侧面投影，可以建立顶部曲面与底部投影面之间的"关联"。按图 6-84 所示的步骤，双击①处的曲面打开"绘图细节 - 绘图属性"对话框，选择②处的"侧面"选项卡，选择③处的"启用"复选框，修改④处的 X 和 Y 方向的侧面颜色，设置⑤处的"透明"为 90%，单击"确定"按钮，可得⑥处所示的效果。经过其他细节的微调后，可得目标图。

注意 ⚠ "侧面"只对矩阵表绘制的 3D 曲面图有效，采用 XYYY 型工作表绘制的曲面图，在"绘图细节 - 绘图属性"对话框中缺少"侧面"选项卡，因此无法设置侧面效果。

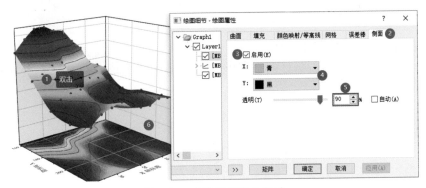

图 6-84　半透明侧面的设置

数据与信号处理

在实验数据处理与分析中，除了对数据进行拟合并建立经验公式或数学模型，还需要对数据进行运算或对信号进行处理。Origin 软件不仅可以绘制精美绘图，还可以进行专业的数据分析。

7.1 数据的显示

7.1.1 数据的读取与标记

Origin 提供了方便的数据读取与显示功能，如"屏幕位置读取""数据高亮显示功能""标注""数据绘制"等。这些功能可以方便读出绘图中相对于坐标系的内部或外部屏幕上的任意一点的坐标，也可以读出曲线上某点的坐标并进行标记。

1. 屏幕位置读取

例 1：导入"Origin2023\Samples\Spectroscopy\Sample Pulses.dat"数据，绘制折线图，演示屏幕位置坐标的读取操作。

单击激活绘图窗口，按图 7-1 所示的步骤，选择左边工具栏①处的"屏幕位置读取"工具，鼠标指针变为红色十字光标，在屏幕上任意位置②处单击后，可弹出③处的"数据显示"窗口并显示出该点的坐标。该功能读取的数据并非来源于曲线，而是相对于坐标系的相对位置坐标，在需要测量两点之间在 X 或 Y 方向上的变化量时，需要用到该工具。

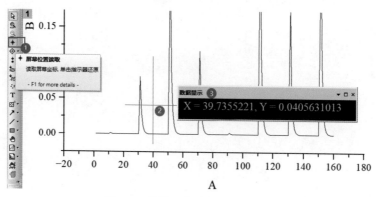

图 7-1 屏幕位置坐标的读取方法

2. 数据高亮显示功能工具

该工具包含 3 个小工具，按图 7-2 所示的步骤，可实现高亮标记数据点、标记峰值、读取任一点坐标等功能。

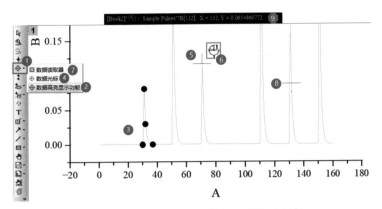

图 7-2　数据高亮显示功能工具的使用方法

（1）数据点的高亮标注

单击左边工具栏①处的"数据读取器"工具，在弹出的菜单中选择②处的"数据高亮显示功能"工具，在③处曲线上单击，会出现高亮的黑色圆点，如果按下"Ctrl"键的同时利用该工具在需要高亮的曲线上单击，可以高亮标记多个点（如③处所示）。

（2）数据光标标记峰值

选择④处的"数据光标"工具，在⑤处曲线某点上双击，即可在该点上添加⑥处所示的数据光标，并附编号。

（3）读取数据

选择⑦处的"数据读取器"工具，在需要读取数据的曲线上（如⑧处）单击，即可在⑨处显示该点的坐标。以上 3 个工具在单击时，均可通过键盘"←"或"→"键精确调整，按"Enter"键确定标注，同时，均可在⑨处显示标记点的坐标。

（4）删除标记符号

如果在标记后需要删除某个标记符号，可以单击菜单"编辑"→"编辑模式"，单击某处的标记符号，按"Delete"键删除即可。如果不需要启用"编辑模式"，可以单击菜单"编辑"→"编辑模式"进行关闭。

7.1.2　距离、角度的测量与标注

"标注"工具包括 3 个小工具，可以实现标注坐标、测量距离、测量角度等功能。

例 2：导入"Origin2023\Samples\Spectroscopy\Sample Pulses.dat"数据，绘制折线图，演示距离、角度的测量与标注操作。

1. 标注坐标

按图 7-3 所示的步骤，单击左边工具栏①处的"标注"按钮，选择②处的"标注"工具，在③处双击（或单击后，按"←"或"→"键精确定位，再按"Enter"键），拖动产生的坐标标签，即可产生有指引线的数据标签。

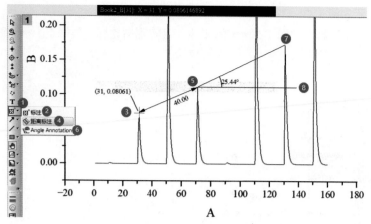

图 7-3　添加标注工具的使用方法

2. 测量距离

选择④处的"距离标注"工具，从需要测量的起点（如③处）按下鼠标拖往⑤处终点，即可产生箭头和测得距离数据的标签。

3. 测量角度

选择⑥处的"Angle Annotation"工具，分别单击⑦处的起点、⑤处的顶点、⑧处的终点，即可得到一个角度标记和角度标签。

7.1.3 数据的绘制与拾取

"数据绘制"工具有 GetData 类似的提取数据的功能，对于数据点较少的点线图或柱状图，当原始数据丢失时，可以利用"数据绘制"工具重拾数据。当然，也可以利用该工具为绘图添加用于辅助说明的半透明填充多边形。

例 3：导入"Origin2023\Samples\Spectroscopy\Sample Pulses.dat"数据，绘制折线图，演示数据的绘制与拾取、单峰填充式标注等操作。

按图 7-4 所示的步骤，选择左边工具栏①处的"数据绘制"工具，单击对话框中②处的"开始"按钮，依次双击③处需要描绘的数据点，单击④处的"结束"按钮，即可完成数据的提取。右击⑤处的散点，选择⑥处的"跳转到 GAData…"，即可打开提取的工作表。

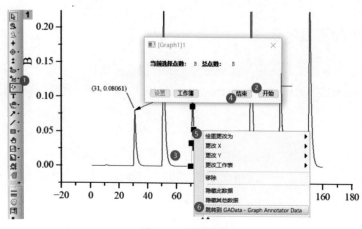

图 7-4　数据绘制

利用描绘拾取的数据点，设置线下填充，实现对某个单峰进行"填充式"标注。按图 7-5 所示的步骤，双击①处的散点打开"绘图细节 - 绘图属性"对话框，单击②处的下拉框修改为"折线图"，修改③处的"颜色"为"红"，选择④处的"启用"复选框，单击⑤处的下拉框选择"填充至底部"。进入⑥处的"图案"选项卡，修改⑦处的填充"颜色"为"自动"（与线条颜色一致），单击⑧处的"渐变填充"下拉框选择"双色"，修改⑨处的"第二颜色"为"白"。单击"确定"按钮，可得⑩处所示的单峰填充标记效果。

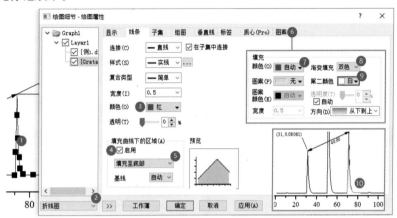

图 7-5　单峰"填充式"标注

7.1.4　数据的放大与缩小

在绘图中经常需要对某个局部范围的数据放大，从而比较该范围内的曲线变化趋势。

例 4：导入"Origin2023\Samples\Spectroscopy\Sample Pulses.dat"数据，绘制折线图，演示数据的放大操作。

按图 7-6 所示的步骤，选择①处的"放大"工具，拖选②处的局部范围，释放鼠标即可得到放大图。单击③处的"缩小"工具，可还原绘图的大小。

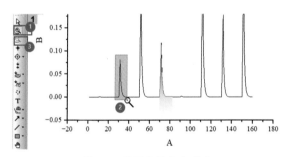

图 7-6　数据的放大与缩小

7.1.5　数据的选取与屏蔽

在对数据进行拟合时，经常需要选择拟合范围或设置屏蔽的数据范围，其目的是排除干扰数据，提高拟合效果。

例 5：对 5 组 Raman 光谱曲线（见图 7-7），选取 x 在 1000~2000 范围的数据，或屏蔽 $x<1000$ 和 $x>2000$ 的数据。

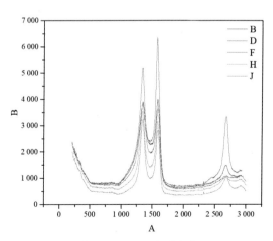

图 7-7　Raman 光谱曲线

1. 数据的选取

对感兴趣的区域进行拟合、计算等操作前，需要对该区域进行选取操作。按图 7-8 所示的步骤，单击激活绘图窗口，单击左边工具栏①处的"选取"按钮，选择"所有图形上的选择"，这样可以对图中所有曲线进行范围的选择。采用鼠标在图中拖出一个矩形区域，释放鼠标，可得到②处的效果，如果对选取区域不满意，可以拖动调节红色边界线，最后得到③处所示的效果，说明每条曲线都已经设置了相同的区域。后续对所有曲线的拟合分峰或其他计算操作，都将基于这个选取范围。

2. 数据的屏蔽

与"数据的选取"相反，对于不感兴趣的数据区域，可以框选范围将其屏蔽。按图 7-9 所示的步骤，选择左边工具栏①处的"屏蔽"按钮，选择"屏蔽所有绘图上的点"，在图中②处用鼠标拖出一个矩形框，释放鼠标，所有曲线在该区域显示为红色，表明该区域的数据已被屏蔽（如③处），后续的拟合分析将不考虑这些屏蔽区域。如果需要解除屏蔽，可以选择①处的取消屏蔽工具。

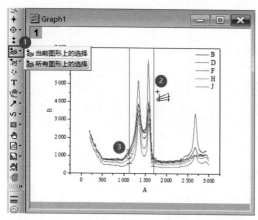

图 7-8　数据的选取

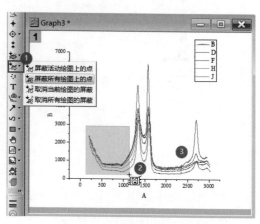

图 7-9　数据的屏蔽

7.2 数据的运算

Origin 软件具有强大的数据运算功能，如可进行基本运算、微分积分、插值外推、归一化等。这些数据运算功能安排在菜单"分析"→"数学"里，但随着操作对象（绘图窗口、工作簿、矩阵簿等）的不同，其二级菜单所列条目也不同。

7.2.1 插值/外推、轨线插值

在对数据进行整理与梳理时，经常会用到插值与外推。插值是指当数据中存在某些缺失值时，可以通过某种算法按曲线变化趋势进行补全；外推是指当曲线无法延伸至某个范围时，可以通过某种算法估算实现数据的外延。Origin 软件可以实现一维插值（利用 x、y 插值 y）、二维插值（利用 x、y、z 插值 z）和三维插值（利用 x、y、z、f 插值 f）。下面以常用的一维插值为例，演示"插值 / 外推"或"轨线插值"功能。

例 6：构造 3 个点的工作表，绘制散点图，采用"插值/外推"或"轨线插值"构造一条抛物线。按图 7-10 所示的步骤，激活绘图窗口，单击①处的菜单"分析"→"数学"→"插值 / 外推"

（或"轨线插值"）→"打开对话框"，选择②处的"自动预览"复选框，单击③处的"方法"为"三次样条"，取消④处的"自动"复选框，根据需要设置"点的数量"和 X 的极值，通过⑤处的"预览"框显示效果。单击"确定"按钮，在原工作表中会新增两列用于填充插值后的数据，得到⑥处所示的抛物线。

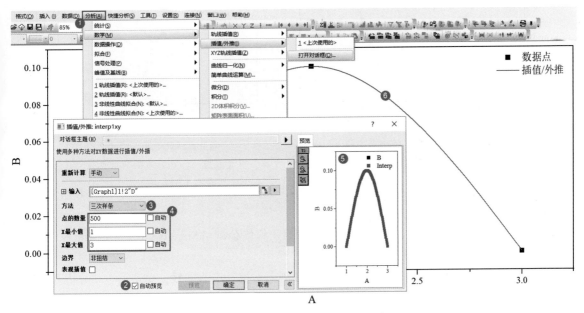

图 7-10　采用插值 / 外推构造抛物线

注意 ⚠　如果将图 7-10 中④处的"X 最小值"和"X 最大值"的范围拓展，则可以得到"外推"的延伸曲线。另外，如果需要通过 3 个点构造更多峰型的曲线，可参考第 6 章的相关内容。

7.2.2　曲线的交集、并集、积分

一般采用声子态密度解释传热机理，而声子态密度中常用的参数是重叠因子 S，其计算公式复杂，但可以从几何意义上将 S 简化为 2 条声子态密度曲线的交集与并集积分面积的商。这就需要计算 2 条曲线的交集、并集曲线数据，并求两者的积分面积。

例 7：采用 2 种方法计算交集与并集。方法一利用 Origin 的 Max() 和 Min() 函数求并集、交集；方法二利用 Origin 的 Overlap Area.opx 求交集、并集的曲线数据。

方法一：利用 Max() 和 Min() 函数求并集和交集

在数学上，2 条曲线之间交集、并集可以理解为求两者的最大值、最小值。下面以 2 条三角函数曲线为例解释其原理。

如图 7-11 所示，对于相同的 x，2 条曲线分别对应有 2 个 y 值（y_1 和 y_2），如果求两者之间谁最大（或最小），则可以得到一条新的并集（或交集）曲线数据。

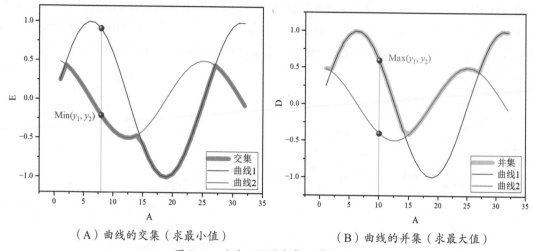

（A）曲线的交集（求最小值）　　　　（B）曲线的并集（求最大值）

图 7-11　曲线之间的交集、并集原理

创建 2 条三角函数（XYY 型工作表），如图 7-12 所示。

步骤：

步骤一　新建两列（D 列和 E 列），分别在 F(x) 单元格里编辑公式"Max(B,C)"或"Min(B,C)"，按"Enter"键后，即可创建出并集、交集数据。

步骤二　求积分面积。选择并集（D 列）或交集（E 列）数据，绘制曲线，单击菜单"分析"→"数学"→"积分"→"打开对话框"，如图 7-13 所示。单击①处的"面积类型"可以选择"数学面积"或"绝对面积"。单击"确定"按钮后，即可得到新增列的积分，"注释"行已算出积分面积。

方法二：利用 Overlap Area.opx 求重叠面积

该方法需要使用 Origin 插件 Overlap Area.opx，可在本书资源包第 7 章文件夹里找到该 App，也可以从网上下载，将 Overlap Area.opx 拖入 Origin 软件界面即可安装。如果版本兼容，安装后，可以在 Origin 右边的"Apps"选项卡里找到。该 App 对绘图窗口有效，对 XYY 表格窗口不可用，使用前需激活绘图窗口。

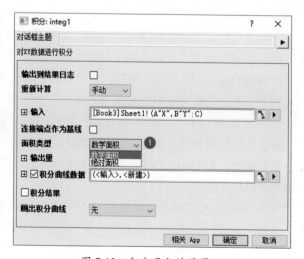

图 7-12　利用函数创建并集、交集数据　　　图 7-13　积分面积的设置

步骤：

步骤一 绘制曲线图。选择XYY三列数据，绘制折线图。

步骤二 点击激活曲线图，单击右边栏的"Apps"选项卡，选择Overlap Area插件，打开对话框，如图7-14所示。

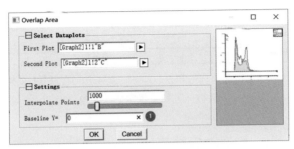

图 7-14 曲线交集的求解

步骤三 求交集。单击①处的"Baseline Y="，将其设置为0（低基线），单击"OK"按钮，即可得到交集曲线及数据。

步骤四 求并集。如果定义的基线大于任何一条曲线，如设置0.008，则可求出最大值曲线（并集），如图7-15所示。

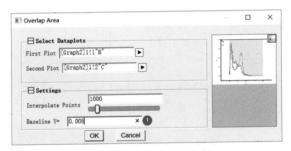

图 7-15 曲线并集的求解

通过设置基线的位置在高处，获得并集曲线的数据，但计算的积分面积是基于这条"高基线"的，因此积分面积是错误的，如图 7-16 所示。因此我们需要跳转到相应的表格，右击①处，选择②处的"跳转到 Book1"，可以查看并集的工作表。

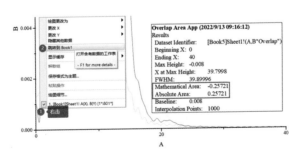

图 7-16 跳转到工作表

利用交集的工作表，如图 7-17（a）所示，选择 B 列绘制曲线图，利用菜单"分析"→"数学"→"积分"→"打开对话框"（或"<上次使用的>"），即可得到 F 列中的积分面积。绘制交集的面积图如图 7-17（b）所示，注意要将交集的曲线"推到"底部，加粗，从而与原始数据形成对比（不遮挡原始曲线）。

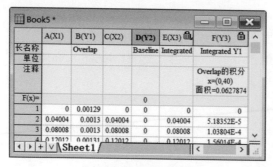

（a）交集曲线的积分　　　　（b）交集曲线

图 7-17　交集数值积分及其曲线

7.2.3　多条曲线的归一化、均值±标准差

在光谱图中，X 轴的波长、波数、化学位移等通常对应特征峰的位置，而 Y 轴的计数、强度等与物质的浓度、丰度有关。另外，Y 轴的信号强弱也受检测环境的影响，从而导致测试信号的基线不一致。为了比较谱峰的位置是否发生偏移，通常需要对数据进行归一化处理。

例 8：在相同条件下对某样品测试 12 次 Raman 光谱数据，如图 7-18（a）所示，对这 12 次平行实验数据进行归一化处理，并计算均值与标准差，最后绘制误差带图，如图 7-18（b）所示。

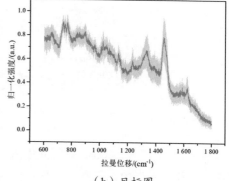

（a）工作表　　　　　　　　　（b）目标图

图 7-18　Raman 光谱数据的归一化与均值误差带图

1. 曲线的归一化

按图 7-19 所示的步骤，单击①处全选数据，单击②处的菜单"分析"→"数学"，选择③处的"归一化列"打开对话框，单击"确定"按钮，即可在原工作表中新增归一化数据。分别选择归一化前后的数据，绘制点线图，如图 7-20 所示。

图 7-19　归一化列

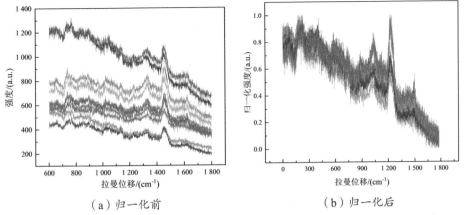

（a）归一化前　　　　　　　　　（b）归一化后

图 7-20　归一化前后的曲线

2. 曲线的均值±标准差

整理出新的工作表如图 7-21 所示，A 列为 X（拉曼位移），其余各列为 Y（归一化强度）。点击激活工作表窗口，单击菜单"统计"→"描述统计"→"行统计"打开对话框。单击①处的按钮，弹出③处"在工作表中选择"对话框，在工作表②处拖选 B 列及以后的各列 Y 数据，回到对话框单击③处的按钮，完成对 Y 数据的选择。单击④处的"输出量"选项卡，选择"均值"和"标准差"，单击⑤处的"确定"按钮，即可在工作表中新增 2 列计算结果数据。

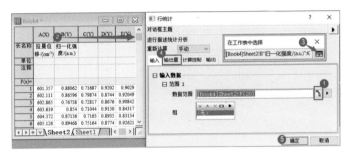

图 7-21　行统计的设置

3. 误差带图的绘制

按图 7-22 所示的步骤，拖选①处的均值和标准差数据列，单击②处的"绘图"菜单，选择③处的"基础 2D 图"和④处的"误差带图"。

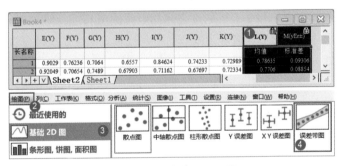

图 7-22　误差带图的绘制

所得绘图为点线图，按图 7-23 所示的步骤进行细节修改。单击①处的折线图工具将绘图改为曲线图。双击②处的曲线打开"绘图细节 - 绘图属性"对话框，修改③处的"宽度"为 1、颜色为"红"。误差带图中阴影边缘为上、下误差棒的线帽，可以将其隐藏。选择④处的误差棒数据，在"误差棒"页面修改⑤处的误差棒"宽度"为 0。单击

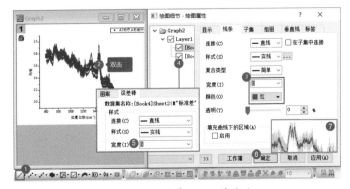

图 7-23　误差带图的细节修改

⑥处的"确定"按钮,即可得到⑦处所示的误差带图。

7.2.4 电池充放电曲线的dQ/dV微分

从电池充放电曲线计算微分容量并绘制微分容量曲线,常会遇到微分曲线的严重毛刺问题。解决办法是在微分计算前,采用"插值/外推"操作对充放电曲线进行均匀化处理。

例9:将电池充电、放电数据拆分后,列入 2(XY) 型工作表中,如图 7-24(a)所示,采用"插值/外推"均匀化后进行 dQ/dV 微分计算,绘制微分容量曲线,如图 7-24(b)所示。

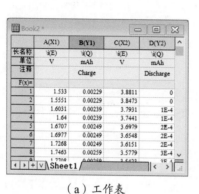

（a）工作表

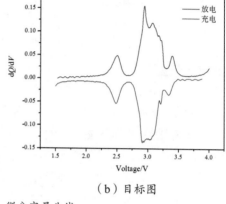

（b）目标图

图 7-24　微分容量曲线

1."插值/外推"法均匀化数据

由于受测试仪器精度和测试环境的影响,测试所得充放电数据具有一定程度的噪声波动,另外可能出现相邻 2 个数据点之间的电位数值相近,即 dV → 0,这就导致 dQ/dV 出现趋于无限大或无限小,在图形上表现为剧烈的毛刺现象。因此,在微分计算前,需要对充放电数据进行均匀化平滑处理。

分别对充电、放电数据进行"插值/外推"操作。选择 XY 列充电数据,选择菜单"分析"→"数学"→"插值/外推"打开对话框。按图 7-25 所示的步骤,检查①处的"方法"为"线性","点的数量"为"自动"(一般小于原工作表的行数)。"输出"默认情况下会绑定原表中的 X,修改②处的"autoX"为"新建",可以使结果中具有独立的 X 列数据。单击③处的"确定"按钮,即可完成均匀化。采用相同的步骤对放电数据进行均匀化。在原工作表中会增加均匀化后的充电、放电数据,后续的微分运算将对均匀化后的数据进行操作。

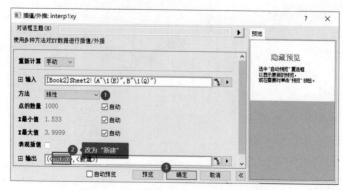

图 7-25　"插值/外推"法均匀化数据

2. 充放电曲线的微分

选择均匀后的充电数据，选择菜单"分析"→"数学"→"微分"打开对话框。按图 7-26 所示的步骤，选择①处的"Savitzky-Golay 平滑"复选框，修改②处的"窗口的点"为 10，选择③处的"画出导数曲线"复选框，单击④处的"确定"按钮，可得⑤处所示的充电微分容量曲线。采用相同的步骤计算并绘制放电微分容量曲线。

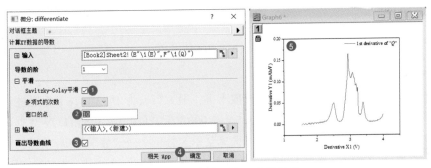

图 7-26　曲线的微分及平滑设置

7.2.5　"插值/外推"构造共 E 的 CV 数据

在相同条件下测试的光谱类曲线数据，一般具有完全相同的 X 列。这种 n(XY) 型数据，共用第一个样品的 X 列数据而删除其他样品的 X 列，构造 XYYY 型工作表。然而，对于采用不同变化速率动态改变 X 的情况下所测数据，X 列各不相同，无法构造共 X 的 XYYY 型工作表，这就需要对所有数据进行"插值 / 外推"处理，创建均匀变化的数据。

例 10：不同扫描速率 v（0.1~2.0 mV/s）下测得循环伏安（CV）曲线数据（见图 7-27），采用"轨线插值"法构造均匀的共 E 的 CV 数据，方便后续进行赝电容曲线拟合。

	A(X1)	B(Y1)	C(X2)	D(Y2)	**E(X3)**	F(Y3)	G(X4)	H(Y4)	I(X
长名称	E/V	I/mA	E/V	I/mA	E/V	I/mA	E/V	I/mA	E/
单位									
注释		0.1		0.2		0.4		0.6	
F(x)=									
1									
2	0.10069	-0.02579	0.10064	-0.05346	0.10068	-0.09236	0.10066	-0.1262	0.
3	0.10168	-0.02495	0.1016	-0.05148	0.10167	-0.08983	0.10109	-0.12321	0.
4	0.10267	-0.02445	0.10259	-0.05027	0.10266	-0.08815	0.10211	-0.12092	0.
5	0.10366	-0.02406	0.10358	-0.04933	0.10365	-0.08681	0.10313	-0.11906	0.

图 7-27　不同扫描速率的 CV 数据

1. CV 数据的拆分

由于"插值 / 外推"比较适合对 X 单调（递增或递减）的数据进行均匀化处理，而 CV 曲线包含电位 E 循环变化的数据（如 E 从 3 V 负向扫描减小到 0.005 V，再从 0.005 V 正向递增到 3 V），X 并非单调变化，这就需要对 CV 数据按氧化、还原分支进行拆分。

将不同扫描速率的 CV 数据拆分为 2 个 n(XY) 型表格，如图 7-28 所示，设置所有电位 E 数据列为 X 属性。后续对每组曲线进行"插值 / 外推"，并对插值结果进行排序，最后将氧化分支、还原分支的各组 XY 数据拼接为完整的 CV 工作表，并整理出共用 X 列（电位 E）的 XYYY 型工作表。

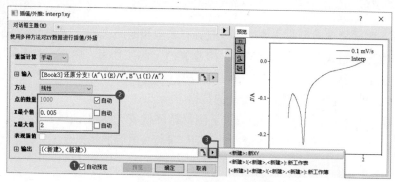

图 7-28　拆分的 CV 工作表

2."插值/外推"均匀化

在拆分表中，不同扫描速率的 CV 数据行数不等，最大行数为 1002 行，下面通过"插值 / 外推"设置相同的行数（1000 行）和电位范围（0.005 V~2.000 V），可构造 X 相同的 CV 数据。

选择其中一个扫描速率的 2 列 CV 数据，选择菜单"分析"→"数学"→"插值 / 外推"打开对话框。按图 7-29 所示的步骤，选择①处的"自动预览"复选框，修改②处"点的数量"为 1000，"X 最小值"为 0.005，"X 最大值"为 2，单击③处的 ▶ 按钮，选择"＜新建＞：新 XY"。单击"确定"按钮，即可完成对某一扫描速率下 CV 数据的均匀化处理。

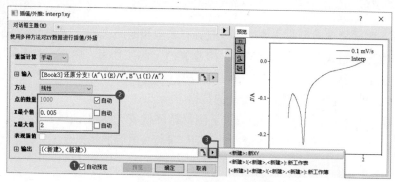

图 7-29　插值 / 外推均匀化的设置

采用相同的步骤对其他各 XY 列数据进行均匀化处理。选择 X、Y 列数据，单击菜单"分析"→"数学"→"插值 / 外推"→"＜上次使用的＞"，即可完成相同的"插值 / 外推"操作。也可以按图 7-30 所示的步骤快速处理，在原工作表右侧找到插值后新增的数据列，单击①处的绿锁，选择最下方②处的"对所有 Y 列重复此操作"，即可快速完成相同设置的"插值 / 外推"。

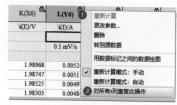

图 7-30　对所有 Y 列重复此操作

3. 列的排序

无论还原分支还是氧化分支，插值后的数据均从"X 最小值"开始递增到"X 最大值"，这就需要将还原分支的数据通过"列排序"对插值后的结果进行"倒序"处理。

由于采用"插值 / 外推"操作后，结果数据列为绑定数据（列标签上加锁），不方便后续的排序与合并操作。新建工作表，将插值后的结果复制到新建的工作表中，注意设置相应的 X 列属性。

按图 7-31 所示的步骤，单击①处的菜单"工作表"→"工作表排序"→"降序"，即可对所有数据列进行"倒序"操作（见②～④）。

图 7-31　工作表的排序

选中氧化分支工作表中相应的 CV 数据（X、Y 数据列）后，按"Ctrl+C"组合键复制，在前述经过"倒序"处理后的 CV 数据的倒数第一行 X 单元格上右击，选择"粘贴"，完成数据的"拼接"。绘制插值前后的 CV 曲线如图 7-32 所示，可见"插值 / 外推"均匀化数据处理并没有破坏原始数据。

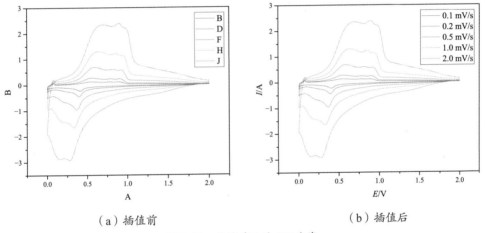

（a）插值前　　　　　　　　　　　　（b）插值后

图 7-32　插值前后的 CV 曲线

在均匀化的 CV 工作表中，所有扫描速率下的电位 E 数据完全相同，可以保留第一列 X 为共用的电位 E，删除其他各 X 列，即可构造共用 E 的 XYYY 型工作表，该工作表可以作为后续赝电容拟合的操作数据。

7.2.6　赝电容曲线的积分面积

在电化学储能材料研究领域，研究电极材料的赝电容占电池总容量的比例（赝电容贡献率），需要采用数学积分面积，计算赝电容拟合曲线的积分面积与原循环伏安曲线积分面积之比，即赝电容贡献率。

例 11：测试不同扫描速率 v 下的循环伏安（CV）曲线，对每个电位下的 $i/v^{1/2}$ 与 $v^{1/2}$ 进行线性拟合，得到线性斜率 k_1 与扫描速率 v 的乘积（k_1v），可作为赝电容的贡献曲线数据，如图 7-33（a）所示，求 k_1v 曲线与原始 CV 曲线的积分面积之比，即可计算某个扫描速率 v 条件下的赝电容贡献率。进一步用 100 减去赝电容贡献率，即可得到扩散贡献率。最终绘制出赝电容曲线图，如图 7-33（b）所示。

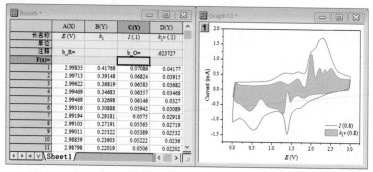

（a）工作表 （b）目标图

图 7-33 赝电容拟合数据及其曲线图

关于赝电容拟合过程，采用传统的 Excel 表手动拟合过程繁杂，很难掌握，而且费时易错。笔者开发了可以快速自动拟合赝电容的网页版工具 k1Tool（http://www.upub.online），其升级程序已集成在 ECbox（Pseudo Cap）V1.5 程序中。该工具可以用几秒时间完成通常需要耗费几个小时的手动拟合工作。

1. 绘制折线图

准备一张 Excel 表格，表中第一列为 CV 的电位 E，第二列以后至少有 5 列是不同扫描速率 v 下测试的 CV 电流 I，构造一个共用 E 的 $EIIIII$ 型工作表。利用 k1Tool 工具或 ECbox（Pseudo Cap）V1.5 程序自动拟合得到拟合曲线数据（见课程案例的工作簿），该表中第一列为 $E(V)$，第二列为拟合得到的 k_1，第三列以后为每个扫描速率的 CV 电流 $I(v)$ 和拟合值 k_1v，选择第三、第四列（或其他扫描速率的两列）数据，绘制折线图。

2. 设置曲线填充

按图 7-34（a）所示的步骤，双击①处的曲线，在"绘图细节 - 绘图属性"对话框中，单击②处的"组"，选择"编辑模式"为"独立"。单击③处选择赝电容曲线，进入④处的"线条"页面，取消选择⑤处的"跟随组中的第一个绘图"复选框，选择⑥处的"启用"复选框，修改⑦处为"填充区域内部 - 在缺失值处断开"。单击⑧处的"图案"页面，按图 7-34（b）所示的步骤，修改①处的填充"颜色"为"自动"（自动与线条颜色一致，也可以设置为其他颜色，如黄色），取消②处的"跟随线条透明度"复选框，修改③处的"透明"度为 20%，单击"确定"按钮。

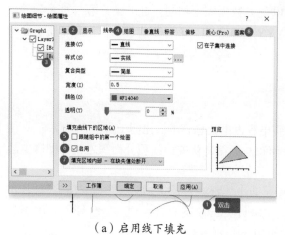

（a）启用线下填充 （b）修改填充颜色及透明度

图 7-34 线下填充的启用与填充色的设置

3. 积分面积的计算

对曲线求积分面积的方法有 2 种。

方法一：按图 7-35 所示的步骤，单击①处激活某条曲线，单击②处的"分析"菜单，选择③处的"数学"→"积分"→"打开对话框"，在"积分"对话框中，选择"面积类型"为"数学面积"。采用相同的方法求另一条曲线的积分面积。

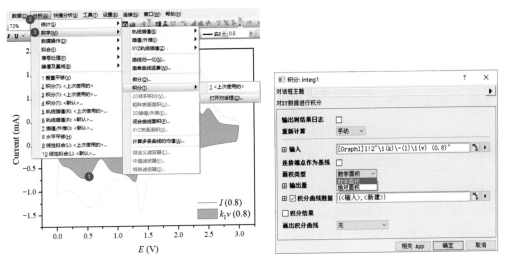

图 7-35 曲线的积分面积设置

> **注意** ⚠️ 数学面积的计算结果会出现负数，很容易理解，CV 曲线中电流有正负，所以采用数学面积计算的结果不准确。

方法二：单击菜单"快捷分析"→"积分"，按图 7-36 所示的步骤在"积分"对话框中，单击"ROI框"选项卡，修改 X 刻度的"起始"和"结束"分别为0.01、3.0，单击"积分"页面，修改"面积类型"为"绝对面积"。

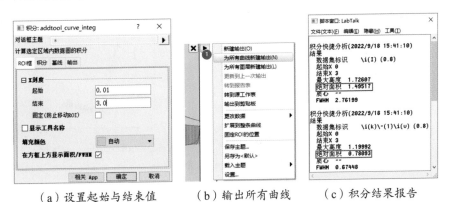

（a）设置起始与结束值　　（b）输出所有曲线　　（c）积分结果报告

图 7-36 快捷分析法求所有曲线的积分面积

4. 赝电容贡献率的计算

从如图 7-36（c）所示的积分结果报告中，拷贝赝电容 $k_1 v$ 曲线的面积 S_1(0.78093) 和 CV 曲线的面积 S_0(1.49517)。将 S_1 和 S_0 代入以下公式，可计算出赝电容贡献率。

$$R = \frac{S_1}{S_0} \times 100\% = 52\%$$

通常电化学器件的电极过程分为赝电容贡献和扩散贡献，因此，扩散贡献率 R' 等于 100 减去赝电容贡献率。由赝电容贡献率和扩散贡献率数据可绘制百分比堆积柱图。

7.3 信号处理

数字信号可以通过数值计算将数字序列变换为某种形式，从而提取有用信息。信号可分为模拟信号和数字信号。Origin 软件提供的信号处理方法，包括平滑、傅里叶变换（FFT）、小波变换等。

7.3.1 数据的平滑、滤波

对数据曲线的平滑、滤波方法主要有 Savitzky-Golay、相邻平均法、FFT 滤波器等。

例 12：将 C:\Program Files\OriginLab\Origin2023\Samples\Signal Processing\fftfilter1.dat 数据文件拖入 Origin 软件中，绘制折线图，采用相邻平均法平滑曲线。

1. 曲线的平滑

激活绘图窗口，选择菜单"分析"→"信号处理"→"平滑"打开对话框，按图 7-37 所示的步骤，单击①处的"自动预览"复选框，选择②处的"方法"，有 4 种平滑方式和 2 种小波分析方法（LOWESS、Loess），本例选择"相邻平均法"。在③处设置适当的"窗口点数"，窗口点数越大越平滑，但要注意窗口点数不能过大，避免"过度平滑"。根据④处的预览效果，调节窗口点数。最后单击⑤处的"确定"按钮即可完成曲线的平滑处理。

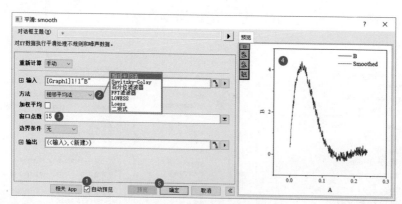

图 7-37 曲线的平滑设置

2. FFT数字滤波

选择菜单"分析"→"信号处理"→"FFT 滤波器"打开对话框，有 6 种傅里叶方式对曲线进行数字滤波，包括低通、高通、带通、带阻和门限滤波器等。

7.3.2 快速傅里叶变换

采用 FFT 变换可对某一区间数据进行分析，能降低非周期性频谱的信号泄露问题。

例 13：将 C:\Program Files\OriginLab\Origin2023\Samples\Signal Processing\Chirp Signal.dat 数据文件拖入 Origin 软件中，绘制折线图，采用快速傅里叶变换工具处理。

激活绘图窗口，选择菜单"快捷分析"→"FFT..."打开对话框，采用默认设置，按图 7-38 所示的步骤，单击①处的"确定"按钮，会生成②处的分析结果图，原绘图中出现感兴趣区域（ROI）编辑框，拖选③处编辑框左右边线的句柄可调节范围，能动态调整分析结果图中的效果。

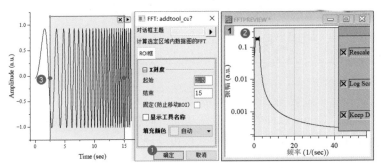

图 7-38　傅里叶变换的设置及 FFT 结果图

7.3.3　数据的卷积运算、去卷积运算

卷积运算是指将一个信号与另一个信号混合（后一个信号通常为响应信号）。基于 FFT 对两个数列进行卷积运算是数据平滑、信号处理和边沿检测的常用过程。

例 14：将 C:\Program Files\OriginLab\Origin2023\Samples\Signal Processing\ Convolution.dat 数据文件拖入 Origin 软件中，对工作表中的数据进行卷积运算。

激活工作表窗口，选择菜单"分析"→"信号处理"→"卷积"打开对话框。按图 7-39 所示的步骤，单击①处的按钮，选择②处的信号列，单击③处按钮完成数据的选择。单击④处的按钮，选择⑤处的仪器响应数据列，单击③处的按钮完成数据的选择。单击⑥处的"确定"按钮，即可得到⑦处所示的卷积数据。

图 7-39　卷积运算

去卷积运算是指卷积运算的逆过程，即根据输出信号和系统响应确定输入信号。单击菜单"分析"→"去卷积"即可实现。去卷积运算的结果是在原工作表末尾新增两列，第一列为数据点序号（Deconv X1），第二列为去卷积值（Deconv Y1）。去卷积的物理意义和计算方法与卷积都是相对应的。

大多数用户仅掌握了 Origin 软件的基本绘图功能，而忽视了 Origin 软件某些"高效率绘图"功能，如复制（批量绘图）、复制／粘贴格式刷图、模板绘图、主题绘图、编程及自动化等。因此，学习本章将大幅提升 Origin 绘图效率。

8.1 快捷绘图的四大法宝

通过前面各章节的学习，我们掌握了单个图的绘制，但对于复杂的绘图往往需要绘制多个图并将其合并组合起来。利用 Origin 快速绘图的四大法宝，可以避免重复的设置，实现一键快速绘制相同类型的绘图，而且能保证所有绘图中图文格式的一致性和规范性。

8.1.1 复制/粘贴格式（原位XRD曲面图）

原位 XRD 曲面图由一张转置的充放电曲线图和多张 XRD 曲面图组合而成，每张图的规格需要保持一致。通过手动重复操作绘制每张图已不现实，这将耗费大量时间，同时很难保证每张绘图的精度和一致性。

例 1：首先绘制一张完美的绘图，以其为母版，利用"复制 / 粘贴格式"快速绘制多张相同规格的绘图，最终利用排版布局合成原位 XRD 曲面图，如图 8-1 所示。

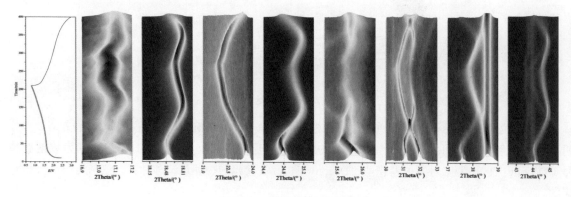

图 8-1　原位 XRD 曲面图

1. 3D曲面图母版的绘制

选择 $2\theta=18°\sim19°$ 的原位 XRD 数据，按图 8-2 所示的步骤绘制曲面图。单击①处全选数据，单击下方工具栏②处的按钮，选择③处的"3D 颜色映射曲面"工具打开对话框，检查④处的数据设置，单击⑤处的"确定"按钮，可得⑥处所示的 3D 曲面图。

XRD 数据不宜用 3D 绘图（瀑布图、曲面图）表达，由于 3D 坐标系的视觉误差或错觉，很难精确看出衍射峰位置 2θ 的偏移量，因此，需要将 3D 坐标系的姿态调整为直角坐标系。按图 8-3 所示的步骤，双击①处的图层空白处打开"绘图细节 - 图层属性"对话框，选择②处的图层"Layer1"，进入③处的"坐标轴"选项卡，修改④处的 Y 轴长度为 300，方位角为 270°，倾斜角为 75°，滚动角为 0°，单击⑤处的"确定"按钮。

隐藏不必要的侧面平面。颜色标尺图例可以单击后按"Delete"

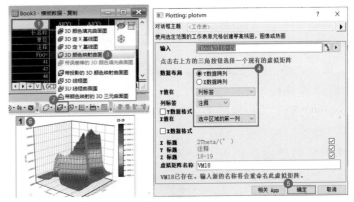

图 8-2　曲面图的绘制

图 8-3　坐标轴的设置

键删除。按图 8-4 所示的步骤，双击①处打开"绘图细节 - 图层属性"对话框，选择②处的图层"Layer1"，进入③处的"平面"选项卡，取消④处的 YZ、ZX 平面而保留 XY 平面的复选框，取消⑤处的 XY 平面的网格线"自动"复选框。单击⑥处的"确定"按钮。

图 8-4　隐藏坐标系平面

由于存在"透视"，所得图并非完美的直角坐标系。按图 8-5 所示的步骤，在"绘图细节 - 图层属性"对话框中，进入①处的"其他"选项卡，修改②处的投影"透视"为"正交"，单击③处的"应用"按钮，可得④处所示的直角坐标系。

隐藏 X 网格线和等高线，按图 8-6 所示的步骤，在"绘图细节 - 绘图属性"对话框中，选择①处的曲面对象，进入②处的"网格"选项卡，设置"网格线"为"仅 Y 网格线"（若不需要显示任何网格线，可设置为"无"），该 Y 网格线与实际的 XRD 曲线特征一致，因此可以利用 Y 网格线代替

XRD 曲线，单击"应用"按钮后可得③处所示的效果。进入④处的"颜色映射/等高线"选项卡，取消⑤处的"启用等高线"。单击⑥处的"填充"标签打开"填充"对话框，设置⑦处的"加载调色板"为"Warming"，单击⑧处的"确定"按钮返回"绘图细节-绘图属性"对话框。单击⑨处的"确定"按钮。所得绘图超出页面之外，在图层外的空白处右击，选择"调整页面至图层大小"，单击删除 Y 轴标题、刻度标签及轴线，可得⑩处所示的母版。

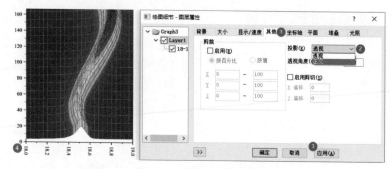

图 8-5　设置正交坐标系

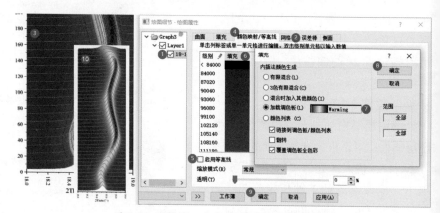

图 8-6　网格线、颜色映射及等高线的设置

2. 复制/粘贴快速绘图

对于其他特征峰的 XRD 图，可以从母版图上复制所有格式，在草图上粘贴格式，实现快速绘图。下面以 $2\theta=21°\sim24°$ 的 XRD 数据为例演示复制与粘贴格式操作。

全选数据，绘制"3D 颜色映射曲面"草图。按图 8-7 所示的步骤，在母版图中①处空白区域右击，选择②处的"复制格式"和③处的"所有"，在草图上④处空白区域右击，选择⑤处的"粘贴格式"。所得绘图由于 X 刻度范围未更新，图中出现空白，此时按"Ctrl+R"组合键重新调整刻度，删除图例。右击绘图空白处选择"调整页面至图层大小"，即可得到⑥处所示的效果。采用相同方法快速绘制其他角度范围的 XRD 曲面图。

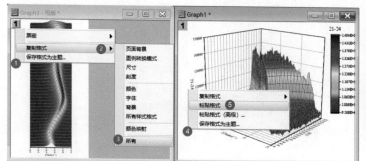

图 8-7　复制/粘贴格式

3. 转置的充放电曲线

目标图需要用转置的充放电曲线辅助描述原位 XRD 的演变进程。选择充放电数据绘制曲线图，单击右边工具栏的"交换坐标轴"按钮（第 5 个按钮）将充放电曲线转置。转置充放电曲线的纵轴刻度范围需要跟原位 XRD 工作表中"注释"行的参数（通常是 Time）一致。另外，为了使合并组合

图中充放电曲线图和其他 XRD 曲面图的长宽比一致，需要设置充放电曲线图的图层长宽比为 3:1。

按图 8-8 所示的步骤，双击①处图层空白处打开"绘图细节 - 图层属性"对话框，进入②处的"大小"选项卡，修改③处的"单位"为"厘米"，修改④处的"宽度"为 10、"高度"为 30。在调整图层大小后，往往会引起图中字体大小与实际大小不一致，导致后续排版组图过程中字体大小难调的问题。选择⑤处的"固定因子"并设置为 1（保证字体为绝对大小，不自动缩放）。单击⑥处的"确定"按钮，添加图层框架，右击图层选择"调整图层至页面大小"，可得⑦处所示的转置充放电曲线图。

图 8-8　图层大小的设置

4. 多图的布局排版

对于多图的排版组合，Origin 软件提供 2 种方法：合并法、布局法。合并法采用右边工具栏的"合并"功能，布局法采用上方工具栏的"新建布局（New Layout）"排版功能。合并法通常可以合并 2D 绘图，而对于 3D 绘图无法使用。布局法适合所有绘图（包括数据绘图、电镜照片、公式、示意图等）的排版组合。本例的 XRD 曲面图看似 2D 坐标系，但其实质是 3D 曲面图，因此，只能采用布局法排版组合绘图。

按图 8-9 所示的步骤，单击上方工具栏①处的"新建布局"按钮，即可创建②处所示的布局窗口，双击②处的布局页面打开对话框，进入"打印 / 尺寸"选项卡，修改尺寸"宽度"为 24、"高度"为 8，或修改为其他尺寸。在需要合并的绘图图层上右击，选择"复制"→"复制页面"快捷菜单，或按快捷键"Ctrl+C"（或"Ctrl+J"），

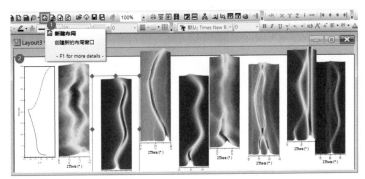

图 8-9　新建布局并粘贴绘图

在布局窗口右击选择"粘贴链接"（或"粘贴"）。将所有需要排版的绘图粘贴后，可得②处所示的效果。这里有两种粘贴方式，普通的"Ctrl+V"是粘贴为图片，不方便后续修改，而粘贴链接可以方便双击排版中的绘图进行修改，因此建议采用"粘贴链接"。

Origin 提供了非常方便的排版工具，可以一键对齐、均匀间距，同时可以保证各图中字体大小绝对一致、图框对齐位置精准。按图 8-10 所示的步骤，将①处和②处 2 张绘图的位置调整至占据页面的首尾两端。按"Ctrl+A"组合键全选绘图，单击右边工具栏③处的"水平"按钮，使所有绘图中心按水平方向对齐。单击④处的"水平分布"，使所有绘图沿水平方向间隔均匀。

在排版绘图过程中，可以调整好第一张图的规格，采用"复制格式"和"粘贴格式"的方法统

一调整其他绘图的规格。
另外，由于充放电曲线图
层边距与 XRD 图层边距不
一致，可能会出现充放电
曲线图的 X 轴与 XRD 图
不在同一水平位置，可以
单击充放电曲线图，按键
盘上的"↑"键或"↓"
键移动对齐。最终可得
图 8-1。

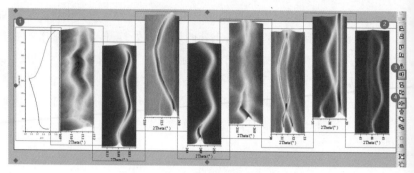

图 8-10　布局排版

8.1.2 模板绘图（原位XRD Contour）

8.1.1 小节绘制了原位 XRD 曲面图，是一种将 3D 曲面图转换为形似 2D 的绘图。本小节介绍另一种纯 2D 绘图——原位 XRD Contour 图的绘制方法，主要演示模板的创建与调用过程，实现快速绘图。

例 2：首先绘制一张 2D Contour 图，另存为模板，利用"模板法"对相同结构的数据进行快速绘图，最终利用"合并法"组合成原位 XRD Contour 图（见图 8-11）。

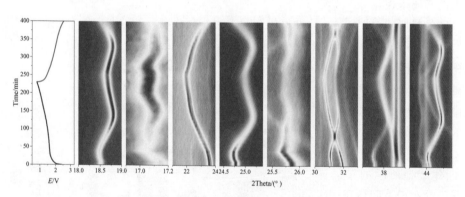

图 8-11　原位 XRD Contour 图

1. Contour图的绘制

选择 $2\theta=18°\sim19°$ 的原位 XRD 数据绘制 Contour 图，作为模板。按图 8-12 所示的步骤，单击①处全选 XYYY 型数据，单击下方工具栏②处的按钮，选择③处的"等高线图 - 颜色填充"菜单打开对话框，设置④处的 Y 数据跨列，设置"Y 值在"为"列标签"，设置"列标签"为"注释"，设置⑤处的"X 值在"为"选中区域的第一列"。单击⑥处的"确定"按钮，可得⑦处所示的 Contour 图，本例不需要颜色标尺、Y 轴标题及其轴线刻度线，分别单击后按"Delete"键删除。

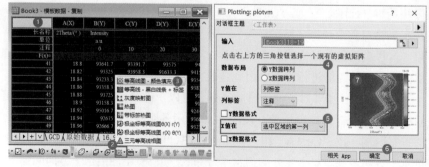

图 8-12　Contour 图的绘制

在 8.1.1 小节介绍了转置的充放电曲线的绘制，本例略。由于目标图需要跟转置的充放电曲线图层尺寸（长宽比为 3∶1）一致，因此需要设置 XRD Contour 图的图层长宽比为 3∶1（宽度 10 cm，高度 30 cm）。按图 8-13 所示的步骤，双击①处的页面边缘打开"绘图细节 - 图层属性"对话框，选择②处的图层"Layer1"，进入③处的"大小"选项卡，修改④处的"单位"为"厘米"，设置⑤处的"宽度"为 10、"高度"为 30。选择⑥处的"固定因子"并设置为"1"（避免字体大小不一致）。单击⑦处的"确定"按钮，此时绘图会超过页面，在图层空白处右击，选择"调整页面至图层大小"。

图 8-13　图层大小的设置

所得绘图含有不需要的等高线，另外颜色需要调整。按图 8-14 所示的步骤，双击①处的 Contour 图打开对话框，单击②处的"线"打开"等高线"对话框，取消③处的"只显示主要级别"复选框，选择④处的"隐藏所有"，单击⑤处的"确定"按钮。单击⑥处的"填充"标签打开对话框，选择⑦处的"加载调色板"为 Warming，单击⑧处的"确定"按钮返回"绘图细节 - 绘图属性"对话框，单击⑨处的"确定"按钮，可得⑩处所示的效果。

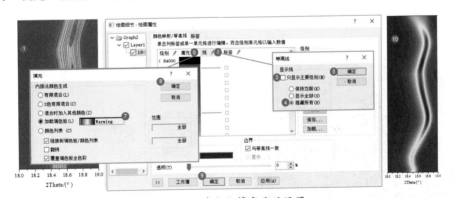

图 8-14　填充和等高线的设置

2. 保存模板

对于需要绘制大量相同类型绘图的情况，利用模板可以提高绘图效率。将完美的绘图保存为模板，下次绘制同类型绘图时可以调用该模板。8.1.1 小节的"复制 / 粘贴格式"也是一种快速绘图的方法，它对工作表结构不限制，仅对绘图元素进行统一的格式设置。而模板法要求工作表结构相同才能调用模板。

按图 8-15 所示的步骤保存模板。右击①处的绘图窗口标题栏，选择②处的"保存模板为"（注意不要选"保存模板"，这样可能会覆盖系统模板，导致后续绘图始终调用该模板）。在打开的对话框中，检查③处的"类别"为"UserDefined（用户定义）"，修改④处的"模板名"为易记的名称。单击"确定"按钮即可创建模板。

图 8-15　保存模板

> **注意** ⚠️ 检查③处的"类别"为"UserDefined"，④处的"模板名"一定要修改，否则也可能覆盖现有模板或系统模板。我们可以随时将设置精美的绘图保存为模板，方便下次调用。另外，建议从图 8-15 中"文件路径"所在文件夹备份自己定义的成套模板，在更换计算机或重装系统后，可以将模板文件拖入 Origin 软件窗口中加载模板，后续可直接调用模板。

3. 调用模板

在确保工作表结构与自定义模板相同的情况下，可以调用模板快速绘图。按图 8-16 所示的步骤，单击①处全选数据，单击下方工具栏②处的"模板库"，选择③处的模板，单击④处的"绘图"按钮，即可快速绘图。也可通过菜单"绘图"→"最近使用的"标签页面找到该模板，还可以在菜单"绘图"中展开页面左下角单击"模板库"选择模板。

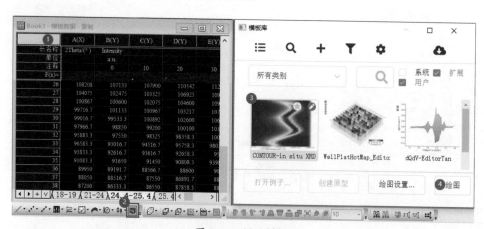

图 8-16　调用模板

4. 合并图表

对于二维绘图，可以采用"合并"功能组合多张绘图。为了避免图序混乱，在合并前，按顺序修改每张绘图的短名称为 A、B、C…可在每张绘图窗口标题栏上右击，选择"属性"修改短名称。按图 8-17 所示的步骤，单击右边工具栏①处的"合并"工具打开"合并图表：merge_graph"对话框，选择②处的"自动预览"复选框，选择③处需要调整顺序的绘图名称，单击④处的按钮调整顺序。设置⑤处的"行数"为 1、"列数"为 9。设置⑥处的页面"宽度"和"高度"。单击⑦处的"确定"按钮。

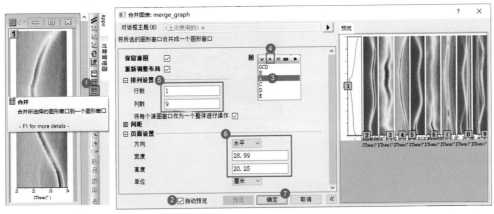

图 8-17　合并图表

如果合并后的页面尺寸需要调整，可以双击图层之外的灰色区域，修改页面版面尺寸，单击"确定"按钮后绘图会出现空白区域，可以右击选择"调整图层至页面大小"。对于刻度标签重叠时，可以双击打开"绘图细节 - 绘图属性"对话框，进行精细调整，最终得到目标图。

8.1.3 ▶ 复制（批量绘图）（XPS填充面积图）

当需要绘制大量相同数据结构的绘图时，可通过"复制（批量绘图）"功能快速绘图。首先绘制一张完美的绘图（母版图），依据此图复制批量绘图，选择其他工作簿、工作表或列，即可一键绘制所有绘图。

例 3：准备一个工作簿，其中包含 6 张 XYYY 型工作表（甚至更多），分别填入不同样品的 XPS 数据，采用"复制（批量绘图）"功能一键绘制每个样品的 XPS 图（见图 8-18）。

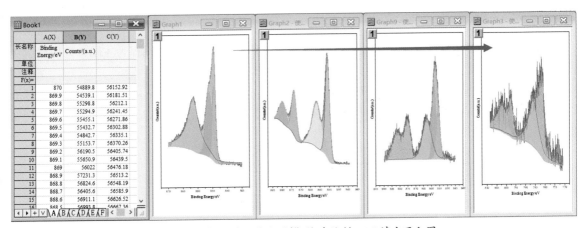

图 8-18　"复制（批量绘图）"快速绘制 XPS 填充面积图

1. XPS填充面积图的绘制

按图 8-19 所示的步骤，单击①处全选数据，单击下方工具栏②处的按钮选择"填充面积图"，可得③处所示的效果。

XPS 图一般要求：X 轴刻度倒序，Y 轴无意义可删除；图例可删除，一般在峰附近采用文本标注成分。分别单击刻度标签、Y 轴、图例，按"Delete"键删除。可添加图层框架，单击图层，在浮动工具栏中单击"图层框架"可添加图层边框线。双击 X 轴打开对话框，将"刻度"选项卡中的"起始"与"结束"值互换，即可使 X 轴刻度倒序。填充颜色需要区分，可以双击图中的填充部分打开"绘图细节-绘图属性"对话框，进入"图案"选项卡，设置填充颜色"按曲线"，并选择一种颜色列表。

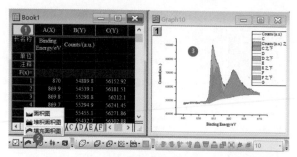

图 8-19 填充面积图的绘制

2. 复制（批量绘图）

按图 8-20 所示的步骤，在设计完美的绘图窗口标题栏①处右击，选择快捷菜单中②处的"复制（批量绘图）"，打开"选择工作表"对话框，可以单击③处的下拉框选择"数据来源"（本例选择"工作表"），从④处按下鼠标往上拖选（也可以从上往下拖选）所有工作表名称。单击⑤处的"确定"按钮，即可快速生成所有绘图。

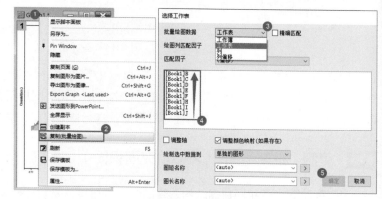

图 8-20 选择工作表

由于每张绘图刻度范围保留了母版图的设置，各图可能会出现空白。分别单击绘图，按快捷键 "Ctrl+R" 调整刻度，即可解决该问题。

8.1.4 利用主题绘图（GITT 扩散系数）

对于本专业研究领域常见的绘图，可以将这些绘图精美设计后，分别保存为主题，方便后续快速绘制相同类型的绘图。

例 4：从恒电流间歇滴定技术（Galvanostatic Intermittent Titration Technique，GITT）测试数据计算所得离子扩散系数绘图，并保存为主题，调用主题管理器将草图快速转换为完美绘图，分别如图 8-21（a）和图 8-21（b）所示。

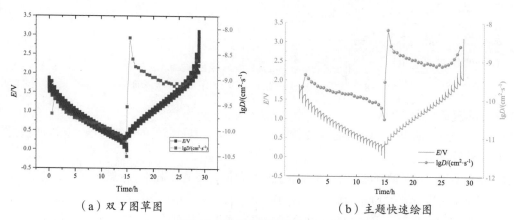

（a）双 Y 图草图　　　　　　（b）主题快速绘图

图 8-21 调用主题快速修改绘图

解析： 采用 GITT 的 Excel 工作表手动计算离子扩散系数的工作量比较大，可采用笔者开发的 ECbox（GITT）V1.5 自动计算。

1. 双Y轴图的绘制

准备 4 列 XY 型工作表，分别填入 GITT 的测试数据和离子扩散系数数据。按图 8-22 所示的步骤，单击①处全选数据，选择②处菜单"绘图"、③处的"多面板/多轴"、④处的"双 Y 轴柱状点线图"，可得草图。经过绘图的细节修改与优化设置，可得⑤处所示的母版图，具体步骤可参阅第 4 章的相关教程。

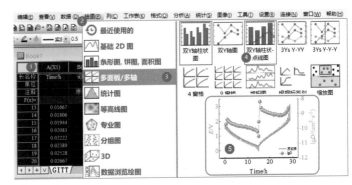

图 8-22　双 Y 轴图的绘制

2. 保存格式为主题

按图 8-23 所示的步骤，在①处的母版图上右击，选择②处的"保存格式为主题"，打开对话框，修改③处的"新主题的名称"为"Theme-GITT"（或其他自定义名称），单击"确定"按钮，即可完成主题的保存。

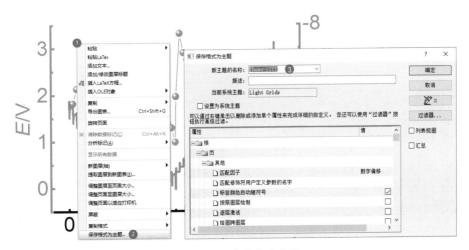

图 8-23　保存格式为主题

3. 调用主题快速绘图

选择其他样品的 GITT 数据绘制草图，按图 8-24 所示的步骤，单击①处激活草图，按快捷键"F7"，或选择②处的菜单"设置"、③处的"主题管理器"，打开对话框。选择④处的主题"Theme-GITT"，单击⑤处的下拉框可以选择操作对象，可根

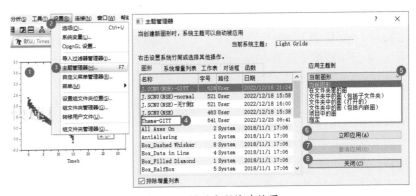

图 8-24　调用主题快速绘图

据需要选择"当前图形"或"在文件夹里的图"进行统一修改。单击⑥处的"立即应用"按钮实现快速绘制。如果需要撤消，则可以单击⑦处的"撤消应用"按钮。单击⑧处的"关闭"按钮。

8.2 Origin 编程

Origin 软件提供了强大的编程功能，允许进行个性化绘图、扩充计算或拟合功能。Origin 软件提供了多种编程环境，如 LabTalk 脚本、Origin C、X-Function、Python、R 语言编程语言。本节以 4 个实例演示 Origin 编程的基本语法及编程绘图过程。

8.2.1 dQ/dV 微分容量的计算

在对曲线微分时，往往因为采样点数据间隔不均匀、数据噪声等影响，使 dy/dx 趋于无穷大或无穷小，导致微分曲线出现大量毛刺现象。因此，在微分前需要对原始数据的 x 进行均匀化插值外推处理。在 7.2.4 小节介绍了计算电池充放电曲线的 dQ/dV 微分，本小节利用 Origin 编程，实现一键处理。

例 5：对文本编写程序，创建一个按钮，实现单击按钮即可对充电曲线、放电曲线进行自动插值、自动微分操作（见图 8-25）。

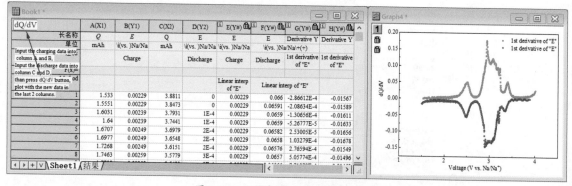

图 8-25　编程实现一键计算微分容量

1. LabTalk 脚本编程

采用 Dev-C++ 5.11 编辑器（也可采用 Windows 系统自带的记事本软件）编写程序脚本，如图 8-26 所示。第 1、2 行采用 Origin 软件的插值/外推函数 interp1xy()，分别对 Sheet1 工作表中的充电数据（A、B 列）和放电数据（C、D 列）进行插值/外推操作，其结果将自动填充在 E 列和 F 列。第 3、4 行采用微分函数 differentiate() 分别对 E 列和 F 列数据计算微分。第 5 行采用 plotxy() 函数调用 dQdV-EditorTan 模板绘图。每行脚本末尾以英文分号";"结尾。

这些脚本可以在 Origin 软件的分析与绘图过程中生成。以插值/外推为例，演示第 1 行脚本的生成方法。选择 X、Y 两列数据，单击菜单"分析"→"数学"→"插值/外推"打开对话框，如果需要在脚本中控制点的数量、X 最小值、X 最大值，请取消其后的"自动"复选框。单击"确定"按钮，即可在原工作表中新增一列插值外推的结果。按图 8-27 所示的步骤，在新增列标签①处的绿锁上右击，选择②处的"生成脚本"，可打开脚本窗口，生成的脚本如③处所示。在后续编程过程中，复制相关脚本，修改其中的参数，或编程循环修改这些参数，即可完成相应的编程功能。

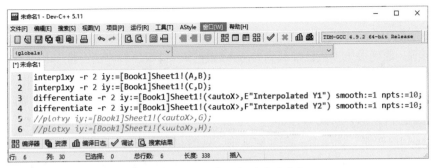

图 8-26　利用文本编辑器编写脚本

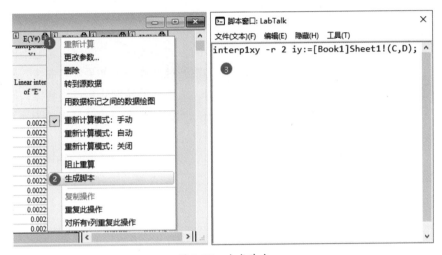

图 8-27　生成脚本

LabTalk 脚本编程的基本语法、基本案例及说明，可参阅 Origin 软件官方网址 https://www.originlab.com/doc/LabTalk/guide。

2. 创建按钮

Origin 软件可以对任意对象（文本、图片、图形等）进行编程，将其转换为可以触发程序的按钮。按图 8-28 所示的步骤，在工作表右侧空白①处右击，选择"添加文本"，输入"dQ/dV"。将"dQ/dV"文本拖放至②处。在"dQ/dV"文本③处右击，选择④处的"属性"，打开"文本对象"对话框，进入⑤处的"程序控制"标签，从脚本编辑器中复制脚本，在⑥处粘贴脚本。单击⑦处的下拉框选择"点击按钮"将文本设置为按钮。单击⑧处的"确定"按钮，LabTalk 脚本及按钮对象创建完成。

图 8-28　对文本对象编写 LabTalk 脚本

3. 一键计算并绘图

由于前面创建的"dQ/dV"按钮的 LabTalk 脚本中使用了 Origin 模板"dQdV-EditorTan"，在运行"dQ/dV"按钮前，请确保该模板已加载到 Origin 程序中。模板加载方法：将"dQdV-EditorTan.otpu"拖入 Origin 软件窗口，即可完成模板的加载，后续无须重复加载，可直接运行或调用。

单击"dQ/dV"按钮，立即可得 dQ/dV 曲线图。按钮的位置通常无法被拖动，如果需要移动按钮位置或修改按钮中的程序脚本，可以按下"Ctrl"键（或"Alt"键），双击按钮，即可打开"属性"对话框，进入"程序控制"选项卡，将图 8-28 中⑦处的"点击按钮"修改为"无"，单击"确定"按钮后，返回界面拖动文本框到合适位置，再将⑦处改为"点击按钮"即可。

8.2.2 从轮廓曲线绘制旋转体

在某些研究领域，需要从一条轮廓曲线通过旋转的方式构造一个旋转体，研究不同条件下旋转体表面积的变化情况。在几何中，旋转某条直线可构造圆柱或圆锥，如果旋转曲线，则可以构造各种旋转体，如瓷器、钻孔截面等。本小节以瓷器为例，从瓷器的轮廓线构造旋转体，同时在瓷器表面构造裂纹（绘制 Contour 图），而这些功能只需点击一次按钮，即可快速画出较为逼真的瓷器。本例的编程过程，可以灵活应用于实际的科研数据处理与绘图实践中。

例 6：从一张瓷器侧面图片提取轮廓数据（母线），以 X 轴或 Y 轴为旋转轴构造矩阵，创建按钮并编写 LabTalk 程序，实现对轮廓曲线轨线插值扩充数据，动态修改矩阵簿中各矩阵对象的大小及设置值，最终动态改变 3D 旋转体的图像（见图 8-29）。

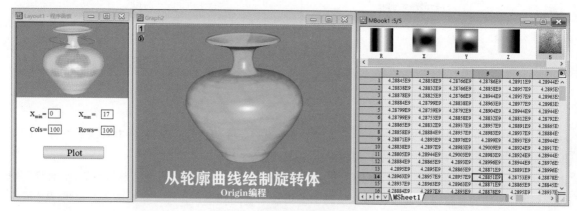

图 8-29　从轮廓曲线绘制旋转体

1. 曲线旋转的几何原理

曲线旋转原理如图 8-30 所示，假设 XOY 平面中的点 $A(x,0,z)$ 以 x 为半径（R）绕 Z 轴旋转 θ 后，得到点 $A'(x',y',z')$，旋转过程中坐标 z 保持不变（$z'=z$），点 A' 在 XOY 平面的投影为 $A''(x',y',0)$。假设曲线旋转所得点的集合用 X'、Y'、Z' 矩阵表示，则三者与原 2D 坐标系的 X、Z 矩阵的转换关系如下：

$$\begin{cases} X' = X\cos\theta \\ Y' = X\sin\theta \\ Z' = Z \end{cases} \tag{8-1}$$

其中，X、Z 矩阵数据来源于工作表的 X 和 Y 列。

2. 轮廓曲线数据的创建

在实验中可以获取一条轮廓曲线，本例以构造梅瓶为例，从一张图片构造轮廓数据。按图 8-31 所示的步骤，单击上方工具栏①处的"新建图"按钮创建一张空白坐标图，采用屏幕截图工具获取一张图片，在空白坐标图中按"Ctrl+V"组合键粘贴，调整图片的位置与坐标系吻合，修改 X 轴刻度范围 –5~5（中轴对称）。如果知道物件的具体尺寸，可以双击坐标轴修改与之对应。选择左边工具栏②处的"数据绘制"按钮打开对话框，单击③处的"开始"按钮，从图中④处开始，沿着轮廓依次双击（采点时可以不用考虑是否均匀，后续将对数据进行轨线插值扩充），到达结束点⑤处后，单击⑥处的"结束"按钮。在提取的散点⑦处右击，选择⑧处的"跳转到 GAData"快捷菜单，即可打开⑨处所示的轮廓数据。

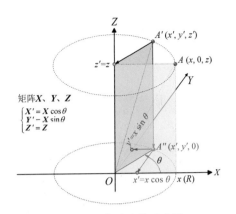

图 8-30　点的旋转示意图

矩阵 X、Y、Z
$$\begin{cases} X' = X\cos\theta \\ Y' = X\sin\theta \\ Z' = Z \end{cases}$$

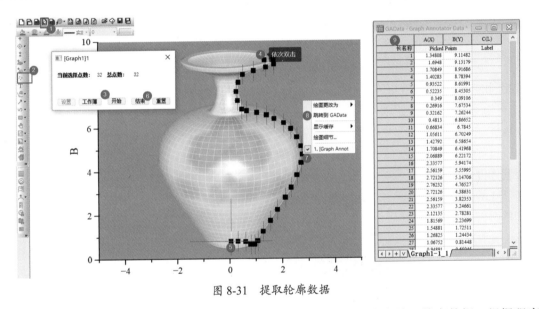

图 8-31　提取轮廓数据

在工作簿 Book1 中准备 2 张工作表（Sheet1、Sheet2），Sheet1 表中填入轮廓数据，根据程序面板设置的列数对 Sheet1 中的轮廓数据进行轨线插值扩充，扩充后将结果存入 Sheet2 表，Sheet2 表用于后续构造旋转体矩阵。

3. 创建矩阵

绘制 3D 表面图往往需要构造 X、Y、Z 矩阵。此外，如果需要在表面图上绘制 Contour 图，则需要构造面矩阵。本例交换轮廓数据的 X 列和 Y 列，以梅瓶高度 H 方向为 X 列，绕 X 轴旋转（若绕 Y 轴旋转，交换 X、Y 列数据即可，所得旋转体形状不一样）。本例需构造 5 个矩阵对象（R、X、Y、Z、S），其中 R 矩阵存储半径数据，由原工作表的 X 列（梅瓶高度 H 方向）数据创建，X、Y 矩阵由旋转角 θ（0~2π）换算，S 矩阵用于填充 Contour 数据（本例用一张裂纹图像矩阵构造梅瓶的陶瓷裂痕）。

按图 8-32 所示的步骤，单击上方工具栏①处的按钮创建矩阵簿，在矩阵簿窗口标题栏②处右击，选择③处的"显示图像缩略图"。在④处矩阵 1 上右击，选择"添加"矩阵，多次操作共创建 5 个矩阵对象。在⑤处矩阵序号上双击，分别修改为 **R**、**X**、**Y**、**Z**、**S**。每个矩阵对象均包含相同的参数，如⑥处所示，包括列数、行数及 xy 映射。其中，列数、行数代表矩阵单元格的数量，xy 映射用于将列、行数据与 X 轴、Y 轴刻度建立对应关系。本例将设置控制面板，通过文本框输入列数、行数、X 最小值及 X 最大值动态改变矩阵数据，并自动更新绘图效果。

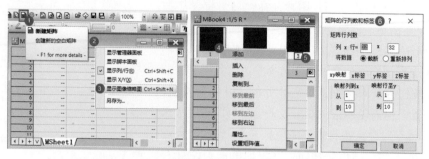

图 8-32　创建矩阵

由于矩阵 X、Y 仅与矩阵 R、旋转角 θ 有关，可通过手动设置值。按图 8-33 所示的步骤，右击①处的矩阵 X，选择②处的"设置矩阵值"，打开对话框，在③处输入：

```
Mat("R")*cos(y)
```

按相同的方法，在设置矩阵 Y 时输入：

```
Mat("R")*sin(y)
```

对于矩阵 R、Z 的数据计算，需要利用后续的编程做动态改变。

4. 程序面板的设计

　　新建 Layout 布局窗口，调整面板的大小，采用截图工具并粘贴相关图片，添加 9 个文本，并输入相关标签文本，排版布局如图 8-34 所示。程序面板包括图片、标签、输入框、按钮 4 种控件。在程序面板上，各控件需要固定位置和大小，以避免鼠标拖动改变其位置。按

图 8-33　设置矩阵值

图 8-34 所示的步骤，①处为界面图片元素，右击选择"属性"，打开"对象属性"对话框，进入"控制"选项卡，选择②处的 3 项禁用项目复选框，使该图片不可拖动和调整大小。界面上的文本标签用于提示用户输入相关参数，右击该标签选择"属性"打开对话框，进入"位置"选项卡，选择③处的 2 项禁止项目的复选框。给文本添加边框线，使之变为输入框，右击该文本打开"属性"对话框，进入④处的"边框"并修改为"方框"，进入⑤处的"程序控制"选项卡，修改⑥处为英文非数字开头的合法的名称，供程序脚本调用。设置⑦处的"替换层次"为 1，单击"确定"按钮。对于"Plot"按钮可在程序脚本调试成功后，按下"Ctrl"键（或"Alt"键）并双击该按钮，打开"属性"对话

框，将⑧处的"在此之后运行命令"改为"点击按钮"。

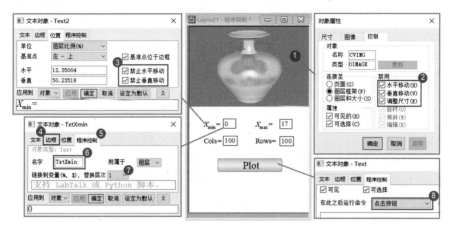

图 8-34　程序面板的布局

5. LabTalk编程

下面解析主要脚本。脚本中"//"为注释行（不执行，仅备注，方便程序员调试），一般每行执行程序脚本末尾以英文分号";"结尾。获取变量值的脚本格式为"%(name$)"。

以下脚本从程序面板中 4 个文本框获取输入值。

```
Cols_n=%(TxtCols.TEXT$);
Rows_n=%(TxtRows.TEXT$);
Xmin=%(TxtXmin.TEXT$);
Xmax=%(TxtXmax.TEXT$);
```

对 A、B 两列轮廓数据进行轨线插值，会自动生成 2 列插值结果，因此在插值前先利用"delete col(D)"等命令删除上一次插值的结果。

```
page.active$ = "Sheet1"; //激活Sheet1工作表
delete col(D);
delete col(C);
```

以下脚本可调用轨线插值函数，其中"npts"为插值数，这里用 Cols_n 的值。

```
interp1trace -r 2 iy:=[Book1]Sheet1!(A"H",B"R") npts:=Cols_n;
```

以下读取第 3、4 列的数据。

```
Range rX_interp = 3;//[Book1]Sheet1!(<autoX>,D); // col(C)
Range rY_interp = 4; // col(D)
```

以下读取 Book1 工作簿中第二个标签的 A 列和 B 列数据。

```
Range rA=[Book1]2!col(A);
Range rB=[Book1]2!col(B);
```

以下脚本将 Book1 的 Sheet1 表中的插值结果（C 列和 D 列）赋值给 Sheet2。

```
rA=rX_interp;
rB=rY_interp;
```

以下脚本调整矩阵大小。

```
win -a MBook1;//激活Mbook1矩阵簿
mdim cols:=Cols_n rows:=Rows_n x1:=Xmin x2:=Xmax y1:=0 y2:=2*pi;
win -a Book1; //激活Book1工作簿
page.active=2; //激活第二个窗口
range rX=[Book1]2!col(A);//读取X数据
range rY=[Book1]2!col(B);//读取Y数据
page.active=1;//激活第一个窗口
```

以下脚本用于填充矩阵的轮廓数据，需要双重循环遍历设置矩阵制。

```
win -a MBook1;//激活Mbook1矩阵
for (ii=1;ii<=Rows_n;ii++)
  {
  for (jj=1;jj<=Cols_n;jj++)
   {
   col(1)[ii,jj]=%(rY[jj]$);//填充R数据
   col(4)[ii,jj]=%(rX[jj]$);//填充Z数据
   }
  }
```

以下脚本激活绘图 Graph2 窗口后，自动调整页面刻度范围。

```
win -a Graph2;//激活绘图窗口
layer -ae ma ask;//自动调整刻度范围
```

利用 Dev C++ 5.11 编辑器（或记事本）编写脚本，见图 8-35（a）和图 8-35（b），全选并复制脚本，返回 Origin 软件，按下"Ctrl"键，双击"Plot"按钮打开属性对话框，进入"程序控制"选项卡，在脚本文本框中，按"Ctrl+V"组合键粘贴脚本。单击"确定"按钮。

（a）第 1~20 行　　　　　（b）第 21~40 行

图 8-35　Dev C++ 5.11 脚本编辑器

接下来调试程序功能。检查 Book1 工作簿中是否存在轮廓数据，在"程序面板"Layout1 窗口输入 Xmax 和 Xmin，根据裂纹图片的像素（将要绘制 Contour 图的行、列数）输入 Cols 和 Rows。单击"Plot"按钮，观察矩阵 MBook1 中的矩阵尺寸是否发生变化，若无变化则可能某行脚本存在 Bug，需要检查拼写是否错误，是否包含中文符号，或执行语句末尾是否缺少分号等。

6. 绘制立体形状

立体形状 3D 曲面图的绘制一般采用以下通用步骤。

（1）选择 X 矩阵绘制"3D 颜色映射曲面"

按图 8-36 所示的步骤，选择①处的矩阵 X，单击下方工具栏②处的按钮，选择③处的"3D 颜色映射曲面"，可得④处所示的曲面图。

图 8-36 绘制 3D 颜色映射曲面

（2）设置参数曲面

立体形状的参数曲面来源于矩阵 Y、Z。按图 8-37 所示的步骤，双击①处曲面打开"绘图细节 - 绘图属性"对话框，进入②处的"曲面"选项卡，选择③处的"参数曲面"复选框，注意分别设置④处的"X 矩阵"为矩阵 [MBook1]MSheet1 中的矩阵 Y，"Y 矩阵"为矩阵 [MBook1]MSheet1 中的矩阵 Z。单击"确定"按钮，按"Ctrl+R"组合键调整刻度后可得⑤处所示的效果。

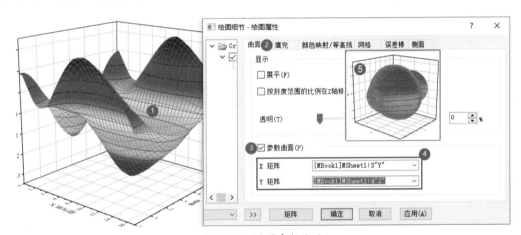

图 8-37 设置参数曲面

（3）三维姿态调整

所得绘图需要调整姿态，按图 8-38 所示的步骤，单击①处的曲面，在浮动工具栏中选择②处的"旋转模式"工具，图中会出现 3 条弧形句柄，拖动③处的任意弧形句柄，将立体形状和坐标系姿态调整到最佳状态。移动鼠标到 3 条弧形句柄之外将出现圆形句柄，拖动④处的圆形句柄可通过面内旋转方式纠正坐标系。

按图 8-39 所示的步骤隐藏侧面、填充底面。双击①处的图层打开"绘图细节 - 图层属性"对话框，进入②处的"平面"选项卡，取消③处的 XY、YZ 平面复选框，设置 ZX 平面的"颜色"为某种颜色。取消④处"平面边框"的"启用"复选框。单击"应用"按钮，可得①处所示的效果。如果不需要显示等高线，可以选择⑤处的曲面对象，进入"颜色映射 / 等高线"选项卡，取消"启用等高线"复选框即可。如果需要隐藏纵横网格线，可以进入"网格"选项卡，取消"启用"复选框。

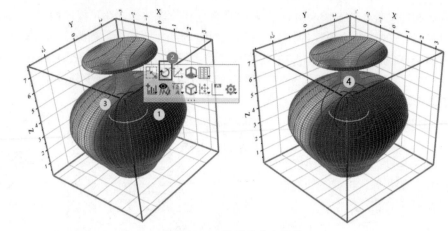

图 8-38　三维图的姿态调整

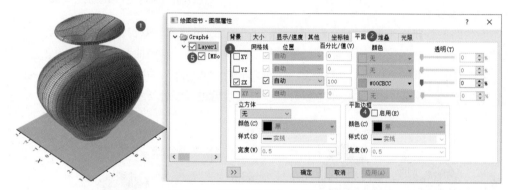

图 8-39　侧面的隐藏与底面的填充

7. 表面Contour图

对于某种立体结构的科研实验，通常需要在该立体结构表面绘制映射某种指标变化情况的Contour 图。本例将在梅瓶表面绘制裂纹 Contour 图，搜索一张常见的瓷器裂纹图片，将图片拖入Origin 软件窗口中加载图片，将图像矩阵转换为数据矩阵，复制该图片的矩阵数据，粘贴到梅瓶矩阵簿的矩阵 **S** 中，然后设置在梅瓶表面绘制裂纹 Contour 图。

按图 8-40 所示的步骤，双击①处的梅瓶表面打开"绘图细节 - 绘图属性"对话框，进入②处的"填充"选项卡，选择③处的"来源矩阵的等高线填充数据"，取消④处的"自身"复选框，单击⑤处的选择来源矩阵 **S**，单击⑥处的"确定"按钮。

图 8-40　填充矩阵的设置

默认填充的颜色为蓝到红渐变的调色板，不符合梅瓶的常规风格。按图 8-41 所示的步骤，双击①处的梅瓶打开"绘图细节 - 绘图属性"对话框，选择②处的数据对象，进入③处的"颜色映射 / 等高线"选项卡，单击④处的"填充"打开对话框，设置⑤处的"加载调色板"为 LiteGreen，单击⑥处的"确定"按钮返回"绘图细节 - 绘图属性"对话框。单击⑦处的"确定"按钮，可得⑧处所示的效果。

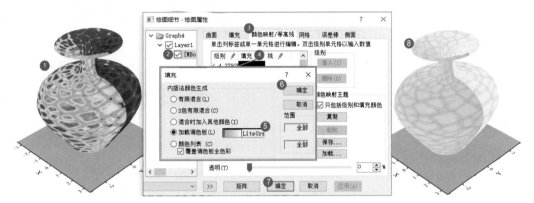

图 8-41　颜色映射的设置

利用光照设置增强梅瓶的质感。按图 8-42 所示的步骤，双击①处的空白区域打开"绘图细节 - 图层属性"对话框，选择②处的图层 Layer1，进入③处的"光照"选项卡，选择④处的"定向光"模式，修改⑤处的"水平"和"垂直"均为 45°，设置⑥处的环境光、散射光、镜面反射光（设置白色可以增加光泽，设置灰色可以降低光泽）。单击⑦处的"确定"按钮，可得①处所示的效果。

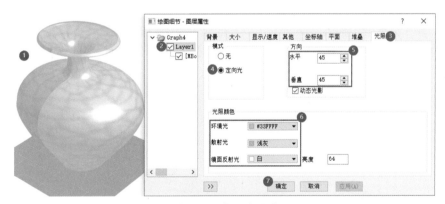

图 8-42　光照的设置

到此三维效果图即完成。该程序编写和调试完成后，可以从任意轮廓曲线数据绘制各类立体效果图。只需在"程序面板"里输入相关参数，单击"Plot"按钮，填入表面 Contour 数据，多次单击"Plot"按钮，即可动态更新为不同的三维形状。

8.2.3　井穴板3D热图的自动创建

热图是利用颜色映射"可视化"显示某项指标的强弱变化。本例巧妙将井穴板融入绘图中，创意设计出 3D 热图。

例 7：利用 LabTalk 编程创建程序面板，输入数据的行数、列数，单击按钮实现动态调整矩阵的大小以及动态更新 3D 井穴板热图、2D 普通热图。程序界面如图 8-43 所示。

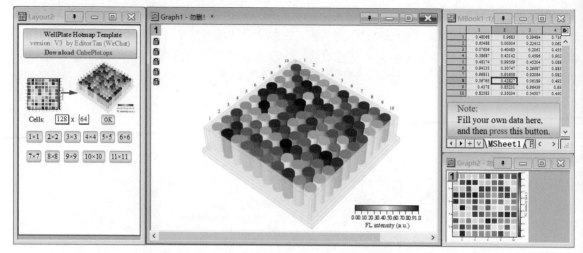

图 8-43 井穴板 3D 热图的自动绘制程序界面

解析： 井穴板 3D 热图是在绘制 3D 柱状图的基础上，隐藏平面，将柱条设置为圆柱，利用 CubePlot 插件脚本，根据热图的列数、行数自动创建井穴板的侧板及底座。

1. 创建矩阵簿

创建一个矩阵簿，添加矩阵，构造矩阵 1 和矩阵 2。矩阵 1 用来填充热图数据（实验数据）；矩阵 2 中各单元格填入 1，用于绘制 3D 柱状图，使所有柱条高度相等。对于如何创建矩阵，可参考图 8-32。

在后续替换热图数据后，需要更新绘图，因此在矩阵簿中添加一个按钮。矩阵簿单元格之外的灰色区域，不能直接添加文本。按图 8-44 所示的步骤，在其他绘图窗口①处右击，选择②处的"添加文本"，并在文本框中输入"update"（或其他提示语）。右击③处的文本，选择"复制"或按"Ctrl+C"快捷键复制，在矩阵簿窗口灰色区域④处右击，选择"粘贴"或按"Ctrl+V"快捷键粘贴。后续将对该文本编程并转换为按钮。

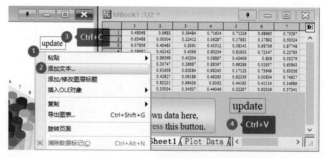

图 8-44 在矩阵簿中添加文本

2. 3D 条状图的绘制

在构建井穴板 3D 热图前，我们暂不填充实验数据，而向矩阵 1 中填充随机数。按图 8-45 所示的步骤，右击①处的矩阵 1，选择②处的"设置矩阵值"打开对话框，在③处输入"rnd()"（随机函数）。采用相同的方法，重复步骤①~③，在③处输入"1"即可设置矩阵 1 的值为 1。

选择矩阵 2 绘制 3D 条状图。双击柱条打开"绘图细节 - 绘图属性"对话框，进入"轮廓"选项卡，将"宽度"滑块设置为 90%。进入"图案"选项卡，修改"形状"为"圆柱"，修改边框"颜色"为"无"，单击"确定"按钮。

图 8-45　设置矩阵值

调整 3D 条状图的姿态。按图 8-46 所示的步骤，双击①处图层空白区域打开"绘图细节 - 图层属性"对话框，选择②处的图层 Layer1，进入③处的"坐标轴"选项卡，修改④处的"Z"为 25，设置⑤处的方位角为 310、倾斜角为 45、滚动角为 0。单击"应用"按钮。进入"平面"选项卡，取消所有平面的复选框（隐藏所有轴线、刻度线）。单击"确定"按钮。

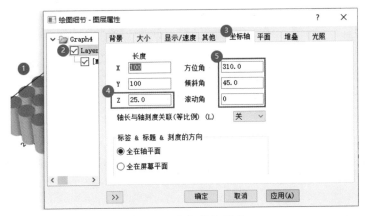

图 8-46　坐标轴的调整

修改颜色映射，实现 3D 热图。按图 8-47 所示的步骤，在"绘图细节 - 绘图属性"对话框中，选择①处的数据对象，进入②处的"图案"选项卡，单击③处的下拉框选择④处的"按点"标签，修改⑤处的"映射"为 Mat(1)（矩阵 1）。拖动⑥处的"透明"滑块，设置透明度为 30%。必要时可添加定向光，使条状图接近溶液的半透明效果，方向为 45°，环境光、散射光、镜面反射光分别为黑、灰、浅灰色，单击"确定"按钮。所得绘图颜色显示异常，是因为修改了映射数据来源后，颜色级别并未修改，此时按"Ctrl+R"组合键调整刻度，即可得到⑦处所示的 3D 条状图。

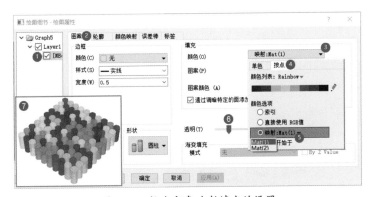

图 8-47　按点颜色映射填充的设置

3. 立方体脚本的生成

在 3D 条状图的柱条外围及底部分别添加浅蓝色半透明立方体，构建井穴板框架。这里仅演示底板的绘制，并生成立方体函数脚本。绘图时需要采用 Origin 插件"CubePlot(2021).opx"，首次使用需加载该插件，将该插件文件拖入 Origin 软件界面即可完成加载，后续使用无须重复加载。

按图 8-48 所示的步骤，单击激活①处的绘图，移动鼠标到右边栏②处的"Apps"标签，在弹出的列表中单击③处的"Cube Plot"插件打开对话框，设置④处的立方体长、宽、高（分别对应 X、Y、Z 的最小值与最大值）。设置⑤处的立方体边框及填充颜色，选择⑥处的添加立方体到激活的绘图窗口。由于立方体绘制过程中需要创建矩阵，因此，我们需要为其指定一个矩阵簿，将所有平面的矩阵数据收纳在⑦处的 MBook1 中。单击⑧处的 ▶ 按钮，选择⑨处的"Generate Script"（生成脚本）快捷菜单，即可得到⑩处所示的脚本窗口。脚本已获取，无须绘图，单击"Cancel"按钮退出。

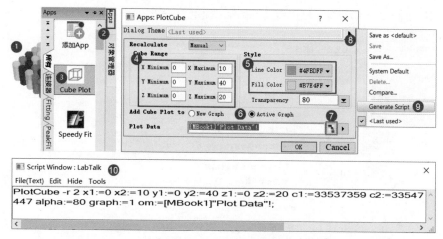

图 8-48　立方体脚本的生成

脚本窗口中的脚本即为调用"CubePlot(2021).opx"插件的脚本，后续编程只需修改脚本中的相关参数，即可绘制任意尺寸规格的立方体。PlotCube() 函数的参数之间用空格分隔，x1、x2、y1、y2、z1、z2 分别代表立方体长、宽、高的起止数值，c1、c2 分别代表立方体边框、填充颜色，alpha 为透明度，om 为目标矩阵（存储立方体各平面的数据）。

4. LabTalk编程

程序面板的设置可参考 8.2.2 小节。面板中有 2 个输入框，用于输入井穴板的列数、行数，可根据实际实验数据的行、列数设置这 2 个参数。面板中还设置多个规格按钮，直接单击按钮，即可创建相应规格的井穴板。如果将照片显示在井穴板 3D 热图上，则需在 2 个输入框中输入该照片的像素规格，单击"OK"按钮。

面板中的众多按钮的脚本除了 2 个文本框数据的获取，其余脚本完全一致。下面以"OK"按钮编程为例。采用 Dev-C++ 5.11 编辑器（或其他文本编辑器）编写程序，如图 8-49 所示。

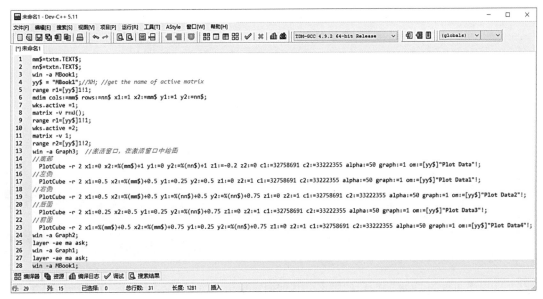

图 8-49　脚本编辑器

脚本解析如下。

第 1~2 行读取程序面板中 2 个文本框中的数据。

```
mm$=txtm.TEXT$;
nn$=txtn.TEXT$;
```

第 3~6 行激活 MBook1 矩阵簿，用 yy 指代矩阵表名称（MBook1），采用 mdim() 函数根据获取的 mm、nn 取值动态设置矩阵大小（参数包括列数、行数及 xy 映射范围）。

```
win -a MBook1;
yy$ = "MBook1";
range r1=[yy$]1!1;
mdim cols:=mm$ rows:=nn$ x1:=1 x2:=mm$ y1:=1 y2:=nn$;
```

第 7~9 行激活矩阵 1，采用 matrix() 函数向矩阵 1 填充随机数（用于设置 3D 柱条的颜色映射），提取矩阵 1 的所有数据到 r1 集合中。

```
wks.active =1;
matrix -v rnd();
range r1=[yy$]1!1;
```

第 10~12 行激活矩阵 2，采用 matrix() 函数向矩阵 2 中所有单元格填充 1（用于设置 3D 柱条高度），提取矩阵 2 中的所有数据到 r2 集合中。

```
wks.active =2;
matrix -v 1;
range r2=[yy$]1!2;
```

第 13~23 行在激活 Graph3（该图为临时窗口）后，向其中分别绘制底部、左侧、右侧、后面及前面等方向的"板材"（立方体）。

```
win -a Graph3;   //激活窗口，在激活窗口中绘图
  //底部
  PlotCube -r 2 x1:=0 x2:=%(mm$)+1 y1:=0 y2:=%(nn$)+1 z1:=-0.2 z2:=0
c1:=32758691 c2:=33222355 alpha:=50 graph:=1 om:=[yy$]"Plot Data"!;
  //左侧
（以下略）
```

第 24~28 行分别激活 Graph1（井穴板 3D 条状图）和 Graph2（普通热图），采用 layer() 函数重新调整刻度（刷新绘图）。最后一行激活 MBook1，等待用户复制、粘贴热图数据。

```
win -a Graph2;
layer -ae ma ask;
win -a Graph1;
layer -ae ma ask;
win -a MBook1;
```

以上是程序面板的"OK"按钮的脚本，其他固定规格的按钮脚本仅第 1、第 2 行不同。下面以"10×10"按钮为例，第 1、第 2 行直接赋值为 10。

```
mm$=10;
nn$=10;
```

前面提到需要在 MBook1 矩阵上设置"update"按钮，在用户替换具体的热图数据后，用于更新绘图。"update"按钮的脚本与程序面板第 24~28 行脚本完全相同。

```
win -a Graph2;
layer -ae ma ask;
win -a Graph1;
layer -ae ma ask;
win -a MBook1;
```

程序面板中还存在一种访问网址的按钮。例如，单击程序面板下方的按钮，可以打开默认浏览器访问《华南师范大学学报（自然科学版）》网址。其脚本如下。

```
win -aw "http://journal-n.scnu.edu.cn/"
```

8.2.4 三维荧光瑞利散射的消除

在三维荧光 Contour 图的绘制过程中，最令人头疼的莫过于瑞利散射。采用 Origin 的 LabTalk 编程环境设计程序，可在不破坏原始数据的前提下快速消除散射峰。

例 8：通过 Origin 软件的 LabTalk 编程环境，设计三维荧光瑞利散射消除程序（见图 8-50）。

程序设置方法如下。

第一步：复制三维荧光原始数据的波长范围及其变化幅度，在程序面板中输入激发波长、发射波长及其变化幅度等参数，单击"Step 1"按钮创建矩阵，将原始数据粘贴到矩阵 2 中。

第二步：根据瑞利散射峰半峰宽设置需要删除的行数（DelRows），根据散射的线性特征输入斜率 k 与截距 y_0，单击"Step 2"按钮将瑞利散射逐一消除。根据消除效果，可多次尝试修改 DelRows、

斜率等参数，记住这些参数，单击"Reset"按钮恢复原图并开始正式消除步骤。

第三步：待消除所有散射后，单击"Step 3"按钮，对残缺数据进行插值，最终实现对瑞利散射的完美消除。

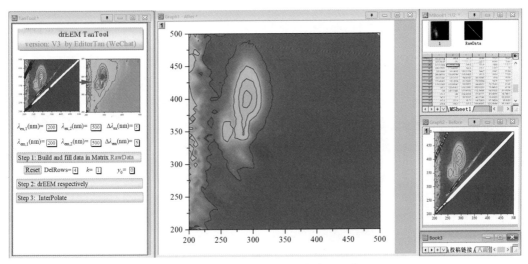

图 8-50　三维荧光瑞利散射消除程序

解析：三维荧光 Contour 图由数十条荧光光谱曲线绘制而成，每条荧光光谱曲线中均可能含有中心波长逐渐偏移的、强度远高于样品峰的瑞利散射峰。散射峰中心波长的偏移呈线性特征，采用编程按线性变化幅度逐一清除曲线上的散射峰，然后对残缺曲线数据进行轨线插值补全数据，即可实现瑞利散射的完美消除。

1. 创建矩阵簿

创建矩阵簿 MBook1，包含 2 个矩阵对象，其中矩阵 1 用作消除工具的操作矩阵，矩阵 2 用于存储原始数据。

2. 三维荧光Contour图

为了对比处理前后的效果，分别采用矩阵 1、矩阵 2 绘制三维荧光 Contour 图（Graph1 和 Graph2），利用程序面板动态刷新这 2 张图。

3. 程序面板

新建 Layout 布局，创建程序面板，主要包括 4 个按钮、9 个输入框及若干文本标签。关于程序面板的创建方法，可参阅图 8-34 中的相关步骤。

4. LabTalk编程

（1）"Step 1"按钮脚本解析

首先，读取激发波长的起始（$\lambda_{\text{ex},1}$，Ex1）、结束（$\lambda_{\text{ex},2}$，Ex2）、幅度（$\Delta\lambda_{\text{ex}}$，dEx），发射波长的起始（$\lambda_{\text{em},1}$，Em1）、结束（$\lambda_{\text{em},2}$，Em2）、幅度（$\Delta\lambda_{\text{em}}$，dEm)。

```
Ex1=%(TxtEx1.TEXT$);
Ex2=%(TxtEx2.TEXT$);
dEx=%(TxtdEx.TEXT$);
Em1=%(TxtEm1.TEXT$);
Em2=%(TxtEm2.TEXT$);
dEm=%(TxtdEm.TEXT$);
```

其次，计算列数 mm、行数 nn，用于动态改变矩阵大小。

```
mm$=$(($(Ex2)-$(Ex1))/$(dEx)+1);
nn$=$(($(Em2)-$(Em1))/$(dEm)+1);
```

最后，激活矩阵簿 MBook1，利用 mdim() 函数动态修改矩阵大小（cols 和 rows），x 映射 $\lambda_{ex,1}\sim\lambda_{ex,2}$，$y$ 映射 $\lambda_{em,1}\sim\lambda_{em,2}$，各参数间以空格分隔。

```
win -a MBook1;
mdim cols:=mm$ rows:=nn$ x1:=Ex1 x2:=Ex2 y1:=Em1 y2:=Em2;
```

（2）"Step 2"按钮脚本解析

首先，读取 Em1、Em2、dEm、drRate（斜率）、rlPW（半峰宽）、yy0（截距），计算散射峰的偏移步长 nY0。

```
Em1=%(TxtEm1.TEXT$);
Em2=%(TxtEm2.TEXT$);
dEm=%(TxtdEm.TEXT$);
drRate=%(TxtRate.TEXT$);  //散射峰偏移线性斜率
rlPW=%(TxtdrRows.TEXT$);  //瑞利散射峰的半峰宽
yy0=%(TxtY0.TEXT$);  //倍频散射与Y轴的截距
nY0$=$(($(yy0)-$(Em1))/$(dEm));  //计算散射峰的偏移步长
```

其次，初始化赋值。如果偏移步长 nY0 为负数，则使 nY0=0。激活矩阵簿，获取矩阵大小。

```
if (%(nY0$)<0){nY0$=0;}
win -a MBook1; //激活矩阵簿MBook1
page.active$ = "MSheet1"; //激活MSheet1矩阵表
wks.active = 1; //激活矩阵1
int ii;
int jj;
int kk;
int mm=wks.ncols; //获取当前矩阵的列数
int nn=wks.nrows; //获取当前矩阵的行数
```

最后，采用双重循环遍历矩阵，偏移量 = int(jj*$(drRate)+%(nY0$))−1，判断列号 ii= 偏移量时，将该处前后 n 行（半峰宽 rlPW）某列数据更改为空。

```
for (ii=1;ii<=$(mm);ii++)
  {
    for (jj=1;jj<=$(nn);jj++)
    {if (ii==int(jj*$(drRate)+%(nY0$))-1)
      {
        for (kk=$(0-$(rlPW));kk<=$(rlPW);kk++)
          col(1)[$(ii+kk),jj]="";  //散射峰，赋值为空字符
      }
    }
  }
```

（3）"Step 3"按钮脚本解析

首先，读取 Ex1、Ex2、dEx、Em1、Em2、dEm。

```
Ex1=%(TxtEx1.TEXT$);
Ex2=%(TxtEx2.TEXT$);
dEx=%(TxtdEx.TEXT$);
Em1=%(TxtEm1.TEXT$);
Em2=%(TxtEm2.TEXT$);
dEm=%(TxtdEm.TEXT$);
```

其次，激活矩阵簿 MBook1 和矩阵 1，获取列数、行数。

```
win -a "MBook1"; //激活矩阵簿MBook1
wks.active = 1; //激活矩阵1
int mm=wks.ncols; //获取列数
int nn=wks.nrows; //获取行数
```

最后，采用 minterp2() 函数进行二维插值补全数据。

```
minterp2 -r 1 cols:=mm rows:=nn xmin:=Ex1$ xmax:=Ex2$ ymin:=Em1$ ymax:=Em2$
om:=<输入>;
```

（4）"Reset"按钮脚本解析

"Reset"按钮实现"重置"功能，即从矩阵 2 获取原数据，重置填入矩阵 1，便于进行重新开始操作。

```
win -a "MBook1"; //激活矩阵簿MBook1
range ra1 =[MBook1]1!1; //定义数据集ra1为矩阵1
range raR = [MBook1]1!2; //定义数据集raR为矩阵2，即原始数据
ra1 = raR; //将原始数据raR赋值给ra1(矩阵1)
```

附录　插图索引目录

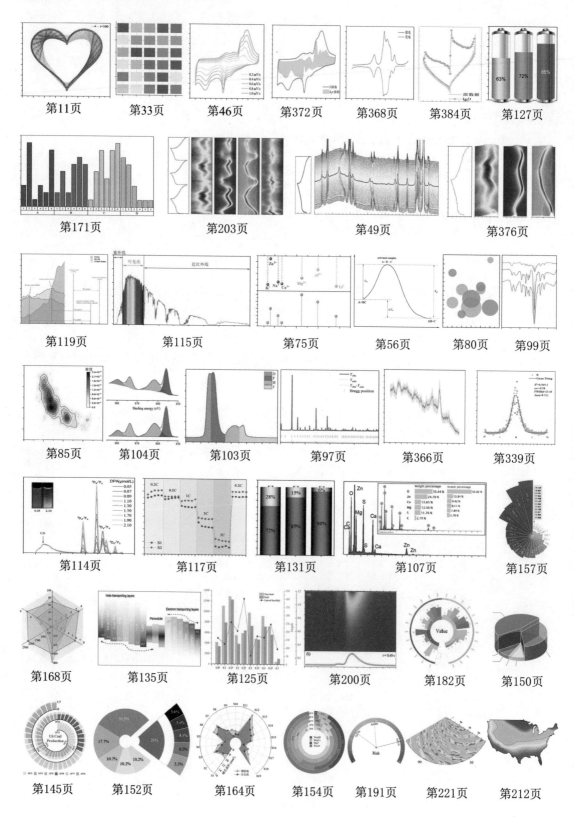

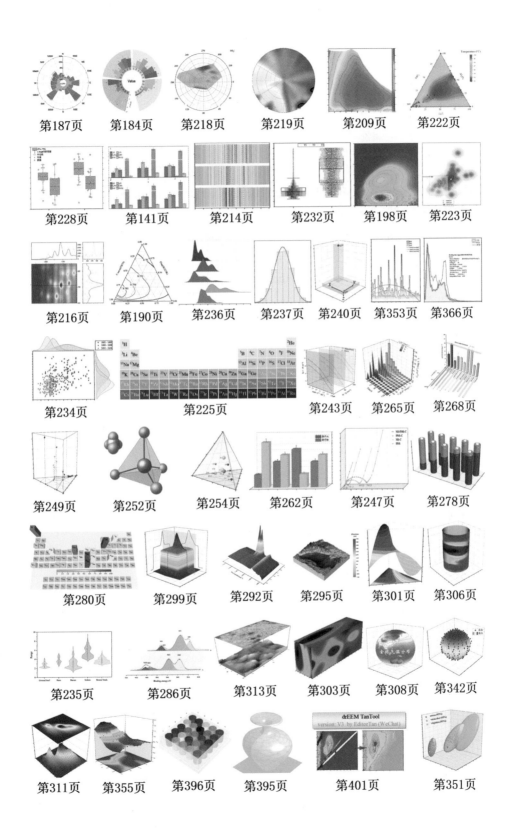

参考文献

［1］肖信 . Origin 8.0 实用教程——科技作图与数据分析 [M]. 北京：中国电力出版社，2009.

［2］叶卫平 . Origin 9.1 科技绘图及数据分析 [M]. 北京：机械工业出版社，2015.

［3］KANG R, HUANG J Q, BIN F, et al. Evolution behavior and active oxygen quantification of reaction mechanism on cube Cu_2O for CO self-sustained catalytic combustion and chemical-looping combustion[J]. Applied Catalysis B: Environmental,2022,310:121296.

［4］郭凯瑜 . 基于硒化铋的红外透明导电薄膜研究 [D]. 长春：吉林大学，2020.

［5］LI J X, LIU Z D, MA H R, et al. Comparative study on the corrosion behaviour of 1.4529 super austenitic stainless steel and laser-cladding 1.4529 coating in simulated desulfurized flue gas condensates[J]. Corrosion Science,2022,209:110794.

［6］杨远廷，吴紫倩，程文科，等 . 过硫酸氢钾微球的制备、缓释及灭菌性能 [J]. 华南师范大学学报（自然科学版），2021，53（5）：46-52.

［7］王海晓，丁旭，吕贞，等 . 基于注视行为特性的驾驶人分心负荷评估 [J]. 华南师范大学学报（自然科学版），2022，54（4）：7-17.

［8］徐常蒙，孙洪冉，李海昌，等 . Bi/Bi_2O_3 复合碳纳米纤维的制备及其储锂性能研究 [J]. 华南师范大学学报（自然科学版），2022，54（3）：34-42.

［9］王京南，郭永权，殷林瀚，等 . $Cu_{1-x}Co_x InTe_2$ 稀磁半导体的制备及磁学、光学性质 [J]. 华南师范大学学报（自然科学版），2022，54（2）：1-6.

［10］庄强强，王保峰，吴宝柱，等 . 高性能长循环锌离子电池双金属氧化物 $ZnMnO_3$ 正极材料 [J]. 华南师范大学学报（自然科学版），2022，54（1）：30-35.

［11］吴旭，侯贤华 . 基于尼龙 6 和聚偏氟乙烯复合隔膜的凝胶聚合物电解质 [J]. 华南师范大学学报（自然科学版），2022，54（1）：36-41.